叶·奥·科马罗夫斯基　著
刘婧　译　舒拉　校译

理性育儿

——明明白白养育健康宝宝

我认为，将别人的成败得失引以为鉴，可以避免重蹈覆辙。

——彼·雅·恰达耶夫

求真出版社

图书在版编目（CIP）数据

理性育儿——明明白白养育健康宝宝/（乌克兰）科马罗夫斯基著；刘婧译．—北京：求真出版社，2012.2

ISBN 978-7-80258-156-2

Ⅰ.①理… Ⅱ.①科…②刘… Ⅲ.①婴幼儿—哺育—基本知识 Ⅳ.①TS976.31

中国版本图书馆 CIP 数据核字（2011）第 266506 号

著作权合同登记号：图字 01-2011-0606 号

理性育儿——明明白白养育健康宝宝

著　　者：E.O. 科马罗夫斯基
插　　图：M.M. 奥萨德恰雅，A.B. 帕夫柳克维奇
译　　者：刘　婧
版权联络：包国红
责任编辑：包国红
出版发行：求真出版社
社　　址：北京市西城区太平街甲 6 号
邮政编码：100050
印　　刷：北京汇林印务有限公司
经　　销：新华书店
开　　本：710×880　1/16
字　　数：500 千字
印　　张：32.75
版　　次：2012 年 3 月第 1 版　2012 年 3 月第 1 次印刷
书　　号：ISBN 978-7-80258-156-2/TS·7
定　　价：68.00 元
编辑热线：（010）83190265
销售热线：（010）83190292　83190297　83190289

目录

第二章 孩子的生活方式

第三章 疾病

前言 不求长篇大论，但求句句真金

有人要求乌鸦把世界上最美好的东西带来，它带来了自己的孩子。

——寓言故事

几乎没有人会像读小说一样通读一本科普读物。对于育儿类图书而言，这个问题就更加突出。为什么在孩子出现便秘时，我们却要去翻看准妈妈饮食规则？打开本书中“便秘”一节，您就会了解到这些必要的信息，或许还会怀着极大的满足感尝试着采纳这些建议。

笔者殷切希望读者们能够通读这本书，但心里也明白，期望不能过高。在此想给有意阅读这本书的朋友们提一些建议，以便您能更好地了解本书的内容（适用于泛读、浏览和研究）。

1. 本书由三个主要部分组成：

- 第一部分：主要讲述两个最重要的人生阶段：妊娠期和产后一年间应注意的事项。这两个阶段无论是对孩子还是对孕产妇都十分重要。

- 第二部分：主要讲述1周岁以上儿童的养育方法。当然这不仅是指孩子，同时还包括他与家人、同伴、外部环境之间的关系。此外，还介绍了一些儿童保健知识。
- 第三部分：介绍了孩子可能出现的疾病，以及诊疗方法。强调了在处理这类问题时所必须注意的事项，以及禁忌。

2. 您在书中读到的所有信息，首先应当能帮助您思考这样一个事实：世界上没有任何一个人会像您一样关心、爱护、理解您的孩子。只有真正建立在关爱和理解上的关系才是稳固的。虽然这些信息并不一定会指向成功，但重要的是您在阅读过程中思考了，体味了。

3. 我们在培养教育孩子的过程中所说的成功，只是一个相对概念，需要从不同的角度出发才能得出正确的评价。或许在教育学家看来，一个身体健康、谦虚有礼、能在物理或数学竞赛中获胜的孩子就是教育成功的典范。然而，一个身体健壮的不良少年，在禁其口、正其貌之后，到医院体检，在医生眼里他也绝对是一个养育成功的典范。

4. 如果把家长、医生和教育家对于好孩子的观点综合起来，那么成功的孩子是聪明、有教养、身体健康的孩子。融这些素质于一身的孩子虽然不多见，但是通过学习培养和教育的方法，我们至少会知道应当朝一个什么方向努力。

5. 影响孩子健康的因素有以下4点：

- 遗传，即由父母遗传所得的体质；
- 环境，包括生态环境和日常生活条件；
- 卫生保健；
- 培养和教育，其中主要是孩子与家人间的关系。

6. 以上所提到的培养和教育包括一些相对特定的行为和活动。**但问题在于：尽管100%的成年人都知道该如何怀上孩子，但是有99%的人却对将来如何照顾这个小生命茫然不知所措。**

7. 本书的主旨在于帮助人们摆脱这种茫然而尴尬的境地，尽可能提醒家长在照料和教育孩子时何事可为，何事不可为。

相识

一个作者获得的尊重程度，取决于他的思想与读者观念的契合度。

——爱尔维修

笔者不是教授，甚至连副教授都不是[1]，仅仅是一名再平常不过、毕业于普通医学院的儿科医生，而这本书的受众也是普通大众。这为笔者与读者间的相互理解创造了条件。

这本书很可能会帮助您解决许多问题：

首先，我们需要一些正确的观念，些许逻辑思维，这样就便于我们在更多的问题上达成共识。

现在，同类题材的作品在全世界各地都有很多。即将成为或者是已经做了父母的读者在经过一番比较之后，或许最想了解的是**这本书有何新意，以及这些特色体现在何处**。有这样的想法很自然。

那么让我们来看看这本书的三大特色：

1 这里所说的“不是教授，甚至连副教授都不是”完全没有对教授和副教授的不敬之意。虽然在有些读者看来，不值得从笔者这么一个没有什么职称和荣誉的人这里听取建议，对此笔者也表示遗憾。但是笔者有着25年的临床医学和儿童治疗经验，曾经做过卫生员、护士、复苏医师以及州一级医院的科室主管。现在笔者主持着自己的咨询中心，在这些年经历了许多事情，笔者有在数十家医院工作的经验，与数以百计医生进行过交流，接待过成千上万的孩子和他们的亲人。这成千上万的人给了我机会和精神动力来写作这本书，不管我是不是一名教授。

第一，书中所提的建议都贴合实际，可行性强。现有的成千上万种儿童护理和幼儿教育类书籍，在与孩子的交流上，基本上是和实际脱节的，忽略了许多生活中的细节，如下班后饥肠辘辘的父亲、商店与药店、没有热水、坏了的熨斗、特别难缠的婆婆、再次妊娠、裁员、何时领工资等等生活中可能遇到的问题。

第二，作为一个接受过医学专业教育的人，笔者对于那些所谓“面向广大读者”而内容高深的书籍也并不完全理解。所以，努力将这本书写得更加通俗易懂，但并不粗陋。

第三，笔者并不是简简单单地告诉您“这么做”，而是尽我的努力让您相信“我们需要这么做”。

需要指出的是，现在的父母并不将保护孩子健康的全部责任归于己身。从国家的观点看来，孩子的健康似乎“完全”应该由区段医生负责。但事实上，大部分“儿童问题”是通过家庭成员讨论解决的。这时，年轻的父母往往会觉得力不从心。虽然这种现象十分正常，但年轻的家长们总是在教育中处于尴尬被动的境地。当孩子生病或者出现一些不正常的情况时，爷爷奶奶、亲戚朋友往往会说：“要是早听长辈的话，就不会有这么多麻烦了。”

因此，我想让年轻的准爸爸准妈妈们**注意**以下几点：

▶ 环顾四周，您就不难发现：无论是您自己，还是您身边的朋友，也并不总是有着强健的体魄，所以，爷爷奶奶所说的那些“我都养了那么多孩子，有经验了”没必要当真。

▶ 无论朋友、亲戚和熟人传授给您什么样的育儿经验，请记住最重要的一点：照顾孩子，为他彻夜不眠，奔波于药店和医院的那个人，只能是您。

▶ 您肯定明白，好的开始是成功的一半。如果开头没开好，中途再去重新学习、弥补，这个过程要复杂、艰难得多。所以，我们应当尽量避免出现这种状况。不要等到事情发展到必须要用强硬的方法解决问题的时候才后悔。**从孩子出生时起就用正确的**

方式培养他、教育他，这是一个更好的选择：更简单，更实惠，同时也更令人愉快。

▶ 如果您错过“从出生开始培养”的黄金时期，那么，您原来不知道的、没有想到的以及原先所不理解的事情，希望您能够通过阅读此书知道和理解。求知永远都不晚，但是越早越容易。

* * *

孩子们的健康在很大程度上取决于爸爸妈妈们的照顾。换句话说，家长们完全可以让自己的孩子少生病，如果生病了，家长也同样能够应对，以最小的损失[1]让孩子恢复健康。

而儿科医生，这是一个时时刻刻，在任何情况都可以向他求助的人。**儿科医生的存在与其说是出于孩子们的需要，不如说家长们更需要他们！**

在这本书中，笔者尽力帮助家长们掌握一些照料和教育孩子的重要原则，并指导家长们在孩子生病时应当如何提供帮助。但是，将这些规则付诸实践就只能靠家长们自己，不能寄希望于他人。当然，在实践中会出现笔者的建议与家长的实际生活情况不相符的状况，所以，笔者在此说几句心里话：

● 笔者坚决反对各种激进式的儿童医疗与教育模式。所以，如果您期望通过本书学会如何让新生儿在冰窟窿中游泳，怎么样让3个月大的孩子爬山，怎么用不靠谱的偏方治疗感冒（在鼻子中滴入尿液），如何教1岁大的孩子读文学书，教2岁的孩子下象棋，教3岁的孩子理解家庭生活之道等，那您肯定会失望的。

● 笔者坚信，生养和教育孩子并不是一个人一生中最主要的和唯一的使命。无论是生孩子还是教育孩子，都只是生活多面体中的一面，但不可否认或许是最重要的一面。在任何情况下，您都不应当忽视这个多面体的其他重要组成部分——爱、友好的交

1 损失，如您所想，可以是各种各样的，从健康损害到时间上的损失，金钱的支出就更不用说了。

流、工作、书籍、宠物和自己的爱好（针织、垂钓、追逐时尚发型、汽车、照料自家的小菜园）。

无论何人、无论何事都不能动摇笔者的一个信念，那就是：一个幸福的孩子，首先应当身体健康，然后才谈得上读书、学拉小提琴。一个幸福的孩子，需要的不仅是有时刻关爱他的父母，还需要彼此相爱的父母。

笔者的建议至此告一段落。如果您觉得还不错，那么欢迎您继续阅读；如果您不满意，那么笔者在此表示歉意。

К
Б А

第一章
生命之初

花斑蛇的幼崽身上也少不了斑。

——非洲谚语

1.1 妊娠

对于不可能发生的事情不要庸人自扰。

——托马斯·杰斐逊

人类是自然界的主人，也是自然界不可分割的一部分。人类突破了自然界弱肉强食的森林法则，位居其他物种之上。但同时也为自己，还有其他物种带来了困扰。其中大部分困扰源自人类持续的、同时也不能说是完全没效果的与自然法则的抗争。有谁能够说，人类作为一种生命体被创造出来是错误的[1]？没有！由此可见，人类代代相传的遗传信息有其足够的优越性，尽管现代医学带来的副作用越来越大，但大自然一直都在竭尽全力地摆脱其恶劣影响。

新生儿已经具备了一系列的遗传（基因）特征，这种特征叫做**基因型**[2]。但是基因型并没有独立控制一系列基因特征的能力。在周边环境的影响下，基因型通过一个新的概念——“**表现型**”体现出来，形成一系列特定的外部特征。

1 这里可以提出一个跟我们的话题不太相关的问题：究竟是什么创造了人类？是上帝，还是进化论？

2 我在前言中答应过会尽量使用浅显易懂的解释，不用晦涩难懂的词汇。在此我解释一下，“基因型”这个词汇已经出现在普通高中的生物课本中，因此算不上什么难以理解的概念。

妈妈笔记

相同的基因型可能出现大量不同的表现型，其决定因素为：

1. **生存和居住的环境**（气候条件，住在城市还是农村，是否靠近工厂或是森林，住地下室还是十层的公寓，生活中是否接触粉尘、化学药剂、辐射等等）。

2. **家人**，准确说是取决于家人为孩子营造的生活条件。

上述内容的实质很简单：从自然界（基因型）的角度出发，婴儿的身体状况或许与二三十年前，甚至更久之前出生的祖辈没有多大的差别，但与现代人相比，前辈们不知道什么是恒温箱，什么是配方奶粉，什么是无菌奶嘴，什么是蒸馏水以及很多很多的相关知识。现在的我们，需要面对的主要问题已经不是如何生存下来，而是如何更好地养育子女。我们自己也是“子女”中的一员，而**我们的首要任务，就是呵护孩子的健康，呵护这份来自大自然的馈赠。**

最好从母亲怀孕的时候就开始。

* * *

妊娠，如果缺少了性接触，自然是无法独立完成的[1]。

所以，一切与妊娠相关的生理特征，如停经、呕吐、恶心，以及剧烈的情绪波动，都不过是人类生活中最有趣、最有意义、也是最普遍的一个现象的结果，这就是“性生活”。

我想，本书的绝大多数读者都知道妊娠是怎么发生的，妊娠的表现如何。不过，如果您真的对这些问题存有担心和疑惑，笔者建议您向专业妇产科医生求助。

如何怀孕（例如什么时间，在什么之后，出于某种原因，和谁发生关系等等）并不在我们讨论的范围内。虽然笔者和读者们一样对怀孕的话题很感兴趣，但是，首先应从孩子的角度出发——为了未来的宝宝身体健康，为了让宝宝们将来尽可能少去

1 例外当然也是有的，例如圣经中的圣灵感孕，但这种情况十分少见。

妈妈笔记

看医生，准妈妈们应当怎样生活，这才是我们关注的重点。

妇产科医生和儿科医生都是值得我们信任的人，他们关注整个妊娠过程，帮助接生以及进行后续的新生儿护理。但是很遗憾，在这个过程中并没有一个公认的程序[1]。这样当然是不妥的。然而妇产科医生和儿科医生的意见经常不能够保持一致，因为在产科医生看来对母亲有利的，或许在儿科医生的眼中对孩子不一定有好处。

1 在笔者目前观察的范围内。

想象一下，有这样一位平凡的女性，她到了生育年龄，决定不错过这个阶段，以最自然的方式妊娠并准备生育。

无论是从自然角度，还是从人体自身角度，抑或是从逻辑思维角度，都无法充分解释为什么妊娠期女性不能够劳累，要多休息，不能够手提超过一公斤重的物品以及诸如此类的规矩。刚才说的这位平凡的女性，在几千年前同样身怀有孕，却仍然忙碌于族中的生活。有谁想到将孕期的反胃和恶心当做无法继续做饭的借口？又有谁想到怀孕了就不能跟随着鹿的踪迹迁移？她只有靠自己的力量，独立思考，解决问题。将自己的丈夫想象成头发蓬乱、发出难闻气味的男人，而把自己想象成一个不无担心的“怀孕”女人：她在怀孕期间首先要注意的是不让这个男人投入“她”人的怀抱。其次，还要保持美貌、低调以及积极乐观的态度。

最重要的原则——

妊娠不是病！

多数女性是以看待疾病的心理来看待妊娠的。在这方面，妇产科医生能够提供许多帮助：人们在看医生的时候总是会谈论一些与妊娠有关的烦恼事，如骨盆狭窄、子宫颈弯曲、附件炎等

妈妈笔记

等。在与朋友交流的时候难免讨论许多关于产科医院的痛苦经历，与此同时还要经历各种各样的检查。我向您保证，我还没有见到过一个人，在看过多位医生、经历过大量的检查之后没在自己身上找出点儿毛病的。如果您在还没有确定妊娠前就已经忙着看医生，那么怀孕之后，这只能变得更加频繁。

不过，怀孕的确会给您的生活带来一些问题，譬如说性生活、物质生活以及住房等方面的问题。

妊娠期经常会出现情绪的大幅波动，这实属正常。因为准妈妈们确实很难平静地对待扑面而来的负面信息。这就要求准妈妈们要么具备钢铁般的意志，要么毫无意志。要达到这两个境界都不容易，所以您**最好记住以下几点：**

- 首先应当倾听自己的心声：想动就动，想睡就睡，想吃就吃。如果想和丈夫亲热一下，那么亲热一下也无妨。
- 如果您想要一个孩子，并且**已经**怀孕了的话，那么对检查时医生发现的各种疾病都要平静对待，千万不要感到绝望。在您的内心深处一定要认识到一点，那就是：在治病之前一定要三思，因为很难有一种方法能够在治病的同时仍能确保母子平安。
- 妊娠期女性应当尽量避免使用任何药物，除非到了非用药不可的地步（例如出血、流产、肾脏疾病、糖尿病、风湿和其他一些严重疾病）。

医生们都清楚地知道，哪怕对感冒这种常见病开出十种药物，都不会遭到任何批评，因为每种药都有一篇学位论文来证明它的疗效。如果您希望能够与医生彼此坦诚相待，那就不要请求医生开什么包治百病的特效药，不要对他说“不惜一切”，您需要弄清楚的是：如果不治疗会有什么样的后果，什么对您来说更具危险性，是治疗还是不治疗。笔者在此没有以具体的病症为例，只是想说，孕妇就医时也要从医生的角度考虑一下，应当明白一个所有医生都明白的道理：**妊娠是一个正常的生**

妈妈笔记

理过程，无论是孕妇，还是医生，对这个过程的干预越少越好。

如果妊娠状况并不完全正常呢？那就要想一想，如何去纠正这个大自然犯下的小错误。如果妊娠状况完全不正常呢？那就需要采取一定的治疗措施了。在此有一句在实习医生中广为流传的箴言相告："少见的情况总是特别少见，特别少见的情况是永远碰不到的。"

* * *

现在提出一些具体的建议：

1.1.1　什么时间怀孕最好？

十分遗憾，到目前为止计划怀孕并没有成为普遍现象。如果您的家人成功实现计划怀孕（首先，让自己在某一时刻受孕；其次，能够确实证明已经怀孕），那么您就应该清楚：**怀孕前父母的健康状况越好，那么未来的宝宝也会越健康。**

因此，如果你们夫妻二人已经做好了怀孕准备，那么最好关注以下几点：

- 检查自己的健康状况，如有必要，及时治疗；
- 看口腔科医生[1]；
- 尽可能不使用任何药物制剂，除了叶酸（最好是从孕前一个月开始服用），叶酸（维生素 B_9）主要是能够预防新生婴儿出现多种发育缺陷，最重要的是预防新生儿神经系统发育不良[2]；
- 好好休息（最佳的放松方式不是躺在沙发上，而是在大自然中真正地放松身心）；
- 对所有的坏习惯说再见（吸烟、喝烈性酒、熬夜看电视）；

1　孩子出生前会吸收母亲体内的钙、磷，并借此形成自己的骨骼。所以，由于钙、磷流失，母亲的牙齿就容易出问题。如果牙齿的状况本来就不太好，那么最好将它调整到一个比较好的状态，以便怀孕之后不用再去看牙医。

2　如果您和您的血亲都没有神经系统方面的疾病，那么只要服用普通的剂量即可：0.4～0.5 毫克/天。如果您有过家族病史，或者正在经受神经系统失调的折磨，如果您患有糖尿病或者肥胖症，那么可以服用 1 毫克/天。在叶酸的服用剂量表中，通常是服用 1 毫克/天。

妈妈笔记

- 尽量避免与日用化工产品和农药接触；
- 适当减少性生活次数。

许多人都关注着孩子的生日会在何月何日，甚至要具体到几点几分。对于出生在哪一天这么具体的问题，笔者无能为力（这个问题最好去问占星家），但是关于出生的季节，我可以说两句。秋天（九月、十月）应该是一个人体健康状况最好的时候：充足而新鲜的蔬菜水果，而且经过了夏日充分的休整（阳光、空气、水、身体负荷也较低）。另一方面，秋天也是生孩子的最佳时机：可以在冬天到来之前充分保养和锻炼身体（冬天暖身的过程会更长）。还有一个优点就是，如果孩子在秋天出生，那么他半岁之前将在冬天度过。这对于仍依赖母体留下的免疫力来抵抗细菌的婴儿来说，患病的几率将大大降低。

所以说，如果父母没有严重健康问题的话，计划怀孕的时间应当放在1月到2月间，这样就能在秋天分娩。如果身体状况欠佳，那么就好好调整，争取在健康状况最佳的秋天怀上孩子。

还有一个特殊问题——母亲的年龄。显而易见，18岁的身体比35岁的身体更健康。但**最重要的是，您是为了自己才生这个孩子，而不是将他作为送给父母和公婆的礼物**。所以与其做一个18岁的年轻妈妈，不如做一个30岁的成熟母亲。

另外，无论是生养小孩儿，还是养条小狗，您都要操心他（它）睡在哪里，吃什么，谁来陪他（它）散步。

要保证自己的孩子活得有尊严。作为母亲，您责无旁贷。

1.1.2 妊娠期的饮食

几千年来，我们的先祖基本吃着一成不变的食物，不会烧煮这些食物的人早就饿死了。

妈妈笔记

每种食物都含有一定的蛋白质，这些蛋白质又能完全被其他蛋白（蛋白酶）消化。对于有些蛋白质，我们的基因早已习惯，因为我们的祖先长期食用含有这些蛋白质的食物（谷类、肉、苹果、鱼等等）。而有些蛋白质是我们的祖先从未见过的，例如柑橘类植物、咖啡、可可等外来品种。

试想一下，我们并不知道祖辈是从何处采摘橙子的，然而我们依旧欣然享用这种美味的水果，而且没有出现任何不适。原因在于，所有在小肠中没有得到充分消化分解的物质，最终都会被肝脏分解处理。

妊娠期女性的肝脏负荷很大。它既是抵抗妊娠中毒[1]的卫士，也是胎儿分泌物的中和器，同时肝脏还担负着许多其他重任，所以请您一定要爱惜您的肝脏。如果您希望宝宝将来能够享受柑橘和巧克力的美味，不出现过敏反应，那么您在怀孕时就应当尽量避免过度食用这类食物（因为未被肝脏完全中和分解的部分会通过胎盘被胎儿吸收，引起相应的反应，这样孩子将来就会对这些食物过敏）。

1 妊娠中毒——在妊娠期有可能发生的各类疾病的总称，这类疾病让妊娠过程变得更加复杂，分娩后这类病症将相应缓解。

总之，**请尽量避免食用祖辈不吃的东西**，这样您就会更健康。

妊娠期女性不宜食用的东西[2]：

- 油腻的食物（煮肉汤的时候请将油撇去，吃一些瘦鸡肉和兔肉）；
- 可可及相关食物（巧克力、巧克力糖果、可可油等等）；
- 咖啡；
- 柑橘类（包括柠檬）；
- 过辣、过酸、过咸的食物；
- 罐头；
- 蘑菇类；
- 豌豆；

2 请注意，笔者在此很人性化地使用了“不宜”一词，而不是严格的“禁止食用”。

妈妈笔记

- 发酵食品；
- 草莓类，马林果；
- 各种奶油、黄油类食品。

妊娠期女性应该食用的东西：

- 蔬菜：尤其是洋葱、土豆和黄瓜；
- 水果：梨、苹果、杏；
- 浆果类：葡萄、大樱桃、野樱桃、西瓜；
- 奶制品：最好是奶渣、酸奶（熟酸乳、酸奶饮料、酸奶凝乳），鲜牛奶也很好；
- 瘦肉类，鱼类（未经加工过的）；
- 葡萄干、杏干；
- 水果羹（各类水果干加水加糖熬煮）；
- 茶类：淡红茶、绿茶、混合果茶；

在安排妊娠期饮食的时候，最重要的是注意食品安全。在购买和食用某种食物之前，应当**想一想：**

- 您购买的食物是如何储藏的，储藏地点是否符合相关部门的卫生标准。
- 您在多大程度上能够确认生产者在您购买的香肠、肉饼和馅饼中放入的是合格的鲜肉？
- 如果火腿的价格比普通肉类价格每公斤便宜了一半以上，那么这个“火腿”质量过关吗？
- 如果苹果大得红得有些离谱，您还敢吃吗？
- 为什么这个热带水果放了3个月都不会腐烂？
- 一份号称没有加防腐剂但保质期却长达6个月的奶渣，您觉得可靠吗？
- 您放在冰箱里的鱼、虾和肉已经反复化过几次了？

妈妈笔记

切记：

▶ 用蒸、煮、烤的方法处理食物，要比烟熏油炸健康得多；

▶ 食至半饱好过吃撑；

▶ 如果您十分想吃那些不能吃的东西，那就最好不去想；

▶ 如果您无法判定一种食物到底能不能吃，那就……别吃了吧！

▶ 睡前要少吃；

▶ 总体来说，不要吃得太多；

▶ 如果由于环境、年节习俗和周边人、事而不得不饮酒（例如孕期正值新年），那么可以选择喝红酒，或者是香槟（二者选其一，少量饮用）[1]；

▶ 糖分摄入不足会导致嗜睡；

▶ 体重增加，往往不是因为吃得太多，而是运动量减少了。

▶ 在自我感觉良好的情况下，没有必要限制饮水。但是，如果出现了不适，例如水肿、肾病，就应当及时求助妇科医师，制定合理的饮水标准（喝什么，喝多少）。

▶ 补钙的方法：最好服用葡萄糖酸钙，尤其是甘油磷酸钙，每日 3 片，再加上奶渣一起服用，您和宝宝完全够用。

▶ 最好能为孕妇补充多种所需维生素（孕妇所需维生素与一般意义上的维生素不同，其中还包括维生素 D 和微量元素）。您应当明白，妊娠期间服用维生素和微量元素，不只是为未来宝宝的健康着想，更多的是为了您的健康。不断成长的胎儿在孕妇体内寻找各种自己所需的养分，并吸收为自己所用。这样一来就会造成母亲的营养不良，所以补充维生素的本质是为了维护母亲的健康和美丽，对皮肤、牙齿、指甲、头发、血管等都有好处。

1 说实话，关键还是您自己想喝，与环境、习俗和身边人的影响并没有什么关系，您说是吧？

妈妈笔记

1.1.3 妊娠期的个人卫生

▶ 勤洗手，出门在外尽量使用一次性杀菌湿纸巾；

▶ 相比孕前，更要勤于清洁牙齿；

▶ 与浴缸泡澡相比，淋浴的方式更好，一天一次，水不宜过热；

▶ 再次强调，勤洗手很重要。

1.1.4 妊娠期的穿着

▶ 孕期女性应当穿着颜色鲜艳、宽松、没有压迫感的衣服，当然，最好丈夫也喜欢；

▶ 穿衣要对应天气、时节，不冷不热的衣物刚刚好；

▶ 合成纤维面料的衣服尽量少穿；

▶ 高跟鞋可以穿，但最多不要超过 3 厘米，防止跌倒。

1.1.5 如何对待自己的另一半？

▶ 首先，应当记住，您的丈夫也是人；

▶ 理解他，包容他；

▶ 在他给您鼓励和支持的时候，别忘了说声谢谢；

▶ 要明白，您的丈夫是一家之主，家中就要多一口人了，丈夫的地位就更重要了；

▶ 别总是对他抱怨发牢骚，千万不要让您的丈夫觉得让您怀孕是他犯下的错误，要让您的丈夫知道您的妊娠反应是多么痛苦，虽然发脾气可以令您缓解这种痛苦、轻松，但您的丈夫却会

妈妈笔记

焦躁不安，结果事与愿违；

▶ 无论妊娠是一个多么艰辛的过程，您都不应该让丈夫饿着肚子或是穿着皱巴巴衣服去上班（因为，如果长此以往，他总会找到一个别的什么地方填饱肚子，找到其他人给他整理衣衫，这可不是我们想要的）。

1.1.6　如何对待自己？

▶ 首先要学会控制自己的本能欲望。为了胎儿健康成长，准妈妈应当多做运动。母亲的心脏工作越活跃，就有越多的血液流经胎盘，胎儿获得的营养物质也就越多。不过运动一定要注意适度。笔者认为，孕妇适当进行锻炼是好事，但这并不意味着要像专业运动员一般进行大运动量锻炼，也不应该进行例如跳伞、攀岩之类危险系数较高的运动。

▶ 别过于在乎自己（妊娠不是病!!!）。

▶ 注意自己的仪表（眼睛、唇部、面容、指甲、发型），千万不要以为，肚子里的孩子会彻底拴住您的丈夫。

▶ 不需要长时间晒太阳，在烈日下一定要戴遮阳帽。

▶ 日光浴[1]对于胎儿来说没什么危险，但或许会给准妈妈的皮肤造成损伤。

▶ 少用喷雾类产品（除臭剂、发胶），总之，尽量少用日化类产品，其中包括洗衣粉、矿物质肥料、驱蚊剂等等。

▶ 工作和学习具有巨大的积极意义，因为可以在一定程度上减少妊娠带来的焦虑。

▶ 请注意：妊娠期的任何感染对胎儿来说都是危险的。当然，要保证 10 个月内都不感冒远没那么简单。但是完全没有必要去增加自己感染的风险，例如去逛商场、和朋友聚会或是去电

1 即便如此，您也应当明白，2002 年世界卫生组织经过多年的研究证明：日光浴会增加患皮肤癌的几率。

妈妈笔记

影院等人多的地方。对妊娠期女性而言最危险的疾病是风疹（风疹病毒对胎儿会产生极坏的影响），尽量避免去儿童医院和诊所。再次强调要注意食品卫生，勤洗手，任何有可能引发腹泻的不洁食物都应当及时丢弃。

▶ 身体出现轻微不适，例如伤风、肠胃不适等症状时，不要**自作主张**随便吃药。关于这一点后面还要细说。

▶ 在妊娠后期，应尽量减少外出旅行，无论是火车还是飞机都不是去产房的最佳交通工具。

另外一个问题就是五花八门的准妈妈训练班。笔者相信，如果准妈妈已经准备进行系统练习，她总能找到时间去购买一些由专家撰写的相关书籍（从图书馆或是朋友处借也可以）。

对于准妈妈们来说，**健康的生活方式比任何一种孕妇体操都重要**（呼吸新鲜空气，适当活动）。笔者曾经不止一次碰到这种情况：有些准妈妈连续 12 个小时躺在沙发上，然后起身做 15 分钟的孕妇操，之后又躺 11 个小时 45 分钟，还自我安慰说为生产做好了充分的准备。

1.1.7 性生活……性生活？性生活！

▶ 从基督教的教义出发，这个问题没什么好讨论的（自然是指孕期）；

▶ 孕期性行为会增加流产的可能性（在性高潮时子宫会收缩）；

▶ 从医学角度讲，妊娠期性行为并不是要绝对禁止的。

如果要列出孕期女性绝对不能进行性行为的几种情况，3 条绝对够用了。

妈妈笔记

先说明一下，笔者没有对下列几种症状做出具体解释。如果您的医生给出了类似的诊断，那么请你们夫妻二人一定要认真对待。

当孕期女性有以下症状时，不应当行房：

1. 羊膜破裂；
2. 宫缩提前；
3. 宫颈无力，或者说的更专业一些，“子宫颈无力”。这是一个很现实的问题。如果女性曾经在孕期3至6个月时流过产，那么基本上百分之百的二次妊娠女性都会出现“宫颈无力”症状。即使是初次怀孕，也有可能在妇科检查时发现一些“宫颈无力”的具体症状。

▶ 关于妊娠期绝对不应发生性行为的任何看法，基本上都是从伦理（存疑伦理）和宗教角度出发的。

▶ 实际上，怀孕期间在这方面并没有严格的禁忌，而且也与女性的怀孕周期无关!!! 可是总有一些人对孕期性行为嗤之以鼻，常说：“要注意，别乐极生悲。”别信那一套，该“乐”还得乐！因为妊娠期性行为甚至是有益的!

▶ 说它有益，是因为：

- 会让妊娠期女性血液中的性荷尔蒙水平发生变化，有助于准妈妈保持心情愉快；
- 考虑到女性在妊娠期的情绪变化以及夫妻间无数次的“摊牌”，性爱的确是融合夫妻感情的润滑剂；
- 对于怀孕女性来说性爱能够有效地转移注意力，提升她的自我感觉，忘记那些妊娠中毒、恶心、腰部酸痛等烦恼；
- 不用再担心怀孕；
- 妊娠期的性生活不仅能够让孕妇体会到来自丈夫的爱，同时还可以得到具体的实惠——如精液中所含的前列腺素，就是一种有助于提升子宫颈弹性的特殊荷尔蒙；
- 性高潮时女性的身体会向血液中释放宫缩素，引起宫颈收

妈妈笔记

缩。分娩时也会生成大量的宫缩素。分娩前有规律地在心情舒畅的情况下分泌宫缩素，有助于减少分娩时的负面情绪。

▶ 如果丈夫在这方面的需求很强烈，那么应当采取解释和配合交替进行的策略（不能完全拒绝，因为您身边总有那么些个虎视眈眈的人）。

▶ 如果您在这方面的需求比他强烈，就比较难办了。您可以从三方面进行尝试：

- 修饰您的外貌；
- 喂好丈夫的肚子；
- 克制您的欲望。

▶ 如果你们彼此的需求差不多，那就尽量满足吧。

▶ 有很多种方法能够保证在享受性爱的同时不对孕妇的肚子造成挤压（如果您不知道该怎么做，可以看看相关电视节目，一定要学会）。

1.1.8 药物与妊娠

笔者只能很遗憾地告诉大家，孕妇患病几率并不比非孕妇少。虽然妊娠本身不是一种疾病，而是女性生理状况的一个特殊阶段，但是她们很难在这段不稳定的时间里（九个多月）从根本上改变服药习惯和对药物的看法。

孕期用药的主要风险在于：快速繁殖的胚胎细胞对任何外部作用都很敏感。有可能会影响到细胞生长的因素，哪怕是最小的（尤其是怀孕头三个月），都有可能会导致胎儿先天性多器官发育畸形。

妊娠期女性服用的**任何**药物都会溶入血液，进入胎盘，并有可能对胎儿产生影响。并不是说所有药都会对胎儿造成不好的影

妈妈笔记

响，但是，是药三分毒！至于具体会产生什么影响，那就完全是另一个话题了。为什么说是另一个话题？因为不论是孕妇本人，还是她的家人，在大多数情况下都缺乏最基本的认识，都不知道患感冒的准妈妈能否服用阿司匹林。最让人感到难过的是，无论是孕妇本人还是她的家人，都没有意识到这一点，思考过这一点，而是在不懂药理的情况下仍然像往常一样做出自己认为是正确的，但实际却是错误的决定，结果遗憾终生。

药物对胎儿的影响程度取决于许多因素——药物的特性、剂量及服药时间长短，孕妇的怀孕时间长短、她的身体状况，包括胎盘情况。一些原本对胎儿非常有害的制剂最终并未造成任何危害，而原本不会损害胎儿的制剂却给人留下终身遗憾。

任何有关制剂副作用的说明，指的都是服药后副作用出现的**可能性加大**，并不是说服药后这些症状一定会出现。很可能就不会出现副作用。但是，没有任何一个理智的女性会故意给自己找麻烦，甘愿冒着让自己的后代先天畸形的风险。

假定您由于糊涂（请原谅），或是因为听了婆婆的话，在怀孕的时候服用了一片四环素，转而又在某处读到孕期是不能服用四环素的，因为这种药物会影响孩子的牙齿发育，并且会让孩子脸色发黄，这时，请马上再阅读一下上面一小节！因为，很可能什么都不会发生，没有必要在孩子出生前一直提心吊胆，没必要对吓得惊慌失措的婆婆破口大骂，没必要因此过于紧张激动，让自己的血液中，同时也是让孩子血液中充斥着大量的肾上腺素。放轻松，因为歇斯底里或是伤心悔恨这些不良情绪对胎儿的影响一点儿也不比四环素小。

国际上有几条基本原则，是准妈妈在服药时一定要记住的，主要有以下几点：

- 严重病症不可自主治疗！只有从事相关专业的医生能够医治；

妈妈笔记

▶ 妊娠期妇女患病更不能自主治疗；

▶ 医生告诫病人哪些事应当做，哪些事不能做，我们应当把它们当做公理来对待；

▶ 由上述几条可以得到结论：只有医生可以给孕妇开药。

▶ “不严重”的症状，例如打喷嚏、咳嗽、流涕、头痛、体温超过37.5℃、喉咙发痒、胃肠咕噜作响等，并不是不吃药就好不了。吃药只不过是为了更快地缓解不适。

▶ 孕期女性如果想要通过自主治疗的方式缓解症状，说不定会适得其反。如果症状让您觉得不能忍受，或者是逐渐变得无法忍受，那么请去看医生，让医生来诊治。

无论何时都不要忘记，药物作用于胎儿的机制研究起来是十分复杂的。为了要确定某种药物是否适合孕妇服用，医生会：

▶ 研究药物机制在人体组织上的作用；

▶ 进行动物实验；

▶ 观察孕期女性自主医治的效果。

医生们当然不会直接在孕妇身上做实验，但是单纯的动物实验也存在一定的复杂性。在1600种喂食给那些可怜动物的药物中，差不多有800种对动物的幼仔造成了影响。但是!!! 这些药中只有30种对人体有害。另外，以酞咪哌啶酮（上世纪五六十年代在几个欧洲国家使用的安眠药）这种能够导致人体畸形的可怕药物为例，在实验鼠身上使用了几公斤都没有产生什么影响。相反，肾上腺素、青霉素、地高辛在人类身上使用无害，却对动物有危害。

所以，实验终究是实验，仅靠理论和个别的实际观察是不够的，我们仍然不能得出可信的结论。

在此，十分想向各位准妈妈提一个请求：无论何时都不要把自己和腹中的宝宝作为实验品去冒险。

在此还有几点具体说明：

▶ 如果病痛尚可忍受，那就尽量忍着；

▶ 如果觉得很不舒服，就要去看医生；

▶ 妊娠的时间越短，以上这两点就越值得注意。尤其是孕期的前三个月要格外小心！

▶ 您拿到的任何一种制剂都**应当**标出服用的方法。在说明书上还**应该**写明本药品是否适用于孕妇。如果药品没有使用说明（本国文字），这药肯定有问题，也许是小厂家生产的。还有一种可能，就是您所在国家不允许使用的禁药。当然，这种情况很少见。

▶ 请在读完药品说明书之后再决定是否服用。

社区医生和您的妇科医生不同，他也许对您的妊娠状况不太了解。如果您因为咳嗽等症状去看社区医生，那么记得要在医生开处方之前告知他您的情况。

如果您在不知道已经怀孕的情况下服用了某种药物，那么一定要将这个情况告知医生。

有些问题很重要，因此，请原谅笔者一再重复强调：如果病痛可以忍受那就尽量忍着；如果忍受不了就要去看医生，就让医生来为如何给您医治而费神操心吧。

1.1.9　准爸爸必读

请先不要那么肯定地说："所有该做的事我都已经做了。"

虽说妊娠不是病，但身为丈夫，您仍然有必要重新审视自己与妻子的关系。毕竟您无法亲身体会她在妊娠期所经历的一切，而且永远没有办法彻底领会她的各种任性行为。作为一个好丈夫，您应该明白：准妈妈们需要应对的刺激物已经很多（奔走求医、与好朋友交流、心理压力加大等等）。所以，准爸爸的首要

妈妈笔记

任务是：不要让自己成为妻子压力的一部分。

准爸爸的黄金法则：

- 尽量少谈论您的喜好：喜欢男孩儿还是喜欢女孩儿。孩子的性别取决于父亲的精子，所以，是什么就是什么，不要埋怨妻子。
- 不要抱怨妻子对自己不够关注，反而应当适应这种情况。因为这样的状况会一直持续下去。
- 学会感受生活——去商店买东西、洗衣服这类活儿对您的男性形象一点都没有损害。
- 找时间好好讨论一下你们夫妻二人共同关注的事：孩子的小床要放在哪里？还有哪些东西要买？妻子在产院[1]的时候您又该做些什么？
- 别给妻子买不适合她吃的食物（见本章第二小节）。此外，如果您能做到不在妻子面前吃她想吃却不能吃的东西，这将是十分明智的。
- 不要鼓励妻子的无所事事（终日躺在沙发上看电视）。最好能带她在新鲜空气中散散步，到公园小坐一会儿，也可以给她念念这本书。
- 在性生活中一定要充分考虑妻子的反应，别动不动就不高兴；切记，孕期女性相对而言更不愿意原谅别人。
- 不要在房间内抽烟。
- 如果睡觉时您会辗转反侧，翻来覆去，甚至有蹬腿的情况，那么建议您在妻子分娩前一周和她分开睡。
- 妊娠期毕竟只有9个月[2]。

1 笔者在此有意识地回避了那些与分娩有关的问题，再往后读几章，您就会知道了。

2 让我来安慰您一下：母象的丈夫——公象需要忍受的时间长达22个月。

*　*　*

本节要义：

大多数情况下妊娠过程都是正常的。妊娠期女性一定要格外注意自己的身体。切记，虽然在我国有免费的医疗机制，但是关注每个人的健康不是医生的职责，而是自己的责任。不要讳疾忌医。大多数麻烦都是因为我们自己不注意才会出现的，因此，即便痛苦也是枉然，重要的是要真正重视自己的健康。

不要给自己制造额外的麻烦，及时去诊所检查。在您大腹便便不便于行之前尽早就医，完成各项检查。

放轻松，您不是第一个，也不是最后一个生宝宝的人。请原谅我的老生常谈。放心地生宝宝吧，不要逃避。

好，接下来让我们看看产科医院里发生的那些事儿。

1.2 入院及分娩

只要你是一枚天鹅蛋，就算是身在养鸭场也没有关系！

——汉斯·克里斯蒂安·安徒生

首先，您一定要从心理上做好进医院的准备。无论您的身体多么健康，家里多么富有，分娩就好似抽奖，只不过中奖的几率相当大。

当然，仅仅是心理上做好准备还不够。在进产科医院之前还要准备一些必备之物。

下面列出一些必备物品清单，难免有些疏漏。不过别担心，您住医院的那段时间，家人可以替你拿来忘带的东西，以应变突发情况。如果有多余的东西，家人也可以拿回去，省得占地方。

下面是住院前需要准备的一些用品：

各种证件和钱：

▶ 证件（身份证、转院证明、付费分娩合同、医疗保险单、体检表。如果分娩时需要丈夫在场，那么还需要携带丈夫的身份证）；

▶ 零钱（万一需要买东西。此外，红包也可以用来提高医务人员的工作积极性）；

▶ 便笺和笔（可以用来记日记，给家人写便条，记录医生的意见等）；

▶ 黄页或电话簿（方便与朋友、同事、家人、领导等联系）；

▶ 空闲时可以阅读的书，比如我们这本《理性育儿——明明白白养育健康宝宝》就不错。

准妈妈需要的物品：

▶ 衣物（可洗的便鞋、家常便服、睡衣、袜子、短裤、哺乳胸罩等）；

▶ 餐具（盘子、茶碟、茶杯、勺子和刀叉——最好是一次性的）；

▶ 卫生用品（毛巾、纸巾、湿巾、除菌纸巾，用香皂盒装好的肥皂或是洗手液、沐浴乳、洗发液、牙膏、牙刷、卫生护垫、一次性乳垫、梳子、厕纸等）；

▶ 最基本的护肤用品（剪刀、香体露、护手霜、保湿霜、润肤露）；

▶ 一次性垫布，方便检查，也可以给宝宝用。

妈妈笔记

宝宝需要的物品：

- 纸尿裤；
- 薄襁褓（5~7个）；
- 法兰绒襁褓（3~5个）；
- 衣服：小帽子（1~2顶），婴儿连脚裤（5~7条），婴儿服（3~5件）；
- 婴儿爽身粉和润肤霜；
- 棉签。

电器：

- 手机和充电器；
- 照相机，录影机（当然要充好电，有足够的内存）；
- 吹风机；
- 手表。

其他可能有用的物品：

- 一次性垃圾袋；
- 马桶圈或马桶垫圈纸；
- 台灯；
- 电水壶；
- 小块巧克力和小罐装咖啡，可以当做礼品送给医护人员。

关于携带**哪些药物**去医院，需要事先与所在医院的医生交流。

* * *

对于大多数现代女性来说，分娩虽然一生只有一两次，但通

妈妈笔记

常都能够顺利完成。尽管您有充足理由对分娩表示担忧，但从统计数据来看，非正常分娩的可能性很小。

最重要的是不要慌张，仔细听从医生的建议。尽可能听从助产士的意见，照他的话去做。

在分娩这件事上，不用发扬首创精神。自作聪明反而会阻碍分娩的顺利进行（受过高等教育的女性和知识分子的分娩过程往往会更艰难）。

在这里笔者不再详细说明分娩时应当遵守的规则（因为这方面的书已经很多了）。人们之所以会对产科医院这么感兴趣，是因为人们将它视作孩子生命开始的地方。我们这本书所关注的正是一些更为具体的相关内容。

以前，公立产科医院似乎是产妇分娩的唯一选择，但是现在情况有了变化。

一方面，现在出现了许多私立医院，即收费的产科医院。另一方面，医院从实质上发生了很多改变，如允许父亲参与分娩过程、允许他在一旁观看或是为产妇加油，开设专门的“爱婴病房”，让婴儿从刚生下来就与母亲进行亲密的接触。

有些大城市甚至还出现了帮助准妈妈们在家中分娩的“兴趣俱乐部”，当然，是在医务人员的监督和照料下。

正在发生的种种转变有利也有弊。在产房，父亲不但没有帮上忙，反而吓得晕了过去，医生还得去照料他；在“爱婴病房”，共处的不是1对母子，而是5对母子。

那么如何理性地选择在何处分娩呢？理性选择的关键在于：如果产妇身体健康（没有骨盆狭窄、胎位不正的情况等），那为什么不选择在家分娩呢？在家比在医院更舒服，心情也比较放松。如果产妇在分娩后

妈妈笔记

仍有余力照顾新生儿，那为什么不让她和孩子在一起呢？相反，如果有产妇状况不佳，有产后抑郁而婴儿比较爱哭闹的话，为什么还让她和孩子待在一起呢？

无论您打算在哪里分娩，无论您曾经做过哪些尝试，**我们的最终目的只有一个：尽快带孩子回家。**

因为只有在家里，父母才能完全担负起照顾孩子的责任。与在医院里不同，在家里需要遵循的不是国家卫生部的条例规章，而是要依靠自己的逻辑和理性来做出正确的判断。

住院也许会对产妇造成一些不良影响，因此，有些事情还是一定要知道的。

* * *

总之：

1. 首要任务之一就是保持母乳喂养。母乳的多少并不取决于乳房的大小，而是取决于母亲的神经系统。请尽力，我在此请求，请尽力保持情绪稳定，勿激动。笔者知道，做到这一点并不容易，因为大家都对您和您的孩子满怀祝愿，而同病房的妈妈们也会把不安传染给您。如果别的产妇情绪影响到了您，那么您一**定要明白一点：在医院生产住院的这几天，哪个产妇没听到过“不正常”的言论？不是自己不正常，就是孩子不正常**。与此同时，**基本所有不正常的妈妈都会陆续恢复正常，回到家里**。

2. 越早让初生儿吸吮母乳越好（最好在孩子刚生下来，还没有离开产房的时候就给他喂第一口奶）——这么做的好处得到了生理学家和医生的认可。首先，母亲的乳头在孩子吮吸时会受到刺激，这样的刺激有助于子宫收缩，这对刚刚分娩完的产妇十分

妈妈笔记

有益。其次，第一滴乳汁——初乳，含有“开启”孩子体内免疫系统和消化系统的有益成分，能有效抑制过敏和肠道不适。

然而，在大多数的医院里，第一次哺乳一般被安排在孩子出生后的第二天或第三天，甚至还会更晚。这么做一般是因为担心产妇产后劳累，孩子虚弱，或是担心孩子会生病，因此不让母亲过早哺乳。实际上，这些因素并不影响哺乳。想要较好地解决这个问题，准爸爸准妈妈们可以提前与医生商议。

如果医生在产房里就把刚出生的宝宝交给您哺乳，要么是因为孩子的状态非常好，要么是主治医生非常优秀。如果二者兼而有之，那就太完美了。如果医生没有将孩子抱给您，也不要不安。医生这么做可能是出于多种原因，例如，妇产科医生会昼夜值班，而新生儿医生[1]不会时刻都在，甚至并不是每个医院都有新生儿医生。而一般的妇产科医生往往不太愿意冒险代替儿科医生决定何时哺乳。

1 新生儿医生——儿科医生，负责新生儿的专家。

总之，**别紧张**，医生不允许您提前哺乳也没关系。成千上万的孩子都是在出生后第二天甚至第三天才吃到母乳，他们一样健健康康、快快乐乐地生活着。

3. 如果您的孩子不愿意吃奶，或者无力吮吸母乳，**千万别紧张**，告知医生，但您自己也**无需焦虑**。如果您觉得自己的孩子还没有吃饱就被护士抱走了，那么请相信，护士是不会让您的孩子饿死的。

4. 在出生后的第二、第三天，孩子的皮肤一定会变黄，可能很明显，也可能很轻微。**不要慌张**，这很正常，在医学上这叫做“新生儿黄疸”。

5. 在刚出生的几天里，孩子的体重不会增加，反而会减轻。可能会轻很多，也可能是略轻一些。**别紧张**，这也是正常的。

6. 无需为一些您暂时无法决定的事情担忧，例如：何时给孩

妈妈笔记

子哺乳、喂多久、给孩子穿什么样的衣服、病房里还住着哪些孩子。**别紧张！一周的时间基本不会对一个健康的孩子产生什么破坏性的影响。**

7. 您很可能会听到一些可怕的词汇，例如“新生儿窒息”、“脐带缠绕”、“新生儿血液、脑脊液感染”、“新生儿脑病”等等。所有这些症状都是可以医治的，而且很少会留下后遗症。

也许，以上说到的这些情况正好出现在您的宝贝身上。但是，回到家后您可能看不出他有任何疾病症状。当然，您或许会气愤地质问：那为什么当时还要吓唬刚刚分娩完的产妇，明明知道，这样会减少她的乳汁，睡眠、胃口也受影响。请别抱怨，医生们之所以那么说，是因为新生儿的状况经常是不可预料的。无论是哪位医生都不能够给出百分百的保证。如果医生对您说：一切都好，一切正常！而事实却并非如此，又有谁该为此负责呢？孩子生下来什么样就是什么样，不会变得更好也不会变坏。如果孩子的健康有问题，医生能够做的就是在第一时间告知您，但却无法为您做任何保证，以免日后引发纠纷。

在这个问题上，可以说几乎所有人，乃至整个社会都有过错。因为我们已经习惯于把自己的不幸归罪于别人。可是，又有谁曾经因为医院婴儿房内温度过高而感到气愤？从来没有！可是如果医生们稍稍将病房内的温度调低一些，就立刻会遭到家长的抗议。好，想要暖和些就暖和些吧！回家后您就会发现孩子身上出了湿疹——这都是因为你怕孩子感冒而把房间温度调得过高的缘故！

大自然智慧无比，她怎么会允许自己创造的动物幼崽只能在不低于22℃[1]的条件下生存呢？

可见，产妇在分娩前要解决3个主要问题：

1. 别紧张；
2. 充分休息（睡觉）；

① 按照规章，这个温度正是医院新生婴儿房的最低限温。

3. 按摩乳房[1]。

在产房外焦急等待的**准爸爸应该做的事情**可归纳如下：

1. 做好迎接新生命的准备——应当再次确认是不是需要的东西都买齐了；家里是不是已经打扫干净、储备好了食品；是不是约好了亲戚到家里帮忙照顾，否则妻子在出院的第一天还要操心谁来做饭。

2. 对于在住院期间收到的那些食物，切记：妊娠期内不能吃的东西，在哺乳期同样不可以食用[2]。

3. 一定要记得经常写一些向妻子表达认可、赞美、感谢之情的便条（更长更详细的信更好）。关爱地问一问“你想要什么”，尽可能满足她的愿望。分娩后第 3 天到第 5 天，产妇因为体内激素的变化，情绪上可能出现大幅波动。此时您一定不要忘记安抚妻子，要关心她，理解她。

4. 关于新生儿的衣服、婴儿车、鲜花、庆祝用的香槟以及糖果这些琐事都要提前想到。

5. 去医院接妻子和孩子的那天，无论如何都不要迟到！

* * *

在您的车子到达医院大门后，您的生活就进入了一个新的阶段。无论这是您的第 1 个孩子还是第 5 个，无论这个孩子是男是女，您的生活都将因为他的出现而改变。

从这一刻开始，孩子的健康就完全掌握在您的手中，也只有您能够给他最无微不至的照顾。正如我们之前所说的，孩子的健康是他未来幸福的基础。

妈妈笔记

1 关于女性乳房和乳汁，将在后面的章节详述。

2 顺便说一下，通过观察对孕妇产后食物的不同建议，可以明显地看出妇产科医生和儿科医生的不同：妇产科医生认为，为了母亲尽快恢复体力，应当食用巧克力；但儿科医生恰恰相反，不允许食用巧克力，后者认为，食用巧克力会对孩子有影响。

1.3 您的新生儿

“我的名字还没有起，
仅仅出生两天而已。”
“我该怎样称呼你？”
“生命本身就是欢乐，
我的名字就叫欢喜。”

——威廉·布莱克

这一小节的标题看起来很简单，但在简单中却有着丰富的含义。为了更深刻地体会这个标题，让我们来理解一个词——“新生儿”。人们对这个词往往有许多种不同的解释。

根据世界卫生组织的资料，初生 28 天以内的孩子称为“新生儿”。更准确地说，就是从胎儿娩出、剪断脐带开始算起的 28 天。

理解“新生儿”这个词是其一，正确理解“您的”这个词是其二。“您的”是关键词。当您带着宝宝出院的时候，或许会想，孩子已经 5 天，或是 10 天大了。但是您应当清醒地认识到一点：在产科医院的那几天小宝宝还不能完全算是“您的”。您只有在

妈妈笔记

得到医生允许或把孩子给您抱来的时候才能给他哺乳；您不能决定给宝宝服用什么药物，用什么样的注射器给他种牛痘；你也不知道究竟是谁在孩子饥饿的时候喂他，甚至连喂的是什么都不知道。

这当然不是说医院给您的孩子服用不正确的药物，用未经消毒的注射器给他种牛痘，让一个刚吃过 1 公斤巧克力的女性给您的孩子哺乳。笔者在此只是想强调，在住院的几天里，您在许多重要问题上实际上和孩子并没有直接的关系，因此您也不用为一些决定负责。我们从来不会将一个未曾真正“占有”、对它（他）没有控制权的人或事称作是“自己的”。

从护士将包裹在层层襁褓中的孩子交到您手中的那一刻起，您才真正拥有了他。

宝宝在出院以后居住的环境，将在很大程度上决定他的健康状况。

十分遗憾，在大众中存在着一些根深蒂固的观念，认为刚刚出生的婴儿十分虚弱，很容易生病，新生儿的生命可以说是“命悬一线”。这种观念主要来自长辈（其中也包括一些老一辈的医务工作者）。

在长辈和一些医务工作者的思想中，有几条重要的“生命”理论：

- “怎么，你在孩子身上还省钱哪?”（或者“最好的东西都应该给孩子。”）
- “孩子在哭，好可怜哪!”
- “他的脚后跟冰凉啊!”（或者“鼻头很凉。”）
- “小心，别让孩子吹穿堂风。”

最有意思的是，也正是老一辈人在带孩子看医生的时候会说：“不对，您只要看一看伊万诺夫家的 5 个孩子，个个光着膀子、饿着肚子到处跑，也没见他们有什么毛病。您看看我们家的

妈妈笔记

孩子……”

这种说法明显不合逻辑。大家知道，越受宠爱的孩子也越容易生病。

新生儿的确非常柔弱。但是，与其说柔弱，不如说他有着太多的出人意料之处。之所以说他出人意料，是因为我们无法确定宝宝有什么样的本领。他能做什么、想要什么、害怕哪些东西。家长们凭自己的经验，把自己的需求当成孩子的需要；想当然地认为自己害怕的东西宝宝也害怕；相信自己做不到的，孩子自然也做不到。因为这个幼小而脆弱的生命之所以被称为“人”，只是因为他的父母亲是人类。

但事实并非如此，您有必要了解孩子的能力和本领。

新生儿彼此之间也存在许多差异，如健康状况、足月程度等等。因此在判断孩子的能力时，首先应当确定的就是孩子的年龄。如果将一个 7 个月的早产婴儿和一个足月婴儿相比，他们之间会有很大差距。因此，在讨论接下来的话题之前，我在这里要先做一个说明：我们所指的对象都是健康足月的新生儿。至于早产儿的生理特点，那就是另一个特殊的话题了：对早产儿来说，我们关注的与其说是他们的生理特点，不如说是他们与健康的新生儿之间在各方面的差距，以及由此产生的在护理中的各类注意事项。

新生儿的各项身体机能检测是由医务人员在产妇分娩后直接在产房内进行的。检测的结果家长们都可以在出院时开出的相关记录中读到，例如，在记录中会写：“阿普伽新生儿评分为 8 ~ 9 分。”

并不是所有人都知道什么是“阿普伽新生儿评分”。现在就让我们来解释一下这个概念：阿普伽是一位美国女麻醉医师的姓，她制订了一个判断新生儿健康情况的标准，其中包括 5 项基本指标，分别是：心跳、呼吸、肌肉张力、反应和皮肤颜色。分

妈妈笔记

别用0分、1分、2分进行评判，最高分为10分。

用阿普伽新生儿评分方法判断宝宝的健康是医务人员的工作。但是普通人该如何检查新生儿的健康状况呢？

家人们带着宝宝回到家，经过家庭会议的一番讨论之后，全家人着手开始照料宝宝。虽然医生曾经说过，孩子一切都好，但是父母总是情不自禁地表示怀疑：孩子身上似乎有红红的疹子；孩子的眼睛似乎分得很开；孩子的小手怎么总是莫名其妙地挥动；孩子的小腿时不时会抽搐，嘴唇还有点肿，头转的角度似乎也有些奇怪，还总喜欢大喊大叫……

于是，聚在婴儿床边的一家人开始你一言我一语地发表自己的意见和担忧。这些观点会让年轻的父母感到沮丧和灰心。无谓的担心会影响母亲的乳汁分泌，不利于哺育宝宝。

因此，如果在出院回家时您的孩子还处于新生儿期，那么您不必过于担心孩子的健康状况，他就像其他孩子一样正常，或者说，基本上一样正常。可能他的身上会有些小毛病，但是既然医生已经允许你们出院，就说明这些小毛病是可以在家人的照料下消除的。所以无需特别担心[1]。

每个人对孩子的身体状态都有不同的看法，这主要取决于是从谁的角度看（妈妈，爸爸，奶奶，爷爷，大哥等等）、这是您的第几个孩子（第1个或是第2个、第3个……）以及您是花了多大的代价才得到这个孩子的（9个月往返医院，还是求医9年才得一子，抑或是经历难产）及其他许多因素。

新生儿应当是什么样，您当然不是很明白（毕竟您不是从医学院毕业的）。而在您身边陪伴着您的那些号称“专家级”的经验丰富的亲人们实际上也不甚明了。所以，**不要试图根据自己的经验来判断孩子的健康**。有许多在您看来反常或是不好的情况，事实上并没有那么糟糕。再次强调：如果出院时您的孩子还处在婴儿初生期，那么基本不太会出现什么需要特别担心的不正常

1 如果宝宝真的病得很严重，医生会要求他留在婴幼儿特护病房或者早产儿病房中继续接受治疗。虽然治疗还是存在一定的风险，有的宝宝可能挺不过去，但是如果治疗成功，那就意味着最难的阶段已经过去。

妈妈笔记

情况。

父母对孩子的评判通常有两个倾向：一部分家长认为，孩子是他们一生中最神奇的宝贝，完美无缺；还有一部分家长会用自己全部的精力来寻找孩子身上的缺陷和不足。请您尽量收敛自己过度的热情吧！当然，让母亲不关心自己的孩子，是很难做到的一件事，但是作为父亲，就要尽到做父亲的责任，尽量不要在妻子的面前表现自己对孩子的担忧，不要总和她说："唉！我担心孩子身上哪里出毛病了！"也尽量少与妻子谈论一些自己觉得担忧的事情，比如觉得孩子似乎太瘦了（太胖了）、头发少（头发太多）、总是无精打采的（焦躁不安的）、太安静（太吵闹）、脸色过于苍白（过于红润）等类似的话题会让孩子的母亲感到焦虑不安。

当您的身边出现这些十分典型的情况时（当您为孩子的健康状况感到焦虑不安时），请尽量证明这些担忧是多余的，因为缓解紧张情绪最有效的办法就是及时获取信息。第二个办法是拜托自己的亲朋好友不要再议论孩子的事情，以免增加不必要的心理压力，但这个解决方法往往很难实现。

下面介绍一下孩子的各项体征，为家长们提供一些基本信息：

首先从孩子的各项感官开始说起。其实，按规矩，医生在检查完孩子的各项感官功能之后，他的工作也就结束了。但是，恰恰是这些检查最令父母忧心，毕竟他们无法做到与孩子感同身受。孩子究竟能够看到什么，听到什么，感受到什么呢？

视觉：新生儿的视神经和眼部肌肉都还没有形成。他只能感受到光的存在。也就是说，他能够区分白天和黑夜，但是还不能分辨出在他面前向他挥手的人是谁。动眼肌不成熟，在生理上会造成宝宝斜视，这对于还处在新生婴儿期的宝宝来说是完全正常的。

妈妈笔记

新生儿在眼部感官上还有一个特点——眨眼反射。无论您用多少种不同的物品在宝宝眼前晃动，他都不会眨眼睛。而如果有强光或者突然出现的光束，那他就会立即做出反应。

听觉： 婴儿刚出生的时候听力较差（因为耳腔中需要空气填充，这需要一个过程），但是，到孩子快要出院回家的时候，听力就基本与成年人相当了。但是因为他不明白说的是什么，所以并不会做出反应。如果声音很大宝宝就会颤抖，或许还会因此改变呼吸深度和频率，面部表情肌也会做出反应。

嗅觉： 对于刺激性的气味，婴儿会做出明显的反应（通常是改变呼吸频率），但是他无法区别花露水和香水的味道。

味觉： 孩子从出生起味觉就已经发育完成。甜食能够起到安抚的作用，小宝宝会常舔嘴唇，做出吞咽动作。不喜欢咸味和苦味。如果停止吮吸，孩子就会哭闹。

由于新生儿的味觉和嗅觉生来就不错，因此他会对一些哺乳期妈妈服用的“难吃的”药物，以及妈妈所用的一些家庭卫生用品做出负面的反应。这也是家长们必须注意的。

触觉： 婴儿的触觉在出生时已经发育得不错，但是由于神经末梢分布不均匀，所以身体各部位的触觉反应程度也不均衡。触碰宝宝的脸部及四肢比抚摸他的背部得到的回应更加积极。婴儿会对不同的触碰做出不同的反应：又冷又硬的手会令宝宝哭泣，柔软而温暖的手则会让他平静。

现在我们已经基本了解了新生儿感官的发育水平。接下来我们来了解一些同样重要的身体机能：

皮肤： 新生儿的皮肤供血充足。就连最小的血管（毛细血管）也要比成年人的粗（当然，这是相对而言）。此外，新生婴儿的汗腺发育尚不完全。正是由于这两个特点，婴儿会对一些不利因素十分敏感，尤其在过热的时候。与此同时，也正因为如此，新生儿的机体具备了一个明显的优点——具有很强的恢复能

妈妈笔记

力：只要消除不利因素，皮肤很快就能长好。

肌肉：新生儿的肌肉有一个明显的特点——肌肉张力逐渐增大。但是婴儿在刚出生时肌肉发育并不完全，尤其是四肢部位。婴儿的肌肉总数与成年人有明显差距，仅占全身体重的22%～25%，而成人的肌肉总数一般不少于个人体重的40%。

呼吸系统：正如大家所知，胎儿在分娩前基本上是不用肺部呼吸的。气体交换主要通过脐带的血液循环来完成。分娩后，新生儿立即进行第一次吸气。他的上呼吸道和肺部充满空气，并开始用正常的方式呼吸。新生儿的上鼻道、喉部和气管都比较狭窄，这是新生儿生理结构上的一个重要特点。新生儿的鼻道、咽喉和气管内壁都被黏膜覆盖，这些黏膜十分娇嫩且供血丰富。上呼吸道黏膜容易干燥，因此抠鼻子很容易破坏上呼吸道黏膜。在干燥和多粉尘的空气中，上呼吸道黏膜会分泌大量保护性的黏液，但是如果所有的通道都很狭窄，黏液就很容易发生堆积。黏液积累不多时，新生儿还可以通过打喷嚏来缓解，但是他无法通过自主的擤鼻子方法清除鼻腔内多余的黏液，因此如果黏液积累过多，就很容易出现问题。这一点家长们尤其要注意。虽然孩子能够和成年人一样正常呼吸（也就是说，用鼻子呼吸，呼吸时不发出哼哼声），但是只有在亲人们为他建立一个正常的环境条件下他才能做到这一点，因此家长们要尽量减少屋内灰尘，不要过于热心地使用加热器，此外还要及时给婴儿房做好通风和保湿。

新生儿正常的呼吸频率在每分钟40～60次之间。

心血管系统：婴儿在出生后脐带血液循环随即停止，他的心脏和血管的运作方式发生改变。新生儿的肺部充满新鲜血液，一些血管不再发挥作用，一些血管和孔径关闭起来（胎儿通过这些血管和孔径实现肺部的血液循环）。心脏是新生儿最健康的器官之一，能够承受一定量的负荷并在血氧供应不足时保持相对稳定。心脏收缩频率大概在每分钟110～140下之间。心跳频率的变

妈妈笔记

化经常发生，因为任何的外部作用都有可能影响脉搏。

消化系统：孩子出生时已经有了较为成熟的咀嚼肌以及相对较大的舌头。这为他今后长时间地吮吸食物创造了条件。但是由于新生儿的唾液腺尚不成熟，所以唾液分泌并不多。消化器官成长很快：新生儿出生第一天，他的胃部可以容纳大约 20 毫升的乳汁；一周后，达到 50 毫升；而在即将度过新生儿期时，他的胃部容量可以达到 100 毫升。由于婴儿的消化系统针对的主要对象就是乳汁，所以他的胃肠道中的酶，从质量和数量的组成上来说都主要是为了更高效地消化乳汁。在新生儿出生的 10～20 个小时内，他的肠道基本处于无菌状态，但这只是暂时的，它很快就会被微生物所占领。肠道中不断繁殖的细菌在不断改变孩子的粪便颜色，所以宝宝的粪便刚开始时是棕色；然后呈黄绿色；几周后就变成金黄色，呈糊状，气味有点酸。

排泄系统：婴儿在出生时，膀胱内就已经积蓄了一定量的尿液。在出生后的 3 天内排尿相对较少——大约一天 4～5 次，这很正常。随着孩子的成长，排尿的次数也会不断增加，在出生后的第二周已经可以达到每昼夜 15～25 次。新生儿膀胱的容量为 50～80毫升，但是小宝宝无法等到尿液累积到这个量，10～15 毫升就需要排尿，换尿布。新生儿的肾脏基本已经能够发挥自己的功能，但是，到分娩前为止，肾脏的发育还不完全。因此，新生儿的尿液从比重、反应以及蛋白质含量等各方面来说都与成人的指标有所差别。

神经系统：新生儿神经系统有一系列特点，并在生命之初的几个月中要经历巨大的变化——从反射到应激性，再到人体对外界环境的反应都处在不断变化之中。肌紧张主要体现在弯曲的四肢上。有一些对于成年人来说完全不正常的特征，放在新生儿身上就很正常。例如，手脚颤动（或被称作震颤）对于一个情绪不稳定的老太太来说不是好现象，但在一个刚出生不久的婴儿身上

妈妈笔记

却很正常。再比如，腱反射（神经科医生经常用小锤子来检查腱反射）在初生婴儿身上就并不常见，只有膝反射常见。

还有一些很特别的“新生儿生理反射”，它们之所以出现主要是因为婴儿的大脑发育不成熟。每一个健康的宝宝都会有“新生儿生理反射”，但是由于每个宝宝的大脑发育不同，所以反应的程度也不一样。一般此类反射会持续 4 ~5 个月，并逐渐减弱，最终消失。每位家长都能在自己的孩子身上观察到这些反射，并通过这些反射判断孩子是否健康。例如：

抓握反射：如果您将自己的手指放到婴儿手心，他就会反射性地握住手指，并紧紧抓住不放，您甚至可以仅靠这根被握紧的手指将孩子拎起来。

拥抱反射：如果猛烈敲击宝宝所在的地方，或是突然发出剧烈的声响，又或是轻轻敲击宝宝臀部和大腿，那么孩子就会出现拥抱反射。这种反射有两个阶段：首先宝宝会两臂外展伸直，继而屈曲内收到胸前，呈拥抱状。

爬行反射：如果让孩子俯卧，家长用手扶住孩子的脚掌，孩子就会本能地踢开。

支撑踏步反射：孩子在垂直站立时（由父母托住他的腋下），让他的脚与桌子形成支撑，如果此时让他稍向前倾，新生儿就能主动做出迈步的动作。

以上列出的几种新生儿先天性反射虽然不全，但是作为家长判断孩子的健康方法来说已经够用了。

* * *

通过了解上述信息，相信大家对新生儿的各项机能已经有了一个较为清晰的了解。虽然孩子们在我们看来是弱小无助的，但实际上他们能做的事已经很多了。其中**最主要的就是他们已经可以区分好坏，并向父母表达自己的意见**。婴儿在饥饿、不舒服或

妈妈笔记

疼痛的时候，会通过哭喊来寻求帮助；如果感觉到自己被照料得很好，他就会很安静。婴儿能够进行吮吸和吞咽，会大小便，能够分辨白天与黑夜，安静与吵闹，美味和苦涩，柔软和坚硬——对于一个年龄还要按天数来计算的人来说，能够做到这么多已经很了不起了。

在新生儿所具备的各项能力中，最出类拔萃的当属他对于周围环境的适应力。

您从医院里抱回家的孩子，在维护自己的生存权方面，实际上与许多世纪之前生活在洞穴里的那些孩子没有多少区别，也与在世界其他角落，不同环境中出生（无论他是出生在游牧民族的毡房，还是出生在圆锥形的帐篷里；无论是出生在北美印第安人搭建的圆屋里，还是生活在沙漠、丛林、山地、原始森林或者冻土地带）的孩子没有多少区别。

新生儿很少会对某些东西感到惧怕，因为只要有人给他提供一定的帮助，他就能适应一切。

如果周围没有什么东西需要新生儿去适应（有吃有喝、干净、温暖、不刮风等等），那么他体内的适应机制就再也不会运行。

如果在宝宝刚出生的两到三个月内，您为他提供了一个舒适的环境，那么一旦不再具备这种环境，孩子就很难适应。

人的一生终究不算短暂，在孩子的一生中迟早都会出现类似穿堂风、小水坑、灼热的阳光、雨夹雪和上幼儿园之类的烦心事。不过或许会有人肯定地表示，自己的孩子永远也不会体验战壕中的寒冷，也永远用不着在冰窟窿里洗衣服。

妈妈笔记

当然，我们可以在孩子更大些时弥补他幼时健康上的损失，但是，失去本来拥有的健康难道理智吗？不仅不理智，而且很愚蠢！因为健康不仅令人高兴，也最简单最省钱。

* * *

敬爱的爸爸妈妈们！你们都还年轻，充满活力，对未来生活都有着美好的憧憬。

您当然不希望：

▶ 孩子生病；

▶ 孩子夜间哭闹；

▶ 孩子在公共场合吵闹不止；

▶ 孩子因为摔倒造成脱臼和骨折；

▶ 因为脚湿、吹风、喝了冷饮，或是与隔壁流鼻涕的男孩儿接触过而生病；

▶ 医学百科全书塞满您家的书架。

您同样也不希望：

▶ 四处打电话给亲朋好友，让他们介绍好医生，然后又为送什么礼物给医生而发愁；

▶ 奔忙于多家药店，寻找昂贵的良药；

▶ 治疗由前一次治疗引起的并发症；

▶ 孩子只能透过病房的小窗户看外面的世界，而您也必须忍受孩子痛苦地叫喊：“妈妈，带我回家！”

当然，您也十分期望：

▶ 夜间能够安睡；

▶ 不再每分每秒为他的生命而担忧；

妈妈笔记

- 能够勇敢地走出去参加朋友的聚会，出去旅游；
- 看见自己的孩子健康，幸福。

您既盼望着自己的小宝贝快快长大，您又可以轻松地抽出时间看电影、会朋友、读自己喜欢的书，有时间和孩子彼此欣赏一番。

您的这些愿望完全可以实现！但是请您先将担忧和激动放在一边，平心静气地想一想：

您的宝宝是健康的。他没有呼吸过城市中污浊的空气，不抽烟、不喝酒，没有经历过疾病，没有耗费很多的时间排过队，没有体会过什么是焦虑，也从来没有在城市拥挤的交通工具中与别人互相推挤。

您的小宝贝或许是全家最健康的人。先辈们给了他适应各种环境的反应能力。所以，您不需要过于迁就孩子，千万不要低估了他的能力。

因此，有一些举措十分必要，刻不容缓：

当您抱着孩子从医院回到家时，您就像站在三岔路口，**有三条路摆在您的面前：**

一、选择传统的培养方式，这里所说的“传统”，不是从医学角度出发，而是从社会舆论的角度出发；

二、选择激动人心、充满刺激的极端培养方式；

三、用理性、智慧的方法培养孩子。这虽然是一条曲折前行的路，但是却能够帮助我们平稳地绕过日常生活中的阻碍，努力找到一条通向既定目标的捷径。

正如您所料，笔者更喜欢第三种方法，也真切地希望与大家一起来体验这趟旅程[1]。

1 著名儿科专家和教育学家雅努兹·高尔扎克曾经说过：“我的唯一错误就是对家长们理性思考问题的能力表示怀疑。”希望读者们能够通过这本书的学习证明自己具备这样的能力。

妈妈笔记

* * *

但是在研究具体问题之前，我们首先应当注意一点：照顾孩子时需要遵循的各种原则（穿衣、温度、洗澡、散步、饮食、睡眠等），都不会因孩子的年龄变化而改变，新生儿也不例外。

当然，不同年龄段的孩子有不同的特点（我们当然会留意这些特点），但照料孩子的基本原则是不变的。

1.4 儿童护理原则及其具体操作

情况千变万化，原则从未改变。

——奥诺雷·德·巴尔扎克

重要的是要掌控原则，而不是让原则掌控您。

——米·米·日瓦涅茨基

儿童的护理主要有两个方面：为孩子建立一个适宜的居住环境以及保证孩子的基本需求。

从家长的角度看，孩子最主要的需求就是食物。在这个问题上人们从未停止过争论。但是，评判一种抚养方式是否成功，是不能脱离其他一些儿童常见问题的。所以我们用食物专题来探讨这个问题（放在最后一章讲述）。那么接下来我们先来看一些其他同样值得注意的问题。

1.4.1 儿童房

在这个问题上，笔者不得不说，“儿童房”对于我国大多数

妈妈笔记

人来说，至今还只是停留在一个理论性的概念上。一家三口能有一间小房子住就已经不错了。但是我们要说的重点不在此。重要的是：孩子所需要的良好的生活环境，其他家庭成员也同样需要（简而言之，对孩子好的，对您也有益）。

如果您有条件为孩子选择房间（在此要向您表示祝贺），那么儿童房最好不要双向贯通，而且最好有一扇通向阳台的门。如果更加幸运，您家有几个阳台，那么可以给孩子选择西南向阳的一间。除了房间的朝向，需要考虑的还有房间周围的环境：如果有一间面向花园的朝北的房间和一间位于西南角靠近马路的房间，那么宁愿选择前者。房间越大，孩子呼吸起来就越舒畅，不过您清洁打扫的工作量也就越大。

为了防止门窗透风，而把窗户和门缝封闭很严，实际上是不必要的。千万不要因为关心孩子而让自己过于劳累。

重要准则

房间内尽量不要放置会积累灰尘的家具和用品，如毯子、软家具、书、杂物等等。尤其是地毯这种被某些人当做奢华物的东西，最好不要放在儿童房。

您应当知道，许多在阳光照射下和洗澡时很容易死掉的细菌，在充满灰尘的房间里却能够存活几个星期，甚至几个月，例如：葡萄球菌、白喉杆菌、链球菌、沙门氏菌（当然，这个清单还没有列全，但是我想已经足够了）[1]。

因此，在布置宝宝的房间时应当注意：

- 毯子越少越好；
- 书籍可以放在有玻璃拉门的书柜里；
- 不要买太多的毛绒玩具；
- 不要在房间内悬挂过多的小玩意儿；
- 橱柜、墙角、床底下不要放多余的杂物。

1 辅助资料：葡萄球菌可以引起多种疾病——从肺炎、腹泻到脑膜炎；链球菌可以引起咽喉炎、猩红热、风湿、丹毒性炎症；白喉杆菌可以引发白喉；沙门氏菌可引起严重的肠道感染。

妈妈笔记

当然，很多东西是必须要用的，但一定要做到：

▶ 儿童房里所有容易积灰的东西（例如软家具）都应当经常用吸尘器清洁；

▶ 尽量保证每个物品的表面都可以用湿抹布、拖把进行清理；

▶ 如果您家中没有小储藏室，那么可以先将杂物擦洗干净，然后整齐地放在橱子里，最后在上面盖上一层塑料膜。

如果您特别会养鱼，那么，在房间里放一个鱼缸，这不仅不会影响健康，反而对孩子大有裨益。但是像鹦鹉标本、熊皮这种打猎得来的纪念品，最好放在爷爷的房间里。

在儿童房中，您需要放置：

婴儿床——最好是木制的小床。未经过涂漆、上浆、上色等化学加工，只是经过简单机械加工的木质床就更好。小床的高度和侧边栏杆最好能够调节。床垫一定要平整厚实。**不需要放置枕头**（与枕头软度大小无关）。

襁褓桌——十分必要。当然，家长们也可以在沙发、办公桌或小床上给孩子更换襁褓。没有必要为此去专门购买一张桌子——家里总能找到可以空余半年不用的桌子。襁褓桌最好不要太矮，最好能让妈妈不用弯腰就可以给孩子换襁褓。

襁褓桌的旁边最好放置一个**小柜子或是小架子**来放儿童用品：小帽子、襁褓、婴儿衫、尿布等等。由于襁褓桌是给宝宝擦身体、剪发剪指甲、撒爽身粉、抹润肤露、换衣服的重要地方，因此桌上或是桌边的**柜子里**应当放上**药箱**，以及装棉球、奶嘴、橡皮奶头的**罐子**和装水装油的**瓶子**。

气温计——这是一个既有用又有益的东西。不要太注重温度计的颜色和大小，重要的是它的准确性。普通的酒精温度计就很好。把它挂在离婴儿床不远处，高约一米五的地方。

湿度计——这是用来检测并显示空气湿度的仪器。精度高的

妈妈笔记

湿度计通常价格很高，而普通的家庭不需要那么高的精度，一块普通的带有温度湿度感应功能的手表就够了。

您最起码要有几个月的时间与孩子睡在同一个房间，所以一盏方便开关的**小灯**（最好是不用起身开灯）是必不可少的（灯泡25～40瓦），以免起身照顾孩子的时候不小心把什么东西碰翻。

1.4.1.1 儿童房内的空气

几乎在所有讲述如何照顾新生儿的书籍和教材里都会提到一点：婴儿体内调节体温的机制发育还没有完全成熟。因此，如果房间内的温度过低孩子就很容易着凉。虽然这很正常，但却经常让人们得出完全错误的结论[1]。如何保护孩子不因房间温度低而生病，一直以来都是婴儿护理的重中之重。现在购买电热取暖器已经变成了接宝宝回家前的一项必要准备。按规定，医院婴儿房内的温度不应低于22℃（通常会比这个温度高一些），而家长们由于害怕孩子着凉，就会不惜一切代价不让护士把婴儿房的温度降到“最低”温度以下。笔者探望过近百名刚刚出院回家的新生儿。最典型、最普遍的感受就是孩子的房间内缺少新鲜空气，和在产科医院的新生儿病房中感受到的一样。

1 通常这些错误的结论不是由笔者或是其他医生们作出的，而正是由孩子的家长得出的。

家长们之所以时刻保证儿童房间的温暖，完全是害怕孩子会着凉。但是家长们往往会忽略一个问题：新生儿的体温调节功能尚不完全，他既不能很好地应对寒冷，也不能很好地应对高温。

新生儿新陈代谢速度很快，并产生很大的热量。机体可以通过两种途径消耗这些热量：通过肺部散热和皮肤散热（通过接触，进行不同体温间的热传导，同时经过蒸发汗液来消耗热量）。

人（这其中当然也包括新生儿）吸入的空气到达肺部，经过肺叶的加热，空气温度变得与体温大致相同。这也就是说，如果孩子吸入的空气为摄氏18.8℃，呼出时已经近36.6℃。在这个过程中，消耗了一定量

妈妈笔记

的热量。如果吸入的空气为23℃，那么很显然，消耗的热量相对减少了。但是多余的热量是必须消耗掉的！如果肺部散热不明显，就要启动第二个散热机制——皮肤散热，分泌汗液[1]。分泌出的汗水往往是咸的，这就说明孩子的身体在消耗热量的同时还消耗着体内的水分和盐分。而新生儿体内的水分盐分本来就不多。

体液的多少影响着人体各项机能，哪怕是体液略微不足都能够打乱人体各个系统和器官的正常工作。水分流失过多的破坏性后果在您检查孩子的时候一定能发现。医院新生儿病房中的高温（仅仅是为了您不想让孩子受凉）首先会反映在孩子的皮肤上——皮肤发红，在那些容易积汗的地方（例如腹股沟）可能会出现皮肤湿烂[2]的状况，孩子身体肿胀，肚子疼痛（体液流失造成肠液浓稠，无法消化食物），口内有白斑：鹅口疮[3]，鼻子里干燥起皮，影响正常呼吸（有时甚至无法正常吮吸乳汁）。

新生儿体温调节可以通过解决两大问题来实现：

1. 调节儿童房内温度；
2. 选择合适的衣物。

这两点都应该在孩子从医院回家之前就准备好。拖延的时间越久，不仅对您孩子的不良影响就越大，而且以后为了重塑孩子的健康所要耗费的精力就越大。

特别重要的是，千万不要混淆概念，把“孩子冷”和“孩子呼吸的空气温度”混为一谈。

儿童房内的最佳温度为18℃～19℃。

温度越高越不好。但是，无论是对您，还是对孩子来说，有一条准则[4]是要终身牢记的，它能够帮助我们在犹豫的时候做出正

1 新生儿汗腺发育得还不好，也就是说，在他的生命之初，大自然有意识地设定了他以肺部散热为主。

2 一种皮肤炎症，容易出现在皮肤褶皱处。

3 鹅口疮——由真菌引起的口腔黏膜表层炎症。

4 不要等到孩子满5岁、10岁了才想起来去实践这条准则，应当从孩子出生时就开始付诸行动。

妈妈笔记

确选择，那就是：

冷点儿比热了好。

除此之外没有其他的选择。家长们一定要记住：温度过高同样会给孩子带来伤害，甚至比低温更加危险！

大自然一般会创造一个最好的温度条件（18℃ ~19℃），但是会有例外，而且这种例外不少见。孩子可能出生在炎热的夏季，可能出生在热带国家，也有可能出生在供暖公司强力供暖的城市。因此，家长们要采取一定的相应措施，避免温度过高。如果房间内温度过高（高于22℃），为了保护孩子的健康，可以从3个方面着手：

1. 将孩子的衣服减到最少；
2. 为孩子的身体补充足够的水分，这里所指的不是让孩子喝奶，而是适量地给他喝些水；
3. 洗澡。

关于这些措施的具体内容，我们在后面还会详细提到。

与儿童房内的温度相比，还有一个因素更加重要——**空气的相对湿度**。

这个指标对于孩子来说尤为重要，这与之前说过的婴儿的体温调节特点也是相关的。孩子呼出的气体有着与体温一样的温度和百分之百的湿度。吸入的空气越干燥，婴儿的机体在润化干燥空气的过程中必将失去更多的水分。至于水分流失可能带来的后果，我们之前已经说过了。

居住在南北纬35°以上的读者，一年中至少有5个月都生活在集中供暖的房屋里，长期集中供暖会使居室内的空气变得十分干燥。

妈妈笔记

儿童房内最佳的相对空气湿度为50%～70%。

经过加热的空气，其中的湿度会降低至标准值的一半。家长们往往因为担心孩子受凉而有意识地提高儿童房内的温度，这样一来室内的空气就越干燥，孩子的健康也就越容易出问题：呼吸道黏膜干燥（表现为咳嗽、鼻塞）、皮肤问题和血液黏稠等等。

因此：**家长们的一个重要任务就是控制儿童房内的空气湿度，并将其保持在一个适当的范围内**。实际上，保持室内空气湿度并不难，只要经常用湿抹布和拖把擦拭房间灰尘，做好房间内的清洁，也可以在房间内放置一些敞口的储水容器、加湿喷雾器、装饰喷泉、鱼缸等等，这都是保持室内湿度的好办法。另外，有一个物美价廉的机器，叫做空气加湿器（通常有蒸汽型和超声波型两种。超声波型更安静，也更安全）。有了它，我们就可以轻易地调节房间内的空气湿度了。

*　*　*

现在，让我们来关注另一个生活中的常见现象——穿堂风[1]。

穿堂风是指因空气对流形成的、贯通整个房间的风。

但是，有趣的是，究竟是谁第一个认为穿堂风会对年幼的孩子带来威胁呢？难道大自然会创造出一种连穿堂风这种最轻微的空气流动都无法承受的生物吗？

尊敬的朋友们，我们之所以会害怕穿堂风，是因为我们的父母曾经用尽一切方法避免我们受穿堂风的影响，所以我们也会对穿堂风格外在意。已经形成的习惯无需再改变，但是父母们一定要认识到：过度的担心，或者稍有一丝微风就喊“快把门关上！”，对孩子并没有什么好处。孩子会对他不熟知的事物感到恐

1　不知为何，笔者总是认为大多数的读者家中并没有空调和其他可以调节气温的装置。打开通风窗，就是最普通的降低室内温度的方法。所以，把“穿堂风”放在这里讨论是很适宜的。

妈妈笔记

惧。如果孩子连小小的穿堂风都无法承受，那么他的生活几乎是没有办法继续下去的。因此，最好是趁孩子还小的时候就让他体会什么是穿堂风，不要让他对穿堂风感到惧怕，不要让他变得像自己的长辈们那样在公交车上大喊："快把窗户关上，有风透进来呢!"

从接孩子出院回家的那一刻起，您无需再过度关心孩子所在的房间门是关着的，还是开着的；床的位置在哪里；从微微打开的窗户中进来的风会不会吹到孩子身上。这些问题对一个自幼被家人精心保护起来的5岁孩子来说或许构成威胁。但是，对一个新生儿来说，并不会有什么问题。

1.4.2 衣物

父母应当做到以下几点：

1. 不要让孩子受冻；
2. 尽可能减少清洗、熨烫、烘干衣物占用的时间。

首先需要指出的一点是：孩子的衣物最好不要使用化学纤维类织物。天然原料的织物，例如亚麻织品、棉织品较好。织物的颜色最好为白色。选用白色的好处有三点：第一，可以减少孩子衣物上的染料含量；第二，便于发现污渍；第三，在清洗蒸煮时不会褪色。

除了婴幼儿衣物之外，同样值得注意的还有婴儿襁褓（包布）。在购买，或者亲手准备襁褓的时候不要想着节省，尺寸要齐全。婴幼儿的生长发育迅速，因此与其在孩子出生两个月后重做新的襁褓，不如一开始就为他准备好。薄型的襁褓最为常用，而且在使用量上也最大。更为厚实一些的襁褓（法兰绒襁褓）则主要是在带孩子出门散步时使用，需要的量也较少。

襁褓的使用量还取决于尿片的使用量。婴儿尿布可以分为多用尿布和一次性尿布两种。可多次使用的尿布一般尺寸较小，质地为纱布，用来直接吸收宝宝的粪便和尿液，不让脏东西污染其他衣物。不过这只是最为理想的效果，终归有一些污物会弄在襁褓上。这时，家长们就不得不清洗襁褓（一定要洗干净）。如果使用的是一次性尿布，那就完全是另外一回事了。这种尿布表面可以长时间保持干燥，里面的一层可以让尿液渗透，这样一来不仅减少了多次换洗尿布的麻烦，同时也不用换洗小床单和其他衣物了。

1.4.2.1　一次性尿布

现在，每一个孩子的父母在面对商店里琳琅满目的各类纸尿裤时，都有各自不同的观点。而这些观点往往还会成为挑起家庭争端的原因。

笔者曾经不止一次地碰到一种有趣的情况：孩子的奶奶，或者姥姥通常不喜欢使用纸尿裤，但是太奶奶、太姥姥却对使用这种新玩意儿表示赞许。这看上去似乎有点奇怪，但解释起来并不复杂，因为归根到底这还是符合了人们各自不同的心理规律。

奶奶们的逻辑很简单，她们认为：我当初不也是一天到晚佝偻着腰为孩子洗洗刷刷，现在，我的儿媳妇（闺女）也该体验一下养大一个孩子有多么不容易。而你，好女婿（乖儿子），既然想把孩子养大成人，却不想再终日洗尿布，不想再吃苦，这怎么行呢?! 当然，我们能够理解这样的想法，但是却很难对此表示认同。显而易见，祖母对初为人父人母的孙辈不会如此苛刻，所以她们对纸尿裤的态度也比较温和。

一些上了年纪的女医生也是推广纸尿裤的最大障碍之一。她们总是不遗余力地宣传纸尿裤的坏处，写一些关于什么特殊“温室效应”的文章，文章中说：睾丸需要凉爽的环境，温度升高是它们（睾丸）的一大禁忌（当然，医生们不会直接这么写），由此得出的结论就是：使用纸尿裤会导致不育……不知道我们的医生是从何处得到这样的信息，但是

妈妈笔记

人总是这样，自己的问题总是要归罪于洋产品。因此，纸尿裤也就成为了众矢之的，尤其当有接近15%的夫妇患有不孕不育症的时候，矛盾也就变得更加突出。请您注意：把孩子包得左三层右三层以及儿童房内的两排暖气片所造成的“温室效应”却从来没有人写过。

纸尿裤最主要的设计理念就是：

需要它的不是孩子，而是孩子的母亲！

当然，使用普通棉纱布质地的尿布也可以很好地保护婴儿的皮肤。但有一点不容忽视：在分娩过后的几个月中，母亲的身体状况、休养、生活方式与孩子相比，应当受到同等的重视。纸尿裤正好能够为母亲提供帮助，使她分娩后不至于过分劳累。

所以，在笔者看来，发明纸尿裤的人功不可没。在使用纸尿裤的时候，襁褓一般不会弄脏，因此只要简单清洗一下就好，这就成倍地减少了母亲的工作量。如果有人对您说用纸尿裤不好（说它不卫生、不透气，或是会刺激皮肤等等），那么要么是这人的家里有专门负责清洗衣物的佣人[1]，要么就是他从来没有使用过纸尿裤。请记住：就算在您看来棉纱尿布在某些方面比纸尿裤好，但这都是对孩子而言。而对于那些需要时刻照顾孩子的人来说，就意味着需要清洗大量的东西。

与父母耗费在水池和熨烫板前的几个小时相比，孩子承受的小小不便会对整个家庭的健康和安定更有益。

不过，纸尿裤的确有两个问题：一个是它的价格，其次是使用者能否正确地使用它。

第一个问题（资金从何处来）完全取决于家长自己。请相信，就算您选择靠每天手洗尿布来存钱，那么这些钱最终也会被用来治疗您因洗尿布而留下的毛病。在这本书中，还会不止一次

1 顺便提一句，佣人指的不一定是专门雇来照顾孩子的人。在许多情况下，在孩子的父亲看来，佣人这个角色也可以由妻子和岳母来扮演。而在孩子的母亲看来，这个人可以是婆婆。

地提到，有很多东西是不需要买的[1]。因此，请一定要注意自己的健康，健康才是第一位的。在自己的亲朋好友间也不妨宣传这样一个口号："纸尿裤是最好的礼物！"那么您的财政问题就随之解决了。在这里，想告诉那些第一次去选购纸尿裤的家长，纸尿裤一般都是男女通用的，也有一些品牌的产品会区分男女。同时，应当按照孩子的体重来为他选择大小适合的纸尿裤，在纸尿裤的外包装上通常会标注出适用的重量范围。

妈妈笔记

1 例如小澡盆就不需要买——具体的内容在后面专门讲洗澡的那一节还会提到。

下面来说一下纸尿裤的具体使用规则：

▶ 在儿童房间温度适宜（一般人的标准），大约为24～25℃时，孩子穿着纸尿裤会觉得不舒服，会出现湿疹，被纸尿裤包住的地方皮肤也会受到刺激。纸尿裤是一种独特的晴雨表，它可以准确回答一个问题：您的孩子是不是觉得热了。在正常的温度条件下，纸尿裤包裹住的部位与其他地方皮肤的颜色相比没有什么区别。如果皮肤出现颜色上的区别，那家长们应当怀疑的不是纸尿裤的质量问题，而是孩子是不是太热了。这就表明了一条纸尿裤的使用规则：保持适宜的温度，如果无法做到，例如夏天天气太热，那就不要让孩子使用一次性纸尿裤，或者偶尔使用，例如只在孩子睡觉的时候给他穿。

▶ 好事都应当有始有终。再一次强调：纸尿裤的主要目的是为了方便妈妈！如果母亲产后体力恢复较好，自我感觉还不错，而家里又正好有一台全自动洗衣机的话，那就不一定要使用一次性纸尿裤。

▶ **只在孩子睡觉的时候使用纸尿裤**。因为随着孩子的成长，睡眠时间会逐渐减少。这样一来他使用纸尿裤的时间也会越来越少。

▶ 尤其需要注意的是：由于纸尿裤覆盖了宝宝全身大约30%的皮肤，会阻碍孩子皮肤的散热，因此，**当孩子生病或是高烧超过38℃时，最好不要使用纸尿裤**。

妈妈笔记

只要解决了如何使用纸尿裤的问题，就不难决定孩子究竟需要多少块襁褓和尿布。但是，单纯地说需要多少块襁褓和尿布毫无意义，这主要还是由家庭的经济情况决定的。如果家长们不想每天都弯着腰清洗襁褓和尿布，那么最好一开始就做好充足的准备：薄型襁褓最少不能少于20块，稍厚一些襁褓也需要10～12块左右。

婴儿衫和婴儿连脚裤——婴儿衫和连脚裤实际上是襁褓布的替代品。家长们把婴儿衫、连脚裤与襁褓布交替使用主要是想让自己的宝宝看上去更像一个“人”。这类衣物实际上并不完全必需，至少对孩子来说是这样。婴儿衫和连脚裤则可以再迟一些穿，当等到孩子在进食间歇出现蹬腿的习惯时再给他穿上。另外，当室内温度较低时（低于18℃）也可以给他换上婴儿衫和连脚裤，不要再让他光着身子，小心着凉。

笔者一点儿也不反对给孩子穿婴儿衫和连脚裤，但是笔者不支持将这两种衣物与襁褓布同时使用。相比之下，单独使用婴儿衫和连脚裤更加合理。

如果是孩子一出生您就给他穿两件式的婴儿衫，那也没有任何坏处。因为清洗晾晒婴儿衫比清洗尿布和襁褓更加方便，也节省了更多的时间和精力。同时，不会限制孩子的活动，家长们也不用担心深夜他在温度偏低的房间里会踢开襁褓布。

不使用襁褓布还有一个好处，就是可以让孩子的父亲来帮助孩子穿（脱）衣服。多年的经验表明：如果有位父亲熟练地掌握了把孩子裹在襁褓布里的技法，那他绝对算得上是极品男人，应该把他当做濒危物种保护起来。但是，对于婴儿衫和婴儿连脚裤，男士却会发挥自己天生的领悟力轻松地就能猜出来，宝宝的脚应该塞到哪儿，哪里放手，哪里露出宝宝的头。

有的人认为：如果没有襁褓布，宝宝会睡眠不佳，蹬腿，甚至会惊醒。这种说法完全没有道理。支持这种说法的人都是长期把孩子裹在襁褓里，3 个月之后才尝试着让他在没有襁褓包裹的条件下睡觉。支持使用襁褓布的人还有一个理论，那就是一定要把襁褓拉紧，这样一来孩子的腿就会发育得很直。这是一个没有任何科学依据的可悲的谬论。人的腿型是由遗传、饮食结构等多种因素决定的，还可以通过服用维生素 D 预防佝偻病。我还没有见哪本专业书上说过：紧紧捆住宝宝的腿就能够让它发育得笔直。

所以请坚持贯彻您的选择，出院之后就为孩子选择合适的衣物：襁褓或是两分式婴儿衫。这不是个原则性问题，一切都应该以宝宝的健康为主。不过您可以根据自己的喜好，看两者哪一种更简单，更方便，更便宜。笔者建议根据季节来做选择。如果您的孩子出生在夏天，同时儿童房间内也比较暖和（高于 20℃），那就无须使用襁褓；如果宝宝出生在冬天，那使用襁褓会更加舒适。

小帽子：在温度高于 18℃时，完全不必戴帽子。如果是在寒冷的季节到室外散步，或是在洗过澡之后，那就一定要戴帽子。关于如何保护孩子的耳朵，一直以来有着千差万别的说法，但大都只是传闻而已，没有任何逻辑可循。如果孩子的外耳和耳孔长期受到保护，感受不到外界温度和湿度的变化，那么以后只要稍稍接触凉水和微风就有可能出问题，例如耳炎。

* * *

随着孩子的不断成长，他对衣物的质地和数量的要求也在不断改变。但是，最重要的仍然是孩子刚出生几个月时穿的衣服。对一个六个月大的婴儿来说，炎热的时节，有几件小汗衫和几条儿童裤衩就已经足够了，但是在寒冷的时节就需要连脚裤、短上衣、婴儿连体衫。当然，家长们不可能预见到所有要用的东西，

妈妈笔记

对于家长们来说最重要的是明白孩子的穿衣原则，其余问题，相信任何一个思维正常的成年人都能够独立解决。

最重要的原则我们已经讲过了。但是，为了保险起见，我们再强调一次——**冷点儿比热了好**。

接下来还有一句话：**盖着比包住好**。

如果孩子在房间里睡觉，您只需给他裹上两件东西：尿布（或纸尿裤）和薄襁褓。其余的东西，例如更厚一些的襁褓、毛巾、被子等都只要轻轻盖在宝宝身上即可。但是，家长们总是心存疑虑：究竟盖多少东西合适呢？如何判断孩子到底是冷还是热呢？

判断的最主要的一条标准就是皮肤的外观。孩子的皮肤在正常情况下应该是粉白色的[1]。皮肤发红就意味着孩子已经觉得热了，可以为他适当减少衣物（包裹得少些，盖得少些）。健康的宝宝会对寒冷有强烈的反应，这是他们的一大特点。在感到寒冷时，宝宝会大叫，会乱动。如果您将孩子包好后他很平静地睡着了，这就意味着您不用再担心他是否会冷。如果您实在是不放心的话，为了保险起见，您也可以再给他多盖一层襁褓。

1 另外，还有一条重要的准则，请阅读第五节“喝什么？怎么喝？喝多少？”。

关注室内温度比关注孩子穿多少衣服更重要。

当室温低于18℃时，孩子是不会觉得热的。无论您给他穿得多暖和，多余的热量都能够通过呼吸散发出去。

当室温在18℃～22℃之间时，裹一到两层襁褓足够。

当温度高于22℃时，健康的宝宝不仅不会受凉，反而容易过热。

人们往往对宝宝的皮肤温度存在很多误解——并不是体温计所显示的温度，而是在抚摸孩子的小手、小脚、鼻子和耳朵时感受到的温度。**将孩子苍白冰凉的脚后跟看成是对孩子健康的威**

胁，或是将它看做生病的征兆，是完全错误的！

正如我们之前所说，在任何恒温动物的体内都存在着两个基本过程——产热及散热。

在正常的机体中，这两个过程基本处于平衡状态，形成一个基本恒定的温度，大约36.4℃~36.9℃（腋窝处测得的温度）。但是也有个体的不稳定性，对有些人来说（不只是成年人，还有孩子），体温为36.3℃或是37.2℃是完全正常的。

如果宝宝所在的房间略微有些凉，那么只要宝宝身体健康，他的身体就会以一个固定的模式对低温做出反应，减少热消耗。这个模式就是：收缩皮肤血管，放慢血液循环，以这样的方式降低散热量。这时如果触摸孩子的皮肤，就会感到凉意，这也证明宝宝的体温调节系统能够正常运行。

如果室温为18℃，但是光着身子的宝宝脚后跟却是粉红色的，而且摸上去温温的，那就说明家长没有照看好他，他的身体无法留住热量，有可能很快就会着凉生病。

1.4.3 洗涤

首先，家长们不要没事找事，如果有几滴尿漏到床单的边缘，那也不是什么大事。只要用清水单独搓洗一下床单的边缘就可以了，没必要换洗整块床单。

清洗衣物的密度和强度取决于孩子的皮肤：如果孩子的皮肤很健康，那么就无需过于热衷于洗涤衣物。清洗时**千万不能将孩子的衣服与大人的衣物混在一起**。同时，最好不要使用普通的洗衣粉。在普通的洗衣粉中，含有许多种酶、香味添加剂以及调节水质硬度的化学中和剂。因此，为了保护孩子的皮肤和身体健

妈妈笔记

康，家长们最好选择那些专门用于洗涤婴幼儿衣物的洗衣粉或洗衣液。用这两样东西清洗孩子的衣服就足够了。

在清洗宝宝的衣物时，尤其要注意那些被粪便弄脏了的地方。虽然使用一次性尿布可以有效避免这种情况的发生，但是，意外总是难免。这些令人头痛的、被排泄物弄脏的尿布，最好都用开水煮一下。如果能为此准备一个专门的用具，例如桶、金属锅等就再好不过了。在清洗被粪便弄脏的衣物时，可以使用普通的洗衣皂。这几乎可以说是一种传统。当然，高质量的含酶洗衣粉也是一个不错的选择（在洗涤污浊衣服的时候，洗衣粉不会比肥皂的危害大）。但是，无论您是选择肥皂还是洗衣粉，都一定要反复漂洗。

如果宝宝的皮肤很健康，那么衣服是否经过熨烫并不重要。但是如果宝宝还没有满一个月，或是他存在皮肤方面的疾病，那么他的衣物必须要经过熨烫。总的来说，如果宝宝健康，那么熨烫衣物仅仅只是为了满足家长们的爱美之心。

1.4.4 睡眠

1.4.4.1 铺床

婴儿床使用的床垫应当尽量结实，并且要保持平整。如果您买的床垫不符合要求，那么有两个办法补救：

1. 使用一块厚约2～3厘米的长方形泡沫乳胶垫替代床垫。

2. 根据床的大小垫入被子、罩单等（厚度同样为2～3厘米）。

准备好的床垫一定要放在一个大聚乙烯袋中。请注意，是放进去，而不是用胶布和聚乙烯布盖住。因为无论你盖得多紧，床垫迟早都会受潮（您不能小瞧宝宝的创造力）。

妈妈笔记

您当然希望孩子的小床能够像您的床一样，床垫上铺的是雪白干净的床单。但是，就算穿着纸尿裤，孩子都有千万种办法把床垫弄脏。无论男孩还是女孩，都会有流口水和呕吐的时候。对于男孩子们来说，他们会在各种不适宜的时候，用各种各样的方式把自己尿湿。所以，最好不要用床单，而是用薄的襁褓布铺在床垫上，面积可以是床单的二分之一到三分之一，这样无论是清洗、脱水还是晾晒都要容易许多。

再次强调，不要在婴儿床上放置枕头，也不要在孩子的头部下方放襁褓。

1.4.4.2　怎么睡？

至于孩子的睡姿，总的来说选择余地不大，最多不过三种：仰卧、侧卧和俯卧。

究竟哪一种姿势更好呢？

一方面，许多学者都注意到一个情况，那就是，孩子在俯卧时睡得更沉，且醒来的次数更少。根据笔者个人的观察和经验，那些从一出生就开始习惯趴着睡觉的孩子，会更早地学会支撑自己的头部。俯卧的姿势还能够让孩子在挪动时按摩自己的腹部，有助排气。如果床垫很结实，并且没有给孩子放置枕头，那么所有关于孩子可能窒息的讨论都是多余的。有些人觉得如果没有枕头，习惯侧卧的孩子容易扭伤脖子，这种观点也是不正确的。如果用十块襁褓包裹住孩子，或许那样他才真的会扭到脖子；如果只是一两块，那就不用担心了。孩子用俯卧的姿势睡觉时头会很自然地偏向一边，家长们应当注意经常调换头的方向。有一些孩子睡觉时喜欢保持侧卧与俯卧之间的折中姿势：喜欢将经过折叠的襁褓压在肋下。

另一方面，几乎所有的医学守则都规定：一岁以内的孩子只能仰卧。

妈妈笔记

为什么会这样要求呢？

在医学文献中不止一次地描述过“婴儿猝死综合征”。这种疾病的可怕之处在于：健康的孩子可能在睡梦中死亡，而在解剖时却无法发现任何患病的症状。

为什么会出现这样的情况，到目前为止，医学还不能给出明确的答案。“婴儿猝死综合征”的发病主要是由于呼吸骤停。但是，好好的孩子为什么会出现呼吸骤停呢？……很遗憾，统计学只是为我们指出了一些可能提高“婴儿猝死综合征”发病率的因素。但是整个发病的机制仍旧不甚明了。因“婴儿猝死综合征”死亡的多为2~3个月大的男婴，发病时间多为冬季。此外，还有一些不利因素，例如：早产、双胞胎、母亲年龄不满18岁、两次怀孕的间隔不超过1年、母亲有吸烟的习惯、婴儿床太软、所处环境的温度过高等都有可能增加“婴儿猝死综合征”的发病几率。

近年来，经医学统计确认：俯卧是导致新生儿猝死的一大诱因。

虽然医学上证实了俯卧的姿势与新生儿猝死间有一定的联系，但是，迄今为止，仍然无法解释这两者之间的关系是如何形成的。

父母们应当知道，很多孩子（特别是三个月左右大的孩子）在鼻孔受到压迫的情况下并不会尝试着挣脱，而是会出现10~15秒的呼吸暂停。枕头和软床垫也会增加发生这种情况的可能性。除此之外，如果一个轻微伤风的孩子待在室温23℃的房间内且房间内的空气十分干燥，那么他的鼻腔内就有可能形成稠密的黏液膜，阻碍鼻道通畅，最终导致呼吸暂停。

要想让每个人都相信婴儿床上不能放枕头、不能使用软床垫（而婴儿床又恰恰经常配置过于柔软的床垫）并非易事。要想说服每一位家长不要让孩子睡在既暖和又干燥的房间里就更难。所以媒体就会选择相对简单的方式撰文：俯卧会增加婴儿猝死的可能性。

孩子俯卧会睡得更沉更香。

但是!!!

如果有枕头；

如果房间里很暖和很干燥；

如果床垫柔软有弹性；

如果父母有抽烟的习惯；

如果以上提到的几条哪怕有一条出现，那就绝对不能让孩子趴着睡!!!

1.4.4.3 睡多久?

健康的宝宝知道自己需要睡多长时间。孩子在睡觉的时候仍然没有停止成长，并在睡觉时得到充分的休养。因此永远不要打扰孩子的睡眠。如果已经到了需要干别的事情的时候，例如吃饭，那么孩子自己一定会用他的行为通知您的。

1.4.4.4 摇晃

新生婴儿的前庭器官（专门负责身体平衡的器官）功能还不够完善。因此，轻微地摇晃就很容易让他产生头晕的感觉，有时甚至会失去知觉。由此我们可以明白，摇晃为何会使孩子容易入睡。如果宝宝已经习惯了在摇晃中入睡，那么以后想要摆脱这个习惯会很困难。所以最好从一开始就不要晃动他。因为，说得缓和些，摇晃不仅对孩子没什么好处，而且也会让家长们觉得是一种负担[1]。

[1] 如果孩子在婴儿时期对晕眩感形成习惯，那么有可能会形成不良的嗜好。因为摇晃和吸烟喝酒一样也会成瘾。

1.4.5 脐带伤口

我们正是通过肚脐上的伤口区分新生儿和稍大一些的婴儿的，因此脐带伤口可谓是新生儿的独特标志。但是由于脐带伤口在未愈合前有感染的风险，所以在伤口还未完全长好之前孩子最好不要洗澡，也不能让还未愈合的伤口沾水[1]。如果在正常的住院期内（5～7 天），孩子的脐带伤口还未完全愈合，那么传统上，我们会在伤口上涂一些绿药水[2]，每天都要坚持擦，直至伤口完全变干。千万不要用棉签去挖孩子的肚脐眼。用滴管向孩子的肚脐中滴入 1～2 滴的绿药水，然后等它风干。如果发现肚脐眼中有一些带血的分泌物，那么就在滴入药水之前用过氧化氢浸泡过的棉花轻按几分钟。

新生儿的脐带可能引发多种疾病，幸运的是，这些疾病都不常见。不过家长们还是有必要知道，有哪些情况是只有医生才能处理的。这些情况包括：脐带伤口出血或化脓、肚脐周边发红、孩子出生后肚脐部位溃烂超过 3 个星期。许多一周岁左右的宝宝都有脐疝（肚脐部位凸起，经常在孩子叫喊时出现）。在绝大多数情况下，脐疝没什么危险，也无需治疗。随着孩子的不断成长，腹壁压肌变得紧实，脐疝便会逐渐消失。

1.4.6 皮肤

孩子的皮肤很娇嫩，也很容易出现各种疾病。

导致婴儿皮肤受损最主要和最常见的原因就是温度条件遭到破坏（温度过高）。

所以，通过一些很简单的措施就可以有效地预防婴幼儿皮肤病的发生：

妈妈笔记

1 在医学上，新生儿是指出生未满 28 天的婴儿。但是这个数字对家长来说其实并没有什么实际意义！因为照料一个 20 天大的孩子与照料 40 天大的孩子是完全一样的。但是，对待还未愈合的脐带伤口就是另外一回事了。因此一般看来，当宝宝的脐带，这个唯一与母亲的身体相联系的部分脱落之后，宝宝就不再处于新生儿期了。每个孩子的脐带脱落时间都不一样：有的在出生后的第 7 天，有的在出生后第 14 天。家长们不应当只顾看着日历数日子，而是应当更加注意脐带脱落的迹象。

2 一种含酒精的外用药水（编者注）。

- 保持室内最佳的空气温度，避免温度过高；
- 保持室内最佳的空气湿度；
- 及时处理受损皮肤；
- 勤洗澡。

从医学的角度来看，皮肤的变化可以是多种多样的，并且有很多不同的称谓。

家长们应当知道，受损的皮肤创面可能是潮湿的（向外分泌组织液），也有可能是干燥的（裂口）。

处理受损皮肤的基本原则是：干燥潮湿的创口（撒上外用药粉）及湿润干燥的创口（擦润肤油）。任何一种衣物都会阻碍皮肤恢复，所以在孩子皮肤有损伤的时候应当尽量让孩子的创口裸露在外。

不需要用绿药水、碘酒、高锰酸钾溶液、紫药水等药物处理婴儿痤疮。虽然您可能会对涂过药水之后的效果很满意，但是却会让医生难以判断孩子的脸上究竟出了什么问题。

一定要注意指甲——不仅是孩子的，还有您自己的。最好给孩子准备一把专用剪刀。您不用总担心会不会剪伤孩子。如果您真的觉得不放心，那么不妨在第一次给孩子剪指甲的时候请教一下长辈。他们比您更有经验，处理起来也更放松（这也是长辈们表现自己的好机会）。请记住两个规则：

1. 经常为孩子修剪指甲，不要剪得太短；
2. 手指甲要修得圆润，而脚趾甲要剪得平整。

所有与护理孩子皮肤相关的步骤都要每天进行一次——最好在沐浴之后。

妈妈笔记

1.4.7 洗澡

给孩子洗澡可以分为两种：一种是在孩子大小便之后进行的不定期清洗，另一种是定期给孩子洗澡。

只有在孩子的脐带伤口完全愈合之后才能给他洗澡（全身）。

如果孩子的皮肤很健康，那么洗澡时不一定要用开水[1]（杀菌）。在给孩子洗澡的时候，最好使用温度为34℃～37℃[2]的流动水。再强调一下：一定要注意不要让水碰到没长好的肚脐。当然在孩子的脐带伤口没有愈合的时候您还可以选择用湿巾暂时为他擦拭身体。

一般情况下，只要孩子所处的环境空气凉爽湿润，同时也没有穿着过多的衣服，那么脐带伤口在经过适当的处理后会在10～14天左右愈合。在伤口愈合之前孩子不能进行全身冲洗，只能用温水浸湿的软海绵或者消毒纸巾进行擦拭，保持孩子的卫生即可。在温度正常的时候，孩子的皮肤出汗不多。在婴儿出生的头两个星期可以不用香皂，只要用清水给他洗澡就可以了。如果真的有使用香皂的必要[3]，那么只能用儿童香皂，同时还要十分仔细地将香皂沫冲洗干净。

洗澡后不要擦拭，而是用毛巾把孩子身上的水吸干！

正确的洗澡方式是保护孩子健康的重要方法之一。

正因为如此，关于如何给孩子洗澡和其他一些相关问题我们将另辟一节，专门讨论。

1 笔者指的是自来水或井水，而不是从水坑、河流和池塘中提上来的水。

2 20℃的水当然也可以，不过温度稍高些的水更容易清洗孩子身上的污渍。

3 老实说，笔者还真没有想到有什么情况需要在孩子一周大的时候就用香皂给他洗澡。

1.4.8 散步

无论孩子的房间布置得有多好，新鲜的空气对孩子来说都是必不可少的，而且越多越好。毕竟，这对他来说是再正常不过的。

应当尽量给孩子找到一个能够散步的地方。如果您生活在城市里，那么这个地方可以是阳台。如果您拥有一座属于自己的房子，那么这个地方可以是院子里的某处。什么都没有的话，就比较难办了。除了活动场所之外，家长在这个过程中也扮演着十分重要的角色：孩子每一次散步都需要有家人陪伴在身旁。然而事实情况是，家长们还需要做许多其他的事情，例如洗衣服、收拾房间、休息、做饭等等。这些工作占用了他们相当多的时间。

首先，让我们来研究一下最标准、也是最普遍的情况[1]。

假设有这样一家人，他们生活在城市中一栋多层居民楼里的一套普通住房里。在孩子出院回家之前，亲友们就已经把房子的阳台收拾出来（清理阳台的垃圾，最好是镶上玻璃，当然后者并不完全必要），以方便孩子将来散步。在阳台上放好婴儿车，可以让孩子在里面睡觉[2]。如果家里有阳台可以散步，却仍然将儿童手推车扛到街上，散步完之后把婴儿车扛上楼，这样的英雄壮举并不合适。

妈妈实际上不需要将婴儿车从一条街推到另一条街，从孩子的角度出发这么做完全没有必要。笔者当然很明白，您十分希望向自己的邻居和朋友展示您精心布置的儿童车，向他们介绍您可爱的孩子，但这对孩子来说并没有什么意义，他也对此完全不感兴趣。因此，完全没有必要将孩子推得那么远。此外，作为孩子的母亲，您的身边总有一大堆的事情，因此逛的太远太久也不好。孩子的爸爸下班回家之后见不到您，就会在厨房中四处寻找

1　笔者相信，每一位思维正常的家长都知道如何处理这类情况，并且能够将这一情况与自家的实际情况结合起来。

2　无论是在阳台，还是我们在下一个部分要讲的庭院，都有很重要的一点：家长们需要时刻注意孩子，不能让他自己跑到院子外面去，如果孩子哭了家长也能听得见。

妈妈笔记

能吃的东西。另外，您肯定不希望快速驶过的车轮带起的泥点溅在孩子身上，您也肯定不愿意见到过路的行人不停地打喷嚏。要知道，这有可能会让孩子生病。

无论哪一次带孩子长时间外出，都应当是出于必须：需要去商场或者去乳制品店，而家里又无人照顾孩子；到了定期去医院检查的时候；晚上想要和丈夫一起散散步，摆脱繁多的生活琐事；家里没有阳台——这是最根本的原因。

越早让孩子适应新鲜空气越好。在孩子出生后的第 10 天，您就可以带着他在阳台上呆 15 ~ 20 分钟。接下来的第 2 天，便可以改为 1 日 2 次，每次半个小时，然后渐渐提升散步的时长和次数。在孩子满月前，最好能让他一整天都待在阳台上。

孩子睡醒了，吃过奶，就可以带着他散步。在阳台上孩子总是睡得更香，而散步会让孩子的胃口变得更好。

还有一个问题很重要，那就是天气条件。如果孩子穿着合适的衣物，做好了防风，那么，即使是在零下的气温条件下孩子也不会觉得不舒服。在这里，有一条便于记住的规则：孩子的年龄每增加一个月，他可以承受的温度就要减去 5℃。但是不能低于零下 15℃。说得更明白一些就是：当孩子 1 ~ 2 个月大时，他所能承受的最低气温不应当低于零下 5℃；当孩子在 2 ~ 3 个月大时，他所能承受的最低气温不应当低于零下 10℃。

所有这些数字和长短都是相对的。如果家长们在带孩子出门散步前一直注意给孩子穿着合适的衣物，那么孩子能够承受的温差还是挺大的，而散步时间则丝毫不受限制。

总的来说，在寒冷的天气条件下散步比在温暖的环境中散步可能出现的问题要少得多。

（请您回忆一下，我们在“妊娠”那一部分中就提到过，孩子在秋天出生较好。）如果时处炎夏，而家里的阳台朝向又正好向阳，那么在阳台上散步就基本不可能了，需要在屋里找阴凉的地方散步，或者是直接在院子里散步。

家长们总是很担心，在带孩子散步之前应当给他穿什么样的衣服。这个问题只有在您散步归来之后才能找到答案。如果散完步后孩子出汗较多，身体发红，那么在下一次散步的时候家长们一定要记得为他减衣服。每个孩子在散步时的反应都不同，因此很难给出一个总体建议。如果您在第一次带孩子散步时给他穿得太多，这是完全可以理解的。重要的是在此之后，您将做出更加准确的决定。一般来说，如果孩子觉得热，他就会闹，而您就应当尽快带他回家。孩子一般不会觉得冷，因为家长总是一味地担心孩子受凉，所以不会允许这类情况发生。就笔者自己来说，从来都没有遇到被冻着的孩子。相反，却不止一次地碰到过那些皮肤红得像煮熟的螃蟹似的孩子。

孩子在阳台的婴儿车里通常都是侧卧着睡觉。因此，您一定要将婴儿车的位置摆放正确，最好是你无需走进阳台就能够透过窗户看到孩子的小脸蛋。

能够享受这些散步方式的不仅是孩子，还有家长们。因为，这样的“黄金时间”以后再也不会有了。在生命的头三四个月，孩子一天中大部分的时间都在阳台上安静地睡着，这使得妈妈们能够正常休息、整理房间、收拾婴儿用品以及装扮自己。

当然，随着孩子年龄的增长，散步会逐渐成为一个越来越大的问题，需要时间和精力。

但总的来说散步时要遵循的主要原则仍然是以下几点：

- 根据气温为孩子选择合适的衣服；
- 与多穿衣服相比，运动更容易让孩子暖和起来；
- 如果孩子对您说他觉得热，那您一定要相信他并且帮助他。

妈妈笔记

1.4.9 与小宝宝的肢体接触

在大部分情况下与孩子（尤其是新生儿）的接触都让人觉得像是在触碰一件中国古代瓷器。生怕把孩子哪里弄坏了、弄脱臼了或是拉伤了。因为过于害怕，许多父亲都尽量不去碰孩子，而母亲（尤其是年轻的母亲）在把孩子从床上挪到襁褓桌的时候也时常会紧张到腿肚子都会发抖。

总的说来，唯一一件绝对不能做的事，就是把孩子掉在地上。其他所有的接触方式孩子都能相对平静地承受。不过，家长们应当从新生儿期就开始逐渐与孩子建立起这种肢体接触式的交流，而不是到他快上学之前才进行。因为这也是一个长期的感情投入的过程。

家长应该很清楚地意识到一点：跌倒和碰伤在孩子的一生中十分常见，甚至其发生的频率并不比感冒少。手、脚、脸颊……以及孩子身上所有的地方都需要锻炼。

与其说是锻炼，不如说是释放其本能。大自然（又是亲爱的大自然）已经为我们的孩子做好了充分的准备。就算您背着他在树木间穿梭，他仍然能够紧紧地抓住您的皮肤，不使自己掉下去。我们之前已经说过，孩子一出生就能够很好地表现出抓握反射：当您将一根手指放在孩子的掌心时，他就会紧紧地抓住。偶尔可以抬起手，孩子就会自己吊起来。当然，因为害怕，您可能坚持不了多久。因此，可以先尝试用您的食指和拇指（先用两只手的大拇指，当孩子抓住这两个指头的时候，您再用食指按住）。这不是在开玩笑，也不是在变魔术，而是真正可以用这种方法移动孩子。当然，一开始时最好先尝试一段较短的距离，之后您就会发现孩子有多么喜欢这种移动方法。如果孩子哭了，或是需要换襁褓的时候，要先在襁褓桌上准备好必要的东西，在床上脱下

妈妈笔记

孩子的衣服，然后把自己的手递给他，慢慢地把他挪到襁褓桌上。在移动新生儿的时候，还可以抓住他的脚，将他整个人调转过来头朝下悬挂着——这并没有什么可怕的。有一些操作方法如下图。

请您相信医生！

低估孩子的能力是愚蠢的。家长们首先要学会战胜自己的恐惧。虽然在日后的生活中会出现更多使您害怕的事情，但是要努力让这种恐惧变得越来越少。

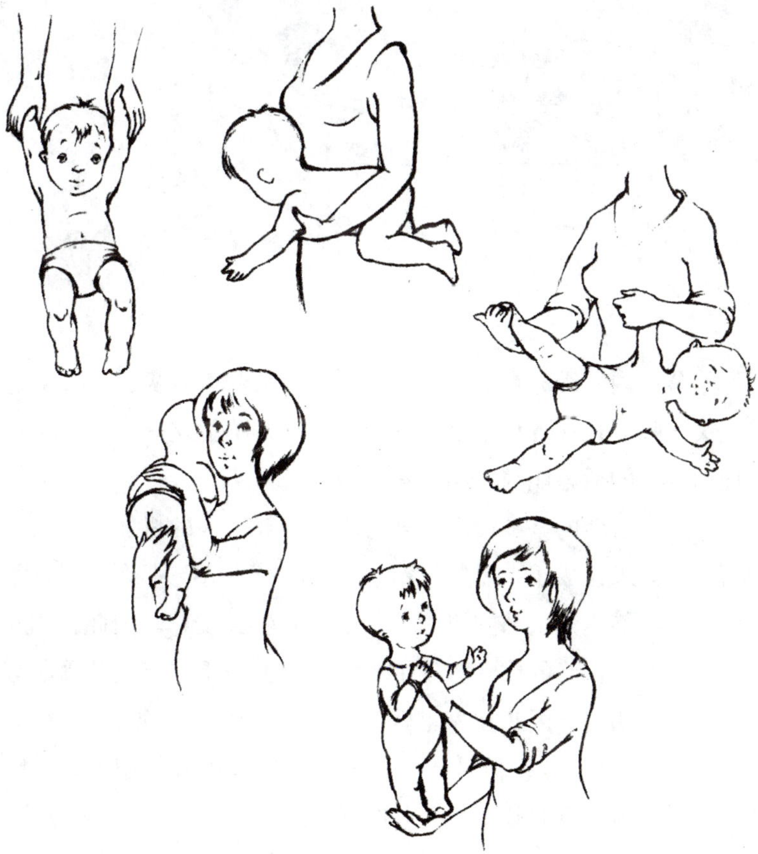

1.5 喂养

人的生存靠的不是他吃了什么，而是消化了什么。智慧也遵循着同一个道理。

——本杰明·富兰克林

本节的内容十分重要，这毋庸置疑。喂养有着极其重要的意义。关于喂养存在各种争论、偏见和谬误。单就这一点，几乎没有任何其他的话题能与之相提并论。

按照大自然的基本设定，食物应当能够为人的机体提供充足的营养。如果说成年人需要营养是为了维持生存，那么对于孩子来说这还不能算是全部的原因。孩子需要生长发育。因此，相对于父母来说，正确的饮食对孩子更为重要。关于这点，几乎所有的大人们都明白。因此在家里就有这么条不成文的规定："所有的好东西都给孩子"，但是……在家长眼中看来好的东西，实际并非孩子所需，有时甚至还会对他有害。

所以，让我们坚持健康的理念，正确地评价食物：什么是

妈妈笔记

"较好"和"较差"，什么是"好"和"坏"，什么是"有益"和"有害"，等等。千万不要因为食物而丢了健康。

孩子应当食用与自己的年龄相匹配的、最天然的食品。

对于新生儿来说，没有比母乳更健康、更宝贵、更天然的食物。关于这一点，我想，不需再怀疑。而母乳喂养也被称作是"最自然的喂养方式"。

不过，完全没有必要耗费几百页的篇幅来论证自然喂养的优势，因为这不会对大众的观念造成太多影响。正如反对吸烟一样——所有人都知道吸烟的害处，但还是有相当多数量的烟民。不过，我们还是简单列举几条能够证明自然喂养方式优越性的例证：

1. 母乳一直都：

- 具有极佳的温度；
- 具备理想的卫生条件；
- 含有能够帮助孩子消化的成分；
- 含有能够帮助孩子抵抗和预防感染的成分。

2. 母乳喂养能够减轻家庭经济负担：配方奶粉，尤其是优质的配方奶粉通常都价格不菲。

3. 母乳喂养能够节省时间。如果给孩子喝奶粉的话，就还要买奶粉、烧开水、放奶粉、冲开、搅拌、冷却、清洗，接着再烧开水、放奶粉……好似一个无限循环[1]。

4. 母乳喂养的孩子几乎不会患肠道感染。如果是用奶粉喂养，那么为了保护孩子不受胃肠道传染病的威胁，就要在调配和保存乳品时十分小心，注意奶粉的卫生。尤其是在天气炎热的时候，做到这一点很不容易。我想无需再向您描述传染病医院里的情景了吧？

5. 母乳的一大好处就是：无论您在哪里，孩子的食物都是随身携带。

1 有必要指出：母乳喂养的第一个月一般不会节省时间。用配方奶粉相对会更容易一些。无需时刻关注并频频挤压乳房。但母婴之间相互适应起来会很快，而且孩子越大，哺乳也越轻松。

妈妈笔记

6. 随着时间推移，母乳的成分会发生改变，以满足不同年龄段孩子的身体发育需求。

7. 如果您对母乳喂养仍持怀疑态度，那么您可能完全没有意识到：牛奶可能会令孩子产生不适，也可能会出现很多问题，更不要说需要付出多少来养大这个孩子（钱当然是首要的，更不要说精力）。想想都觉得恐怖。

8. 母乳喂养会让您体会到自己是一个真正的女人。没有一个男人（无论他长得多娘）能够做到这一点。

那如果母亲没有乳汁该怎么办呢？不用担心，这早已不算是一场灾难。无数的孩子在没有母乳的条件下都顺利地成长起来。而当他们长大成人的时候，也会知道女性乳房的功用究竟是什么。从一方面来说，这没什么不好。但是从另外一方面而言，却未必有益，这是因为：年轻的母亲不再把没有乳汁或是奶水不足看做是一种不幸，她们知道即便没有乳汁孩子仍然可以长得很好。

然而，有必要理解和认识到一点：母乳喂养对孩子的身体健康更有益。当然，也不是说没用母乳喂养的孩子就一定会多病，但是总会出现一些意外的复杂情况。

1.5.1 母乳喂养

母亲会不会有乳汁这个问题，不需要讨论，因为每位母亲都会有乳汁。但并不是每个母亲的乳汁分泌都能满足孩子的需求。

遗憾的是，在决定泌乳量的众多因素中，有一个因素是完全不受药物、饮食结构和生活方式影响的，那就是基因。也就是说，母亲体内决定泌乳量的泌乳激素[1]的多少是由基因决定的。如果您是由您的母亲通过母乳喂养的方式养大的，那么您就有责任

1 激素是由人体内的内分泌腺分泌的物质。

妈妈笔记

喂养自己的孩子，因为从遗传上讲您是有这个能力的，您不用拿基因不好来搪塞自己的懒惰。

除了遗传易感性，还有一些可能影响母亲泌乳的因素：婴儿在吮吸乳汁时对乳头刺激的强弱、母亲的神经系统情况——是否受到消极情绪的影响、生活方式（睡眠、是否经常活动、操持家务等）以及日常饮食。

要让刚刚分娩的母亲保持情绪稳定，这有些困难。但是生活方式是完全可以掌控的，尽量避免去做一些没必要的或是令人不愉快的事——您在煮饭、洗衣、熨烫上花的时间越少，对您和孩子就越好。

母亲在睡眠不足、休息不够或是缺少性生活[1]的情况下，是不能正常哺乳的。

总的来说，上一段的内容主要总结了一点：

从出生的那一刻起，孩子就成为了家庭中的一员。但是无论如何都不应当因为关注、爱护、关心孩子而伤害其他的家庭成员。

必须找到一个平衡点。因为出自对孩子的关心，就深夜每隔5分钟去探望孩子，这样下去，您最终会令孩子失去母乳。让孩子再多等待一会儿，稍微少关心他一点儿，为的是让他能更长久地享受您——这个最亲最爱的母亲给他的爱。这也是母乳喂养的真谛。

笔者会尝试着更详尽地讲解如何调整家庭关系。但是现在，还是让我们再来看一些与母乳喂养相关的问题吧。

1.5.1.1　哺乳期母亲的饮食

首先，笔者建议读者们再仔细阅读一下“妊娠”那一节中对

1 关于性生活，我们曾经说过，性行为能够提高泌乳量。还需要指出：用母乳喂养能够加强女性高潮感，而且这种“加强”一直可以维持到哺乳期结束后，这也可以看做是母乳喂养的一个优势。

妈妈笔记

准妈妈的饮食建议。请您相信，还是有很多绝对安全的食品。所以，笔者在此真诚地请求各位妈妈们尽量不要尝试一些不确定的食物。您越少食用柑橘类、可可类（巧克力）、咖啡、草莓类以及其他一些可能引发孩子过敏的食物，对孩子就越好。您当然也不希望自己的孩子在2岁时就因为吃了巧克力而身上出疹，整夜瘙痒。

您应当明白：母亲吃的所有东西，都会以这样或那样的方式溶入母乳中。所以要避免食用那些可能会影响乳汁气味和味道的食物，例如大蒜，以及咸、酸、辣的食物。有一些食物，例如豆子、花菜，会影响孩子的肠胃，会令孩子放屁，有时会引起腹泻。

母乳的浓度越高就越难消化，孩子在吮吸时也要更加用力，母亲也要更用力地按压。所以没有必要通过食用大量脂肪（酸奶油、猪肉、奶油等）来有意识地提高乳汁浓度，植物性脂肪比动物脂肪[1]更好。

如果您体重正常，那么在晚上吃一碗碎米粥是很好的。多吃些蔬菜水果也很好（每天不少于500克），当然，新鲜的比罐装的要好。总之，哺乳期妈妈要尽量少吃罐头食品。

时刻注意孩子的反应。如果您不太确定某种食物是否适宜哺乳期女性食用，那么可以先少吃一点。如果哺乳后孩子也一切正常，没有出现例如红疹、睡眠不安稳、排便不正常等症状，那么就可以正常食用此种食物。

关于哺乳期妈妈究竟需不需要大量饮水的问题，到目前为止，仍然颇有争议。许多学者认为，大量补充水分并不能增加泌乳量。但是，也有许多母亲不赞同这种观点。

如果母亲在哺乳过后乳汁还有剩余，那就不必强迫自己喝任

1 这里并不是要母亲们完全杜绝含脂肪多的食物，而是要少吃。为了要保持自己的身材而完全不吃脂肪是万万不可的。因为有多种维生素是需要由脂肪来溶解的，仅这一点就足以证明脂肪的重要性。

妈妈笔记

何东西。如果乳汁没有办法满足孩子的需求，那么在将孩子放回小床上睡觉之后，您就要到厨房喝0.3～0.5升的水或吃水果羹。夜间哺乳也不例外。为了避免夜里手忙脚乱，最好事先在保温瓶里准备一些温的水果羹或白开水。

理想饮品：

- 茶加牛奶（最好是绿茶），再放些糖；
- 干果（杏干、苹果干、葡萄干）熬制的水果羹；
- 果汁（苹果汁、葡萄汁、胡萝卜汁），但是要适量；
- 牛奶及酸奶制品。奶一定要煮沸或适当加热；乳制品浓度最好不要超过2.5%。

有很多值得推荐的有助泌乳的食品，例如坚果、食用酵母、荨麻汤、啤酒等等。此外还有一些药品，例如氮苯甲酸和谷氨酸、蜂乳、普罗克生也有催乳的效果。但是无论如何母亲们都不应当过度相信和依赖这些食品和药物。

请相信，孩子健康，母亲夜能安寝、不焦不躁、不为琐事所烦扰，这样能够有效地刺激泌乳，这比所有的食疗和药物疗效都要好。

1.5.1.2　乳房

应当如何哺乳呢？这是一个很有意思的问题，而答案也出奇的简单。

首先，要让所有对此感兴趣的女性朋友知道，在人的生命中有些过程是可以通过本能[1]来协调的。就好像没有人教孩子如何吮吸，但他却天生知道该怎么做一样。大自然为我们设定了许多种天生就具备的能力，例如哺乳和性。

您能够想象在新婚初夜时您的身边围了一大堆“性生活老

1 本能是指天生的解决问题的能力。

妈妈笔记

师”的情境么？很难，是吗？但是大部分人都能够顺利地完成这个过程，这正是人类传宗接代的本能在指引。

哺乳也属于人类的本能，但是很少有人能够独立地完成它。当然，如果亲人们总是用最为详尽的方式向您描述正确的哺乳方式：该怎么坐（怎么躺）、怎么样托住胸部、怎么样将乳头放到孩子嘴里、怎么注意他吮吸的动作等，这样很容易让您觉得自己一定有什么地方做错了，可是亲友们仍然不厌其烦地教授您正确的方法，给您几十种建议。很有可能，听过这些建议之后您会更有挫败感，而哺乳就会变成您和孩子两个人的互相折磨。

所以，哺乳最重要的一条原则是（尤其是对一周大的婴儿而言）：**哺乳时要两个人在一起。**

尽量用两个人都觉得舒服的方式：想躺就躺，想坐就坐。只要觉得姿势舒服就好。不要再有精神负担，不要再去思考自己做的是对还是错。

不过还有几点您有必要知道，单靠本能远远不够：人的机体有一个特点，就是不太会产生多余的东西。如果在喂完奶之后仍然余有乳汁，那么，根据大自然的逻辑，这就意味着乳汁分泌过多。通常机体就会在下一次减少乳汁的分泌量。但是，我们常常在孩子出生 2 ~ 3 天后才让母亲给他哺乳，这就给大自然出了个难题。

如果在产科医院时您无法给孩子喂奶，也就是说，无法让孩子来给您的胸部解压，那么您就只有自己做一做按摩了。通过按摩乳腺，挤出多余的乳汁能够有效地保证乳汁的分泌。

泌乳量实际上与母亲乳房的大小、坚实度并无关系。小而柔软的乳房也可以有充足的乳汁。

乳头的形状无关紧要。虽然有很多人不赞成这点。无论乳头的形状多么不好，在长期哺乳之后，它就会变成孩子所需要的形状。

妈妈笔记

乳汁的外观无关紧要——不需要将它与牛奶的颜色作比较！

有许多东西实际上都是无关紧要的，不要对自己吹毛求疵。

接下来让我们来详细讲一下如何正确挤压和按摩乳房。将多余的乳汁挤出，并对乳房进行按摩能够保证母亲正常的乳汁分泌，这主要在母亲分娩后的 3 ~ 4 周时使用。在此之后自然而然地会恢复正常。

再强调一点：如果由于某些原因，您在孩子出生后没有立即给他哺乳或者孩子总是需要额外喂奶，那么按摩和挤压乳房是十分必要的。如果医护人员或是同病房的产妇能够给您示范按摩的手法那就更好了。

首先要注意的是：在挤奶、按摩和哺乳之前一定要注意清洁手和乳房。请不要使用酒精，普通的“婴儿香皂”就是很好的抗菌剂[1]。千万不要为了节省香皂而只做粗略的清洗，也不要让香皂在乳房处留有残余。无论是哪一种婴儿香皂，它的味道总归不那么令人愉快。毫无疑问，首先要先洗手，然后才是清洁乳房。不要用普通的肥皂清洁乳房，这不仅无益反而有害，因为肥皂是碱性的，能够中和油脂。而乳房皮肤上的薄薄的油脂膜能够起到保护皮肤的作用。所以每天最多只能用肥皂清洗一次乳房，其他时候用温水擦拭即可。而使用酒精消毒带来的伤害则更大。

1 抗菌剂——有抑菌能力的助剂。

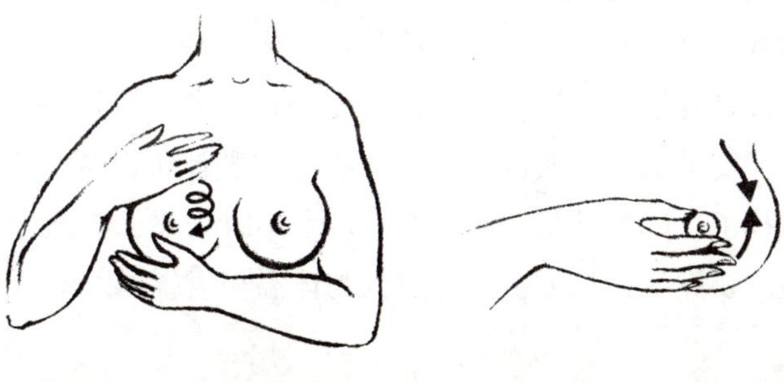

妈妈笔记

胸部按摩并不复杂。首先应当注意的是：女性两侧乳房的乳腺摸上去的柔软程度应该差不多。如果您摸到有结块的部分，那么这些地方就尤其需要经常按摩。按摩时用一只手由下方托住乳房，用另一只手的4个手指（除了大拇指）以画圈的方式由肋骨到乳头按摩胸部。这时处在下方的那只手也不要闲着，也和另一只手一样轻轻按摩胸部。

如果摸到硬块，那么重要的不是增加按摩的力度，而是延长按摩时间。

胸部按摩应当放在挤压乳头之前。在为孩子哺乳前做一下按摩是很有益的。如果您觉得孩子吸不到乳汁（这种情况并不少见），那么您可以先暂停哺乳，稍稍按摩一下，然后再继续哺乳。

孩子的父亲是做胸部按摩的好帮手。如果妈妈们能够教会自己的老公如何做胸部按摩，而他又有学习的兴趣并能够控制好按摩力度，那真是再好不过了！

乳汁过剩的时候也需要进行按摩和挤压。这么做是为了避免出现乳腺硬块（乳腺炎）。

在挤乳汁时一般只要使用两个手指：大拇指和食指。在挤压时应当避免直接挤压乳头，而是应当按照由乳腺到乳头的方向按压，此外一定要注意力度。除了自己挤压乳房之外，使用“吸乳器”也是一个不错的选择。“吸乳器”更加有效也更加快捷，同时不容易出现问题。吸乳器的选择空间很大，有各种价位，能够满足消费者的不同喜好。

挤乳汁并不是必需的，而是视实际需求而定。但是最好能将挤出的乳汁保存起来，以便下次使用。用于储存母乳的器具可以是罐子或是杯子，不过在储存前一定要保证器具的洁净，挤出的母乳要严实地盖好，放进冰箱冷藏。这些乳汁可以留到下次哺乳时喂给孩子。如果冷藏未满10～12个小时，那么再次拿出来食用时不需要煮熟，只要适当加热到与体温相当就可以了[1]。

1 不能用微波炉加热母乳。微波炉的高温加热会破坏母乳中的营养成分。

妈妈笔记

乳头破伤、裂口不仅会令人觉得不适，而且会带来很多不便。

乳头破伤、裂口主要是由于：

- 哺乳期母亲的皮肤特征；
- 个人卫生；
- 宝宝的吮吸力度及频率。

预防方法：

- 保持乳房清洁。
- 留短指甲（也有可能出现这样的情况：母亲在挤乳汁时由于自己不小心，造成抓伤。但是却和朋友抱怨说是孩子把自己咬伤的）。
- 保持乳头干燥——哺乳后用棉花、纱布把残余乳汁吸干或擦干。如果在哺乳间隙溢乳，那您可以提前在乳罩内垫一些化妆棉，或是用哺乳期女性专用的胸罩。胸罩尽量不要过紧，不要压迫乳房。
- 不要贴身穿着合成纤维质地的乳罩或衣物。
- 不能让孩子不顾乳晕而只抓住乳头。如果您希望停止哺乳，也不要用力把孩子从乳头上拉下来。总是能找到机会在孩子放松的时候让他自己放开乳头。

对于乳头裂口，除了遵循与乳头破伤相同的处理方法外还有一些基本的**治疗方法：**

- 应当在裂口还不大的时候及时着手治疗。
- 不能让孩子饿着，否则他就会饿虎扑食般地扑向您的乳房。经常性的哺乳要比让孩子在您的胸口狂饮十分钟更加合理。
- 受损的乳房比正常乳房更需要做按摩和挤乳。
- 尽可能保持乳房裸露，与空气直接接触。（夏季如果能到阳台走走的话也不错，当然，最好是太阳落山天色渐暗的时候。）[1]

1 室内的温度有时令您无法袒露上身，这是完全有可能的。但是即便如此，还是有很多女性充分展示出自己的智慧：她们用各种方法蒙住自己的乳房，只露出乳头，这样胸部就不会觉得凉。

妈妈笔记

在处理乳头裂口和破伤时可以使用维生素 A、沙棘植物油、不含抗生素的烫伤喷雾（利肤安、泛醇、维尼佐）以及促进伤口愈合的软膏和凝胶（素高捷疗眼膏、泛醇、爱维治）。

最好在医生的建议下选择药物；同时还要注意您是否会继续用受伤的乳房给孩子哺乳（要注意你所擦药物的味道，以及它是否能完全清洗干净，以免宝宝误食）。

如果乳头有化脓的症状[1]，那么应当立即就医。在没有征得医生同意时不要使用任何药物！

1 局部化脓症状——裂口处分泌脓液，伤口附近持续发红。乳腺化脓——胸口持续跳动性疼痛，遇冷则有所缓解，乳房温度明显较高并发红，甚至发紫。乳腺肿大，乳头中有脓液流出。

关于乳房按摩和挤压乳头的必要性总会有一些合理的反对意见。从一方面来说，笔者一直尊重大自然的智慧。从另一方面而言，人类的近亲，例如猴子，从来也没有进行胸部按摩和挤乳，但是它们并没有乳头裂口等等令人不快的毛病。

从自然的角度来看，乳汁的形成，不仅是对人还是对猴子来说都是一个复杂的过程。它与母亲身体中的激素分泌、心理状态、母婴关系有十分密切的关系。按照大自然的规律，母亲和孩子应该时刻在一起。而现在呢？出生后推迟几天再让母亲哺乳也是很正常的。现代女性用很多种方法清洁自己的乳房，很少让自己的乳房裸露，一般都用衣物遮盖。这样说或许有一些色情的意味，但是，衣物的遮盖不可避免地会影响到胸部的血液循环。在衣物的遮盖下，乳房、胸部皮肤，尤其是乳头变得很柔软。而如果我们将一切回归自然，那么就不难发现：为了预防乳头裂口，大自然早就想出了好办法，那就是将乳房暴露在外。要知道，动物可是不穿胸罩的。

正是由于我们自己打破了自然法则，我们才需要做好应对乳头裂口的准备。当乳房内仍余有母乳的时候，大脑就会接收到强烈的停止泌乳的信号。

在这个时候一定要理性处理。如果女性的乳房没有任何问题，那就不需要挤奶。在此，我们要祝贺这位女性的丈夫，因为他娶到了一位激素分泌十分正常的妻子。

妈妈笔记

1.5.1.3 哺乳的多种方式

在讲述哺乳的准则及特点之前，有一点必须强调：关于“如何哺乳以及根据什么样的时间间隔来哺乳”还没有形成统一的观点。笔者在此只是讲一些可行的方法，但是具体选择何种方式，如何理性地掌握这些方法完全要靠读者自己。

此外，笔者还想指出的是，所有这些由专家学者详细描述的哺乳方法，实际上只是在学者们的脑海中得到印证而已。因为对于千百万年来都在进行母乳喂养的女性来说，在哺乳的时候很少去思考自己的行为是否正好印证了某个假想的理论。

虽然哺乳的方式多种多样，但是其中的绝大部分都可以用一定的条件进行分类，这其中主要有三种基本方法：

按时哺乳

首先，让我们从历史的角度来看。按时哺乳这个曾经流传很广的方法，现在已经丧失了现实意义。按时哺乳的根本在于：设定一些固定的哺乳时间，严格控制哺乳的时间间隔，并充分保证母亲夜间休息。经典的规划是这样的：白天每隔 3 个小时哺乳一次，夜间休息 6 个小时。在两个月后，白天两次哺乳的时间间隔可以增加到 3.5 个小时。母亲晚上可以休息 7 个小时。

按时哺乳理论上的优点是：从孩子出生起就培养他按时按点吃饭的好习惯，并且同时调整家人的生活规律。但是放到实践中，情况就要复杂得多。因为在大部分情况下，无论是孩子还是孩子的母亲都无法完全按照严格的规律生活。

考虑到家中的各位长辈在按时哺乳方面的谆谆教诲会给各位母亲带来疑惑，笔者在此竭力想要提醒各位妈妈，不要在意是否准时准点给孩子哺乳。至于那些保证母亲夜间休息的建议，基本可以算做与自然喂养方式最彻底的对立。

妈妈笔记

因为在连续2～3天的夜里您都必须怀着极大的勇气倾听孩子饥饿的哭喊，还要在内心深处淡定地对自己说："我是一个有教养、坚持原则的人。"这几个夜晚，不仅是对孩子还是对您都是备受折磨的夜晚。要知道"施虐狂"从来不是个用来形容正常女性的褒义词，如果您不明白这一点，而是一意孤行，那么您很可能将面对断奶的窘境。更不消说您那位永远无法安睡的丈夫可能在工作上出现的种种失误[1]。

1 男人如果昏昏沉沉，就会显得无精打采，脾气不好。家里有一位善良而有活力的丈夫比有一个看似守规矩的孩子重要得多。

再强调一下：现在按时哺乳的方法已经没有现实意义了。很少有医生会推荐这种哺乳方式。而我们在此提到它，主要是为了让大家对儿科医学发展历史做一下回顾，除此之外没有别的意义。

按需哺乳

按需哺乳是目前许多国家所推广的、被公认为唯一正确的喂养方法。同时，它也是哺乳方式进步的一个重要标志。

按需哺乳法的思想基础是一个不知何许人提出的公理：分娩对于孩子来说也是极度紧张的过程。在经历了剧烈的震动之后，可怜的宝宝经常会感到不适、恐惧和惊慌。而唯一能够缓解这些负面情绪的方法就是吮吸母乳。由此，很自然地可以得出一个结论：孩子最重要的一项需求就是与母亲身体的接触。

母亲的乳房此时已不仅仅是孩子食物的来源，同时还能让他得到安慰。而孩子的吮吸，首先是他与母亲交流的方式，其次才是孩子获得食物的方法。

由此，出现了一种新的哺乳方式——按照孩子的需求哺乳。按需哺乳的关键在于：满足了孩子通过身体接触与母亲交流的需求。如果您发现孩子焦躁不安，就可以把他抱在胸前——当他做出吮吸动作或者用撅起嘴唇来向您表示暗示时；当他发出哪怕一

妈妈笔记

小声叫唤，打了个喷嚏或鼻塞时都可以这么做。母子在身体上的亲密接触，1 天可以 30 次乃至更多，次数越多越好。为了做到这一点，母亲可以适当减少散步的次数，而且每天都坚持与孩子一起睡。使宝宝在晚上仍然能够找到自己的母亲，而事实也证明：宝宝在睡眠中的吮吸最为高效。

这种哺乳方法的基本优点是：母亲经常将孩子抱在胸前，能够有效地促进乳汁分泌。因为孩子吮吸是刺激乳头最自然、最强力的兴奋剂[1]。如果母亲的泌乳不足，那么按需哺乳是最适宜的方法（有时，甚至是唯一合理的方法）。在宝宝生命的第二和第三周，母亲的乳汁逐渐减少，这时，理性的按需哺乳可以说是最可行的母乳喂养方式[2]。

按需哺乳的优点就论述到此。

然而，有些女性还发现了按需哺乳的其他好处：哺乳过程本身给大多数妈妈带来一种享受。如果一位母亲准备好 24 小时沉醉于这种享受，为此甚至可以忽略社会生活，忽略与丈夫的交流，不顾生活中的其他琐事，那是她的权利。

按需哺乳的支持者还能说出它的许多优点，但这些优点大都只是假设性的。大都是说按需哺乳会给孩子带来美好的未来。母亲与孩子的心灵空前贴近，帮助孩子摆脱精神压力。最重要的是孩子长大后能够为您养老送终……但是，这些优点尚无法得到证实。

有一个观点很重要：我们究竟应当如何看待女性。是把她当做一个生物（一个正在给幼仔喂奶的雌性动物）？还是当做一个社会人？如果只把她看做是一种生物——那就没什么疑问了！按需哺乳是解决问题最好的办法。而且不会产生任何附加问题。如果千万年前的母亲住在洞穴里，那么按需哺乳不仅是对孩子，同

1 有优点也必然有缺点：不限时地吮吸会增加乳头受伤的可能性。

2 理性的按需哺乳——指的是经常将孩子抱在胸前哺乳，但是千万不要过于执著。不需要坚持每个小时都这么做。

妈妈笔记

时对她都有好处。如果今天的母亲仍旧住在洞穴里，那么按需哺乳也不会错。

但是，笔者依旧坚持将女性看成一个“人”，而不是某种雌性动物。按需喂养能够让宝宝持续数小时粘在母亲身上，好像猴子一样。这的确在很大程度上影响了母亲履行社会职能：要想在哺乳的同时完成洗衣服、收拾屋子、做饭、送大一点儿的孩子去上舞蹈班、去商场购物以及去理发店等这些事情，是十分困难的。由此可以得出一个在笔者看来毋庸置疑的结论：想要顺利地实现按需哺乳，就需要具有一定的社会地位。要么生活在原始条件下，要么具有足够高质量的生活水准——生活上有帮手（保姆、家庭教师、厨娘），与丈夫及其他家庭成员之间达到绝对的相互理解[1]。

1 并不是所有的父亲都愿意在夫妻二人亲热的时候妻子心不在焉，甚至还要分心照顾另一个人。

除了履行社会职能的时间不够，在实践按需哺乳的过程中，母亲可能还会碰到许多其他困难。例如，如果孩子因为某种原因不能亲近妈妈的乳房（妈妈突然要出门、住院或者服用了药物等），那么用什么替代品来喂他就成了一个难题。按需哺乳的孩子通常会拒绝喝水、牛奶及配方奶等非母乳饮料。

在实践过程中，笔者曾经见过一些按需喂养的孩子。他们患有严重的肠道感染，并且拒绝喝母乳之外的其他饮品。到医院就医完全是因为只有通过输液的方式才能为孩子补充水分和营养。还有成百上千的孩子，他们一方面亲近母亲的乳房，同时也很熟悉奶瓶。通过不断适应，最终在家里恢复健康，没有见过滴管也没有经历过医院的紧张气氛。

笔者还不止一次地见过一些孩子，他们在外部因素不允许的情况下仍然向妈妈索取乳汁，这种情况往往令人纠结。例如，有的孩子只要一有需求就会不顾一切地扑向母亲的乳房，因为母乳能够让他平静下来。也有一些妈妈抱怨说，冬天基本就不能带着孩子散步，因为几乎每一次孩子在跌倒之后都会尝试着往她的毛衣里面钻……

妈妈笔记

这样看来，即便是没有其他的难处，按需哺乳对许多家庭来说也已经成了一个大问题：母亲身心俱疲；父亲抱怨不能与妻子同床共眠；所有家庭成员的精神都接近崩溃，而家庭也到了解体的边缘。

但是，每个人的理性思维能力、忍耐力以及面对困难时的心态都是不同的。如果一个家庭很成功地做到了按需哺乳，而结果又令所有人都满意，那为什么还要表示反对呢？

在此还想提醒各位读者注意一个十分重要的细节：按需哺乳的鼓动者们经常游说称，这种哺乳方式是需要学习的。也就是说，如果缺少系统性的学习，您未必能将按需哺乳成功地付诸实践。因此准妈妈们或是诸位母亲们需要进行专门的学习，获得一些教学指导或是参加一些母乳喂养的咨询。当然，这些都不会是免费的。

这些说法的绝对性令人质疑，其中的商业性目的显而易见，而这种强势宣传不免令人产生一个有些悲哀的想法：究竟是谁更需要这种哺乳方式？孩子？母亲？还是那些想借此捞钱的咨询顾问？

自由哺乳

不仅如此。如果说按时哺乳的方法是医学发展中一个可悲成果，那么支持按需哺乳的人会说：按需哺乳是教育思想和心理学发展的巅峰成果，仿佛可以看做是拯救全人类的一条阳光大道。

理性思维所持的一贯都是中庸的态度。不会从一个极端跳到另一个极端。无论如何哺乳都不应该成为一场对母亲和其他家庭成员忍耐力的考验。而我们需要的是将照料孩子变为一个令人愉快的过程，是为了让孩子、母亲及所有亲人都能从中得到满足。

正因为如此，笔者才成了“**自由哺乳**”的坚定支持者。

自由哺乳：指的是根据孩子的胃口哺乳，也包括夜间哺乳。

妈妈笔记

但是家长们要注意两次哺乳的间隔不要少于两小时，哺乳时间也应控制在15～25分钟。这样，妈妈就会有空闲的时间和机会履行社会职能并经常与家人和朋友进行沟通。

因此，笔者推荐这种哺乳方式。

1.5.1.4 自由哺乳的基本原则

这些原则实际上非常简单。要想真正理解并将它们付诸实践，并不一定需要家长们知道什么深奥的医学知识，也不需要有丰富的哺育孩子的经验。只要有理性的思维能力就足够了。

健康的宝宝自己知道该何时进食。

从大自然的角度出发，母乳喂养的孩子无论从时间上，还是从空间上都无法脱离母亲。因此，让哺乳期的孩子饿着，这完全违背了他的天性。因而，如果依照您的推算应当在下午3点给孩子喂奶，但是他两点半就已经开始啼哭了。那么您无需犹豫，也不要让孩子焦急等待，马上给他喂奶，这样你们两个人就都安心了。

孩子也经常会在午夜时分想要喝奶，这也是很正常的。如果这时母亲能够花半个小时的时间喂饱他，那么就会让全家都享受一个安静的夜晚。

永远不要仅仅因为您认为到了该给孩子哺乳的时间，就把孩子弄醒。

不过在这条原则中还有一些**例外**：

- 当您有事急于处理，例如急着去考试、看门诊、约好了做头发等等，而无法给孩子哺乳时；

妈妈笔记

- 对那些低体重的以及体重增长较慢的宝宝，应当适当缩短哺乳的时间间隔；
- 当母亲的乳头上有伤口时（当然，即便在这种情况下，也不能让孩子饿到发慌）。

对1个月大的婴儿来说，最佳的哺乳时间间隔大约为3个小时。往后，由于孩子每天的睡眠时间变长，这个时间间隔也要逐渐加大。家长们无需背诵什么表格，也用不着把什么哺乳细则挂在墙上。健康的宝宝往往知道自己什么时候应当进食。第1天孩子喝了6次奶，第2天喝了8次也没什么大不了的。此外，还要注意的是，每次哺乳的间隔不能少于2个小时。如果孩子在不到两小时的时候就饿了，说明他在上次哺乳的时候没吃饱。

为了**解决哺乳时长的问题**，我们首先应当弄清楚一个十分简单的问题：为什么要给孩子哺乳。

如果说哺乳只是为了满足孩子的食欲，那么15～20分钟就已经足够了。但是，如果是为了让他吮吸，就算3个小时也未必足够。究竟如何看待这个问题，那就看家长自己的判断了。只是不要蒙人。如果哺乳的过程让您感到愉悦，那么，就不要再对其他人说宝宝体弱、没精神。长此以往，您倒是得到满足了，而孩了却养成非得要人抱才安静的习惯，您的家人则全被孩子折磨得体弱没精神了。

哺乳时您不妨观察一下，看看孩子究竟是在喝奶还是只是单纯地在吮吸。如果他只是在吮吸乳头，那就把他轻轻放在床上让他睡觉。

要尽量保证每次哺乳时孩子都只在一侧乳房吮吸。

这只是一个建议，并不是一定要遵守的规则。哺乳时可能出现的情况有许多种：有时母亲的一侧乳房乳汁较多，另一侧的较少；有时母亲的一侧乳房健康，而另一侧的乳头上有伤口；有时孩子只喜欢吮吸一侧的乳房，对另一侧乳房兴趣索然。如果一侧乳房中的乳汁没办法让孩子吃饱，那没办法，只有用另一侧乳房

妈妈笔记

继续哺乳。但是要注意！在哺乳过后一定要挤出多余乳汁，保证它与第一只用来哺乳的乳房一样没有余乳。在下一次哺乳时，如果一侧乳房的乳汁仍不够，那么就可以用上一次挤出的多余乳汁喂孩子。不过完全有可能单侧乳房的乳汁已经够用了。

如果只有两侧乳房同时哺乳才能满足孩子的需求，而且在哺乳后乳房都没有余乳，那么同时用双侧乳房哺乳是完全合理的。

因为母亲的身体对孩子的需求能够自行调节，所以当出现这种情况的时候，乳房的产奶量会有所增加。这样，不久之后，单侧乳房的乳汁就足够了[1]。

在试图抓住母亲乳房的时候，宝宝经常会啼哭。这并不是因为他饿了，而是因为靠在母亲身上让他觉得更温暖，更舒适。在乳房中还余有乳汁，而孩子却不再吮吸时，要将孩子从母亲身边抱开。如果这个时候他仍然啼哭的话，那绝对是在表演戏法。您需要尽快决定究竟要如何培养孩子——是将他养育成一个正常人，还是让他成为一个“魔术师”[2]。

孩子会拥有最适当的机体，也会做出最适宜的行为。孩子无论何时都不会做任何对自己有害的事情（例如哭闹）。但是，如果孩子发现通过啼哭他能够让自己的生活变得更加舒适，那么这种“无理取闹”的解决方式将会伴随他一生。

请您好好想一下：孩子的疼痛感和饥饿感是不是真的能在您把他抱起后就消失得无影无踪呢？

对孩子哭闹的任何处理，以及与教育孩子相关的尝试都应该放在白天进行[3]。

1.5.1.5 吮吸用安抚奶嘴

安抚奶嘴是一个很有意思的物件。它一方面能够满足孩子的吮吸反射，同时也不会烦扰到妈妈。婴儿奶嘴虽然有趣，但是并不必要。家长们如果不想用也可以不用。笔者甚至会说：不想

1 如果双侧乳房内都没有余乳的话，那么以后的产乳量一定会增加。

2 笔者在此并不想贬低“魔术师”，但是在台下愚弄人完全没有必要。

3 夜里很难让孩子一个人号啕大哭——过不了20分钟奶奶就会支援他，用形象生动的语言批评孩子的家长照顾不周。2周后，全家人就能够在夜间安枕无忧。（当然孩子的母亲除外，因为此时孩子正在她的怀里躺着。）

妈妈笔记

用，那很好！

使用规则：

▶ 保持奶嘴清洁、消毒。同时将它单独放置。

▶ 不要舔孩子的奶嘴。不要讲什么动物都是用自己的唾液清理孩子身上的污渍之类的故事。动物还不住院、不吸烟、不服用抗生素、不嚼口香糖、没有龋齿呢。

▶ 奶嘴一般是由三个部分组成：无孔的橡胶乳头，限制橡胶乳头入口深度的圆环以及塑料固定器。固定器的末端有时会突出，这经常会损伤孩子的牙床。所以强烈建议您去掉固定器。

现在大部分儿科医生不推荐用奶嘴，这有一定的道理：归根结底，吮吸的实质是为了获取母亲的乳汁。为了减轻母亲的负担而有意地使用奶嘴，不知不觉中就会减少吮吸对母亲乳头的刺激。这在一定程度上将影响母亲的泌乳量。但是，在大部分情况下，使用奶嘴既不会给孩子，也不会给母亲带来任何负面影响。至于泌乳量也未必会受多大的影响。况且，我们不得不承认，有时候孩子的吮吸反射表现得是那么强烈，以至于只有奶嘴（当然，母亲的乳房除外）才能让家里保持安宁。由此，有一条十分重要的规则：

如果母乳的分泌量减少，那么最好不要使用奶嘴。

1.5.1.6　哺乳用奶嘴

当需要给宝宝喂除母乳之外的食物时，或者母亲不在，却需要给孩子喂奶时，我们可以用到许多工具，例如小勺子、小水壶或是类似注射器[1]的器具等（或直接用注射器）。但是，这些工具都有一个明显的缺点：都是大人们将食物倒入孩子的嘴里，而不

1 需要注意的是：在给孩子喂奶时，注射器或者类似注射器的器具上不应该有针。

妈妈笔记

是宝宝通过主动的吮吸获取食物。面对放在自己面前盛满食物的小勺子，1 个月大的孩子或许还不明白，这就是要被送到他嘴里的食物，因此很可能是在完全没有做好准备的情况下，就被迫进食。这样孩子很容易被呛到。

如此看来，将一个奶嘴套在装好食物的小瓶子上，这个办法最合理，也最符合客观情况。

哺乳奶嘴的主要优点在于：让孩子吸取食物的过程变得更加自然，同时也更加安全。因为整个吮吸行为都是孩子在做好充分准备的条件下完成的。

宝宝在吮吸奶嘴和吮吸母亲的乳头时，身体的作用机制是不同的[1]。然而原则上最主要的区别在于：在大部分情况下，从奶嘴中吸取乳汁要比从母亲的乳头吸取母乳更轻松。哺乳期的孩子和所有人都一样，喜欢避重就轻。因此，在尝试过奶瓶之后，许多宝宝都不太情愿再回去吸食母乳。

1 吸奶嘴时孩子主要运动脸颊肌肉，而在吸乳头的时候，主要是舌头在运动。

孩子的这种“不情愿”会引起不少麻烦。如果用奶瓶喂一个正在从母亲乳房吸取乳汁的孩子，那就会无缘无故地变成一场灾难。经过证实，用奶瓶喂过几次奶后，有些孩子干脆就放弃了母乳。

这时，重要的不是歇斯底里，不是将一切都怪罪于奶嘴，也不要为此责怪孩子。实际上，解决问题的办法很简单——用饥饿感来教育孩子。如果孩子真的饿了，他是顾不得手边的是乳房还是奶嘴的。

如何选择哺乳型奶嘴：

理想奶嘴：奶瓶倒置时液体也不会流出，没有滴漏。当按压奶嘴的弹力部位时，奶瓶中的液体才会均匀地流出。

基本合格的奶嘴：在奶瓶倒置时液体偶尔会滴出——每秒钟不超过一滴。

如果在奶瓶倒置时液体滴漏很快，甚至出现流水型，则不应

妈妈笔记

当购买。

第一次购买的奶嘴很少能让母亲和孩子都满意。所以，可以一次性购买多个质地、形状、大小不同、由不同的生产厂家生产的奶嘴。

无论是吮吸用安抚奶嘴、奶瓶还是哺乳型奶嘴都需要经常清洗。在给孩子使用之前最好用开水冲洗一下。

* * *

在即将结束母乳喂养这一部分之际，我必须提供一些专业信息。为的是让您在与医生、家人、朋友交流时所引用的知识，不只是来自笔者，一个普通的儿科医生，而且也是来自世界卫生组织的官方意见。

成功进行母乳喂养的10条准则[1]：

1. 一定要遵守母乳喂养的基本原则，并且一定要让每一位医护人员和产妇知道这些原则。
2. 培训相关的医护人员掌握必需的母乳喂养的技巧。
3. 向每一位孕妇宣传母乳喂养的优势和技巧。
4. 帮助产妇在分娩后的半个小时内进行第一次哺乳。
5. 就算产妇无法第一时间为孩子哺乳，医护人员们也要为产妇们示范如何正确地进行母乳喂养，并告知她们如何储存多余的乳汁。
6. 除了母乳之外，不要为新生儿提供任何其他饮品。特殊情况除外。
7. 尽量保证母亲与孩子共处在一个病房内。
8. 鼓励自由哺乳，而不是按需哺乳。
9. 不要为母乳喂养的婴儿提供任何有可能替代母亲乳房的器具和产品（例如奶嘴等）。
10. 鼓励成立母乳喂养小组，并组织产妇们在出院后参加小组活动。

1 摘自联合国世界卫生组织于1989年针对各医疗机构、产科医院、诊所及妇女儿童保护组织发表的联合声明。此处还想提醒各位读者注意的是：这几条准则针对的不是各个年龄段的儿童，而是专门针对婴幼儿。

妈妈笔记

1.5.2 混合喂养及人工喂养

如果无论您做了多少努力，母乳仍然不够，从而不得不为孩子补充一些别的食物，这种喂养方式叫做**混合**喂养。如果母亲完全没有乳汁，那么就要进行**人工**喂养。

在开始介绍这两种喂养方式前，先让我们来看一段话：

“……无论我们尝试用何种动物的乳汁来代替母乳，对孩子来说这都是一场生态灾难……”[1]

现代工业和现代医学虽然还不能完全消除混合喂养的不良后果，但已经能在很大程度上减轻其损害程度。这一切都是如何实现的呢？

1.5.2.1 应该给孩子吃什么？

按照常理，我们应当给宝宝提供性质上最接近母乳的食物。这样的食品品种产量都很多很大（成千上万种），但是，在进入销售市场时它们都有一个统一的称谓——婴儿配方奶粉[2]。任何一种配方奶粉的调配者都希望通过自己的努力解决一个最主要的问题：在最大程度上调配出成分最接近母乳的奶粉。

根据与母乳相似程度的不同，配方奶粉可以分为3个基本类别：高度适配奶粉、中度适配奶粉以及部分适配奶粉。

虽然配方奶粉有3个不同的类别，但是并不意味着高度适配奶粉就一定比中度及部分适配奶粉好。我们之前已经提到过，随着孩子的成长，母乳的成分也会发生改变，以便更好地提供给孩子成长所需的营养。奶粉的生产厂家也尽力遵循自然规律，用一定的方法对奶粉成分作出调整。因此，每种奶粉都有其对应的年龄段：高适配度的奶粉比较适合0～6个月大的孩子，中适配度的则比较适合年龄超过半岁的孩子。

此外，还有些特殊的配方奶粉。如果孩子身体不好，那么就

1 伊·米·沃龙佐夫，阿·弗·马祖琳编《儿童食品营养指南》，医学出版社，1980。

2 “配方”是指根据孩子的生长需求，在普通奶粉的基础上加以调配。

妈妈笔记

需要食用含有某些特殊成分的奶粉。这种奶粉一般由医生指定。例如，早产或低体重婴儿，有过敏反应、经常呕吐的婴儿或是新陈代谢有障碍的孩子，都需要食用特殊配方奶粉。

选择奶粉的方法及基本原则：

▶我们已经多次说过，孩子对各种事物都有很强的适应能力，食物也不例外。但是，如果孩子更换了某种新的食物，或是吃了某种之前没有吃过的食物，那么还是可能出现一些不良反应，例如腹痛、拉肚子、过敏等。因此，无论是家长还是孩子都不希望经常改变孩子的食谱。

对于这样的情况，**有两种处理方式：**

1. 选择包装上注有“适宜 0 ~ 12 个月宝宝食用”的配方奶粉；

2. 更恰当的方法是：新购买的奶粉应当与之前使用的奶粉有很好的接续性，最好是同一个厂家生产的。一些公司既生产高适配度的配方奶粉，例如“荷兰牛栏奶粉”、“德国喜宝奶粉”、“雀巢能恩奶粉”，同时这些公司也生产中、低适配度的奶粉，称作“牛栏 2 段奶粉”、“喜宝 2 段奶粉”、“能恩 2 段奶粉”。很明显，凡是带有数字“2”的奶粉，其成分更适合 5 个月及年龄更大的宝宝的身体需求。

▶ 只有在出现令人担忧的情况下，例如，孩子的体重丝毫没有增长的情况下，家长们才需要考虑给孩子换奶粉。但是，一般来说，问题不是出在奶粉上，很可能是您孩子的身体健康出了问题。这时家长们应当和儿科医生一起商量对策，找出解决方法。举个例子：孩子只要一喝雅培奶粉就会觉得很不舒服，但是给他换喝荷兰牛栏牌的奶粉之后就一切正常。这样的情况很少会出现。孩子不耐受配方奶粉的主要原因是因为配方中含有牛奶的成分。很多宝宝对牛奶都会不耐受。

在此强调一下，如果孩子喝奶粉时出现问题，家长们千万不要尝试自己解决[1]。

1 这么做是为了不让母亲焦虑。孩子不适应牛奶这并不是一场灾难，只能算是有些郁闷的事。现在已经生产出了不含牛奶奶粉配方的婴儿奶粉（大豆、杏仁奶粉）。

妈妈笔记

1
就算是同种品牌的奶粉，生产厂家也可能不同。举个很好的例子：在俄罗斯，“宝贝”及“宝宝”牌奶粉可能分别是在乌克兰的霍罗尔、俄罗斯的伊斯特拉和白俄罗斯生产的。

2
有些读者可能生活在远离城市的乡村，镇子上没有卖配方奶粉的小商店，但是自己家里却养着牛。考虑到这种情况，那么牛奶在经过一定的稀释后是可以给孩子食用的：120毫升的牛奶（煮熟的）+80毫升的温开水+一茶匙半的糖。在一个月的时间内孩子可以放心食用这种经过稀释的牛奶。然而虽然可以维持，但是家长们最好还是在一个月内进城一次，买一些婴儿配方奶粉。在此强调一下：任何一种配方奶粉都要比牛奶好，因为配方奶粉更加干净，成分更加稳定，同时富含维生素。

- 在购买了一种奶粉之后，家长们应该确定自己在下一次依然能买到同种奶粉！去商店时尽量购买货源充足的奶粉。如果在一周内情况一切正常（也就是说，宝宝很适应这种奶粉），那么家长们就可以考虑再买一些做储备。购买奶粉时一定要注意产品的保质期、外包装是否完整，以及是否标明生产厂家信息[1]。
- 任何一种经过稀释的牛奶，无论从质量、卫生方面还是从维生素含量上，都不如配方奶粉[2]。
- **重要结论**：无需精益求精。孩子健康、正常地成长，体重也在增加。那么不需要仅仅因为您的邻居每个星期都购买不同品种的奶粉，并且罐子一个比一个花哨，就开始怀疑您自己的选择，然后毫无根据地给孩子换奶粉。

要如何喂奶呢？

首先，应当严格遵守说明书中关于奶粉储藏和冲调的规则。

给孩子喂奶粉有两种方式：

- 先让孩子喝母乳，如果孩子没有吃饱的话再给他补充一些配方奶粉；
- 在一天中的某一次哺乳完全使用配方奶粉。

无论选择何种哺乳方式，都最好以保证母乳喂养为主，奶粉喂养为辅。

奶粉的最佳温度应当与宝宝的体温大致相同。

1.5.2.2 她人供乳

她人供乳是指不是由孩子母亲，而是由其他女性为孩子提供乳汁。母乳喂养的一项不足就在于：母乳一旦加热不当，其中所含有的**营养物质几乎会全部流失**，这些营养物质中也包括能够保护孩子抵抗感染的免疫球蛋白。而人工喂养的**缺陷**也是显而易见

妈妈笔记

的：家长们为了给孩子喂奶，要买奶粉、烧水、将冲调的奶粉调节到适宜的温度，整个程序十分复杂。而她人供乳也有很大的不足：您很难了解为孩子提供乳汁的人的全部情况——她在给孩子哺乳前吃过什么？她有没有乳腺炎？她晚上有没有服用什么药物等等。

笔者认为，最好在情况十分特殊、无计可施时才使用她人乳汁。例如孩子对牛奶极度不耐受，以及（或者）没有条件购买优质的配方奶粉。

请注意！配方奶粉，毫无疑问比使用别人的乳汁更方便，也更安全。

不要把自己的孩子放心地交给别人抚养，要知道，供乳者与奶妈是有很大差距的。

1.5.3　喂养宝宝的基本原则

笔者并不想对父母的行为做出严格的规定。读者肯定不会在这本书中找到下面这样的指令："在1个月大的时候一定要开始给孩子吃……而在孩子5个月大时要吃……"我们的目标是：尽力将复杂的问题简单化，让父母们能够依靠自己正确的逻辑和理性的思维做出正确的决定。

实际上完全没有必要强调某些特殊的年龄段。因为每个孩子都是不同的，每个孩子的需求也各不相同。让我们再次向大自然求教。您能否想象，一位生活在1~2千年前的女性为自己年仅5个月大的孩子熬煮蔬菜汤？如果能，那么就请您马上放下手中这本书，转而写一本历史科幻小说。如果您不能想象，那么就请您和笔者一起再来看几个问题。别担心，回答这几个问题并不需要专业的医学知识。

妈妈笔记

来吧，把我们自己想象成一个完全与文明社会隔绝的人，回答下列问题（请记住，回答问题的关键是：逻辑思维和理性判断）：

问：**刚出生的孩子该吃什么？**

答：妈妈的奶。

问：要是他妈妈没有奶呢？

答：喝邻居的奶或者饿死。

问：孩子喝奶要喝到几岁呢？

答：喝到他能吃别的食物的时候。

问：那他什么时候才能吃别的东西呢？

答：给他东西他能咽下去的话，就证明他可以吃了。

问：那他什么时候才能学会吞咽呢？

答：他的嘴什么时候能加工食物，就什么时候可以吞咽。

问：那孩子的嘴什么时候会加工食物呢？

答：会嚼就是会加工了。

……

这种逻辑游戏可以一直玩下去。其中的道理只有您自己体味。

按照大自然的设定，人类的宝宝都应该只喝母乳，这是毫无疑问的。当孩子长出牙齿之后，他就可以吃一些父亲带回来的猎物，以及母亲出外采集的野果。当然，父母可以先将肉类或者草根放入自己的口中嚼烂，然后再喂给孩子，或者熬粥喂孩子。但是，如果孩子还没有长出牙齿而母乳还很丰厚的话，父母未必会做以上这些事。

或许并不是每个母亲都知道从孩子出生一个月开始就要给他喝一些果汁。但是，几乎每一位婆婆都知道这一点。

人们争论的焦点主要集中在到底哪种果汁更好（苹果汁、胡萝卜汁、桃汁、橙汁等），以及到底该给孩子喝多少（是 1 滴，2

妈妈笔记

滴，还是1整杯）。亲爱的人们啊！你们为什么要纠结于这些问题呢？你们自己先好好想想吧！想想这么做究竟对不对！当然，笔者也十分清楚，要转变一个人多年的成见有多么困难。

孩子缺乏维生素，那就让哺乳期的妈妈多吃苹果。谁都无法证明孩子喝一滴胡萝卜汁要比母亲吃一根胡萝卜更有效。

不要有意让年龄未满半岁的孩子吃蔬菜、水果、肉类、蛋黄等食物。这只不过是因为家长们不忍心看到自己“可怜的”孩子终日只喝母乳这一种食物而已。

就算不喝果汁、不喝蔬菜汤、不吃内脏和蛋黄也没有什么大不了的。

一些营养学家完全清楚这些水果的益处。但临床医生和普通人却看不到，而坏处却都能看得很清楚。谁都能看到这些水果带来的害处，只是不敢承认而已。

- 孩子满月前还一切正常，但后来开始出现“特异质反应”[1]……只不过给他喝了点果汁而已。
- 只不过给宝宝吃了点蛋黄——第2天就腹泻，住院了……
- 宝宝晚上睡不着，哭闹，肚子痛，真是太可怜了。但是我们什么都给他吃了啊，肝泥、鱼子酱，爷爷前不久还给他买了芒果呢……
- 不能给我们的宝宝打疫苗，他是过敏体质，就连橙汁我们都是给他弄热了才喝的……

有这么多活生生的例子看来已经足够了。文明究竟在多大程度上让人偏离了逻辑思维和理性判断？人类最大的误区就是在对待孩子时无视他的天然本性。

孩子的具体年龄不能成为摄入什么食物的标准。应当根据另一个标准来决定孩子的饮食，那就是宝宝是否已经长出牙齿。我们据此可以得出一条喂养孩子的基本规则：**在孩子长出牙齿前只**

1 笔者在此使用了引号。因为大众对“特异质反应”这个词有着太多不同的理解，一般人们会认为它是孩子皮肤过敏性反应——红红的脸颊、痱子等。实际上完全不是这么一回事。如果缺少专业知识，很难正确理解这一词汇。我们后面还会在相应的章节详细讲述这个词的含义。不过现在还为时尚早。在后面的部分笔者就不再标注引号，以免让读者们头晕。

妈妈笔记

给他喂食奶制品。

这条规则使家长们能够：

- 不用再将精力耗费在研读有关“儿童合理喂养规则”的论著上；
- 不要再将钱浪费在购买宝宝不需要的食品上；
- 不用耗费大量时间准备食物；
- 不用治疗由那些所谓的“儿童合理喂养规则”所带来的各种不适。

如果您明白了这个道理，那么下面这些**喂养宝宝的原则**对您来说也不难记。

以下列出的这些原则已经足够精炼，没有必要把它们弄的晦涩难懂，面面俱到：

* * *

从出生到孩子长出牙齿之前，孩子饮食主要为：

1. 母乳（母乳喂养）；
2. 配方奶粉（人工喂养）；
3. 将以上两种食物交替喂食（混合喂养）。

* * *

保证孩子获得必需的营养及维生素的主要方法是：

1. 保证母乳喂养的母亲摄入足够的营养；
2. 人工喂养的孩子能够喝到高质量的配方奶粉；
3. 混合喂养时上述两个条件兼备。

*　*　*

在孩子未满6个月时，他只需要：

1. 母乳（母乳喂养）；
2. 配方奶粉（人工喂养）；
3. 母乳及配方奶粉（混合喂养）。

1.5.3.1　补食及辅食

在此需要解释一下这两个经常使用的词汇。它们的概念实际上并不相同。

如果母亲的乳汁不足，就要再给孩子补充一些配方奶粉，或是由别人提供的乳汁，抑或是其他动物的奶（牛奶、羊奶）。所有这些替代品都叫做**补充食品**。原则上，只有在母亲泌乳不足的情况下，才需要使用补充食物，这也就是说，进行混合喂养。

而未满一周岁的孩子所食用的，除了母乳和奶粉之外的食物都属于辅助食物。家长是有意识地给孩子食用一些趋向于成年人食用的食物，为他日后的生活做准备。

以上给出的这两条定义对于解释什么是补食已经足够了。而我们也基本搞清楚了哪些东西可以用来做补食，哪些不用。

*　*　*

现在让我们来具体讲一下辅食。孩子仅靠妈妈的乳汁是过不了一辈子的，因此要逐渐适应大人的食物，向成年人的食物结构过渡。

何时开始给孩子喂辅食？

我们多次提到，家长们会不止一次地从医院的工作人员、朋友、邻居、老一辈人那里听到一些建议——让孩子吃蔬菜泥、蛋

妈妈笔记

黄或喝果汁。从宝宝1个月大起就听到这样的建议，2个月、3个月……宝宝越大，就有越来越多的人对家长们的养育方式表示质疑，指出他们是多么的懒惰，不负责任。这些人并没有错——他们的初衷都是好的。但是家长们应当知道，只有当母乳无法提供孩子所需的全部营养时，才需要给他喂食果汁或蛋黄等辅食。

在不久以前（差不多三四十年前吧！），当母亲没有乳汁或者母乳不足时，通常会给孩子喂牛奶，或者让别的哺乳期女性给孩子喂奶。无论是第一种选择，还是第二种，都需要将食物（牛奶，她人供的母乳）处理后才能给孩子食用。主要的处理方式就是煮沸。而乳汁在煮沸后所含的维生素会大量流失。乳汁中的维生素、铁元素、矿物质盐都会不充足。在当年的生活条件下，这可能会让孩子出现维生素缺乏症、血红蛋白降低、低体重、佝偻病、发育迟缓等多种健康问题。当年，正是为了解决这些问题，才出现了一系列给孩子食用果汁、蔬菜泥、蛋黄和鱼肉泥的建议。

我们不应当忘记，在当时的那个年代，从食物的供应上很难保证哺乳期母亲的饮食充足、优质和多样化。在这样的情况下，当母亲的乳汁不能完全满足孩子在营养上的需求时，提早给孩子喂一些果汁、蔬菜泥是完全符合逻辑，完全有道理的。

再重复一下：

如果哺乳期的母亲能够保证自己的饮食丰富多样（包含蔬菜、水果、肉类、主食、鱼类等多种食物），如果母亲能够为自己的孩子找到优质的配方奶粉，那么：

不需要为不满6个月的孩子提供任何母乳之外的辅食。

在开始给孩子搭配辅食之前，还有几点需要家长们参考：

可能到现在为止，还是有许多读者会对笔者的观点表示质疑，毕竟在《儿童食品营养指南》中白纸黑字地写着：孩子1个月大的时候应当给他喝苹果汁，出生4个月后开始喝蔬菜汤。

每当看到这些细则，笔者就会感到疑惑。笔者总是在想：除人类之外的其他哺乳动物是怎么做到这些的呢？这当然是不可能的。想象一下，如果一只母狼会用某种不知名的草来帮助自己的幼仔用脚站立（准确地说，是用爪），这是多么神奇的一件事儿啊！如果科幻小说读多了，您甚至还可以想象一只公狼给它两个星期大的幼仔带来富含维生素的蔬菜……但是无论您的想象力多么丰富，您都绝对无法想象一头北极熊是怎么获得维生素的。为什么大自然要这样设定我们人类？为什么我们的孩子这个不足那个不够？为什么别的动物不需要喝蔬菜汤就能够存活，而我们的孩子却不能？造物主搞错了吗？我无法苟同。

另外：

- 关于维生素、维生素缺乏症以及必须调整母乳喂养等问题的研究是在很多年前，在配方奶粉还没有出现时兴起的；
- 转变现有的规则、条例，并与各位知识渊博的院士们争论这些饮食法则，是一件不容易的事；
- 请记住：果汁、蔬菜泥、水果粥，这些都只是辅食。这一点很重要。
- 在某些发展中国家，哺乳期母亲长期吃不饱，或是食物结构很单一（例如，只吃米饭，只吃枣，或是只吃鱼，只吃面包），给孩子额外补充维生素是完全合理的。
- 如果家中的财政状况允许您在1周购买1个鸡蛋，那么给宝宝吃上四分之一个蛋黄是合理的；如果钱足够买10个鸡蛋——那么最好是让哺乳的妈妈吃3个煎鸡蛋。
- 过早地给孩子吃辅食没有什么好处。大多数情况下，家长们这么做只是为了解决自己心头的一个心结，然后就能安心地对自己说：我们已经做了所有该做的事情。实际上，添加辅食带来的苦果家长也不得不尝——宝宝可能出现过敏、过敏反应加重、大便异常等多种情况。简单地说，过程是这样的：院士们编写《婴幼儿养育细则》——工业生产制造出果汁——儿科医生推荐食用果汁——母亲给孩子喂果汁——孩子喝

妈妈笔记

了果汁——儿科医生治疗腹泻和过敏——最后母亲给孩子吃药，再买其他种类的果汁。生命不息，折腾不止。

如何开始添加辅食喂食？

任何一种新食物都需要让孩子慢慢适应，逐步增加食量，同时还要十分小心。一开始可以只喂几小勺（只吃几口），然后再用母乳和奶粉喂饱孩子。在这之后需要判断一下孩子是否有反应，通过观察他的行为和皮肤反应，以及他的睡眠和排泄是否正常。如果孩子一切正常，那么下次喂食这种新食物时可以适当增加食用量。如果有什么地方不对劲，就应当停止食用这种食物，并且在病征消失前除母乳之外不要再让孩子吃其他东西。如果孩子正在生病的话，就不要添加辅食。此外，在接种疫苗的前 3 天及后 3 天也不要添加辅食。

如果宝宝拒绝吃某种食物，那么千万不要强迫他吃！他们的身体比您更清楚自己需要什么东西。即便有时候孩子看上去吃得很开心，但却未必对他有益。举个例子：孩子或许在喝了橙汁后会对您开心地笑，但是很有可能，不久之后，全家人就都笑不出来了。

同时，家长们还应当考虑到，辅食并不单单可以改变孩子的饮食结构，同时也会改变他的生理特性——孩子从原先的只吃流食转而食用更稠、更多样化的食物，这其中会有各种块状和粉末状的食物。所以，在喂食时需要用到勺子、围嘴儿、小碗、小碟子等餐具。

可用于辅食的食品：从哪种食物开始，按何种顺序喂食？

虽然可用于额外喂食的食物是基本固定的，并且也基本被大家所认可，但是，无论是儿科医生还是营养学家，对此都没有一致的答案。

这些食物包括：

1. 蔬菜泥；
2. 奶渣及酸奶制品；
3. 奶粥；
4. 肉类（鱼肉类）及蛋黄。

每一本《饮食手册》的作者都对自己创制的食品表表示深信不疑。让我们来看一个例子：根据铁元素、矿物质盐和维生素的含量，蔬菜泥要比酸奶类食品好。这么说起来，辅食应当先从食用蔬菜泥开始。但是从另一方面来说，孩子很难适应食物结构的突然变化。很显然，酸奶类制品与乳汁之间就食物种类来说更为相近。因此，蔬菜只是理论上更加健康更加合理，但实际上却更容易让孩子肠道不适。身为一个临床医生，笔者更推荐各位家长们选择最符合实际的，最不容易引起不良反应的方法。

好，下面来说添加辅食的战略和战术，简单点说，就是解释一下添加辅食的具体操作方法。

▶ 再次强调（敬爱的读者们，请原谅我一次又一次地重复，因为这个问题十分重要，不强调一下就无法继续我们的讨论）：不满6个月的孩子是不需要添加辅食的。除母乳之外什么东西都不要吃！无论吃多少都不行！保证母亲食物的优质多样才是关键。如果母亲断奶或是乳汁不足，那么家人们应当做的是集中精力保证母亲的营养，或者为孩子购买优质的配方奶粉。如果孩子的身体健康，那么喝什么奶粉都无所谓：奶粉是何名称并不重要，是否是标准型奶粉也不重要，是否是早产儿专用奶粉也不重要，是豆奶粉、低乳糖奶粉[1]还是抗过敏奶粉也不重要。但是，如果孩子在未满6个月的时候健康出了问题，那就尤其要注意以上我们所说的这些信息，为孩子挑选适宜的特殊奶粉。

▶ 酸奶类食品：用来做辅食的最好是低浓度的酸牛奶或是儿

1 我们之前已经提到过，豆奶粉适合对牛奶奶粉不耐受的宝宝。这种情况并不少见。现在我们又碰到了另一种不适症状——对乳品中的糖（乳糖）不适应。针对相应情况研制出了低乳糖和无乳糖奶粉。

妈妈笔记

童酸奶饮料，并且最好是在每天第二次哺乳时（大约为早晨9点到11点）搭配食用。为什么一定要给孩子喝酸奶类制品呢？因为酸奶从食物结构上与宝宝之前喝的母乳基本相似。而且，从原则上来说，任何一种酸奶制品，尤其是酸牛奶，都含有乳酸菌。乳酸菌对孩子有许多好处：首先，它能够对抗许多有害菌；其次，乳酸菌能够积极参与到消化吸收的过程中，并提高消化效率；最后，乳酸菌能够减轻肝脏——这个孩子体内最柔弱最不成熟的器官的负荷。

▶ 刚开始时可以稍稍给孩子喂一些酸奶，大约2~3茶匙（茶匙的大小最合适）。之后用母乳或奶粉喂饱孩子。然后在接下来的一天中仔细观察。如果一切正常，那么在第2天就可以将食用量增加到原先的2倍，依次递增。这就好像我们在中学数学中学过的几何型递增一样。其特点是增速很快：第1天10~15毫升，第2天20~30毫升，第3天40~60毫升，第4天80~120毫升……停！如果出现什么问题，或是您怀疑有什么问题，都请暂停，不要再提高食用量，而且甚至要相应减少。如果问题很让人担忧，那么就应当完全停止。

▶ 在食用酸奶4~5天后，家长们可以向酸奶中加入一些奶渣，并且搅拌均匀。奶渣可以自制（这并不是什么难事儿），也可以买现成的。重要的是：一定要保证奶渣的质量——干净卫生，并且在保质期内。第1天可以在孩子的酸奶中加一小勺，第2天加两小勺……对6个月到8个月大的宝宝来说加入的奶渣总量不要超过30克，超过8个月大的宝宝则可以达到50克。在酸牛奶和加入奶渣的酸奶中可以适量加些糖，当然，这主要是看宝宝的口味和喜好。

任何一种所谓食用奶渣对孩子不好的说法都是毫无根据的（最常见

妈妈笔记

的理由是：过多的钙质会让孩子的囟门很快合拢。而奶渣的含钙量很高，所以不能吃）。实际上，每30克奶渣中钙的含量大约为47毫克，50克奶渣相应的钙含量大约为78毫克。而100克牛奶中的钙含量为120毫克，100克母乳的钙含量为35～50毫克。请您自己比较一下吧。

▶ 在开始喂辅食的第7～10天里，必须让宝宝一天中的某一餐完全被辅食所替代——150克酸牛奶+30克奶渣。其余几餐则依旧让孩子喝母乳或配方奶粉。家长们在给孩子吃辅食时，千万不要急躁，不需要频频求助于他人，最好能够坚持3～4周。

▶ 当宝宝一天中的一餐完全被辅食替代后，可以考虑再替代掉一餐，这次最好是晚上睡觉前的最后一餐，这时可以喂孩子吃一些奶粥。奶粥主要有3种：荞麦加奶、燕麦加奶、大米加奶熬煮。当然，奶粥也可以直接购买，市场上有很多种婴儿米粉。也可以自己熬煮。在自己做婴儿粥的时候，需要用到面粉（大米面、荞麦面、燕麦面）；当然，家长们也可以选择自己磨面粉。煮奶粥时一般都使用牛奶来熬煮，在牛奶中加入面粉和糖然后上火煮。不过，**用2段奶粉来替代牛奶会更好**。

婴儿奶粥的做法：

10克面粉（大约一勺半茶匙）（荞麦面粉、大米面粉、燕麦面粉）和半茶匙糖，混合好后用20～30毫升常温凉开水溶解。搅拌均匀后将其倒入约100毫升烧开的牛奶中。熬煮3分钟就可以了。之后还可以根据孩子的喜好适当加些糖。

用奶粉熬制奶粥的方法：将面粉倒入温开水中，待到溶液变凉后再向其中倒入大约溶解量1/2的奶粉。也就是说，如果100克水可以溶解3茶匙的奶粉，那么100克的粥要在水中加入一勺半的奶粉。

以上就是煮婴儿奶粥的窍门。

妈妈笔记

读者们或许会感到很奇怪，因为笔者推荐的食物中没有碎麦米粥。因为无论以前还是现在，用碎麦米熬的粥都是最普遍，也是最受欢迎的传统婴儿食品。它有很多优点：价格便宜、做起来方便、黏稠度高，味道也很好，最关键的是孩子们都很喜欢。不过，这里有一个小问题（也只有这一个问题）：碎麦米粒富含谷蛋白。谷蛋白——用高深的医学语言说，就是麸朊——有时会引起严重的肠道疾病。这往往是因为孩子对麸朊不适应而引起。虽然有这样的担忧，但也不能说碎麦米粥就完全不好，只是其他品种的粥对孩子来说更加安全。可以等到孩子超过 8 个月大时再给他吃碎麦米粥。

“好，我的孩子已经 8 个月大了。1 天吃 4 ~ 5 餐：其中 1 次喝酸牛奶，1 次吃粥，其余二三次都是喝母乳或奶粉。现在应该到了给他吃蔬菜和水果的时候了吧？”没错，是可以吃了，但是您还没有说清楚孩子到底长牙了没有呢？哪怕只有 1 颗牙那也没有问题，您的孩子可以开始吃蔬菜了。如果 1 颗牙都没有（当然，这种情况对于一个 8 个月大的婴儿来说不常见），那您还要再等等。不过，试喂是必须的，我们可以看看宝宝对蔬菜的反应。为孩子准备好蔬菜汤。第 1 天给他喂 30 ~ 50 克，第 2 天可以是第 1 天的 2 倍。如果孩子一切正常，就可以正式给宝宝换喂蔬菜汤或者蔬菜泥了，用量可以逐渐增加，并且渐渐替代一天中的一餐。

蔬菜汤的做法：

土豆 + 胡萝卜 + 青葱 + 圆白菜，切碎，放入开水中，然后盖上锅盖煮，直至完全煮烂。然后将汤汁倒出并用纱布过滤，再将过滤好的蔬菜汁再次加热至沸腾，最后将蔬菜汤倒入瓶子中。蔬菜与水的比例大约是：每 50 克蔬菜用 100 克水。

妈妈笔记

蔬菜泥的做法：

将各类蔬菜切碎，倒入一些开水然后用文火焖；根据水的沸腾程度可以适当添加开水。将煮好的蔬菜捞出置于筛子上磨碎，放入容器中。然后加入热牛奶和少许盐，起火煮。这时，最好能轻轻地将蔬菜搅拌直至沸腾。在做好的食物中加入植物油。各种搭配的比例是：蔬菜：100克（其中土豆不少于20克）；牛奶：25克；植物油：3克。

- 连续食用蔬菜2～3周（蔬菜泥、蔬菜汤都可以）后，家长们可以依照此法开始让宝宝尝试肉类食物——可以用肉汤来煮蔬菜（最好是鸡汤）。如果孩子喝了之后一切都正常，那么下次就可以在汤中加入一些碎肉。再过上几天，可以直接在汤中加入煮好的鸡蛋黄——刚开始时可以是1/5个，随后可以加量。但是，总量不要超过半个鸡蛋黄。

- 现在来说说水果：您或许在发现宝宝长出第一颗牙的时候就开始给他吃水果了。但是我要说，如果这颗牙是在孩子还没满6个月的时候就长出来的话，那就最好不要急于推行您的水果计划。不要一开始就给孩子喝果汁，可以先让他吃一些水果泥和烤熟的苹果肉也不错。不要把果汁和果泥当做孩子的正餐，它们只是孩子喝过奶粉和母乳之后的辅食。

- 在孩子10个月大时，基本上1天中已经有3餐完全被辅食所替代：1次是酸奶加奶渣，1次是粥，还有1次是汤。其中，粥的品种挺多，而汤就其不同的蔬菜和肉类成分，口味也是多种多样的。不过，不油腻的汤才是好汤，因为宝宝的食谱里已经有了蛋黄和植物油了，所以一定要注意汤不能油腻。果汁的饮用量大约为30～50克。

- 还有什么呢？哦，在酸牛奶和奶渣里还可以加一些捣碎了的动物肝脏，也可以给孩子吃一些加牛奶的土豆泥或者拌入了肉末的土豆泥。烤苹果、放了小面包块的汤也是不错的选择。硬面

妈妈笔记

包皮和小块的苹果可以让孩子用手拿着，让他慢慢地啃。从宝宝10个月开始，除了肉汤之外，还可以给他做鱼汤。

那母乳和奶粉这些基本食物呢？看起来，孩子差不多9～10个月大时，这些食物就逐渐变得没那么主要了。如果母亲仍然有乳汁，那么最好在孩子1周岁前仍坚持每天喝母乳，1天哪怕只有1次也可以。当孩子满周岁后，从生物学角度来说他已经完全无需喝母乳了[1]。不过还是可以坚持使用那些从产品配方上来说丝毫不逊色于牛奶的配方奶粉。直到孩子2岁，乃至3岁的时候。

1 当孩子一周岁时，就算不喝母乳他的生长发育也不会受到影响。然而，还是有很多母亲仍然十分乐意进行长期的母乳喂养，在这个过程中有许多优点和便利。（关于这些优点和便利我们在前面的“按需喂养”中已经提过了。）

* * *

当您在孩子的饮食上进行任何尝试和创新的时候，都要记住：

我们最主要的任务是保证孩子的健康。孩子越大，饮食上的尝试和创新所带来的风险就越小。

但是，请时刻注意那些从基因上和我们并不亲近的食物（在“妊娠”那一节我们曾提到过的那些祖先们不吃的东西，我们最好也不要吃）。贫困家庭的孩子相对患病较少，正是因为他的家庭没有足够的钱去为他购买进口食品。

肝脏是孩子体内比较虚弱的一个器官。对一个完全健康、发育正常的孩子而言，只有到他12岁时，他的肝脏才能够完全成熟并且具有和成年人相当的功能。任何没有完全煮熟的食物（那些引起过敏症状的食物），哪怕只有一小部分，都会被人体中和，然后排出体外。而肝脏在这个过程中起到举足轻重的作用。随着孩子的不断成长，之前许多会让他产生严重过敏反应的食品，渐渐地都变得能够接受。这是因为肝脏逐

妈妈笔记

渐发育成熟。所以，如果孩子在小时候对巧克力、草莓或者橙汁有过敏症状（斑疹、瘙痒、体温正常却肠胃不适），这并不意味着孩子注定一生要与这些食物说再见。无需在这一点上与别的孩子做比较，家长们也无需痛苦地自问“为什么别人的孩子可以，我的宝贝却不行?”只要忍一忍，忍一忍就好。

任何一个儿科医生都知道：周一孩子更容易生病。为什么？因为周日孩子要和家人在一起，并且经常和大人一起走亲访友，感受大家庭的关爱。而这种爱的方式，很遗憾，通常是以让孩子吃东西的形式展现出来。

1.5.4 喝完奶以后

大多数孩子在快要喝完奶的时候都会出现不可抑制的睡意（年龄越小越常见）。那好，家长们不妨让孩子白天就睡在阳台，晚上睡在房间里的小床上：这样孩子会睡得很好。如果孩子吃饱了却不想睡，那让他待着也可以。通常，在进食之后，孩子的心情会很好，不会哭闹。这时，可以让他在自己的小床上躺一会儿：最好是裸睡，如果他在没有襁褓的情况下也没有觉得不习惯，那就不要急着给他包襁褓。

我们之前说过，哺乳期的孩子会出现习惯性的吐奶。如果孩子经常吐奶，那么家长可以在每次哺乳后将他抱起来，直立上身，维持大约 10~20 分钟。

1.5.5 维生素 D

维生素 D 不足会引发佝偻病[1]。“佝偻病”是一个让所有人都

1 佝偻病（维生素 D 缺乏症）是指骨骼形成和发育遭到破坏。有时，还会引起神经系统异常和体内器官发育异常。

妈妈笔记

觉得恐怖的词汇。在绝大多数人眼中，“佝偻病”这个词几乎就等同于“白痴”。

医生只要说某个孩子患了“佝偻病”，就足以让这个孩子的家人立即采取一系列措施来尽力挽救孩子。然而实际上，许多学者完全不把“佝偻病”看成是一种疾病（当然，是在症状尚轻的时候）。那么在每个孩子身上都或多或少有所体现的这个疾病，究竟是一个什么样的病症呢？

维生素 D 主要负责人体内钙和磷的代谢。它是由太阳光中的紫外线作用于人的皮肤而产生。由于气候原因（住在北极圈以外，出生在冬季），或是很少进行户外活动等等，紫外线对一些新生儿来说经常吸收不足。实际上，预防佝偻病并不是一件难事，也并不需要太大的资金投入。不过还是要小心，因为您肯定不希望你的孩子今后会有腿部弯曲的毛病。

最合理的方法是定期预防。在宝宝还没有停止喝母乳的时候，母亲可以通过服用复合维生素来补充维生素 D。当除母乳之外的食品占据了孩子饮食量的 1/3 时，也可以给孩子适量补充维生素 D。服用剂量要依照季节和婴幼儿米粉的种类而定。在许多现成的婴儿米粉中已经包含维生素 D；如果是您自已用奶粉熬煮的婴儿粥，那么也无需额外添加，因为几乎每一种配方奶粉中都已经含有维生素 D。喝配方奶粉的孩子一般无需额外补充维生素 D（再提醒您一次——任何一种奶粉中都已经含有维生素 D）。如果孩子或是哺乳期的妈妈每天哪怕用一小时的时间出门晒晒太阳，那么，原则上就不需要专门补充维生素 D[1]。因此，10 月到次年 3 月是预防佝偻病的最佳时间段。

1 说到晒太阳，笔者指的是让皮肤暴露在紫外线下。如果您穿着皮草，孩子的小推车也被盖得严严实实的话，那您还是再额外补充一些维生素 D 吧。

1.5.6 喝什么？怎么喝？喝多少？

没必要强迫健康的孩子喝水。如果医生告诉您孩子每天应当喝100毫升的水，但是孩子自己却不愿意喝，这完全不是什么大问题——您要做的就是为孩子准备好饮用水，至于喝不喝，那就是孩子自己的事儿了。

有许多家长都会给孩子喝温开水。可是您应当知道，烧开的水中几乎没有任何营养成分。除此之外，我想大自然中任何一个正常的生物都不会喝开水。

人们之所以将水煮沸，其目的就是要消灭水中的致病菌，但与此同时，水中所含人体所需的盐分也会发生沉淀。

如何既能保证水的洁净，又能保留水中的天然成分呢？怎么做才能一举两得一箭双雕呢？实际上，达成这个目标并不难。具体方法如下：

1. 取泉水或井中的水，用3升左右的密封型罐子装好放在冰箱里。这些水够孩子喝1~2个月，也许还有剩余。

2. 买一瓶普通的矿泉水。如果水中加了气，那么把气放掉以后再给孩子喝。

3. 如果您觉得以上的两种方法仍然达不到您的要求，那么您可以煮葡萄干水给孩子喝。做法是：将葡萄干仔细洗净，之后将洗好的葡萄干放入冷水中，像煮茶那样煮好，或者直接用热水将葡萄干在瓶中泡开。一汤匙的葡萄干要用一杯水来煮。将做好的饮品放凉到合适温度后就可以给孩子饮用了。

孩子身体需求的水分主要取决于他身体水分的流失程度。呼吸和排汗是身体流失水分的两个主要途径。

儿童房内空气越干燥，温度越高，孩子穿得越多，身体中的水分就越容易流失，也更加需要及时为孩子补充水分。

当房间内空气温度不超过20℃时，孩子一般不会喝水。温度达到24℃时，孩子身体水分消耗基本保持平衡，大约每公斤体重

妈妈笔记

每天需要 30 毫升水。也就是说，新生儿一天大约需要 100 毫升水。

毫无疑问，在进食间隙需要给孩子提供水。例如，睡醒后，或是饭后 1 小时。请相信，如果一个健康的孩子体内水分不足，那么他在饭前饭后是无法安睡的。身体缺水时肠液会变得浓稠，不能很好地完成消化食物的功能，这么一来孩子就出现腹痛的症状。因此，医生们想出了一个极好的方法——让孩子喝茴香水。喝了之后孩子就一切恢复正常了。实际上也不一定要是**茴香水**。香芹水、旱芹水也可以达到同样的效果。重要的是：**如果没有办法抑制孩子体内的水分消耗（温度太高太热），那么除了母乳之外，适当给孩子饮水也是很重要的。**

相比冲调奶粉的温度（36℃～37℃），饮用水的温度要更低一些：1～2 个月大的婴儿，饮用水的水温应为26℃～30℃；孩子更大些后，水温可以控制在20℃左右。

家长们一定不要把给孩子补水当做问题的主要矛盾。如果孩子房间的温度（18℃～19℃）和湿度（50%～70%）都很适宜，那么孩子就不会缺水。因此，**孩子是否想喝水也可以作为判断房间温度和湿度是否适宜的一个标准**。孩子健康、但是却总想喝水，这就说明房间太热了，请尽快采取措施。如果孩子不想喝水——那就随他吧（提醒一下，您的工作只是负责给孩子供水）。

1.6 洗澡

洗澡啦！洗澡啦！

屋里都是人呀！

厨房还有一群人！

热水烧起来呀！

——阿·巴尔托

就连许多的大人都分不清什么叫给孩子“洗澡”，什么叫给孩子“擦洗身体”。笔者当然很清楚卫生的重要性。但是，我们给宝宝洗澡可不仅仅是为了保持他的身体洁净。笔者十分希望您能够好好听一下关于如何给孩子洗澡的建议，这或许可以让您省去不少麻烦。

* * *

正确的洗浴方式能够：

- 让宝宝身体健康；

妈妈笔记

▶ 让宝宝在水中活动，消耗能量，有助于他的成长，让他胃口好，睡得香；

▶ 让宝宝变干净；

▶ 预防许多疾病，尤其是过敏性和感染性皮肤疾病；

▶ 让家人与孩子每天都有一段共处的愉快时光；

▶ 在许多方面都对孩子有所帮助（关于这一点，还将在后面详述）。

您或许曾经听说过，有很多种教哺乳期婴儿游泳的方法。笔者在此并不对此表示强烈反对，但是应当强调一下：在大自然的设定中，人类的宝宝并没有潜水或游泳的需要。如果是一只海豹，那么这两种技能就是必不可少的。所以，笔者认为让宝宝学习游泳并不十分必要。

值得注意的是：游泳和潜水只有在游泳池里才能学会。而据笔者估计，这本书的大多数读者都没有私人游泳池。当然，这样的估计也有可能是错误的。如果想要学习游泳，您和您的孩子应当到儿童诊所设置的专业游泳池或者其他类似的泳池中练习。让孩子学习游泳，这期间可能遇到的困难是不言而喻的，尤其是在寒冷的冬季。更何况儿童诊所并不是一个散步的好地方，到时候您未必能够得到准许和您的孩子待在一起……

笔者在此负责任地声明：游泳所能带来的所有（绝对是所有!）积极效果都能够在普通浴盆中实现，花最少的钱，用最少的时间办同样的事!

浴盆——永远属于您，也只属于您，当然，您也应当时刻注意浴盆的清洁。不必将宝宝的洗澡时间固定死，只要是您或家人方便的时候，都可以安排孩子沐浴。笔者真切地希望每一个家庭里都有这么一个浴盆。但是，很遗憾，什么情况都有可能发生……所以，让我们来换一种方式，先来讲一般条件下给孩子洗澡的方法，然后再解释在家中没有浴盆的情况下如何给孩子洗澡，如何尽最大的努力保证孩子的健康。

1.6.1　在哪里洗澡

对大多数家庭而言，在日常生活中是这样处理这个问题的：在家中选择一个暖气很足的房间，例如开着炉子的厨房，这会使得房间内闷热难耐。把给孩子洗澡用的小浴盆放在房间的桌子或是椅子上，盆底铺着一层襁褓布。小心翼翼地把孩子放到水中，随后快速地完成清洗、擦干和包襁褓的整个过程。这仿佛又一次证明了我们宝宝能够承受各种各样的摆弄。

请记住：

- 最适宜孩子洗澡的房间是浴室；
- 最适宜给孩子洗澡的地方是大浴缸（成人使用的普通大浴缸）。

1.6.2　为什么要用大浴缸？

大浴缸能够给孩子提供一个充足的、不受限制的活动空间，能够让他充分地活动四肢。此外，浴缸大一些水冷得也会比较慢，这也能让家长们少一些焦虑，不需要时刻提着热水壶，每隔30秒就瞄一眼温度计。

如果您曾在小河、湖泊中游过泳，那您一定知道，有许多事情在水中做起来会更轻松。譬如，在水中抬起一块石头就要比在陆地上容易。这源于古希腊学者阿基米德的浮力原理。当人体浸

妈妈笔记

入水中时，就会有受到轻压而随之被抬升起来的感觉。在水中不仅抬重物会更容易，呼吸也会更轻松。当然，是当全身（除了头部）都浸入水中的时候。此时人体呼吸肌照常运作，但是力度会加大，呼吸肌更易收缩。这时，支气管中积累沉淀的灰尘和脏东西也更容易通过呼吸过程带出，这对我们的身体是十分有益的。毕竟我们并非生活在毫无污染的原始森林里，而恰恰相反，我们的日常生活中到处充斥着灰尘和污染，我们的孩子每天也无可避免地要接触这些污物。

通过在浴缸中充分运动四肢，孩子更易消耗能量，这也有助于提升他的睡眠质量和食欲，也使他的心脏和肌肉得到锻炼。孩子睡得好，就意味着孩子的母亲会睡得好，这有几大益处：第一，保证了母乳的质量；第二，让她有余力料理家务；第三，让母亲能够更加积极地照顾孩子和家庭。

在我看来，以上所说的这些已经足以证明选用大浴缸的好处。接下来让我们从理论转入实践。

1.6.3 浴室和浴缸

首先要说的是浴室的地面。如果地面比较滑（由灰瓷砖、大理石铺砌），那么放橡胶防滑垫就很必要。浴室里一定要放一个不高的小凳，好让您在给孩子洗澡时有个坐着的地方。除此之外，最好还要有一个小橱架，可以在上面放时钟，以便控制洗澡的时间。浴室里有一个地方需要特别注意，那就是“门”。或许与家长们想的不一样，在这里笔者想说的不是将门关得紧紧的，恰恰相反，而是想说在给孩子洗澡时要适当地将门敞开。人的身体对快速变化的空气湿度适应起来并不是那么容易，因此，如果您在给孩子洗完澡后立即将他带入一个相对浴室湿度变化巨大，较为干燥的房间，例如卧室，那有可能会引发一些问题（例如耳朵不舒服等）。所以，**在给孩子洗澡时不要紧闭浴室门窗！**[1] 最好对浴室门做一些处理，让它不能自行关闭。而这很容易做到，没必要调整合叶，只需放一个小凳子挡住门，或是将门把手系在走廊的某个东西上就可以了。

清洁浴缸的工作也会让诸位家长颇为操心。最好也是最安全的清洁用品是普通的食用小苏打（其余产品笔者在此都不推荐）。用小苏打刷洗过后，最好再用一两桶热水冲洗一下浴缸。清洗浴缸的工作最好是1周做1次，如果家里没有其他大人在这个浴缸中洗澡，那用淋浴喷头直接冲洗浴缸即可。

妈妈笔记

1 此外，我们出于消毒的目的会将水氯化。如果在洗澡时将房门紧闭，那么空气中的氯含量就会较高。成年人或许对此并无感觉，但是对于新生儿来说这没有任何好处可言。

1.6.4 洗澡水

没必要一定用烧开后冷却的温水给孩子洗澡！如果在洗澡的过程中孩子喝了几口洗澡水，您也不必特别担心。您也许还喝过河水呢，是不是？

对洗澡水基本上没有什么十分安全有效的消毒方法。在水中滴入高锰酸钾消毒液并没有什么实际意义。而且如果孩子不小心将水溅到眼睛里反而会有化学灼烧感。

给洗澡水消毒的最好办法就是使用鬼针草汁。鬼针草您可以在药店里买到。它需求量较大，计算用量的方法也不难。首先，对于未满2个月的新生儿来说，洗澡水中不需要添加任何东西。如果您实在很想用鬼针草汁，那么可以考虑一个星期加一次。此外，中等大小的浴盆对应的量是一杯鬼针草汁。您可以根据浴盆的大小自己计算。

鬼针草汁的加工方法如下：在容量大约为1升的容器中加入1杯鬼针草，然后倒入滚热的开水，将容器盖上盖子焖3~4小时

妈妈笔记

之后，鬼针草汁就准备好了。这项准备工作最好是在早晨进行，即在晚上洗澡前 10 ~ 12 个小时。

浴缸中充满热水之后，将鬼针草混合液用纱布滤出，剩余的鬼针草还可再用。

然而，家长们总是对自来水管中流出的水不太放心，最好的解决办法就是在水龙头上装一个过滤器。

1.6.5 水温

洗澡水的水温是很多人都操心的问题。解决这个问题需要克服几个心理障碍，这时就需要家长们的理性思维来帮忙。

首先，家长们在处理水温时不应当忘记，孩子自身的体温调节能力与成年人有差别。所以，**不应当根据您自己的感觉，而是应当依据孩子的反应来判断水温的高低**[1]。也就是说，如果您觉得水冷，或许孩子并不这么觉得。

最好使用酒精温度计来测量水温。这种温度计外面一般都会有塑料的保护壳。家长们可以将它放在浴室里，方便洗澡的时候随时掌控水温。

初次给孩子洗澡时，水温一定要符合以下几点要求：

1. 要在孩子觉得合适的温度范围内，不能损害孩子的健康；
2. 要让孩子的父母和长辈觉得可以忍受；
3. 能够让参加整个洗澡过程的每个家庭成员都感到舒心。

这几个要求中最容易做到的是第一条。26℃ ~37℃的温度范围对孩子来说是基本安全（甚至可以说是绝对安全）的[2]。因此，没必要特别忧心。但是在您进入下一个步骤之前，还是应当判定一下，到底何种温度对孩子来说是最理想的。

合适的水温并不是说要让孩子在水里感到完全的放松；相

1 最传统，最为大家所熟知的，不使用任何温度计测量水温的方法是：将肘部放入水中，这的确可以保证孩子不被烫伤。但是对于您来说，正常的水或许对孩子来说并不是最佳温度。所以不要拒绝人类现代文明的成果，使用温度计可以更准确地掌握水温。

2 根据一些权威专家的意见，洗澡时的水温可以更低。但是我还是坚持在本书前面部分提到的观点，不建议家长进行任何极端的尝试。

妈妈笔记

反，稍冷的水会刺激孩子的皮肤，加快肌肉中血液流动，加强肌紧度。这时，心脏运作更加积极，同时向血液中释放大量有益物质，促进新陈代谢，提高身体的抵抗力。

高于35℃的水温对孩子的身体形成不了任何刺激，不能让他的身体积极反应，也很难让孩子充分地活动四肢。这种水温通常不会让孩子产生任何的不适感，但是会在很大程度上减弱他在水中的活动积极性。虽然他是个新生儿，本应有很积极的活动能力。但是他作为人类的小宝宝，继承了人类的一个最大特点——"懒"。在超过35℃的水中，孩子会怡然自得地享受温暖的水温带来的舒适感，并以此唤起其他家庭成员的愉悦感。

但是，在温暖的水中洗澡基本不会让孩子的身体获得任何好处！如果仅是为孩子擦洗全身，那么这种水温是完全适宜的。但是如果是让孩子泡澡，并希望对孩子的身体有益的话，那么水温不能超过35℃！

同时，当所处的水温低于30℃时，孩子会产生一些负面情绪：这完全不是因为他觉得冷，而是因为在这种温度条件下他需要更多地晃动四肢来取暖，但他并不情愿这么做，所以才会生气，会抗拒。这样一来，家长和长辈们往往会感到不安。所以，没必要在初次给孩子洗澡时将整个过程变成对全家人的折磨，这也很可能会让孩子今后对浴室、对洗澡产生抗拒。孩子的哭喊也会让爷爷奶奶这些同样需要家人关心爱护的长辈血压升高，焦虑不安。

初次给孩子洗澡的最佳温度大约为33℃～34℃。

虽然这样的温度对孩子并不是很有益处，但是却能够让洗澡的过程更加轻松。家长和孩子都会很享受这个过程，但是有一点很重要：不能长期维持这种温度。

有很多的书籍都在尽力描述如何降低水温并延长沐浴时间。如果您十分感兴趣，那么您当然可以找来读一下，顺便做做摘

妈妈笔记

要。但实际上，所有的表格、数据、规则都可以总结成几条最基本的原则。要知道，由繁化简正是我们的目的所在：

总共有三条基本原则：

1. **不要强迫孩子，也不要强迫您自己——给孩子洗澡应该是一个能给所有家庭成员都带来欢乐的过程（也是最重要的一点）；**
2. 水温越低，对孩子越好；
3. 孩子在水里待的时间越长越好。但是不要超过40分钟。

关于如何实践这3条规则，我们稍后还会再说。

1.6.6 洗澡的时间安排以及相关准备工作

初次洗澡一般安排在孩子出生后的第10～14天，当脐带伤口已经完全愈合的时候。

每天都应当为孩子洗澡！

无论这要耗费您多大的精力，都要坚持这么做。请相信，就算是每天花费一小时为孩子洗澡，也要比持续几个月奔波于医院好得多。也许家里会突然停水，也许家里根本就没有通自来水，这些情况都是可以理解的。但是，就算是这样，也要尽量保证能让孩子洗澡。哪怕是辛苦地提水，烧水。哪怕是只有半缸水也好。

还有一个问题很重要：应该在什么时候（在哪一个时间段）安排孩子洗澡呢？需要指出的是：有一些孩子（他们为数不多，不超过10%）在沐浴过后会很兴奋：会睡不着、淘气、哭闹、蹬腿。这样的孩子，为了让他晚上能够安眠，必须安排他在早晨或是白天洗澡。幸运的是，这样的孩子并不是很多。大部分的孩子都会觉得父母准备的洗澡水很暖和——孩子会在洗澡时充分地放

妈妈笔记

松、享受，然后渐渐进入梦乡。

孩子洗澡的理想时间是在一天中最后一次哺乳前。也就是在晚间23～24点之间。如果您之前所有的工作都做得正确，那么在洗澡后孩子会觉得乏累，可能会觉得有些冷，也有可能会觉得饿。只要洗完澡后再好好地喂他吃一餐，那么孩子就会沉沉地睡上5～6个小时。当然，我也见过有些一个月左右大的孩子，晚上能够安安静静地连续睡6～8个小时。

一个未满月的孩子的母亲，晚上仍然能够连续睡5～8个小时吗，您能够想象吗？不能？那您又怎么能想象自己有机会成为这样一位母亲呢[1]？还需不需要笔者再为您重复一下高质量的睡眠对哺乳期妈妈的重要性呢？

孩子洗澡前需要适当地做一些准备活动，主要包括按摩和活动四肢。人洗澡时身体实际上处于负载状态[2]。所以在此之前最好做一些准备活动。但是仅仅为此就去报名参加什么按摩师培训班就完全没有必要了。重要的是知道一些基本的规则，这样就事半功倍了。如果在给孩子做按摩和准备活动时有什么步骤搞混了，也没有关系。因为：**哪怕按摩的手法不是很好，也要比不做按摩好。**

按摩和做准备活动大约需要20～30分钟（每项占用10～15分钟）：**顺序一定是按摩在先，活动四肢在后。**

襁褓桌是进行按摩和准备活动的理想场所。先将孩子的襁褓解开，背部平放在襁褓桌上，然后就可以开始为他做按摩了。按摩主要分为两个阶段：**抚摩和轻揉。**首先用手轻轻地抚摩孩子的皮肤，顺序是：腿部（脚踝、小腿、大腿），上肢（手腕、前臂、肩膀），然后将孩子翻过身来俯卧，轻抚他的臀部以及背部。最后，再将他翻过来仰卧，按摩腹部、胸廓、脸颊和头部。在抚摩过全身之后，仍要按照这个顺序重复一次，这么做可以让孩子的肌肉放松。

特别需要注意的是对孩子腹部的按摩。不仅在给孩子洗澡前

1　笔者当然可以相信，有些家长很希望能够每天晚上每隔半个小时去看看孩子的状况。要做到这一点实际上一点儿都不难：打开孩子房间里的暖气片，给孩子戴上两层帽子，穿两层衣服，再包上两层襁褓，最后再给他的身上盖一层被子。给孩子喝温开水，从孩子满月起就给他喝果汁。每天都让他在温水中（37.5℃）泡上5分钟。这样他就每晚都会哭闹，而家长们也必定要劳心劳力地照顾他。请允许我在此提醒一下各位家长：这种自讨苦吃的人在医学上被称做受虐狂，而喜欢在别人（例如孩子）身上施加痛苦的人，被称作虐待狂。

2　对年纪大的老爷爷来说，身体负载过大可能是危险的。但是对新生儿来说反而是一件好事。

妈妈笔记

这样做很必要，平时做一做对孩子的腹痛也能起到很好的缓解作用。按摩腹部时先将手放在孩子的下腹部，然后用右手的四根手指（除大拇指以外）以画圈的方式沿顺时针方向，也就是大肠的收缩方向进行按摩。

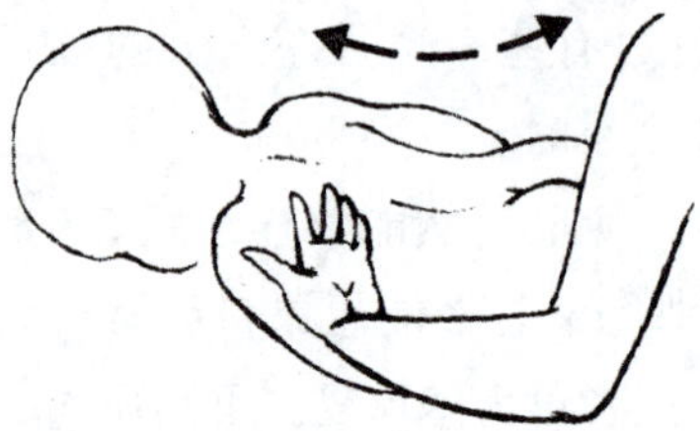

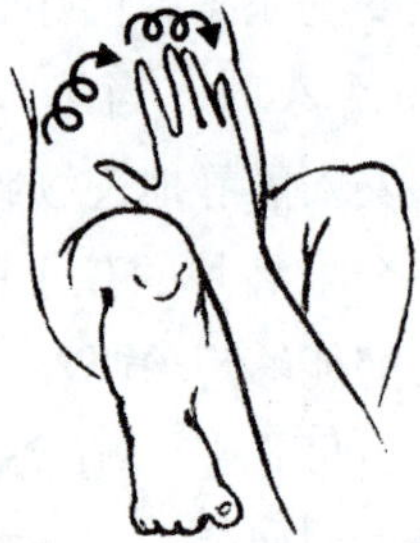

按摩结束后就可以活动活动孩子的四肢了。活动要点：不采用蛮力，尽力将每个能弯曲的关节都屈伸。

准备活动还是依照我们先前说的顺序进行，但是这次关注的是关节。具体操作方法如下：一只手抓住孩子的小腿，另一只手抓住大脚趾，然后轻轻转动、按压、尝试向不同的方向弯曲。按摩完双腿踝关节之后，开始按摩膝关节。方法类似：一只手抓住孩子的大腿，另一只手抓住小腿，进行屈伸（转动当然不行）。之后按摩髋关节：双手抓住孩子的小腿，之后进行屈伸运动（这可以同时活动孩子的膝关节和髋关节），这种方法与骑自行车有点像，让关节做画圈运动。手臂的运动和腿部一样（见下页图）。

在完成按摩和准备活动之后，就可以正式给孩子洗澡了。将孩子抱到浴室，这时孩子应该是赤裸的，而浴缸中的洗澡水也应当准备妥当。

一般家长们会分工协作：当一个人给孩子做按摩和准备活动时，另一个人可以在浴室做准备（清洗浴缸、准备洗澡水、在水里滴入鬼针草汁、测水温、在浴室里放好时钟和小凳子、准备好给孩子擦身体用的干净襁褓布等）[1]。遗憾的是，我们并不能保证

1 从此可以看到夜间23～24点洗澡的一大好处。一位普通的父亲，无论他的工作有多么繁忙，晚上23点也该回家了。这时他能积极地协助妻子照顾孩子。

妈妈笔记

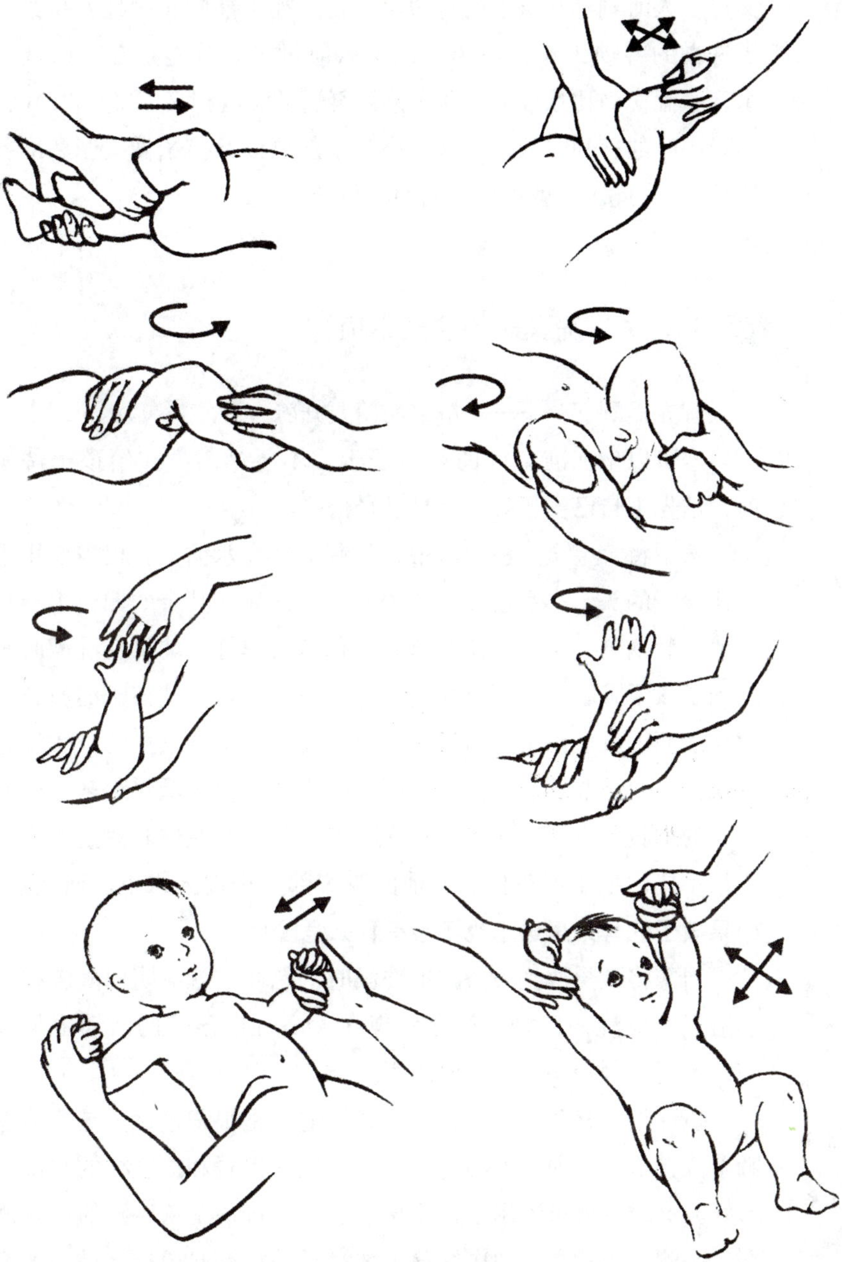

妈妈笔记

父母二人时刻都在孩子的身边。但是，如果能够正确地安排给孩子洗澡的各项工作，一个人也足以应付了。首先是准备好洗澡水，水温应当比预计的、孩子感到舒适的温度稍高1℃～2℃（留出半小时的冷却时间，在这半小时里您可以给孩子做按摩和准备活动）。在此之后就可以开始照顾孩子了。

1.6.7 洗澡时的注意事项

首先提醒您一下——浴室的门要开着。

您可以坐在准备好的小凳子上，不要站着。在给孩子洗澡前，请先把自己安顿好，让自己轻松些。

然后将宝宝全身浸入水中，只剩头部在水面上，仅需要用手托住孩子的头：小手指按住孩子的一侧面颊，其余的四根手指托起他的后脑勺，用手托住的部分面积越大越好。如果在洗澡时水溅到了孩子眼睛里，那也并不需要担心，只要保证孩子的鼻子和嘴在水面上就可以了。而且您很快会发现，虽然孩子的身体没有被托住，但是并不会下沉，反而会因为浮力作用漂浮起来。这时孩子的胸腹部会逐渐从水中直立起来。所以您在这时一定要用另一只手扶住孩子的躯体，让他的胸腹部完全浸入水下。**请注意：如果孩子的耳朵里进水也不会有什么危险！**[1]

当您将孩子放到大浴缸里洗澡时，您立刻就会明白洗澡和在小浴盆中擦洗的区别。您会发现在大浴缸里孩子的活动更加轻松，不用时刻担心碰到浴盆的边。

请仔细观察孩子的行为——如果他不是很积极，只是静静地躺着，打哈欠，那就说明这个水温让他觉得暖和，这样的水温并不好。这时，您可以用手托住孩子的头，将孩子从浴缸的一侧挪到另一侧。当然，在初次给孩子洗澡时并没有必要这么做，无论

1 如果孩子从新生儿时期就开始接触并习惯水，那么耳部与水的正常接触并不会威胁他的健康。除此之外，您还应该知道，在人耳道内会持续分泌油脂性分泌物，形成耳垢，它的作用就是保护耳道内的清洁，让耳道免受灰尘脏物的污染。但是潮湿的耳垢我们却要进行清理，防止它堆积。

是孩子还是从旁协助的家长对于洗澡这个过程都还处在习惯和适应阶段，孩子倒没什么，家长可能会更加手忙脚乱。一般来说，给孩子在家里洗澡有三种基本姿势。其中的一种我们已经说过了；第二种是让孩子背部朝上腹部朝下在水中游动（将孩子的身体翻转，用您的手托住孩子的下巴，让孩子的头部处于您的大拇指和食指间的虎口的位置）；第三种是让孩子坐着。孩子在新生儿期就已经可以在大浴盆里直立地坐起来了，家长无需学习什么操作方法，只要理性思维就完全可以应付。因为很明显，15 分钟后，浴缸中的水温会下降 1℃ ~2℃，这时孩子逐渐适应了较凉的水温，对他以后用温凉水洗澡有很大好处。如果您害怕水温降得太快，那就请参照以下的方法：初次洗澡时水温从 34℃开始，两三天以后将温度下调 1℃。我们的目的是要让宝宝在浴缸里保持充分的活动积极性。这不仅取决于您为他创造的条件，同时还取决于孩子自己。孩子的体温调节能力各不相同，所以，预测孩子洗澡的最适宜的水温基本是不可能的：有的孩子在水温 23℃时仍然笑得很开心，而有的孩子在水温 30℃时已经冷得大喊大叫了。

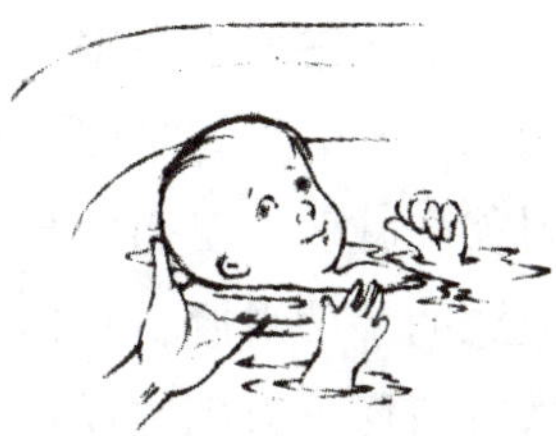

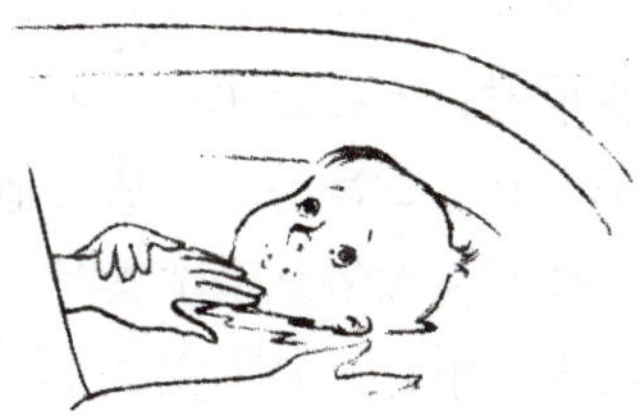

妈妈笔记

洗澡的时间和水温大致如下：

- 初次洗澡时——水温34℃，持续15分钟；
- 一个月大时——水温30℃~32℃，持续20~25分钟；
- 两个月大时——水温28℃~30℃，持续30分钟。

以上是一个仅供参考的标准。如果一个2个月大的孩子在温度24℃的水里仍然显得怡然自得，这也很好，并不需要担心。但这并不意味着这个孩子很特别。只不过是这个孩子很幸运，他的父母脱离了偏见，用自己的理性思维做出了正确的选择。我们到底能在多大程度上延长孩子的洗澡时间和降低水温呢？这是所有人都感兴趣的问题。而一般来说孩子越疲倦，晚上睡得就越香，他的父母夜里也能睡得更安稳。

在此还有一些意见和建议：许多介绍宝宝洗澡和游泳的书籍都对孩子在浴池中“潜水”有详细的描述，详细到让许多家长都认为“潜水”是一个必要的步骤。但是由于无法克服自己的恐惧，许多父母干脆选择不让孩子在大浴缸里洗澡。如果您也对此很害怕，就别让孩子潜，要知道，孩子在大浴缸里洗澡，就算不潜水，也要比在小浴盆里洗好。

实际上，潜水并没有什么可怕的——**新生儿在水中有很强的潜水反射，不会让水进入呼吸道。**如果在2~3个月的时间里孩子都没有尝试过潜水，那么他的这项反射就会减弱，反而容易呛水。孩子在大浴缸里洗澡时，很可能会从您的手中滑脱，身体完全浸入水中，这并不完全是一件坏事。这时请您千万别惊慌：将孩子从水中抱起来，让他坐好，任他哭喊一会儿，打打喷嚏，咳嗽两声，将上呼吸道中积累了一天的灰尘排出。等孩子平静下来后，仍可以继续给他洗澡。相比之下，父母有意识地在洗澡过程中让孩子潜水会更有益，也更安全。不过，有几点值得注意：在让孩子“潜水”之前要先将孩子的腹部朝下，高喊一声“潜水啰！”然后将他完全浸入水里几秒钟。孩子很快就会做出相应

妈妈笔记

的反射。简单地喊一句“潜水啰!”就足以让孩子自觉地屏住呼吸。

笔者在此并不打算用十分复杂的洗澡步骤来弄得各位家长晕头转向。不想过于详细地解释该怎么扶住孩子、如何翻身、如何让他坐稳等相关问题。如果您正确掌握了之前我们所说的原则，那么这些问题就会迎刃而解。

唯一一件您可能需要的东西就是能够托住孩子头的**浮枕**。为什么需要它呢？首先，对家长来说，它能够让整个洗澡过程更轻松。很显然，在30～40分钟内屈身坐着或是站在浴盆旁是一件很辛苦的事。不应当冒着让父母患上腰椎间盘突出的风险来换取孩子的健康。所以，当孩子2个月左右大时，就可以为他准备专门的浮枕，下面我们就来介绍一下它的做法：

需要的材料有：

- 一顶普通的棉质小帽（婴儿帽）；
- 一块半幅襁褓大的薄布；
- 两块打磨过的塑料泡沫，一般香烟盒的大小为最佳[1]。

首先将塑料泡沫缝在薄布里面，然后将它固定在婴儿帽上，如图所示。要注意：泡沫的上沿要高于孩子的头顶。戴着浮枕的孩子总是十分可爱，让人想起可爱的小卡通熊。

孩子戴着这种浮枕洗澡，姿势与之前所说的相同。您可以在一周的时间内，逐步放开支撑孩子的手臂，教会他如何在水中保持稳定。这样您就可以在一旁悠闲地看看报纸，放松一下了。孩子在浴缸中游泳时，脚部经常会碰到浴池的边缘，然后尽力游向另一边，有可能时常会碰到头。正因为如此，笔者才提醒各位家长，在制作浮枕时塑料泡沫的上沿要高于孩子的头顶，这样就可以保护孩子头部免受冲撞。当然，笔者也希望您能想出更好的解决方法。

1 泡沫的大小可以很多样，不过尺寸越小，托举力度就更加自然；尺寸越大，会让孩子和家长更轻松。

妈妈笔记

从孩子2个月大开始，就可以在浴缸（盆）顶上用细绳悬挂一些玩具。为的是让孩子在泡澡的时候能够观察它们，过不了多久，他就会开始尝试用自己的手触碰这些玩具了。

浮枕用一个月左右就可以取下：这时孩子往往已经学会如何支撑自己的头部，并靠自己的力量游动了。如果您的孩子还做不到这些，那就先不着急取下浮枕。

教会孩子游泳不是我们的目标。我们必须要做的只有一件事——保证孩子每天在一个固定时间段都能在温凉的水里泡上一会儿。因为定期的凉性刺激能够十分有效地激发孩子的生命力，提高他抵抗疾病的能力。

不过，孩子能学会游泳也是一件好事。半岁的宝宝面带微笑浮出水面的那一刻是令人难以忘怀的。但是，能保证孩子坚持游泳的父母很少。在家里，只要孩子会坐了，就没有任何人去练潜水了。儿童诊所的泳池则完全是另一回事，一旦您不再带孩子去练游泳，那么孩子的各种技能就会统统消失。所以，在这里要重复一下：哺乳期的孩子会不会游泳并不是一个原则问题。它是由孩子的家庭情况和父母空闲时间的多少决定的。您可以根据自身情况决定如何解决这个问题。

很可能，您的家庭情况一般，没有私人游泳池，也没有私人游泳教练。在孩子不到六七个月大时，家里的浴缸很适合给孩子洗澡。但是，当孩子更大些时，您就需要适当改变方式了：在浴缸中倒入一些凉水，底部铺上橡胶防滑垫，向水里扔些五颜六色的玩具，让孩子坐着或游动着玩耍，这对他来说也是一种锻炼。

无论孩子年龄多大，无论出现什么情况，都要坚持定期为孩子擦洗全身。对哺乳期的婴儿来说两周全面清洗一次就够了。但是对那些喜欢在家里到处爬的宝宝，就要每隔一天为他仔细地洗一遍。

可以用以下几种方法给泡澡的孩子做清洁：在泡澡快要结束的时候，用一只塑料桶装满水（可以直接从浴缸里舀一些水出来），然后用婴儿香皂或是婴儿沐浴露给孩子洗澡，不一定要用海绵，母亲的手会让孩子觉得更愉快。一位家长负责撑住孩子的腋下将他抱起来，另一位家长则负责用水桶从孩子的头上开始浇水。

在本节接近尾声之际，需要指出一点：一定要保证整个擦洗过程不少于 15 分钟。其间孩子完全有可能会淘气，但是您却不能确定他究竟需要什么。面对这种情况，您可以试着调整一下水温，改变一下孩子在水中的姿势，或者将他重新放到浴缸里。如果孩子饿了，那么在下次就要调整洗澡时间（不是在吃饭前一小时洗澡，而是安排饭后一小时洗澡）。

请相信：虽然我们无法预见所有可能遇到的问题，但是在解决大部分问题时并不要什么高深的知识。

妈妈笔记

例如，我朋友有个儿子，在他4个月大的时候竟然养成洗澡时拉屎的习惯。当时还正值冬天，没有热水。试想一下：家人们费了很大的力气才烧好热水，而他呢，下水没2分钟就……但是，即使是如此复杂的情况最终也解决了：父母给他穿上松紧小裤衩，而且提前准备好一桶温水以便及时给他清洗。

如果孩子在水里待了20分钟仍然表现正常，不哭闹也不焦躁，那您不必急着让他出水。如果您和孩子其中一人感到烦了，就可以结束了。

如果孩子在洗澡时哭闹不止，那么笔者有2条建议：

1. 适当地调节水温。家长们经常会碰到这样的情况：当水温为28℃时，孩子适应得较好。但全身直接入水后，体温与水温的强烈反差会令孩子不爽，得花5分钟时间安抚他。这时可以这样处理：一开始设定一个孩子可以接受的温度，例如32℃，孩子平静地全身入水后，向浴缸持续注入一小股冷水，加速水的冷却速度。这个方法也可以看做是一种锻炼，可以让孩子受到低温的刺激。

2. 孩子经常性无故哭闹。在洗澡前都还一切正常，只要一进浴盆就开始哭！这是为什么呢？可惜的是，对于这个问题还没有一个明确的答案。家长们应当针对孩子的不同情况寻找合适的解决办法，例如：

- 改变洗澡的先后顺序，例如不是在深夜洗澡，而是改到傍晚、清晨或白天；
- 改变哺乳和洗澡的时间，例如，不是在饭前1小时洗澡，而是改成饭后1小时；
- 改变水温，将水温调得更高一些；
- 尝试母婴同洗：母亲可以先洗个澡，然后进到大浴缸中，随后孩子也进来泡澡……

1.6.8　洗完澡之后

洗完澡后，家长们可以托住孩子腋下将他从水中抱起，然后用一块大襁褓布把孩子从头到脚包起来。不要急着**在浴室内把孩子身上的水擦干**！先将他抱到襁褓桌上。孩子的身子是湿的，在凉爽的屋内完全不会觉得热！这对他来说也是一种锻炼。家长们可以在襁褓桌上将孩子身上的水吸干（用毛巾吸干，而不是擦干!），不要过于担心孩子会着凉。好，水分吸干了？那现在让我们来看看还需要做什么。首先拿上一些植物油，最好是儿童专用的（橄榄）油，不过温热过的葵花籽油也可以。将棉花用油沾湿，仔细地擦拭孩子皮肤上每一处有褶皱的地方。当然，是在皮肤没有受损的情况下[1]。如果您每天都给孩子洗澡，让孩子穿着合适的衣物，并且随时注意孩子房间的温度，那么他的皮肤是不会有问题的。如果孩子的皮肤有湿烂的状况，那就在伤处撒些爽身粉。在处理孩子的皮肤时尤其要注意性器官部位的皮肤。如果是男孩子，那不要忘记给他阴囊下擦些油；如果是女孩子就用棉花沾上水（最好是温开水）轻轻擦拭她的生殖器，顺序是从阴阜到屁股，千万别弄反！如果需要的话，还可以给孩子剪一下脚趾甲。

1 请注意：并没有必要每天都用油给孩子擦身体。如果孩子的皮肤没有什么问题，那么每周给孩子擦 2 次油就够了。

这几道工序完成之后，就可以把孩子包上襁褓了（或者给他穿上婴儿服）。然后开始料理孩子的头部。洗完澡后最需要处理的器官是耳朵。拿一根火柴，将火柴的一端紧紧地缠上棉花，然后把火柴抽出，这样就得到一根近乎圆锥形的棉花塞；我们将细的一端伸入孩子的耳朵，吸水棉很快就能把耳朵里多余的水吸收。在孩子的头发没干之前可以不必将棉花塞取出（可以放上两到三个小时）。如果担心棉花会掉出来，您可以给孩子戴上薄薄的小帽子，这会令您更安心。如果在洗澡的时候孩子曾好几次潜

妈妈笔记

到水下，并在此之后开始打喷嚏，那并不需要担心，也不必对孩子的鼻子做什么特殊处理。无论孩子潜水了没有，无论他是不是在打喷嚏，都不要用手抠孩子的鼻子。最好在第二天给孩子洗澡时，让他在水里扎几个猛子（潜水），打几个喷嚏，这样就会好多了。

现在让我们尝试一下换位思考，请将自己放在孩子的位置上。您在凉水中洗过澡之后，已经觉得很累了。经过一些简单处理之后，您身处一个温度相对较低的房间，这时您觉得有些冷，大人们开始用毛巾把您身上的水吸干，给您换上暖和的衣服……啊，现在终于可以吃点东西然后睡一觉了……本来也应该这样。但是在吃饭前最好能让孩子的上身保持 15 ~ 20 分钟的直立状态，这是为了让他排出胃部洗澡时吞入的水。

接下来就可以喂孩子，然后和他道晚安了。

孩子中总会有些“游泳能手”，他们在洗完澡之后甚至会累得连吃饭的力气都没有了，想要马上睡觉。别担心，那就让他安静地睡吧。通常在这种情况下，孩子会睡上一个半到两个小时，而到醒来时，他就会像一只饥饿的小野兽。喂食后，他又会继续沉沉地睡去。所以，对这样的孩子来说，洗澡的最佳时间应当安排在晚上 9 ~ 10 点之间，这样一来在午夜前全家就可以放心地休息了。

在夏季，洗澡除了能锻炼孩子之外，还有一个十分明显的好处——帮助孩子解暑。如果孩子热得难受，那么请相信：让他在温水里泡上一会儿（10 ~ 15 分钟）会对他的睡眠很有帮助，还能提高他的食欲。我曾经不止一次地碰到这种情况：有的家长为了防止哺乳期的宝宝太热，每天让他洗 3 ~ 4 次澡。不过，千万别忘记，每次下水前都要让孩子喝足水（以免他去喝浴缸里的水）。

作为总结，让我们来看一个有些悲哀，但却又十分现实的情况：有些人的家里没有独立浴室（浴缸）。在这种情况下就需要

购买专门的儿童浴盆，最好是塑料质地的——既轻便又便宜。给孩子洗澡用的房间要干净凉爽。给孩子洗澡时，应当尽量在浴盆里装足够多的水，保证孩子的胸部能完全浸在水里。最主要的是，用儿童浴盆限制了孩子的活动，而他不能通过运动产生热量，因此也不能让他长时间地泡在水里。无论在何种情况下，给孩子泡澡的基本原则和要求都是一致的——不需要把水完全烧开，要适当弄湿耳朵。如果孩子在水中表现得挺好，那就别急着把他抱起来。没有必要在浴盆里添加热水。在水中完全可以给孩子翻个身，可以让他短时间地浸入水下。关于如何将孩子从浴池中抱出来，如何给他做护理我们在前面已经详细说过了。最后，在大浴缸和在小浴盆里给孩子洗澡的步骤是基本一致的。

还有一点也要提一下：您的婆婆或许对您说过，在浴缸的底部一定要铺上一层襁褓布。但是她们或许解释不清楚为什么要这么做。笔者现在就为您解释一下：在您婆婆的婆婆生活的年代，孩子是在木盆里洗澡的（就好像是“渔夫和金鱼的故事”里面渔夫向金鱼要的那种木盆）。为了不让木盆中的碎屑和暗刺伤到孩子，家长通常会在木盆的底部铺上一块布。怎么样，这个原因很简单吧？至于现在为什么还要在塑料盆的底部铺襁褓布，那笔者就不知道了，估计也没有人知道。照这样说，或许应该在大浴缸的底部铺上个桌布呢。

1.7 孩子的生长发育及一些值得注意的细节

走自己的路，让别人说去吧。

——阿利盖利·但丁

随着孩子的不断成长，家长们会越来越担心一个问题：我的孩子是不是和其他孩子一样呢？尤其是当您发现朋友家有一个年龄差不多的孩子，而他已经能做一些您的孩子还做不到的事情，这种担忧就会更加严重。家长们往往会有强烈的愿望——求助于医生，根除孩子身上的“缺点”。

对此，笔者的**第一条建议**是：

不要浪费时间和精力在自己的孩子身上找不足。

请相信：孩子不会爬、不会坐、不会走的情况非常罕见。孩子完全长不出牙齿，只能靠吮吸进食的情况也很少见。别慌，孩子的成长发育有早有晚。不必急于求成，您的孩子总有学会的那一天。

妈妈笔记

您只需记住一点——**要尽力做好自己责任范围内的事**，使孩子能更好地成长。这包括：给孩子提供合理健康的饮食，为他进行适当的按摩和锻炼，让他经常呼吸新鲜空气。

如果孩子从出生起就有些“不对劲”（有先天或遗传性疾病、生产性创伤、体重偏低、过敏等等），那么**对普通孩子来说只是“最好”能采取的那些措施，对于这些孩子来说就必须要做到。**在照料体弱或者患病的孩子时，违反上述原则不仅对孩子有害，甚至很危险。

身体虚弱或患病的孩子无法忍受高温，新鲜空气对他们来说更是必不可少。对他们来说，洗澡也是一种帮助恢复身体健康的好方法。经常生病的孩子更加需要补充维生素 D。柑橘和巧克力类食品对他们来说也更具危害性。房间里铺的地毯对他们的健康会造成更大的伤害。

我不想在本书中告诉读者孩子在什么年龄应该怎样。初为父母的家长的神经是极度脆弱的。而且我也害怕让各位家长把自己每一分精力都浪费在那些所谓的“标准”上。

所以，请尽力做好您能力范围内的事。而像发现孩子身上的缺陷，及时作诊断、观察咨询等事情您是做不了的，应该由医生来负责。而前提是您必须定期带孩子到医院做检查。检查的时间不是由家长个人决定的，而是应当根据孩子的成长选择一个相对固定的时间（例如，在他满 1 个月大，满 3 个月大时）进行检查。再次提醒，一点点的“不对劲”总是会过去的。如果完全不对劲，发现问题的不该是家长，而是医生。如果给医生机会，他是肯定能够发现的。

如果您强大的求知欲仍然让您决定靠自己的力量来判断对错，判断孩子是否正常，那么请记住，不能单纯地从数学家的角度来看待孩子。孩子一定要吃多少，体重一定要达到什么水平，身高一定要多高，根本没有一个绝对的标准。上述指标是很重

妈妈笔记

要，但不是原则性的。更重要的是孩子对周围事物的反应力，以及他的食欲、睡眠质量和身体的健康状况。

孩子何时开始能够支撑头部，何时会坐、会站、会爬等能力都是由教育方法决定的，也就是说主要取决于家长。比如说，如果孩子习惯趴着睡，那么与其他习惯仰卧的孩子相比，他会更早学会支撑自己的头部。为孩子按摩和活动四肢越积极，泡澡的水温越凉，孩子的体重就越标准，孩子的肌肉发育得就越好，也就更有利于孩子学会坐、爬和走路。

虽说我们不必完全执著于标准，但是为了孩子健康和家人安心，还有许多事情大家有必要知道。

总的来说，孩子脑部的发育程度主要取决于他受到的外部刺激，这也就是说：孩子看到听到的越多，皮肤感受到的越多，对脑部的发育就越有利。当然，任何的刺激都要有个“度”。

1.7.1 视力

当然，新生儿不可能像成人那样看清周围的世界。他们的视力仅限于在遇到强光时会眯起眼睛，并将脸转向光源。到孩子快满月时，他就已经可以将视线暂时聚集在一个物体上并随之移动（大约为几秒钟）。在接下来的2~3个月时间里，孩子跟踪运动物体的能力明显提高。刚开始时，孩子只能注视水平移动的玩具，到4个月大时就基本建立起立体感，孩子能够向上、下、前、后、左、右各个方向看。在这之后，孩子的视力开始迅速发育完善。

意见及建议：

1. 婴儿房间内采光一定要好。光线弱会影响孩子辨色的能力。

妈妈笔记

2. 婴儿的玩具要大，颜色要鲜艳。而玩具的颜色也有一定的讲究：在孩子生命最初的6个月最好为他选择黄色和绿色的玩具，之后颜色越丰富越好。

3. 为了让孩子的视力正常发育，在他未满4个月之前最好不要过于近距离（距离小于40厘米）地悬挂玩具。因为这样并不能帮助他看清楚事物，反而有斜视的危险。

1.7.2　听力

新生儿在听到巨大声响时也许只是会颤抖一下，但他的听力发育很迅速。在1个月大时，他就已经能够对声音做出反应，譬如说，停止哭泣。2～3个月时，孩子会将头转向声音传来的方向。5个月时，他就已经能够分辨音调和不同的声音。

尤其需要注意的是：孩子能够很快地适应一个固定的声音系统。如果您从宝宝出生起就习惯小心翼翼、蹑手蹑脚地做事，轻声细语地说话，那您很有可能一辈子都要这样生活下去了。

这种问题对于家中房间不多的家庭更为现实。所以请以正常的方式生活，不要因为家里多了一个婴儿就处处小心。您可以照常地听音乐、看电视、接电话……这对孩子也有好处——让他今后在有噪音的环境中也能入睡，不会因为隔壁邻居穿墙而过的一声咳嗽而惊醒。

1.7.3　您与孩子间的交流

母亲的确应当经常与孩子交谈。但**妈妈有一点要记住：不能整天只和孩子说话，时不时与丈夫交流一下也很好。**

妈妈笔记

孩子也会与您交谈，也会自言自语。最初，这种交谈往往是通过叫喊和哭泣的方式表达出来，但家长总是会把这种反应看做孩子身体不舒服的表示。事实上并不总是如此，只不过这时的孩子还没有其他表达自己意见的方法。孩子大约2个月大时，哭喊声中已经有了某种声调。3个月大时，孩子会发出咿咿呀呀的声音，自己小声地嘟囔着什么。

最好能在最初的几个月就学会如何正确地对孩子的哭喊作出反应，因为这也有助于养成孩子良好的生活习惯。不要一听到孩子的哭声就立刻从椅子上跳起来，奔向他身边。让孩子从小就养成通过自己的努力达成目标的习惯，这并没什么不好。要相信，孩子哭喊起来不倦不休。但是如果每次孩子一叫您就立即出现，这反倒会让您精疲力竭。如果到了哺乳的时间，那么就算是孩子在哭，母亲也应当不慌不忙地准备乳汁或奶粉。

1.7.4 孩子哭泣的原因

孩子哭泣的主要原因是生理需求得不到满足：例如想喝奶、想喝水、想撒尿、想睡觉等，孩子想做却做不到。

判断孩子是不是饿了或是口渴并不难——给孩子点儿食物或水，看他想不想吃。令家长棘手的是男宝宝尿道口发炎，这样孩子一撒尿就会发出尖利的哭声。处理这种情况主要有两种方法：一是每天用加入抗菌剂（例如呋喃西林）的温水泡澡4~5次，每次10~15分钟；二是将孩子阴茎包皮的前端掀开，用滴管滴入2~3滴干净的油溶液，最理想的是用安瓿瓶（无菌瓶）装的维生素A和维生素E。如果您的孩子在排尿时哭闹得厉害，如果在擦净尿液之后孩子仍然无法安静下来，如果孩子有排尿困难的现象，那么就要送他去看医生了。为了不浪费时间，最好直接去

妈妈笔记

看外科医生。

如果孩子长时间（8～10 个小时）没有大便，他很可能会因为肚子不舒服而哭闹。

处理方法如下：用手按摩孩子的腹部[1]，将孩子的双腿向膝关节和髋关节对称弯曲（将双脚按向腹部）。如果没有效果，可以用塑料灌肠器为孩子做灌肠：首先一定要在塑料管顶部和孩子肛门处擦一些凡士林，然后将管子插入孩子的肛门内2～3厘米。让孩子侧卧，腿蜷曲至腹部，同时坚持给他做腹部按摩。最后需要的就是灌肠剂。如果灌肠后孩子仍然没有大便，那么一定要再次插入排气管，以使水分排出。之后应该怎么做，包括如何使用药剂减少肠道痉挛，请和医生商议。

1 如果您忘记如何操作，那么请看前一节。

孩子睡不着并哭泣不止还有可能是因为感到疼痛或是不适。最常见的就是肚子痛（这可以通过按摩和暖肚子来缓解，最好的办法是母亲用自己的身体温暖孩子），或是皮肤发炎、裂口。因此，一定要保证婴儿房内合适的温度和湿度。我们曾经不止一次说过，无论是腹痛、皮肤受损，还是口渴，都是由于房内温度过高引起的。

如果在睡着之前孩子长时间哭闹，蹬腿，踢开襁褓，这说明您让他睡得太早了。那就让他闹上一会儿，之后他就会安静地睡了。

家长们经常抱怨自己的孩子“晨昏颠倒”——白天睡得很安生，晚上就一刻不停地闹腾。这可能是因为夜里房间太闷，但更可能是因为孩子白天睡得太多了，他想在晚上好好开心一下。况且，白天妈妈基本不会将全部时间都用来照顾孩子（还有许多事情要做，例如做家务、洗衣服、收拾屋子、准备一日三餐等等），而在晚上却没有什么事情做，那又有什么理由不陪孩子呢？如果房间里不热，而且没有什么可以引起孩子哭闹的其他原因（没吃饱、要喝水、皮肤不舒服、肚子疼等等），那就说明，孩子夜里

妈妈笔记

哭闹正是因为白天睡太多了。这时孩子的父母就需要下定决心做到以下几点：在白天有意地干扰孩子的睡眠：孩子躺下睡着了，过一到一个半小时把他叫醒，陪他玩儿到下一次进餐前。就这样坚持一整天，无论孩子中途如何哭闹都不要理会。如果孩子叫够了、喊累了，那么他晚上就会安静地睡觉了。虽然在这一天中孩子会很痛苦，但这总比连续几夜家人无法安睡要好。

1.7.5 坐、爬、站、行

标题上列出的这些能力，孩子都想要自己完成，而且没有您的帮助他也能够做到。家长在孩子学习的过程中只能扮演指导者的角色，做一些辅助工作让孩子能更加轻松地学好这些能力。实际上，家长们之前为孩子所做的四肢和肌肉锻炼，以及采取的一些预防佝偻病的措施都是为了更好、更安全地掌握这些能力。

无论是学习站立还是行走，最好都让孩子光着脚完成。在房间里孩子用不着穿鞋。这么做您就不用担心孩子会有汗脚[1]。

有不少父母都会很骄傲地说："我们的孩子 5 个月大就能坐了，10 个月就会走路了。"对此，笔者很想提醒您注意：直立行走，也就是用双脚行走取代四肢爬行，同样会出现一些问题。首先会加重脊柱的压力。过早增加脊椎压力会引起很多问题，例如脊柱弯曲、脊髓神经炎等等。

应该让孩子出于自愿学习坐立和行走。最起码在孩子 1 岁以前没有必要进行特别的教学和训练。

另外，请注意一个有趣的现象：有许多长大后身材匀称双腿笔直修长的女生小时候都是小胖墩，而且走路晚。说不定这就是双腿修长的原因哦！

1 对于扁平足您更无须担心，毕竟孩子只有在室内需要光脚，而在室外活动时还是要穿鞋的。

1.7.6 口水和牙齿

民间有这样一种说法：如果孩子的口水很多，说明他快要长牙齿了。但我的个人经验却不能证明这种说法。几乎所有孩子在两三个月大时都开始淌口水，而牙齿一般要到孩子满半岁后才长出来。

长牙的早晚（在正常的饮食和护理条件下）主要是看遗传。如果一个10个月大的孩子，身体各项功能都正常但却没长牙齿，这也无需担心。

还有一点值得家长们注意：从医学角度讲，长牙并不会引起其他病症。但是临床医生（包括笔者本人在内）及许多家长都发现，长牙时，原本健康的孩子会突然情绪低落，体温升高，有时还会出现腹泻。过两三天，牙齿长出来后，一切症状又都会消失。

1.8 生命之初的首要任务

我们永远逃离不了宿命。把大自然拒于门外，它还会从窗口飞进来。

——尼·米·卡拉姆津

人类的宝宝，和小狼崽、小猪崽或是小熊一样，都是一个生物体。

大自然赋予孩子依照自然法则生存的能力，而这个法则中并没有要求绝对干净，也没有要求严格的作息时间、定时哺乳、不吹穿堂风、必须喝开水、穿厚袜子。没必要和大自然作对。当自然法则失去作用的时候，我们只能遵循爱和恐惧的法则，其后果只能更差，不会更好。

父母应当自己决定是否遵从大自然的法则，自己选择用何种方式培养孩子，这一切，都应当由孩子的父母自己决定。不要指望别人，要尽自己的努力解决问题。

妈妈笔记

好好思考，最终在自然法则与人类文明间找到一条和谐之路。

每个人从出生开始就具备了双重意义——生物性和社会性。生物性指的是人的自然本性，也正是我们反复强调的人与自然的关系。社会性更多的是从教育学角度说的，关于这一点我们几乎没有触及。或许就应该这样吧。如果孩子无法摆脱疾病的困扰，再怎么谈教育都是没有意义的。

所以，**在孩子的生命之初最主要的任务是不要让孩子失去他的生物特性，因为这才是日后发展孩子社会性功能的基础。**

请别把大自然抛弃！那就是健康！

您孩子的健康，

由您决定！

因为他是**您的**宝贝……

第二章

孩子的生活方式

我们总是认为，让孩子保持本真还远远不够，要教育他，培养他，以求好上加好，直至更好。

——琉善

2.1 家庭成员要意见一致

同志之间如不能意见一致，就将一事无成。

——伊·安·克雷洛夫

通过总结上一章的内容，我们可以得出一些初步的结论。您已经知道如何带着孩子散步，怎样给孩子喂奶，给他穿什么样的衣服。剩下来要做的，就是将这些知识汇总，总结出一些合理的操作方式。这样既可以节省我们的精力，又能让我们在照顾孩子的同时维护整个家庭的和谐稳定。

笔者仍以标准的家庭为例——独立的住房，妈妈、爸爸、孩子，普通的三口之家。当然，再多一个孩子，或者加上长辈们一起住，也完全不影响这个“标准家庭”的定义。新妈妈在有人帮助的情况下，处理起问题来会更加游刃有余。

不过，一个明显的事实是，小宝宝的出生会在很大程度上影响整个家庭的生活方式。不只是家庭成员分工的问题，例如，在照顾孩子的过程中，总有一些事情是孩子的父亲无法插得上手

妈妈笔记

的。另外，年龄不同，受教育程度不同的人，在处理同一个问题时也会有不同的标准。正因为如此，抚养孩子是一件十分烦心的事，其过程就像是一场家庭成员间激烈的辩论会，大家摇摆不定的意见以及在孩子身上做的各种不确定的尝试，不仅会影响孩子的健康，而且也会影响家庭的和睦。因为孩子引发的家庭矛盾多种多样，笔者就曾不止一次地见到一个原本和美的家庭，孩子出生前，女婿和丈母娘相处融洽，但是孩子出生后这两个人变成了仇敌。

所以，我们需要从不同角度来看待抚养孩子这个复杂的问题。如果每一位家庭成员都能预见到可能出现的矛盾和问题，并用最明智、最合理的方法去解决它们，那么家庭中的每个成员彼此就都能够和睦相处了。

2.1.1 母亲

在孩子的嘴上和心中，母亲就是上帝。

——威廉·梅克比斯·萨克雷

当怀孕、住院、分娩都成为过去，母亲出院回家之后，我们还有更多的事情要做：如何才能让孩子健康成长，如何使抚养孩子的过程变得不那么辛苦，这都是我们需要考虑的问题。

最重要的是尽量不要指望任何人。就算是您的丈夫也不例外，无论他多么可爱可敬，多么出类拔萃。没有帮手当然很辛苦，但最好不要让寻求他人的帮助成为一种必须，不要让他人的帮助成为您心中耿耿于怀的人情债。我向您保证，如果您能够合理安排（首先是安排自己的日程），那么就算是独自一人也完全可以应付。至于寄期望于他人，说不定反而会给您自己和孩子带来些许麻烦。还记得那句老话吗？“三个和尚没水喝”。所以，我们需要“一个和尚”，需要一位永远会对孩子负责的、别人无法取代的“责任人”。孩子可以没有父亲、爷爷、奶奶的照料，但离开母亲却不行。离开母亲孩子当然可以生存，但他过的绝不是健康正常的生活。请您一定记住这一点，而且永远不要忘记。

究竟应当如何安排您和孩子的生活呢？

一日之计在于晨。首先，让我们从清晨说起。您唯一要做的就是尽快从其他烦心事中摆脱出来，与宝宝单独相处。其他事，例如孩子的爸爸要去上班，大儿子要去上学之类的事都别再操心。

通常，孩子会在早晨5点到7点醒来，这意味着您在这个时间段需要给孩子喂奶。当然，我们可以假设，爸爸在妈妈忙于照料孩子的时候为全家准备早饭。但是我们之前也说过，我们是以普通家庭为例，而不是以完美家庭为例。

对您来说，孩子是最重要的，先给他喂奶。如果在喂奶（母乳或配方奶粉都可以）快要接近尾声时，孩子打起了瞌睡，那就马上把他抱到阳台的床上，让他小睡一会儿。如果喝完奶之后孩子还比较精神，就让他在床上躺一会儿，不要盖太厚的东西。无论孩子睡着与否，在进食半小时后最好带着他散散步。在这半小时内，您可以照顾一下其他人：给丈夫准备饭菜。如果他自己已经吃了，那很好。如果他连如何开炉灶都不知道，那您也不必恼火，因为教会丈夫做饭是怀孕之前就应该做的事情。当然和丈夫一起进餐也是个不错的选择。

全家人上班的上班，上学的上学，现在家里只剩下您和宝宝了。此时您可以不必将家中的凌乱放在心上，先将厨房里一堆没洗的碗碟，大儿子忘记收拾的床铺放在一边。迅速做好两件事：在奶瓶里倒好宝宝要喝的水，煮好孩子晚上洗澡时需要的鬼针草汁。做好这些工作之后，您可以先睡一会儿，最好是在紧挨阳台

妈妈笔记

的房间。大约九十点时您的宝宝就会把您喊醒了。抱起他，喂好奶，然后依然别管乱七八糟、没有打扫的房间，先抱孩子在阳台上散散步。如果这时您还没有睡醒，那还可以再睡一会儿。在没有完全休息好之前不要做任何家务。

请您相信，充分的休息会让您有足够的精力应对其他事务。在丈夫下班回家之前，您还有 4 ~ 7 个小时的空闲时间，您完全来得及在这段时间内打扫房间，准备饭菜，换洗床单以及装扮自己。最后这一点是无论如何都不应当忽略的。就算您无法完成所有家务，也应当留一些时间给自己。女性美丽的外表对维持家庭和谐具有重要意义，甚至比按时做完家务更重要。宝宝的降生不能成为您躲避家人、朋友的借口。您想必也很清楚，如果您丈夫没有机会，甚至没有愿望帮助您，而您自己又不注意缓解疲劳和调整自己，那么这种状态就很难改变。男士们期望的，首先是回到家时能见到面带微笑、富有吸引力的妻子，希望见到餐桌上的美食，希望享受家里的安静生活。只有这样的家才能激起他为其奉献的愿望。无论在女性朋友看来这种观念多么不合理、不公平，但这是事实。

还要提醒您注意的是：一定要记得时不时地（越频繁越好）提醒丈夫，也就是孩子的父亲，他在您心目中的地位丝毫没有改变。一个稳固的家庭，每一位家庭成员都应该得到关注。您或许会说，等把孩子忙完了再去关心其他人。但是，更常见的情况是，孩子一旦成为被关注的中心，那么其他的家人就会被忽略。因为照顾孩子而最终导致家庭不睦，当然是令人十分难过的结果。您随之又要花费大量精力去重建家庭关系。这个逻辑很奇怪，是吗？但是，很遗憾，世间却有成千上万的家庭正在经历或已经经历了这一切。

白天全家人忙碌了一整天，晚上应当放松了，没有什么特别需要处理的事情。如果父亲下班后仍然需要帮助熨烫孩子的褪

妈妈笔记

褓，这说明母亲没有安排好自己的生活。当然，如果是因为您身体不适或是孩子生病，这无可厚非。但是，如果您仅仅是因为害怕孩子一个人睡在小床上会哭，而一整天把他抱在怀里，那这不仅无益，反而会带来更多麻烦：最后，孩子是不哭了，哭的该是家里的其他人。

晚上八九点左右家长最好能带孩子出去走走（最好是全家一起去，新鲜的空气对所有人都有好处）。饭后不要急于让孩子睡觉，如果他已经睡着了，那也要在晚上十点半左右轻轻把他叫醒。这是唯一一种需要叫醒孩子的情况，为的是让他晚上能够好好睡觉。等孩子醒来之后可以给他按摩、活动四肢、泡澡，然后美美地吃一顿。最后就可以放心地和他说晚安了。

请您一定要意识到大自然是多么伟大！当您体力最不支的时候（产后一个月），您的宝宝大部分时间都在睡觉。如果您能够遵循大自然的规律，给孩子合适的成长环境（适时地通风、适宜的室温、经常带他散步、不用过暖的水为他洗澡等），那么，您就会有充足的时间恢复体力和健康，回归正常的生活方式。

随着孩子的成长，母亲休息的时间和机会越来越少，不过此时您的身体已经不像刚生完孩子时那么虚弱，完全能够照顾孩子。此时对于孩子来说，您已经成为了他唯一的、无人可取代的妈妈。

但一些原则性问题您还是不要自作主张，自行解决。例如，从联合国的角度出发，“妇女解放，当家做主”是个好主张，但在儿科医生眼里却未必如此：

应该让爸爸发挥主动性，放手将孩子交给他。有几点一定要明白：

1. 在现今这个时代，只有经过理性思考后再采取行动才能事半功倍，光靠一腔激情和对孩子的爱是远远不够的，是不足以应对复杂的外部环境的。如果您料理孩子时与您丈夫的意见不同，

妈妈笔记

那么十有八九是您错了。

2. 每一位男性都会有些许虚荣心，他们所做的所有工作都希望得到周围人的支持和赞赏。因此诸位母亲们必须无条件地支持丈夫与孩子间的接触与交流。无论这一切在您眼中是多么不正确。

3. 女同胞们无论何时都不应该过分高估自己的教育能力。就算是夫妻离异的家庭，限制父亲与孩子的接触也是一种不可取、不理性甚至是愚蠢的行为。

4. 尽量不要在家中和丈夫争吵。父亲缺乏照顾孩子的积极性，这在很大程度上也与孩子母亲有关。如果父亲的耳边总是充斥着抱怨，譬如：怎么这点事儿也不会做？你看看你，也不把孩子包好，脚都露出来了！你把米糊烧焦了！你没把孩子的奶粉准备好！你这辈子白活了！你哪怕想着帮我点儿忙吧，帮着做做饭，帮着跑跑腿呢！诸如此类的指责、抱怨肯定会大大打击他照顾孩子的积极性。任何一位男性都希望得到支持。米·米·日瓦涅茨基说过："自己的想法应当由自己去实践，只有吃了苦头之后才能反省自身的不足。"这段经典语句不仅适用于描述社会生产，也适用于家庭生活。

2.1.2 父亲

父亲是最好的榜样。

——阿·谢·格里鲍耶陀夫

广大读者一定对一个词组很熟悉——"父与子"，仅这一个词组就足以用来描述您的家庭关系以及您对生活的态度。

孩子呱呱落地，您可能还没有真正体会到像孩子母亲那样的为人父的感觉，这完全正常，也很自然。如果您还不到 30 岁，您的这种感受就会更加强烈。您在内心深处一定热切期盼着早一天能与孩子交流：和他聊天，带着他一起去马戏团或是动物园，给他讲述您的有趣经历。别急，用不了多久。找不到做父亲的感觉也不用担心，不要把自己的疑虑告诉妻子，毕竟，从生物学角度而言，母亲和孩子关系更亲密，这与孩子的健康状况和性格等特征都无关。而父子间的关系更多是社会意义上的——不仅局限在亲子关系，而是更加强调人与人之间的交往。因此，孩子的年龄越大，您对他投入的爱与关注更多。因此，父亲的角色可以说是渐渐加到您身上的。从孩子的角度出发，与父亲的关系也是层层递进的。

所以您的“工作重心”应当放在孩子的母亲身上，因为不管您愿意与否，她的首要角色是孩子的母亲，其次才是您的妻子。或许，您出于自私的想法，会认为没有人比您更想要好好培养孩子。但是一定要认识到：您妻子本能的母性往往会大于对您的爱。但同时您也要相信，妻子照料孩子的时间会越来越少，而她也会投入更多的精力来照顾您。时刻准备好您的理性与智慧：在这本书里所提到的许多东西在您看来是理所应当，但在女性的眼中却很可怕。很有可能当妻子举棋不定、手足无措的时候，您却镇定自若，这不更能突显您的伟大吗？

请相信：您亲爱的妻子（您即将出世或已经出世的孩子的母亲）在如何给孩子喂奶、穿衣服、怎么洗澡、怎么看病、如何安置孩子的小床、何时带孩子散步、让孩子睡多久等问题上也只是装作什么都懂的样子。的确，母性的本能要比父亲强烈得多。的确，您无法感受妻子分娩前的阵痛，以及那种持续数个小时的痛苦。的确，您也许无法像您的妻子一样，伴随着孩子的哭声心中立即升腾起的初为人母、无上幸福的感觉，您也无法亲身体会将孩子抱在胸前喂奶的那种甜蜜。但这些生理条件方面的欠缺（怀

妈妈笔记

孕、分娩和喂养）并不影响您发挥应有的社会功能。

再次强调一点：父母对如何照顾孩子这个问题的理解，实际上差不多——双方都没有一个完全明确的认识。那么究竟由谁来做决定？究竟谁对谁错——是女性的情感本能还是男性的理性逻辑？

相比之下，男性做出决定的失误率更低。但重要的不在此。首要的是，身为孩子的父亲，您需要自觉地认识到这一点，并有愿望参与到家庭决策中去。

当然，总是会出现一些争议性的问题——针对它们，在缺乏相关专业知识、没有专家（医生、教育学专家）帮助的情况下，很难做出、几乎可以说是不可能做出正确的决定。但大部分问题只要经过“深思熟虑”还是能够顺利解决的。

帮助您的妻子克服犹豫——毕竟孩子是你们共同的宝贝，而且两个人一起做出决定要比一个人容易。尽量理解她，帮助她克服不安的情绪。您要努力成为妻子的依靠，不要因为小事就对她歇斯底里。当然，您在妻子怀孕生产的时候也操劳出力，但是，要知道，这远远比不上她的巨大付出。

按照传统观念，我们总是会对工作性质作划分，哪些事情是应该由女性来做，哪些工作固定由男性来做。要超越这种观念不容易。但笔者仍然希望，每一位男士都能充分相信自己在照顾孩子方面的能力，坚信自己比世界上任何人都更加了解自己孩子的需求！

并没有什么规定限制了哪些事您能做，哪些事您不能做，也不需要对此专门讨论。重要的是尽力！请尽力主动表达您对孩子的关心，不要等到耳旁响起催促声才起身，这会让本来很自然的事情变得很尴尬。

最好能从妻子和孩子刚回家时就将某些具体的工作包办下来。例如给孩子洗澡擦身，父亲们总是能做得很好。照顾孩子时可能遇到的各种操作性强的工作也最好由您负责，孩子的母亲有时会心有余而力不足。如果您还有愿望帮助妻子清洗熨烫衣物，那我只能说，这样和睦的家庭真是羡煞人也！如果您还要负责采购等琐事，那您真是太棒了！

很明显，生养后代，无论是从其生物学意义、经济学意义还是社会学意义上来看，都是人类最重要的使命之一。如果身体的健康状况允许生孩子，那么这是一种无上的幸福。此时对父亲来说，更加重要的是保证孩子及整个家庭基本的物质需求。因此，一旦做好了为人父的准备，也就意味着您应当有养育他的能力，这一点是十分符合逻辑的。

然而，不得不悲哀地指出：大多数情况下，父亲的角色远远称不上是重要的。例如，笔者作为一个儿科医生，在多年的工作中经常会阅读病历中的个人资料部分。在表格的《家长年龄及工作单位》一栏中经常会读到这样的信息："21 岁，大学生"或是"24 岁，暂无工作"。这时我的脑子里总会冒出一个想法：某个刚满 21 岁的大学生，决定要养观赏鱼。这个年轻人首先预算了一下大概要花多少钱；然后又想该买个什么样的鱼缸，放在房间的什么位置；再和朋友商量买条什么样的鱼，由谁来负责定时定量给它喂食。

养鱼是件有意思的事！而且鱼不会大喊大叫，甚至连死亡都是那么悄无声息。

但是正是这样一个人，这样一个厌倦了在大马路上接吻，靠租房生活的年轻大学生，决定组建一个家庭。在他的脑海里描绘出的一定是一个如彩虹般幸福、美好的未来，当然，还有无忧无虑的夫妻生活。但是没过多久，悠闲的生活里出现了孩子。再过九个多月他就发现：婴儿床没地方放，钱总是不够花。宁静的生活没有了，舒适的小家不见了，至于夫妻生活那更是毫无兴趣。

正因为如此，我们才更需要重新审视传统观念中的父亲形象。

妈妈笔记

最后，也是最重要的一点就是父亲的社会职责——让自己的孩子幸福。作为孩子的父亲首先要记住并且明白，孩子的幸福取决于他的思维能力，取决于他接受的教育以及他的独立判断能力。在这方面，父亲正好能提供很多帮助。许多伟大的教育学家都是男性，例如，安东·马卡连柯、瓦西里·苏霍姆林斯基、亚努什·科尔查克等等。每当回忆起自己的中学时光，许多人都会想起印象最为深刻的老师。那么，是不是每一位老师的被关注程度都一样呢？谁更优秀，谁让大家记忆更加深刻？答案往往是男老师。与女性相比，男性更容易在教育领域取得成功。

孩子什么时候学会识字并不重要，关键的是让他明白全人类的普遍价值观念。只有当孩子身处的家庭真正地认同这些观念时，才能将它们正确地灌输给孩子：言出必行、遵守时间、承受得住痛苦、不撒谎、不任性、体谅他人的辛苦以及政治的肮脏、金钱的虚幻、艺术的永恒、家庭的神圣、信仰的崇高……如果对您来说这些都是理所当然的，那么在您的教育下，您的孩子也会同样成长为一个合格的人，一个真正的人！

2.1.3 祖父与祖母

一旁的奶奶忙活着，
总是想说一说
那些管用的老办法。

——谢·弗·米哈尔科夫

虽然这一节的标题是“祖父与祖母”，但总的来说，强调的是“祖母”。因为祖母们与祖父们相比感情更加丰富，更易激动，也更不善于控制自己的情绪。不管这听起来多么离奇，但这是事

妈妈笔记

实。根据笔者的经验：医生与孩子祖母谈话的次数是与祖父谈话次数的 20 倍。这个事实很能说明问题。

* * *

无视祖母在孩子成长教育中的重要作用，是完全错误的。尤其是在我们国家，其作用更是不容低估。因为绝大多数年轻家庭如果没有长辈的帮助，可以说是没有办法完成对孩子进行看护和教育的。在此，我们列出一些导致这种状况的重要因素：

1. 家庭往往还不能算是最合格的社会组成部分——因为它并不是完全自给自足的。许多刚结婚的小夫妻还需要依靠老一辈的长期支持才能生活。孩子的出生通常并不是因为他的父母做好了抚养后代的充分准备，而只是因为“事已至此，生米已经煮成熟饭了”。年轻的爸爸妈妈们没有独立生活的住所和资本，往往只能寄住长辈的家里，并且接受自己父母的资助。这时，虽然长辈们已经被冠上了“爷爷奶奶”的称呼，但他们实际上却正值壮年，同时也有足够的经济能力。

2. 年轻父母往往缺乏经验，不具备新生儿护理，或是抚养孩子的相关知识。而他们的父母则有丰富的实践经验。

3. 在护理孩子的过程中，年轻的父母经常会对做决策感到害怕——不单单是害怕做重要的决定，甚至是害怕对任何事情做决定。如果有长辈在身边（尤其是奶奶或外婆），他们就不会那么尴尬，因为长辈们会时刻准备着伸出援手。

4. 年轻的父母在孩子出生前往往还算不上成熟，总想着去哪儿玩一玩，消遣消遣，而孩子会影响他们对生活的享受。这时，来自长辈的帮助就使得小夫妻们既能当爸爸妈妈，又能不让青春虚度，享受丰富多彩的生活。

综上所述，可以得出一个结论：“祖母”概念指的并不是具

妈妈笔记

体哪一个人，而是一种十分普遍的、值得深度剖析的社会现象。

在多年的工作中，笔者得以和各位“祖母们”亲切交流。得出的答案也很明确——如果缺少了这一重要人群，不考虑她们所蕴含的深刻社会意义，那么几乎无法顺利地培养和教育孩子。

由祖母抚养孩子，可能出现的一个主要问题就是孩子的所有权问题。

祖母们在照顾孩子的时候，虽然精神百倍，经常能够感受到家人对自己的依赖，也经常能够自信且自如地应对各种状况，但是她们在潜意识中经常会想到，她们现在照顾的这个孩子并不是自己亲生的（是亲生的孙辈，但不是亲生的儿女）！对不属于自己的东西，人们通常在使用时都会倍加小心，这当然没什么不好。但是长辈们的这种“小心”往往体现得十分具体：担心孩子挨饿受冻、担心他哭闹、洗澡时生怕弄湿宝宝的耳朵、不让孩子光脚下地等等。可是，正是因为这些“小心”，反而产生了许多不利的影响。

爷爷奶奶，当然，这里强调的还是奶奶，常常是对抚养孩子保持高度关注，有时甚至到了病态的程度。在她们的照料下，您可以不用去关心类似穿堂风、脚后跟发凉这些小状况，因为奶奶们会将孩子武装到牙齿，实施严密的保护措施。唯一的问题是孩子生病了应该怎么办。一般来说，在继续观望或立即治疗之间，长辈们往往会选择立即治疗——免得以后出什么问题。

家里两代人共同抚养孩子经常会引发一些问题，如果这些问题得不到妥善处理就有可能演变成家庭矛盾：之前还讨人欢心的女婿，现在成为岳父母眼中的头号敌人；迷人的儿媳如今变成了懒媳妇。在夫妻争吵中，彼此的母亲也经常会成为责备的对象。类似“你就和你妈一样！我不想再和她住在一起了”这样的话，有时会使一个原本和睦的大家庭最终不欢而散。

我们当然有办法避免家庭中类似的矛盾。为此，每一位参与照顾孩子的家庭成员都应当坦诚相待，彼此间表达最真实的想法，以争取各方行动协调一致。同时，还应当划分好每个人的职责范围。在家庭关系中，最权威的位置依然应当留给相对更有经验的祖母们，至少从理论上来说，她们更有生活的智慧，也更加稳重。

会不会爱，尤其是会不会爱孩子，也是与家长的年龄分不开的。单从生物学角度而言，意外当上父母的20岁出头的姑娘或小伙子很难真正地以成熟女性或男性的角度体会亲情。

* * *

尊敬的祖母们！笔者在此十分希望你们能够继续读完这一小节的内容。你们会从中得到所需的答案的。

你们与年轻人的最大区别就是，你们生活经验丰富。对年轻一代来说，生活中需要面对的问题还很多，而你们已经成功培养了一代人。他们结婚、生子、继续着自己的生活。回顾这段路程，你们一定清楚地知道，养育子女的过程是何等艰辛。回想一下，在这个过程中，你们是否始终与自己父母意见一致？你们是否一直坚持自己的主张？你们是否有勇气做出正确的决定？

养育孩子离不开海量传统观念、谬误以及偏见。许多在我们看来理所应当的事情，实际上并不一定正确。有人说孩子的襁褓一定要紧紧地扎起来，你们觉得言之有理，并且满怀自信地告诉自己应该这么做。但是为什么应该？相信这个世界上不会有一种动物喜欢让自己的宝宝处于动弹不得的状态。有人说不能深夜给孩子喂奶，为什么？眼看着母亲有充足的乳汁却不喂给饥饿的孩子吗？有谁见过这样的事情呢？您或许习惯去翻阅一些由深谙育儿经的人出版的健康杂志，在其指引下，一个个粉嫩的小宝宝变成了一个个肥胖的圆球，胖嘟嘟的脸颊由于过敏而变得通红，而

妈妈笔记

这样的婴儿竟然成了美的典范。

你们竭尽所能保护孩子免受伤害，因为他在你们眼中是那样脆弱，那样瘦小，那样不堪一击。可事实并非如此，孩子不是天生多病，多病是由后天环境造成的。

生活已经发生了翻天覆地的变化。许多曾经正确的观念，现在看来已毫无意义。在饥饿贫困中，将来之不易的鸡蛋黄留给孩子是完全正确的决定。但是，在物资丰富的年代，给孩子的母亲提供充足的营养难道不是更好的选择么？在过去，孩子依靠牛奶获得必需的营养，通过果汁来补充牛奶中缺乏的维生素。可是现在，有了含有多种维生素的配方奶粉，就没有必要在孩子刚满月的时候给他喝果汁了。

以上所述内容都是基于一个目的：为了使你们相信你们所知道的并不一定就是真理，我这个儿科医生也一样。但是，由于职业原因，我经常会碰到许多的荒唐事，而且主要集中在孩子的抚养和教育方面。不管你们是否相信，如果没有爷爷奶奶参与照顾孩子的话，孩子生病住院的几率要小得多。如果在一个家庭中没有人强制给孩子喂奶，没有人关注孩子是否是光着脚走路，没有人在意孩子是否光着身子在走廊上爬等等，这样的孩子往往更健康。这一点是显而易见的，因为充足的食物和暖和的环境并不一定对孩子有好处，往往会适得其反。

祖父母们需要遵守的最重要的法则是：

无论在任何时候，任何情况下最好都不要做出可能会影响孩子生活方式的决定，最好将决定权交给他的父母。

身为祖父母，无论你们多么不情愿，你们都要认同一点：守护孩子的幸福和健康，归根结底是他的父母们的责任。别将责任都揽在自己身上。

就让年轻一辈来决定孩子的生活吧。让他们承担起为人父母

妈妈笔记

的责任！

这并不是说不让你们参与抚养孩子的过程，并不是让你们对年轻父母犯的错误视而不见。这只是维持家庭和睦、协调家庭成员之间关系的一个好方法。如果孩子的父母，也就是你们的孩子说不需要做什么（不要给孩子喂奶、穿衣、买东西等），那就别做。

如果你们有时间并愿意帮助他们，那就尽量做一些不需要做直接决定的辅助工作。您想给孩子穿衣服，那就等到孩子的父母告诉您需要穿的时候再穿；您想要给孩子喂奶，那就等他的父母告诉您具体什么时候喂、用什么喂、喂多少、温度是多少时再喂。当然，不能排除他们也是刚刚从某本书上获得的这些信息。

除了照顾孩子，您还可以在许多事情上发挥余热。例如熨、洗衣物、收拾房间、准备一日三餐、外出购物、冲奶粉等等。

你们的帮助是一份礼物。但无论何时都不要对你们的子女反复强调你们所付出的艰辛，你们默默的支持一定会让他们由衷地感动。

笔者完全相信会有一些年轻人拱手将抚养孩子的过程完全交给长辈。但在这种情况下，你们就成为了孩子真正的父母，要承担很多责任，你们也就不再是简单的爷爷奶奶的身份了。

*　*　*

你们当然还记得一句话：夫为妻纲。聪明的妻子在处理夫妻关系时，永远不会让自己的丈夫感到丧失了在家庭中的主导地位。在抚养孩子的过程中，在处理两代人之间的关系时，遵循的也是同一个道理。

成为一个真正意义上的、尽职尽责的祖父母的关键在于，您要让孩子的父母充分认识到他们与孩子之间密不可分的关系。

2.2 饮食

生身为人，多年以来，我们吃东西经常并非出自自身需要，而是为了满足他人的需求。身边人的期望与我们真正的需求到底相差几许呢？

——弗·列维

与饮食相关的问题多种多样，而且十分复杂，要找到正确的解决办法颇有难度，因为研究合理饮食的专家有千千万，听谁的呢？

婚姻咨询是一份解决问题难度很大的工作，仅凭个人经验做一两次尝试后，往往也就无计可施了。但如果说到饮食，由于我们对此有丰富的实践经验，在彼此分享交流的过程中，就出现了为数众多的与饮食规则、食物禁忌、饮食养生等相关的论文。

纷繁的“饮食法则”——素食主义、分餐制等等竟让我不由得想起了宗教论文，其中的天使、恶魔及谨守教规的人变成了蛋白质、脂肪、

妈妈笔记

碳水化合物、垃圾快餐和卡路里。

有人信奉穆罕默德，有人尊崇真主安拉，有人膜拜耶稣基督……人们对待饮食的态度也是如此。有的人看重消化，他们依赖体内的酶和肠液；有的人则看重吸收，更加注重食物中的碳水化合物及蛋白质比例。个人的选择无可厚非，因为人是一种易受影响的生物，一旦在脑海形成了“应该这么做”的观念，就会相信这个方法一定对自己有益，能够改变自己的生活质量。

还有一点比较重要：任何一个成年人，无论是男人还是女人，都有权根据自己的喜好或物质基础来安排自己的饮食：什么时间吃、应该吃多少、吃什么以及和谁一起吃等等。

但是婴儿呢？他们又该怎么办呢？在父亲为自己安排所谓的“理想食谱”时，小宝宝当然是无法反驳的，毕竟他的生活还不能自理。虽然他已经能够咀嚼、吞咽，但是还不能自行选择食物。

由此得出一条**重要结论**：

任何一种食物都应当由家长亲自尝试。用孩子来做实验对象是残忍的，也是不道德的。

但谁才代表了真理？谁才真正明白饮食的标准？或许，根本没有人。没有谁能完全认定自己的正确性。但是我们却完全有理由缩小这个“实验”的范围。虽然我们不能准确判定什么是“对”的，但是至少我们可以解释什么是完全错误的。

寻找一些标准作为判断的依据非常必要。首先，让我们来看几个重要的推论：人类作为一种生命体在世间已经存在了上万年。在这漫长的岁月中，人类不仅仅存活下来，更是占据了“万

妈妈笔记

物之主”的地位——这主要是因为人类遵循了大自然的法则。可以认为：如果人类的饮食符合大自然的规律，那么由于人各有各异，生活方式、生活习惯存在差异，在饮食问题上自然会出现一些问题，但是这些问题总的来说都是正常的。也就是说，解决这一系列问题有一定的自然机制。为了更清楚地说明这一点，请大家来看两个简单的例子：

▶ 人是不是应当有饥饿感？答案当然是肯定的。而且，不仅是人类，其他动物（兔子、狼、鱼、鹿等）也会有同样的感受。由此我们可以得出什么结论呢？饥饿是人体十分正常的反应。人们能够感受到不同程度的饥饿，我们可以说是因为排便后才感到肚子饿，总之饥饿总是有其自然的合理性的。

▶ 素食主义。我们的祖先究竟吃不吃鱼，吃不吃肉？在笔者看来答案是肯定的。有的民族甚至除了鱼和肉之外没有任何其他的食物来源，例如爱斯基摩人。由此可以看出，素食主义，虽然并不完全符合自然规律，但是或许是一件好事。

由此我们不难理解，如果一个孩子因为某些特殊原因无法获得充足的食物，那么他机体的自然机制（无论是从进化角度讲还是从生理角度讲）不会放过这种感受，一定会产生饥饿感。但是，如果孩子的食物中没有足够的动物蛋白就势必会影响到他的成长和发育，因为针对这种饮食模式的适应机制不存在。

下面我们来看一些具体建议，好在这个看似漫无边际的话题中划定几个主题。首先，为了更好地安排婴幼儿的饮食，可以根据孩子的具体情况划分三个基本方向：低龄婴儿、健康婴儿以及疾病与饮食的关系。其次，我们要认识到，我们的首要任务并不只局限于为孩子们解决一时之需，所以类似如何煮燕麦粥，如何给患了病毒性肝炎的孩子喂食之类的问题我们可能不会进行详细的解释。我们的目的在于提供基本策略，表达基本原则：重要的原则和应对策略。什么不能做，怎么做不对，怎么做才对孩子有

妈妈笔记

好处，以及有哪些事是完全没必要去做的。

*　*　*

低龄婴儿的哺育方法我们在这里不再重复，在本书的第一章第五节“喂养”中已经很详细地介绍了相关方法。现在我们看一下那些过了婴儿期、开始与家人一起用餐、饮食结构已经近乎成人的孩子，了解一下为他们准备食物时需要注意的事项：

要领：

无论在任何时候、任何情况下，为孩子准备食物都不应该成为家长的生活重心。“不要对食物显得过分执著”这句话此时显得尤其重要。

2.2.1　食欲

孩子的“食欲”永远都是家长们最关心的问题，同时它也是一个与家庭经济状况密不可分的话题。

大部分情况下，**食欲——孩子进食的欲望，应当和孩子消耗的能量大致相等。**那么孩子主要通过什么方式消耗能量呢？孩子的成长发育需要能量，运动需要能量，保持体温也需要消耗一定的能量。您或许会问：如果是一个聪明绝顶、终日苦读、疏于锻炼、只顾埋头学习并且总是很注意保暖的孩子呢？他也会消耗那么多能量吗？这个问题华而不实，因为明摆着的答案并不利于问题的解决。孩子食欲不振或是完全没有食欲说明因为父母懒惰或无暇陪孩子玩。在有些父母看来，发动全家唱歌跳舞逗孩子开心，或以许诺给孩子礼物的方法来逗他吃饭要比耗费大半天的时

妈妈笔记

间带着他做运动简单多了。

总之，孩子有食欲证明他的机体已经做好了接受新能量和利用新能量的准备，所以强制孩子进食没有任何意义。

2.2.2 按时进食

在此，我们不得不提到著名的生理学家巴甫洛夫。巴甫洛夫做了一系列的实验，旨在证明如果每天在固定的时间用餐，那么在接近规定的用餐时间时，为了消化即将服下的食物，动物的机体就会分泌胃肠液。当然，实际上我们无法完全保证每天在固定的时间用餐。巴甫洛夫在狗的身上做实验。狗与婴儿当然有明显区别：巴甫洛夫不会给小狗穿衣戴帽，而小狗也不会因为考试没考好而感到焦虑，也不明白什么是“电视机”。简单地说，现今社会，有太多太多的因素会对孩子的食欲造成影响。读者们或许会觉得这里强调的不是按时进食，而是按需进食。但是问题远不是您第一眼看上去这么简单。

首先，在成千上万的家庭中，孩子说的一句“我想吃”立刻会被家长们解读成“孩子饿了”！但是按需进食在任何时候都不应当成为母亲和其他家庭成员的心理负担。更准确地说，这与其说是个医学问题，不如说是个教育问题。如果孩子不愿吃饭，那么不必一味迁就孩子的需求，而是应当根据母亲的空闲时间来安排孩子用餐。让孩子等上那么一会儿并没有什么坏处。放学后孩子不想吃饭，但是过了一个小时后又嚷着要吃东西，这时候怎么办？就让孩子等着，等父亲下班回来一起吃。说简单些，按时进食根本就不是个问题。只要遵循两个重要原则即可：一是有食欲，二是有准备好的食物。如果孩子面对美食却毫无胃口，那么千万不要强迫他，重要的是适时地向他解释清楚，父母并不能因

妈妈笔记

为他一个人吃饭而忙碌。此外，以上提到的这两条也同样可以视为解决儿童饮食问题的标准。

2.2.3 挑食

这一小节描述的现象99%是教育上的问题。真正饥饿的人是不会挑食的。的确，许多人对于食物都有所偏好。烤土豆也许真的会比粥更受欢迎。但是，如果从孩子的幼年开始，家长就过于积极地满足孩子所有的需求，那么挑食的问题很快就会出现。如果孩子通过叫喊的方式可以获得他期望得到的所有东西，那这就远非是医学可以解决的问题了。

家长对孩子的爱不应当助长他的自私，或是促使他形成以自我为中心的生活态度。父母喝着清汤，孩子却在一旁吃着鸡块，绝不能允许这种情况出现。

有趣的是，对很多人，尤其是对众多的母亲而言，遇到这样的情况往往是“说起来容易做起来难”。她们常常情不自禁地对自己的宝贝儿子说：“哎，这么挑剔，真不知道以后你的媳妇怎么给你弄吃的。”这也许可以算作是对孩子未来的一种担忧吧。

2.2.4 两餐之间吃零食

两餐之间吃零食实际上是很普遍的。苹果、糖果、饼干等等都可以作为两餐之间的零食。从医学观点来看，两餐之间吃零食对身体并没有什么益处。因为口水能够中和口腔中的微菌。经常性不停歇地消化食物不仅会加重孩子肠胃的负担，而且也容易引起一些疾病，例如慢性扁桃体炎。我们在这儿所说的零食并不包括口香糖这种与“食物”完全不搭界的食物。

在两种情况下不应当在两餐之间让孩子吃东西：

1. 当孩子食欲不振时；
2. 当孩子患有慢性咽炎或口腔感染时。

2.2.5 甜食

甜食是好心情的源泉。首先，我们能从甜食中轻松地获取能量；其次，更为重要的是，这种轻松获取的能量需要我们通过多种的方式积极地去消耗（例如，通过大幅度的运动等）。如果您的孩子没有体重超标、食欲不振等问题，那么为什么不让他好好享受一下甜食带来的乐趣呢？但是，您一定要记得孩子对某些甜食的过敏反应，尤其是巧克力和进口水果：这类问题时常会出现，请不要拿孩子的健康开玩笑。不要说“就吃一点点”，如果孩子过敏，那还是完全不吃为妙，或是至少等孩子满 1 周岁以后再行尝试。

2.2.6 浓汤

“每天有些热乎乎的浓汤喝才好”，这样的观念在我国可谓十分普遍。实际上，在世界上许多国家并没有喝浓汤的习惯。从医学角度看来，汤并不是我们每日生活所必需的，这完全可以根据各人的习惯和喜好决定。喝不喝汤关键取决于家庭的经济状况和母亲的时间安排。当然，熬一大锅浓汤慢慢喝是一种又省时又省钱的方法。

妈妈笔记

2.2.7 饮食与疾病

在开始具体分析疾病与饮食的关系之前，我们应该从两个方面看这个问题：

1. 在治疗某些特殊疾病时，医生往往会要求病人忌口。这看似简单的要求往往会成为病人能否痊愈的关键。现实中的例子有很多，其中有两个最为典型：肾脏疾病患者应特别注意要少吃盐，而糖尿病患者则一定要少吃糖。当病人患有肠道感染、肝炎、胃炎、胰腺炎、食物中毒、胃溃疡、便秘等疾病时，也都需要对饮食做一些适当调整及适当忌口。

2. 任何一种急性疾病或是慢性疾病病情加重时都会引起食欲不振，而这一点在孩子身上尤为明显。

饮食疗法不是我们这一节讨论的内容。我们所感兴趣的是最典型的、最具普遍性的情况。而孩子生病时最常见的就是身体状态的变化，孩子因为生病整个人变得昏昏沉沉，食欲不佳。拒绝进食，在家长看来这就是孩子病情严重的信号，就意味着孩子处于巨大的危险之中，这远比单纯的感冒发烧给家长们带来的恐惧感更强烈。

这时该怎么办呢？问题远没有想象中那么复杂——我们给出的建议很简单。

食欲不振几乎是每一种疾病都会带来的后果。让我们理性地来看待这个问题：如果一个孩子不愿意吃饭，这也就说明他的身体不需要新的能量进行补充。此时，无论是孩子本人还是他的身体都需要安静的修养。但是，让孩子饿着肚子与疾病作斗争也是很不容易的。毕竟人体的健康在一定程度上与进食量还是存在一定的关系，所以我们可以得出一个结论：正是因为人体在生病时状况不佳，所以我们就更需要增加进食量。

妈妈笔记

实际上，生病的孩子往往无需如此。肝脏，是帮助人体消化食物的重要器官。首先，它能够合成中和体内病毒和细菌的物质；其次，它能够抵抗体内的毒素（细菌毒素、死去的细胞等）。通常在生病时，人类机体会暂时减弱肝脏辅助消化的功能，而让它更多地参与到对抗毒素和细菌的“战斗”中去。

因此，家长们处理不当往往会事与愿违。慈爱的家长们向患病的孩子嘴里塞得越多，这个孩子就会病得越久。

此外，父母喂养孩子的态度对解释为什么孩子容易生病很有帮助。我们先来看一个例子：

小男孩儿别佳从幼儿园回家后对妈妈说：“我不想吃饭。”很可能这时某种微菌已经侵入了他的身体，而小别佳体内的那个“聪明的”肝脏决定此时将工作的重心从消化食物转移到对抗细菌入侵上。于是肝脏向大脑发出信号，准备全力以赴去消灭“敌人”。正是由于这个原因，小别佳才会没有食欲。如果此时家长们能够放手让肝脏专心工作，那么或许第二天小别佳就能重回幼儿园。但是此时，因为过于担心孩子挨饿，全家人倾尽全力，用尽各种手段（读故事、唱歌、跳舞、“就为妈妈吃一口”之类的话等）哄孩子吃饭。于是，第二天，流着鼻涕咳嗽不止的小别佳就只能请假呆在家里，而妈妈也不得不去请社区医生到家里为他看病。

喂养患病儿童的普遍法则：

1. 首先根据孩子的食欲喂食；
2. 不要强迫孩子进食；
3. 少食多餐；
4. 孩子患病期间不要让他尝试任何新的食物；
5. 尽量让孩子食用易吸收的、清淡的、温度适宜的流食。

2.3 散步

小狗在大街上悠闲地散步，
一会儿认识新朋友，一会儿遇见老朋友。
小狗在散步，无论艳阳高照还是电闪雷鸣，
无论风雨交加还是冰天雪地。
小狗在大街上悠闲地散步，
不畏酷暑，风雨无阻，
走啊走啊走啊……
就长大了。

——瓦·阿·列文

人类已经习惯了生活在屋檐下。睡觉、吃饭、学习、生病、繁衍后代抑或是生老病死——人类生活的大部分时光都要在这片屋檐下度过。在文明社会里，成年人总是在为自己的名誉、地位而疲于奔命。他们经常忘了，除了屋檐外，还有天空、乌云、繁星及许多自然界的奇珍异宝。虽然人类偶尔也会由于自然本性的驱使而主动贴近自然，但最多也只是散散步，出去走一走，呼吸一下新鲜空气而已。对于城市居民来说，“出去走走”已经成了

妈妈笔记

"散步"的同义词，这一点很可悲，但又有什么法子呢？

与成年人不同，孩子们往往与自然的关系更为紧密，也更加远离文明的干扰。孩子的自然天性、直觉以及本能需求都更加需要一种亲近自然的生活方式。如果孩子长期只在一间房子里生活，那么从单纯的生物学角度来说，这很难被称作是一种自然的生活方式。

因此，散步是孩子生活中必不可少的一部分，是一条颠扑不破的真理，也是一个经久不衰的话题。这个在理论上毫无异议的真理，在实践中却会遇到不少问题，例如究竟应该怎么散步？散步的时间多久比较合适？什么样的天气适宜散步？散步时给孩子穿什么？散步与疾病又有什么关系呢？生病的孩子散步时应该注意什么呢？因此，带孩子散步也是家长们必须学习的一项内容。

首先，让我们从"散步"这个词出发，看看这个词究竟被赋予了怎样的涵义。

孩子散步与成年人散步有所区别。对成年人而言，"散步"经常是一个单纯的消磨时间的行为。

性质单纯的散步在成年人身上几乎很少发生，散步的目的之一就是带着孩子散心或是遛狗。通常这种工作是由家中退休的长辈完成的——长辈们能够脱离工作的烦恼，静心带着孩子散步，甚至与孩子玩成一片（人们不是经常说"老小老小，越老越小"嘛）。退休人员和各年龄段的孩子散步不带有任何特别的目的，不是为了履行什么职能。也就是说，**散步的主要意义是亲近大自然，暂时摆脱文明社会的干扰**。

还有一点值得指出：长辈带着孩子一起散步不仅可以让孩子活动身体，亲近自然，同时也可以让爷爷奶奶们感受生活的快乐。

现在让我们来对比一下户外活动与室内活动，看看散步究竟有哪些好处：

妈妈笔记

任何一处居所：

▶ 都是各种微菌的寄生地，其中当然包括致病菌。

▶ 都是灰尘、日用化工元素及各种可能引起过敏反应的因素高度集中的源地（地毯、软家具、全毛织品、油漆、染料、氯化合物等等）。

▶ 几乎完全隔绝了阳光中的紫外线。虽然紫外线对成人来说并不十分要紧，但却是孩子成长必不可少的元素。人体需要在紫外线的作用下合成成长所必需的维生素 D。

▶ 都限制了人们的活动。

散步，首先有助于我们排出肺部积蓄已久的灰尘，改善上呼吸道功能。同时它使我们需要耗费更多的能量来维持体温恒定，同时也能够促进我们运动，从而提高身体的能量消耗，这对身体的各项机能，尤其是心血管和免疫系统十分有益。

2.3.1　健康儿童散步须知

户外活动无论何时都不会显得多余。重要的是懂得如何有效地利用时间，而不是让散步成为家庭的负担。工作和学习中短暂的休息时间，睡前或饭后的闲散时间都可以用来散步。不要让孩子整日埋头于学习：学校 + 音乐兴趣小组 + 英语辅导班 + 电脑技能培训，孩子的生活已经被太多太多的室内活动所占据。为了孩子的健康，家长们一定在学习与休息之间找到一个完美的折中方案。一定要明白，究竟什么对孩子来说才是最重要的：是身心的健康还是学习成绩？

家长们必须明白：人体新陈代谢通常都伴随着体能的消耗。孩子体内的物质交换要比成人更加密集，这也就是说，孩子在单位时间内产生的热量也要比大人的多。因此，大人觉得凉爽的环境，孩子会觉得很正常；在大人看来温度不冷不热的地方，孩子

妈妈笔记

会觉得暖和；而在大人感到暖和的地方，孩子或许已经觉得很热了。

散步时的着装原则：

1. 尽量少！能少穿一件就少穿一件。培养孩子自己穿衣服的习惯，让他自己决定该穿什么衣服，穿多少。通常孩子着凉并不是因为穿得太少，相反，正是由于穿得太多，导致排汗增多。

2. 民间有一种很普遍的说法：不戴帽子出门孩子会得脑膜炎。实际上，脑膜炎是一种严重的传染性疾病。百分之百是由几种固定的细菌和病毒引起。孩子何时碰见这些讨厌的病菌与他戴不戴帽子没什么关系。

3. 孩子说“我冷”全怪父母：父母给孩子包裹得里三层外三层出门，在外面和女友站着聊天，一动不动，孩子怎能不冷？

4. 完全没有必要用围巾把孩子的嘴包裹得严严实实。任何一种围巾或口罩阻挡冷空气的效果都没有鼻窦和呼吸道黏膜好，通过鼻窦和呼吸道黏膜可以在呼吸过程中加热吸入的空气。

5. 孩子户外活动时所穿的衣服漂亮与否并不重要，重要的是实用性：方便、轻巧、便于解决孩子的排泄问题。不要给孩子穿着任何有可能限制其活动的衣物，一定要给孩子穿便于跑动、跳跃、转头、跌倒后容易起身的衣服。

实际上，真正不适宜带孩子散步的天气，例如暴雨、台风、暴风雪、高温40℃或是零下30℃等极端天气很少见。所以不得不说，“天气不好”这个简单的理由折射出的往往是家长们的懒惰。然而懒惰并不是家长疏于带孩子散步的唯一原因。人类文明不断进步，电视机、电脑、游戏等使得家长们更情愿留在家里照顾孩子。

应当让孩子从小养成散步的习惯，让散步成为他健康生活方式的一部分。也就是说，应当让孩子更多地参加户外活动，而不是花大把时间坐在电视机前目不转睛地看动画片。做游戏、去森林里玩儿、采蘑菇、钓鱼、滑雪、溜冰都是对孩子健康有益的，

妈妈笔记

如果孩子的家长对这些也感兴趣，那自然更好。当然，让一个痴迷于电影的孩子转而对钓鱼等户外活动产生兴趣，其中自然少不了家人的积极影响。在这个过程中家长一定要注意方式方法，在与孩子共同活动时，家长难免会教训孩子："你跑哪儿去了，一个小时不见人!"或是"你看看你，外套都弄湿了，快去把大衣换上!"……这会让孩子在下次集体活动时犹豫不决：到底要不要和父母一起活动呢？或许还是在家呆着看电视比较好吧？这不仅事与愿违，而且也打击了孩子的积极性。

家长们在生活中经历的挫折以及承受的工作压力不应当成为限制孩子活动的借口。培养孩子独立的能力很重要。从孩子小时候起就应当尽可能地培养他独立生活的能力。家长关爱孩子，却不干扰他，不因弄湿衣服这些小事而对他歇斯底里。让孩子与其他同龄人玩耍。这会使他有更多的机会挑选兴趣相投的伙伴，为他将来的人脉建立打下良好的基础。

2.3.2 散步与疾病

对于这个问题，大多数的家长们习惯从儿科医生那里获得具体的建议，例如具体什么时间可以做某事，什么时候不能做某事。但您可能马上就会失望，因为谁都无法给出具体的建议、说明、指南。但是，决定行为指南的重要因素既不是天气情况，也不是健康状况，更不在于长辈们准备耗费多少时间来陪伴孩子，而是孩子从小接受的教育方式。

举一个最简单的例子。人体有两个最主要的反射原区——耳朵和足部。如果袜子和帽子成为了孩子生活的必需品，那么这两个部位稍微受寒就有可能引起感冒。这似乎有些难以理解，让我们说得更明白些：如果孩子从小就光着脚跑来跑去（当然是在屋内），那么如果在严冬里不小心踩进水坑里也不会对他的健康造

妈妈笔记

成什么影响。但对一个从小习惯了被包裹得严严实实的孩子来说，同样一个寒冷的水坑，就有可能成为一个真正的威胁。

读完以上这两段文字，或许会有许多人感叹，最好的时间和机会已经过去了，后悔也没办法。但是散步仍然是孩子必需的。所以，笔者在此有几条建议：

散步过程中面临的主要危险是着凉或过热。相较于大人，两种情况在孩子身上都更容易出现。这是由孩子生长发育的特征所决定的（孩子的体温调节机制还不健全，体能消耗快）。孩子的行为方式是判断他的感受的重要标准。无论着凉还是过热都不是一瞬间产生的现象（不可能走着走着，突然就觉得很冷）。如果孩子一直表现得很平静，没有任何异常反应，没有觉得渴（这是体温过热的第一表象），那么家长就无需焦虑，静静地带着他散步即可。当出现极端天气时应当尽可能减少散步，这不仅是因为孩子身体的原因，还因为在极端天气下，陪同孩子的父母也会更多地顾及自己的感受，从而忽略孩子。

下面具体讨论一下“着凉”这个问题。首先，着凉是由身体受寒引起的。试想一下，在您和您孩子的扁桃体内都存在着葡萄球菌（不要害怕，几乎每个人都有）。平时这种细菌在人体免疫系统的抑制作用下，数量不会发生很大的变化。多年来我们与葡萄球菌相处得还算融洽。但是当我们的身体受寒时，免疫力会下降，扁桃体内葡萄球菌的数量也会迅速增多从而导致疾病。“着凉”并不是一种传染性疾病，只不过因为身体受寒所产生的结果[1]。

1 在本书第三章，详述严重呼吸道细菌感染的小节中也有与“着凉”相关的内容。

接下来会怎么样呢？细菌数量增多，机体合成抗体抵御细菌，最终疾病消退。那么如果在短时间内又着凉了会怎么样呢？葡萄球菌数量依旧增多，但是由于第一次产生的抗体依然存在，要么就不会引起疾病，要么疾病的程度会大大减轻。从中不难看出户外锻炼的重要性——有意识地刺激人体细菌，使它们活跃起

妈妈笔记

来，激发人体免疫系统的作用，使人体抵抗力保持在一个较高的水平，最终寒冷已经不足以引发疾病。

由此得出结论：如果孩子因为着凉而感冒，那么当他体温恢复正常、感冒症状消失之后应该带他出去走走，不要把他关在家里。

总之，只有在出现一种情况时不应带孩子出门散步：当孩子的体温高于37.5℃时。首先，当人体体温偏高时，室外冷空气刺激容易引起毛细血管痉挛，进而会引起人体热量消耗减少，各脏器温度上升。一般对于体温偏高的界定是37.5℃，如果体温高于这个温度，那么最好就不要外出散步了。其次，在疾病的恢复期最好不要急于让孩子参加户外活动，因为无论是运动还是维持体温恒定都需要消耗不少能量。在疾病的康复期应当保存足够的能量抵御疾病，不要加重身体的负担。

不能散步的情况主要有以下几种，可谓少之又少：

在传染病暴发期，当孩子身体状况很差时，例如高烧、体虚、疼痛等；

当孩子患有某些罕见的、需要严格遵守作息制度的疾病时，典型病例：白喉；

当孩子患有传染病时。

新鲜的空气有助于身体的康复，尤其对呼吸道疾病，例如肺炎、支气管炎、喉炎等很有益处。当然，在这个过程中仍有许多需要我们考虑的因素。例如，如果家中有身患肺炎的孩子，在治疗后，体温恢复正常，身体的各方面感觉也日渐好转。这时的他需要散步怎么办呢？如果不凑巧您的家住在10楼，而电梯又坏了，那如何是好？这时，散步就成了一项艰巨的工作。但是无论任务多么艰巨，散步对孩子来说都是必需的，需要家长们拥有极大的耐心和毅力。我们可以给孩子换上暖和的衣服，抱着他出去走走，因为这时对他来说重要的不是运动，而只是呼吸新鲜空

妈妈笔记

气。或许更简单些，让他站在阳台上呼吸一下新鲜空气也可以。

请记住！当吸入寒冷空气时，人体支气管黏膜的供血会明显增加，分泌腺会分泌黏液，形成痰液。如果在散步的过程中孩子出现在家中没有出现过的湿咳，那是一个很好的现象！这说明孩子有机会咳出积存在肺部的黏液。可是，许多家长在这种情况下往往会帮倒忙，一听见孩子咳嗽，就立即把他推回家。由于肺部黏液已经湿润，痰量增多，孩子回到家后可能会出现呼吸困难。于是家长顺理成章地得出一个结论：病刚好就带孩子出去散步没好处，加重了病情。所以要么不做，要做就坚持到底。

许多疾病会导致痰液分泌增多，例如百日咳、哮喘、支气管梗阻等。对这些疾病而言，洁净凉爽的空气比任何药物都更加有效。更重要的一点是，干净清新的空气对解决任何伴随“呼吸困难”的健康问题都有益。在医生来到之前，可以先让患者去室外或是庭院中散散步，相对缓解症状。

* * *

综上所述，可以确定：

任何一种符合自然规律的行为都是对我们的身体有益无害的，哪怕需要我们的身体对其重新适应。

亲近大自然（头顶的天空、脚下的土地、微风、青山、绿水以及所有的自然元素）很难，因为对现代人来说，想要真正地亲近自然，首先要摆脱文明的束缚（沙发、电视、方便的抽水马桶等等）。任何一种反对散步的理论都是毫无根据的，借口只能是忙碌、恐惧和懒惰。

所以，不要犹豫！去散步吧！

2.4 睡眠

构成我们的料子也就是那梦幻的料子；我们的短暂的一生，前后都环绕在酣梦之中。

——威廉·莎士比亚

首先，要认识到一个事实：在人的一生中，有三分之一的时间都被用来睡觉。当然，这是对一般的成年人而言。相比大人来说，孩子睡得更多也更久。新生儿更是几乎所有的时间都在睡觉，只分出很少的一部分时间用来吃东西，他们基本上过着“吃了睡，睡了吃”的舒适生活。

毫无疑问，睡眠在人类生活中占据了十分重要的地位。与生活中其他事务一样，围绕着睡眠也产生许多问题。

睡眠究竟是什么？为什么我们需要它？对此，多年以来，学者们支持一个显而易见、同时又颇具说服力的理论。这一理论认为：人在不睡觉的时候，会逐渐积累某些固定的、能够让大脑感到疲劳的物质，叫做睡眠因子。睡眠的作用正是为了中和这些“睡眠因子”。疲惫的大脑在休息后又会恢复清醒，而这颗“清醒

妈妈笔记

的大脑”的主人——人类，就会有一个积极的生活状态。

这个理论对非专业的人来说浅显易懂。但是对于专家们来说，所要了解的东西远远不止这些。他们需要尽力证明这个看似简单的事实。在经过了数十年的尝试之后，专家们至今仍在努力地解释什么是“睡眠因子”，但却依旧一无所获。人们将“睡眠”研究得越深，对它的认识反而越发迷茫。为什么人类需要耗费生命的三分之一的时间来睡觉？对这个问题至今都没有得出一个令人信服的答案。

但是，无论现有的“睡眠理论”多么复杂，人类日积月累的生活经验以及众多的个人经验表明：睡眠是生活中必不可少的部分。大自然的设定本就如此——任何一种动物的生活（人类不过是动物群体中高智商的个体）都离不开一种特殊的脑部运作方式——睡眠。

2.4.1 健康孩子的睡眠

在教育孩子的过程中，家长们总是离不开各式各样的图表。有一张详述孩子睡眠时间的表格自然也是家长们所期望的。表格中根据孩子的年龄划分了相应的睡眠时间，包括一天内睡几次，一次睡多久等等。

笔者一直都对用数学的方法来规划生活这种做法持怀疑态度，但是在此还是有必要解释一下睡眠图表中的几个重要数据：

1 岁到 1 岁半的孩子：日间睡眠约为 2 次（第 1 次，2 ~ 2.5 小时，第 2 次约为 1 个半小时）；夜间睡眠时间为 10 ~ 11 个小时。

1 岁半到 2 岁的孩子：日间睡眠次数 1 次，持续 2.5 ~ 3 个小时；夜间睡眠时间约为 10 ~ 11 个小时。

妈妈笔记

2 岁到 3 岁的孩子：日间睡 1 次，持续 2 ~ 2.5 个小时；夜间睡眠时间持续 10 ~ 11 小时。

到孩子 7 岁之前，最好每日午休 2 个小时左右，夜间保证 10 小时睡眠。7 岁以后可以不午休，但须保证夜间睡眠时间不低于 8 ~ 9 个小时。

在给出这些具体的标准数据之后，让我们来分析一些更加具体、更加实际的问题：

我们在前一章讲述**儿童房**的选择和布置[1]时曾经提到，儿童房的设置实际上并没有什么具体的年龄界限，也就是说，在设置房间时无需过多地考虑孩子年龄的变化。我们先来回顾一下布置儿童房的具体要求吧：

- 儿童房的最佳室内温度为 18℃ ~20℃。
- 冷点儿比热了好，也就是说，16℃ 的室内温度要比 22℃ 好。
- 儿童房最佳室内湿度为 50% ~70%。
- 天气偏冷的时候，最好能给孩子多穿些，而不要急于使用暖气。
- 儿童房内最好不要放置任何容易积蓄灰尘的家具和饰物，例如地毯、软家具、毛绒玩具等。

家具和装饰最好都可以用湿抹布擦拭。

在医生的眼中，保证孩子睡眠充足的最重要意义就是：睡眠应当为醒来之后的活动创造条件。这个听起来简单的要求在实践过程中往往会碰到各种各样的问题，甚至比在教育学、社会学中遇到的问题还要多。睡眠是一个再普通不过的现象，但它却具有很重要的意义。人并不是因为到了休息的时间才睡觉，而是出于身体的需要。人睡醒也不是出于时间的需要，而是因为身体已经休息充分，已经睡够了。但是人类不是普通的动物，在具有动物

1　在此强调一下，笔者所说的“儿童房”指的是孩子睡觉的房间。更准确些说也就是“儿童卧房”。但是对于许多和笔者同龄的人来说，实在很难想象孩子除了拥有属于自己的一张小床之外，还能获得一间完全属于自己的、用来学习和娱乐的小房间。这里的内容主要是针对那些已经解决了住房问题的幸运的家长。

妈妈笔记

性的同时，人类也具有社会性。正因为如此，人类的睡眠就变得更具时间意义，而我们也渐渐忽视了睡眠的生理特征。

无论是哪个年龄段的人，生活都有一定的节奏和规律（昼夜交替、季节变换、年时更迭）。这也决定了每个人对睡眠的需求和作息规律。生活中会有众多的因素令我们产生睡意，影响着我们的睡眠时间和睡眠深度。这些因素包括生物钟、气候条件、健康状况和生活方式等等。

每个人都知道，睡意与身体的疲劳程度密切相关，而情绪过于紧张、激动必然会影响睡眠质量。

家长们经常会遇到的一种情况是孩子说“**不想睡觉**”。解决这个问题主要看早晨叫醒孩子时的状况，请遵循下面一条简单的规则：

如果孩子早上能够睡到自然醒，并且醒来后不会发脾气和哭闹，那晚上就没有必要催他上床睡觉。

在此想要指出，家长们对孩子常说的那句口头禅“该睡觉了”或许只是出于对自身的考虑。或许只是家长自己想要早些休息而已。这种问题可是儿科医生无力解决的了。

还有一种常见的特殊情况是“**晚上不睡，早上不起**”。许多影响孩子睡眠的因素都是可以调控的。可是单靠家长们的“说服教育”远远不够。毕竟每个人的生物钟都不同，我们不也经常用猫头鹰和百灵鸟来形容作息时间完全相反的人吗？

有三种有效的方法来应对孩子的“不想睡觉”：

▶ 方法一：**增加孩子的运动量**，多带孩子进行户外活动或是在家里锻炼。

妈妈笔记

▶ 方法二：**不要让孩子过于兴奋**，尤其是晚上。最好不要在晚上8点以后让孩子玩玩具，也最好不要在晚上9点以后检查孩子的作业。

▶ 方法三：**不要无中生有**。我们除了寄希望于孩子主动去睡觉之外，还可以让他在看到父母去睡觉后也去睡觉。如果家长过于强调睡觉的时间，过于在意钟表的指针，总是严厉地重复着"快去睡觉"之类的话，那么孩子在睡眠方面就越容易出现问题。

现在我们来看一些健康的孩子在睡觉时最容易出现的问题。

2.4.1.1　频繁渴醒

产生这种现象主要有两个原因：

▶ 由于儿童房内不洁、干燥的空气导致孩子鼻黏膜干燥（房内过热、干燥、灰尘过多）。

▶ 由于孩子患有鼻咽部位的慢性疾病（最典型的是增殖腺炎），阻碍了鼻呼吸，只能改用嘴呼吸，从而引起口干。

如果不能及时调整儿童房环境，设定合适的湿度、温度，如果没有及时为孩子治疗，那么孩子夜间饮水就会成为习惯，这将严重影响孩子的睡眠质量。

2.4.1.2　磨牙

人们对睡觉时"磨牙"的原因，几乎所有人都知道"孩子磨牙是因为身体里有蛔虫"。但这种说法并没有得到证实。当然，在某些磨牙的孩子体内的确发现了蛔虫，但比不磨牙、体内生蛔虫的孩子数目也相差无几。无论是医生，还是多年研究睡眠现象的生理学家都无法解释为什么有的人睡觉时会磨牙。但有一点可以肯定：磨牙不是病，它会随着时间推移而消失。磨牙的负面影响主要是两个方面：一是从审美角度来说，磨牙很不雅；二是磨牙的确会对牙齿造成不小的损害。

妈妈笔记

关于“磨牙”的原因有这样一种理论，依据这一理论，“磨牙”的原因被解释成反射发育不完整，同样的状况也发生在动物的身上。

2.4.1.3 尿床或遗尿

大约百分之十的孩子都会遇到这种不愉快。在药理学和心理治疗领域有数十种的方法来纠正这种现象。虽然有一些方法在个别孩子身上起了作用，但是对于整个群体来说，并没有一种方法能够保证绝对有效。医生至今都不知道遗尿的原因。有些医生认为，这是因为孩子发育中的大脑有时会形成一个特殊的病灶，当睡眠进入到一定深度的时候膀胱就会做出相应的反射。由于这种现象仅在大脑发育不成熟的阶段存在，所以遗尿会随着大脑发育的日趋成熟而逐渐停止。

2.4.1.4 夜间恐惧

夜间恐惧症通常出现在3~8岁、性征逐渐发育成熟的孩子身上。这一症状并没有显著的危险性，它主要与家庭营造的心理氛围及家长理性的教育方式密不可分。恐怖故事、惊悚影片、恐怖的人物形象，以及什么被大灰狼叼走之类的小故事等等都会加重孩子的夜间恐惧感，让他们觉得和家长睡在一起会更安全。

孩子睡觉时经历的恐惧，例如怕黑、怕静、怕风吹开窗户的声音等，都需要得到家人的理解。家长千万不要因此嘲笑孩子，而是应当静静地坐在他身边，直到孩子睡着。

照顾有夜间恐惧症的孩子时，有一点最重要：应当尽可能表现出您对孩子的理解和关爱。

我们总希望孩子老老实实、安安静静地睡觉，不磨牙、不尿

妈妈笔记

床、不梦游、不说梦话、不打呼噜。但**不论他做什么**，都不是有意为之。孩子用于思考的那一部分大脑完全与这些行为无关。需要再次强调的是，众多的研究者至今都还没有弄明白人为什么需要睡觉。人在睡梦中的行为许多至今都无法给出准确的、科学的解释。因此，因为尿床而责怪孩子是不理智的。

2.4.2 睡眠与疾病

睡眠可以看做判断任何一个年龄段的孩子身体健康状况的一个重要指标。

任何一种不符合睡眠规律的现象，例如在非正常时段突然惊醒，尤其是在非睡眠时间段感到困倦，都是颇为令人担忧的征兆，需要家长特别注意。如果出现类似的情况，家长们可以为孩子测量体温、检查孩子的身体状况（询问他是否有疼痛处）。如果孩子夜间惊醒，那么可以看一下他的脸色，摸额头测体温。

嗜睡是发烧和体液严重不足的典型表现。所以，需要特别注意。

如果孩子由于嗜睡已经不能正常服药（无法喝药、无法吞咽药片），那就需要立即住院治疗。

如果孩子患病，尤其是患有严重的呼吸道疾病时，家长们首先需要注意的是孩子的房间。一些平时看来对孩子健康有益的东西，此时或许已经成为加速他疾病发展的不利因素。

任何一种呼吸道**病毒**感染都会令呼吸道的黏液分泌增加，这包括从鼻腔到支气管的整个呼吸道。这些黏液一旦干燥就会提高**真菌**感染的几率，更容易引发疾病。呼吸道黏液在睡眠的过程中积聚并逐渐干燥（儿童房间内不通风、孩子保持固定的睡眠姿势不动、不喝水都会加速这个过程）。因此，对于患有呼吸道疾病

妈妈笔记

的孩子来说，尤其需要注意，要穿着保暖的衣物，做好儿童房内的通风与保湿，保持空气清新洁净，经常用湿抹布或是拖把清洁房间。

此外，在照顾患病孩子睡眠时还应注意以下事项：孩子睡觉时，无需紧闭房门，家长最好能陪伴在孩子身边，及时给他喝水、更衣、轻拍他入睡，必要时为他测量体温。

总的来说，如果孩子生病，他的睡眠规律或许会发生明显改变：睡眠时间（通常会延长）和睡眠频率都发生变化，这一点很正常。睡眠规律恢复正常是判定孩子的身体是否康复的一项重要标准。

2.5 暑假

孩子们总爱那炎热的夏季，
城外的小屋，
清凉的河水，
以及那沙滩上一座座的小沙堡。

——詹尼·罗达里

如何让孩子度过炎热的夏天？如何在这段时间内最大限度地保证孩子的健康？这个问题总是困扰着成千上万的家庭。每当寒冷的冬季过去，温暖的春季到来，这些与夏季相关的问题就显得越发重要。春天留给每个家庭的最大印记就是家中那些被繁重的学业和呼吸道疾病所折磨的面色苍白、毫无胃口的孩子们。于是，更加用心地照顾孩子成为家长们夏天的首要任务。

我们来看看应该如何合理安排孩子的暑假生活：

在安排孩子的暑期活动时，首先需要注意的是，任何一种休息都不仅对孩子有益，也会让大人得到放松。

妈妈笔记

暑期活动的主要目的是让孩子尽可能多地接触那些由于各种原因平日里难以接触到的、对身体有益的因素。

这些因素指的究竟是什么呢？哪些东西是孩子成长必不可少、却因为社会规则所忽略的呢？这个社会法则指的不是刑法，而是一些在社会生活中孩子不得不遵从的人类文明所固有的规则，例如：

1. 入幼儿园或入学的时期都是呼吸道病菌（容易引发呼吸系统疾病的病菌）传播最密集的季节，儿童群体极易交叉感染病菌；

2. 孩子的运动积极性长时间受到限制：家长忙于工作、孩子学业繁重、家庭空间狭小、大量用来消磨时间的科技产品（电视机、电脑游戏）以及家长和孩子自身的懒惰等等；

3. 第二点中提到种种因素导致孩子吸收的能量与消耗的能量无法达到平衡，需要一种消耗这些剩余能量的方法（运动）；

4. 空气污染已经成了一个全球性的问题，城市的生态环境、浑浊的室内空气、过剩的生活化工用品等都会影响孩子的生活环境，同样不容忽视的还有儿童房间的通风问题；

5. 孩子长期处于室内，看不见蓝天白云，感受不到阳光的温暖，孩子与大自然之间的关系越来越疏远。

人类文明的缺陷远远不止以上列出的5点，但是，这些已经足以说明我们需要适时地对我们和孩子的生活方式进行调整。

孩子的机体有一个**十分重要的特点**：虽然孩子的身体长时间缺乏一些重要的、对身体健康有益的自然因素（阳光、新鲜空气、水分及必要的身体锻炼），但是，2～3个月的假期能够让孩子的身体最大限度地中和社会文明对身体健康带来的不良影响，并重新建立一个正常的身体机制。应当在孩子年纪还小的时候让他充分发挥身体的这一特点。

因此，在安排孩子的暑期活动时，最好能让他尽可能接触平

妈妈笔记

时接触不到的自然因素。这与我们维护孩子健康的根本目的是一致的。

从这一目的出发，到莫斯科（或者其他城市，例如基辅、阿姆斯特丹、巴黎等）旅游，参观博物馆或是游览、购物这样的活动与真正意义上的休息毫无关系。这种方式只能说是开拓了孩子的眼界，而对健康却没有什么特别的好处。

在这里笔者尝试制定出几条原则，向家长**提出几个关键点**，帮助家长和孩子实现真正意义上的“休息”：

1. 应当让孩子的**大脑得到充分休息**：不要再埋头学习，给孩子换一个新环境。当然，这里说的“不再学习”指的是不要再强制性地让孩子学习那些所谓的“人类智慧的宝贵结晶”，而是在大自然中学习一下之前没有时间学习的知识，例如花的名称、如何在雨中燃起篝火、怎么在鱼钩上放置鱼饵之类的常识……也不失为一个好的选择。

2. 要尽可能调动孩子的**运动积极性**，让他参加散步、跑步、跳跃、游泳、徒步行走、划船或是骑自行车等活动。

3. **按需进食**（想吃的时候就吃，不想吃也无所谓），满足孩子的食欲。

4. **新鲜的空气**：尽量到远离城市，远离汽车、工厂、人群、商店以及众多的日用化工产品的地方。

要想真正落实贯彻这几条原则，家长们在安排孩子的暑期活动时还需要考虑几个重要因素：

为孩子选择合适的休闲活动方式。不要让原本单纯的休闲变成为家长的负担或是成为家长们向亲友们炫耀家庭资本的机会。**身心俱疲的父母也会影响孩子原本放松的心情。**

带孩子在海边度假的开销自然要比在家里大得多，这是毋庸置疑的。更不用说海边拥挤的人群会让度假变成可怕的抢夺战：每个人都想抢占阳光好的海滩，抢占水质好的区域，寻找更多更

妈妈笔记

好的海产品。同时，家长们还要随时顾及那些无人看管的野海滩可能带来的危险，以及在租赁房屋时可能遇到的种种麻烦。出远门度假对家长们来说通常还需要面对十分繁杂的手续。

值得注意的是，任何类型的外出休假——无论是到远离城市的农村，还是风景秀丽的海滩去疗养，都应该安排正常的住宿，同时必须保证饮食的卫生和健康（这一点尤为重要），在游玩和居住地周围应当有相应的医疗设施，以防出现意外。

度假休闲还需要面对的一个问题就是“水土”。居住环境的改变（海拔、气压、空气湿度和温度等的变化）往往会导致**水土不服**，这是由于人的身体需要适应新的环境，因此，生病和身体不适的几率也就有所提升。

“水土不服”的症状通常是离家越远越明显。孩子越小，身体越弱，受城市生活的影响越严重，那么“水土不服”的症状也就越明显。因此，如果您的孩子在一年之内经常生病，并且不经常出门散步，那么去距离较近的郊区（离城 30 公里左右的乡村、森林、河边）比远赴地中海海岸度假会是一个更好的选择。

任何事都有利有弊。太阳虽然对孩子的成长有益，但长时间暴露在阳光之下却对孩子的身体有害；让孩子光着脚走路有好处，但是不注意气候条件，盲目为之则有害而无益；潮湿的空气与充足的水分自然很好，但三个人挤在一平方米的浴场里洗澡，抑或是两个人挨在一起潜水，当然也就没有任何乐趣了。

* * *

希望以上内容能够帮助各位家长制定合理的休假计划。这个好似战略性的问题虽然有些复杂，但是并不需要什么高深的医学知识（重要的是有条件、有目标地制定适宜的计划）。接下来要做的就是针对具体的情况分析计划的优缺点，然后向上司请好假拿到几张优惠券，最后全家美美地享受假期。

但是，有一类运动休闲方式与孩子密切相关，也最让人忧心，那就是水上运动。究竟该如何安排水上活动呢？在何时、何地、何种情况下下水才最为安全呢？

想必大家都记得那一句经典的、唤起我们无限激情的话："让我们在水中嬉戏！让我们尽情地游泳、潜水，跟随着海浪翻滚吧……"或许，现在需要为这句话做一下注解了：我们究竟该如何正确地进行这些与水密切相关的活动呢？

2.5.1 游泳

首先，从身体机能的角度出发，大人游泳与孩子游泳之间存在很大的差异。这主要与孩子生长发育的特征有关——孩子身体的新陈代谢速度比成年人更快。因此，孩子在单位时间内消耗的能量也比他的父母更多。所以，对成年人来说完全不宜游泳的冷水，对孩子来说或许正合适。家长们不能完全将自己的感受作为判断孩子是否能够下水游泳的标准。原则上，孩子自己的感觉才是最重要的标准。如果孩子想要下水，那么无论水温如何，都可以让他亲身尝试一下。如果孩子走到岸边，用手指碰了下水，然后四下张望着想从父母那里获得同情与援助，那么最好不要让他下水。这时家长需要做的不是禁止孩子游泳，而是不要让他从您这里找到同情和鼓励。

既然我们的话题已经触及"禁止"这个词，那么不妨借此机会详细地分析一下。禁止孩子下水经常会在家庭中引起不小的矛盾，亚当和夏娃因为偷食伊甸园中的禁果而饱受痛苦，而这个故事正好可以作为家庭矛盾的形象比喻。这种奇怪的情形在许多家庭都发生过。在人们的印象中，游泳是一项有百利而无一害的运

妈妈笔记

动——它有益健康，能够增强人体免疫力，强健肌肉，促进心肺及血管功能。既然游泳有那么多的优点，那么按照逻辑，游泳应当大力推广。但是，对孩子而言，游泳与其说是一项运动，不如说是来自家长的奖励。

家长们为孩子下水游泳设定了各种各样的禁令与限制。限制是如此繁多，以至于我们不得不赞叹家长们那过人的机智：水太凉、风太大、时间太晚（抑或是太早）、孩子还没吃饭（又或者是刚吃过饭）、有小狗在那片水里（有牛要喝那儿的水）、孩子的化学不及格、孩子好像有着凉的症状等等，所有这些都可以作为禁止孩子游泳的借口。然而，正是由于有诸多的不允许，游泳在孩子的眼中似乎就成了那颗充满诱惑的禁果。家长们总是担心，一旦同意孩子游泳就很难再把他从水里拉出来。但是，对孩子来说，想要游泳是那么难，不知道下次享受这样的乐趣要到何时，这让他怎么能舍得从水里出来呢？

不要让“游泳”成为家庭难题（这里说的是真正意义上的难题），最好在孩子年幼时就处理好这个问题，带孩子出去度假时也应当预见到孩子和您可能会在池塘里游泳。

应该将游泳看做一个给人带来愉悦与享受的过程，是一件再普通不过的事情，不要上升为一种迷信。

当然，我们不能完全否认家长们为游泳做出的各种限定，因为毕竟家长们认真思考了游泳对孩子的影响。对孩子，尤其是对年纪尚小不会游泳的孩子来说，将他们独自留在水里是很危险的，大人必须陪伴与监督孩子。但是，通常的情况是：母亲忙于家务，父亲忙于应酬。在这种情况下，父母也就只能用这些限制当做不让孩子游泳的借口了。很遗憾，这样的情况十分常见。

正是由于上述原因，无论在医学和教育学领域，“游泳”都是一个与孩子密切相关的问题。笔者作为一名儿科医生，对于医学问题当然可以给出相应的建议，但是，笔者对教育学方面的问

妈妈笔记

题却不甚了解。例如，**在家庭教育中毫无依据的禁止或许会使孩子一下水就再也不愿意出来，直到冻得浑身发紫，进而引发一些疾病，这就不单单是教育学的问题了。**

在医学上，并不能对“游泳”给出什么全面的建议。因为一切还要视孩子的健康状况而定。有一点需要强调：孩子在室外游泳（即关于能否允许孩子游泳的问题）与其说与水温相关，不如说是取决于孩子自身的愿望。另外，泳池的卫生安全状况：是否有充足的配套设施，泳池底部的情况如何，泳池的水质也是家长们必须要考虑的内容，剩下的就要依靠家长们的理性思维来帮忙做出正确的选择了。

每次游泳应当持续多久为宜？关于这个问题需要强调以下几点：我们之前说过的儿童身体的特点（产热、散热比成年人快）也存在不足之处：孩子体内的能量储备要比成年人少，这也就意味着孩子更容易受凉。

因此，有一条**十分重要的规则：**

最好经常带孩子游泳，但是要控制好每次下水的时间，不要等到孩子身体发紫、嘴唇发抖才让孩子出水。

这样一来，游泳就不会成为教育孩子过程中的难题。因为孩子会很清楚，游泳的快乐对他来说并不是那么遥远。

游泳的危险是显而易见的：着凉、溺水、呛水（通常水质并不干净）都增加了鼻咽部慢性炎症（慢性扁桃体炎、增殖腺炎症、中耳炎、上颌窦炎）的患病几率。因此在孩子游泳时家长们需要小心地看护。对于患有支气管炎、肺炎、骨科疾病和关节方面疾病的孩子来说，游泳是一种很好的辅助治疗。如果您的孩子患有某种疾病，那么在和医生交流时，您不妨询问一下孩子的情况是否适宜游泳。例如，颅内压高的孩子可以游泳，却不能潜

妈妈笔记

水。患有耳炎的孩子也不适宜游泳。总之，在到海边度假之前，最好询问一下神经科和耳鼻喉科的医生，征求一下他们的意见，说不定可以减少一些麻烦。

有一点可以肯定：如果您的孩子患有鼻咽部的慢性炎症，或是经常咽痛，那么在淡水里游泳会加重对患部的刺激，并对疾病产生负面的影响。但是咸水（海水）却恰恰相反，会有助于病情的恢复。

最后一点，实际上也是首要的一点：在露天池塘、水库游泳对孩子来说十分危险（甚至可以说是最危险）。让不让孩子冒生命的危险取决于家长的理性。

笔者在此不想列出游泳须知，但是有几个“不能”一定要强调。首先，家长们必须明白：**及时教会孩子正确的游泳方法和遵守规则是防止孩子溺水最主要的两条途径。**

在孩子游泳时应当注意：

- 即使孩子会游泳，也一定要有大人看护。同时，负责照看孩子的大人应当会游泳并处于清醒状态（没有醉酒）。
- 如果孩子不会游泳，应当严禁他潜水。
- 如果孩子玩类似“沉没”之类的游戏，应当采取一定的惩罚措施。
- 无论父母对孩子游泳是否有所限制，孩子的任何一次下水行为都应当事先征得父母的同意。

2.6 幼儿园

人类天生是社会性动物。

——亚里士多德

送不送孩子上幼儿园？送孩子去幼儿园到底有何好处？这是每个家庭迟早都会遇到的问题，而这些问题基本上与家庭的经济状况和家长的忙碌程度并无太大关系。每个人都对学前教育有着自己的判断。

毫无疑问，在决定是否让孩子接受学前教育时，家长们依据最多的仍是个人经验。送孩子去上幼儿园自然有它的好处，同时也会有一些弊端。这要求家长们除了个人经验之外，还需要从教育学、医学、心理学和社会学多个角度出发来考虑这个问题。

从科学角度出发，**幼儿园是实现儿童优质教育一个很好的、必要的环节**。这一点几乎是毫无疑问的：我们从还未记事之日起就生活在一个社会群体中。与人交流的艺术更是伴随着我们的一生，并在很大程度上决定我们人生的走向：无论是与异性的交

妈妈笔记

往、组建家庭，还是建立自己的交际圈（就业、任职以及和领导谈话等等）都应当懂得沟通之道。这种与人沟通的能力是需要从小培养的，也是任何一种家庭教育或是任何一位家长都无法独立完成的。

在教育学和心理学范畴，学前教育是个很复杂的研究对象。它包括了许多方面，例如如何让孩子适应新环境、如何教会他与同学和老师交流、如何培养他的生活习惯、如何做游戏、应该让孩子遵循什么样制度等等，这里只是粗略地列举一二。我们从医学角度谈的问题很有限，但这个话题恐怕是家长们最为关注的。

上幼儿园的孩子更容易生病——这是送孩子上幼儿园的一大缺点，同时也是得到众多家长的广泛认同并被医生证实的事实。孩子患的病症大都具有传染性，其中最常见的就是呼吸道疾病。感染疾病的几率主要取决于孩子交际范围的大小——交际圈越大，孩子感染疾病的几率就越高。相比这一点，呆在家里的孩子当然更加安全。

但是，患病次数增加并不完全是坏事。

孩子在年幼时容易感染的一系列传染病（风疹、水痘、麻疹）会对孩子健康造成威胁，有时对成年人来说也是如此。这些疾病的发病有其特定的时间段。例如，患风疹、水痘的非幼儿园人群几乎没有。而类似感冒与呼吸道感染等疾病的感染次数增多则并不十分可怕，因为引发呼吸道感染的病毒数量是有限的。每一个经历过呼吸道感染的病人体内最终都会形成病毒抗体，从而降低下次患病的概率。流行性传染病，例如流感，其发病原因与“幼儿园”可能扯不上任何关系。孩子不是在幼儿园交叉感染，而是爸爸在单位被传染，继而又连累了他。如果孩子在幼儿园没有感染足够多的病毒，那他在小学阶段就得“补全”。要知道，一个星期不能上学要比一个星期去不了幼儿园带来的损失更大。

相较于孩子的发病几率，同样值得家长们注意的还有孩子的

妈妈笔记

患病程度。**如果孩子患有呼吸道感染，同时伴有并发症，那就与幼儿园没有任何关系了。**孩子自身的免疫力、生活条件、治疗方式非常重要，但孩子感冒后会不会转成肺炎绝对不能取决于他上不上幼儿园。

针对“上幼儿园容易生病”这种说法，笔者想指出以下几点：许多家长习惯将孩子生病与幼儿园里的客观条件联系起来，指责幼儿园没有照顾好孩子，埋怨老师没给孩子穿暖，让孩子坐在冰冷的地板上活动，教室里有穿堂风等等。这么一来，**幼儿园就成了家长推卸自己责任的替罪羔羊。**从小把孩子养成一棵温室里的花朵，结果稍有个风吹草动——穿堂风、光脚走路、沾凉水、不戴帽子就变得不堪一击。难道家长们指望孩子一辈子都被保护得万无一失吗？

结论显而易见：家长们，首先，不要诿过于人；其次，应当尽早，最好从孩子出生开始就让孩子做好进幼儿园的准备。

在孩子入园之前应当为他做好预防接种，没有进行预防接种的孩子很有可能会被幼儿园拒绝。而在入园以后，幼儿园的医护人员通常会关注孩子的注射时间，定期为孩子进行疫苗补种，并出于防疫的目的为孩子做身体检查。这些无疑是很好的，毕竟许多家长不会在孩子出现疾病症状之前主动找医生交流。

孩子上幼儿园的年龄也是一个大问题。我们暂且将教育界的争论放在一边（究竟是1岁上幼儿园好还是3岁好）。作为儿科医生，我们更为关注的问题是孩子去上幼儿园时，孩子的母亲在哪里？下面这种情况颇具代表性：9月1日孩子第一天上幼儿园，而就在这一天，休完产假的妈妈也重新投入工作。一周之后，孩子很有可能会出现呼吸道感染的症状，那么妈妈就要请假照顾孩子，这也为她的工作带来不便。

总之一句话：无论幼儿园的条件有多好，无论孩子的身体多健康，他在刚进幼儿园的最初一段时间都很容易生病。“最初一段时间”究竟有多长，这就很难说了，也许是3~4个月，也有

妈妈笔记

可能是1年。妈妈在这段时间内最好能呆在家里，不要急着出去工作。如果孩子开始生病，那么最好在孩子生病之初就让他呆在家里，不要等到病情明显恶化后才开始采取行动，这样也降低了传染其他孩子的几率。试想一下，当孩子生病时，母亲无需为开病假条而看上司的脸色，这是多好的一件事。

送孩子上幼儿园的**季节**也是一个十分重要的因素。最好不要在10月到次年4月间带孩子报名上幼儿园，因为这段时间正是呼吸道病菌的活跃期。如果选择此时让孩子上幼儿园，那么，不仅孩子患呼吸道疾病的几率会提高，同时也会让孩子需要花费更长的时间适应幼儿园的生活。

许多儿科疾病都与幼儿教育机构的工作人员有着密不可分的联系。幼儿园的教员们对如何给孩子穿衣、喂饭和锻炼都有着自己的判断。这些判断基本上都符合大众的标准——一定要让孩子吃饱穿暖。还有一点不能忘记，幼儿园员工的工资水平让他们无法对任何孩子表现出过分的热情，也让他们无力为一些衣着饮食上的细节问题与家长发生不愉快的争吵。如果您作为孩子的家长，清楚地知道不能使用强制的方法让孩子吃饭，如果您还记得温度过高以及脚部汗湿更容易令孩子感冒，那么请您把这些信息传达给孩子的老师，让老师明白到孩子不肯吃饭并不完全是她的错。

没有人能够保证孩子在幼儿园内不会受伤或是生病。但是，幼儿园的工作人员有责任弄清楚每个孩子的身体状况，了解患病情况，并对每个孩子用的药物和食物过敏情况有所了解。最好能与孩子的家长间建立紧急联系方式。

幼儿园的选址、建筑质量、定期检修情况、幼儿园内部设施（例如儿童卧室、食堂、活动场所），以及幼儿园招生数量、专业性和员工的工作态度都是在为孩子选择幼儿园时需要充分考量的内容，因为它们能在很大程度上影响孩子的身心健康。

2.7 预防接种

预防接种是一项对健康负责的措施。

——巴·菲·兹德罗多夫斯基

作为一个曾在传染病医院工作多年的医生，笔者可以肯定地说：所有需要进行预防接种的疾病都有很高的发病率。孩子感染上此类疾病的后果则不尽相同。

因此，每一位理智的家长在是否为孩子进行预防接种这个问题上都应该毫不迟疑。

必须接种！

但是孩子的体质各不相同，因此他们对注入体内疫苗的反应也不同。接种疫苗本身没什么可怕的，您要做的是有针对性地让孩子的体质做好接种准备：健康的生活方式、母乳喂养、经常性的锻炼、减少与过敏原的接触等等。

预防接种应当在医生指定的时间段内进行，这样才能使疫苗充分发挥作用。

妈妈笔记

每个国家都有由本国卫生防疫部门制定的预防接种时间表。这个时间表考虑了孩子接种疫苗的年龄、接种疫苗的时间间隔，并注明了无法通过注射疫苗来预防的疾病名称。

那么，预防接种的实质究竟是什么呢？

预防接种指的是通过接种的方式，向人体内注入一种医学制剂——**疫苗**。注入疫苗后人体会合成特殊的细胞——专门防御相应病毒侵害的抗体。

每一种传染病的疫苗都有特定的症候与禁忌，以及特定的适用时间段和使用方法（口服、肌肉注射、皮下注射或是皮内注射）。

身体对不同种类的疫苗会产生不同的反应。有的疫苗一次注射即可在人体内产生长时间的抗体，有一些则须多次注射。由此，产生了两个医学专业词汇：**接种疫苗和再接种**。接种疫苗的实质是让人体产生足以对抗某种病毒的抗体，抵御由这种病毒引起的疾病。但是随着时间的推移，抗体的抵御功能逐渐降低，这时，就需要进行再接种，将抗体的数量提升到必要的水平。

我们上面说到的“会产生不同的反应”，指的不仅是形成抗体的时间和抗体的质量，同时还包括疫苗在儿童身上引起的生理反应。这些反应有时很明显，例如体质变差、体温升高等等。**出现这些反应主要基于三个因素的影响：**

其一，接种孩子的身体健康状况。

其二，接种疫苗的数量和特性。所有经过世界卫生组织批准接种的（高质量的）疫苗都有很强的预防效果，它们都对人体无害。但是，在生产疫苗时，不同的厂家根据不同的患病程度，会在疫苗中放入剂量不同的抗原。疫苗主要是根据清洁程度以及使用的防腐剂配方来区分和选择。此外，就算是针对某一种病毒的疫苗，彼此之间也可能存在差异，例如，有些疫苗以类毒素或减毒活疫苗作为主要成分，而有些疫苗使用的是灭活菌苗，即已被杀死的病毒的外壳。如果使用的是减毒活疫苗，那么在注射后人仍有一定的可能患上此种病毒所引起的疾病，而使用灭活疫苗则不会。

其三，是医务工作者的操作。接种疫苗并不是例行公事，不是“3 个月大时每人扎一针”，而是一个完全为个人负责的行为，由具体的某位医生为具体的某个孩子进行接种。这项工作远不像看起来那么简单，首先需要判断孩子的健康状况，选择好的疫苗制剂，还要为孩子的家长提供许多详细的信息，例如如何进行接种前的准备，如何照料刚刚接种过疫苗的孩子（吃饭、喝水、散步、游泳、服药）等等。在接种的过程中，医务工作者们还要十分谨慎地观察接种的每一个细节，例如如何正确保存疫苗、在何处下针等等。

妈妈笔记

*　*　*

现在来谈一谈具体的疫苗接种。

首先是结核病疫苗[1]。通常，在孩子出生的最初几天就由妇产医院的医生为他接种这种疫苗。一次接种即可。理论上来说，在孩子 7 岁和 14 岁时要进行卡介苗的再次接种。为什么说这是从理论上来说呢？因为，是否再次接种结核病疫苗在很大程度上取决于孩子的“**结核菌素测试**”结果。虽然孩子经常接受“结核菌素测试”或者“结核菌素反应检测”，但是大部分家长对此不甚了解。

每个人一生中或早或晚都会感染上结核病菌。但是感染此种病菌并不意味着人就一定会得结核病。假设细菌侵入，而由于接受过免疫接种，人的体内已经形成了一定数量的抗体，能够起到抑制病毒的作用，那么就算此时身体内存在结核病菌，疾病也不会暴发。“结核菌素反应”指的不是预防接种，而是一种测试，目的是检测人的体内是否已经感染了结核病菌[2]。如果人体内不存

1 最为著名的结核病疫苗叫做“卡介苗”。

2 “不是预防接种，而是一种测试”，这句话十分重要。结核菌素反应测试不会引起人体的特殊反应：体温正常，身体感觉良好。而且立即就可以得出测试结论，这或许也正是推行这项检测的重要原因。

妈妈笔记

在结核病菌，测验结果即为阴性；在受到感染之后，测试结果就会变为阳性。

那么，这种检测是如何操作的呢？每年都要给孩子做结核病菌测试。通常，测试的结果会呈阴性。但总有一天测试结果会从阴性转为阳性，或是呈现十分明显的阳性特点，在医学上这被称作“结核菌素转换”，这种转换在每个人身上迟早都会出现。不过情况各有不同，有人在3岁时出现转换，有人则是在12岁、19岁甚至更晚。因此，有一个结论很重要：一个感染了结核病菌的人如果没有发病，那是因为他体内有抗体。但是有抗体并不一定能永远抵御疾病，如果抗体数量不够，同样会发病。

这个结论是由专业的结核病专家和医生们得出的。正因为如此，医生们要为孩子做细致的检查，进行相关的化验，用X光为他们检查胸腔。根据检查结果医生才能做出最终的诊断。如果发现孩子患有肺结核，那就着手医治；如果结果不确定，那么就用专门对抗结核病菌的抗生素进行预防性治疗；如果一切正常，那么就无需再接种疫苗，因为孩子身体已经无需靠疫苗来产生对结核病菌的抵抗力，而是直接依靠侵入体内的结核病菌来产生抗体。

孩子刚出生需要接种的可能还有乙型肝炎疫苗。这种疫苗需要按照0、1、6的免疫程序进行免疫，即需要在初次接种后的第一个月和第六个月进行再接种。

当孩子快满三个月大时就可以在诊所进行其他类型的预防接种。每一至一个半月接种一次，这可以帮助孩子抵御许多种疾病，例如，骨髓灰质炎、百日咳、破伤风及流感嗜血杆菌感染等等。在接种后第二年可为他进行针对这些疾病疫苗的再接种。

一岁左右的孩子通常还需要接种麻疹疫苗、风疹疫苗和腮腺炎（痄腮）疫苗[1]。

1 预防接种的时间表时常更新，这与流行病的传播、新疫苗的研发以及国家的资金投入有关。关于具体的接种时间您可以向负责孩子的儿科医生咨询，笔者在此不再论述。

妈妈笔记

* * *

人体在接种了任何一种疫苗之后（任何一种！）都会产生一些相应的反应，例如体温升高、食欲减退、浑身无力等。这些反应都是正常的，因为人体在接种后会产生抵御疾病的新抗体。有一些疫苗接种后人体很容易适应，几乎从来不会引起身体激烈的反应，典型例子就是脊髓灰质炎疫苗。而其他一些疫苗，孩子在使用后会出现体质下降、体温升高的现象，典型的例子是百日咳及联合疫苗（吸附性百日咳、白喉、破伤风类霉素）[1]。

对于家长们来说，重要的是知道如何区分正常的**接种反应**和疫苗接种后的**并发症**。

接种反应，是指接种疫苗后普遍出现的症状，正如我们之前所说，它们都是正常的反应。

那么，什么是并发症呢？与正常的接种反应不同，指的是不应该出现的，很少见的现象，例如痉挛、昏迷、体温超过40℃等。如果孩子在接种后有接种部位化脓、全身起疹子等现象也是不正常的。

注射疫苗后出现并发症，情况就很严重。每一种并发症都应该由医师委员会认真分析研究：为何会出现这样的情况？接下来应该怎么办？是否继续接种？如果继续接种应当选择何种药剂、何种疫苗等等。

1 吸附性百日咳、白喉、破伤风类霉素是同时针对三种疾病的疫苗。百日咳疫苗因为其接种后可能引起的剧烈反应被限制使用。对于身体虚弱的孩子或是患有神经系统疾病的孩子来说，体温过高是一件很危险的事。可以选择为他们注射不含百日咳疫苗成分的白喉、破伤风联合疫苗，或者使用更为先进，但是价格也更昂贵的新型疫苗，这种疫苗对联合疫苗中百日咳的成分进行了分裂，经过这样的处理，可以减轻百日咳疫苗带来的副作用。

2.7.1　何时适宜进行疫苗接种？

首先要记住的是，家长们应当在孩子身体健康、没有任何传染病时为他安排疫苗接种。如果孩子有感冒、腹泻、出疹、发烧等症状则不适合接种。为什么在接种时不能患有传染性疾病？因

妈妈笔记

为任何一种疫苗都会成为人体免疫系统的负担。为了让身体准确地对一种病毒做出反应，并合成足够多的抗体，就要让机体尽量避免其他病毒的干扰。由此我们也得出两个重要结论：如果孩子脚上打着石膏，那这并不影响他接种疫苗。如果孩子患有由病毒感染引起的疾病，而病症较轻，没有发烧，没有影响孩子的身体状态，那这种疾病也不会对人体免疫系统造成压力，从而不会对疫苗接种造成影响。

不过凡事总有例外。有一些由病毒引起的疾病会直接影响到人体内负责分泌抗体的器官。例如水痘、白细胞增多症。这就意味着，如果孩子出水痘，那么即使孩子的体温正常、身体状况良好也不能为他接种疫苗。这些特殊情况也再次证明了之前的结论，鼻塞等轻微的症状并不影响接种，而是否适宜接种疫苗仍要看具体的身体状况。

有一些病毒引发的疾病会令孩子长时间免疫力下降，在这种情况下，孩子要过一段时间才可进行预防接种（大约康复后6个月）。这类疾病包括脑膜炎、病毒性肝炎以及我们之前提过的传染性单核细胞增多症。

与此同时，决定是否为孩子接种疫苗也是医生的职责。针对性质不同的疾病，例如过敏性、先天性、神经性等不同疾病，在接种方式、接种时间和接种疫苗类型方面都有相应的规定。

2.7.2 疫苗接种前应当做哪些准备？

接种前并不需要做什么特别的准备。但仍要注意孩子的饮食，尽量不要让他尝试任何新食品。

请记住：无需借助任何药物手段来为孩子做预防接种的准备。任何一种看似可以缓解疫苗反应的医学制剂：维生素、顺势

妈妈笔记

疗法药物、草药、病原菌、点滴等，都只能算是父母为了平缓忧虑而进行的精神疗法。正是因为家长们总是想着“是不是应该做些什么”，众多的生产厂家们才为此生产出一系列的药物。

此外，还有几点建议：

- 消化系统承受的压力越小，身体对接种的疫苗越容易适应。无论如何都不要强制孩子吃东西。如果他不想吃也无所谓。在接种疫苗的前一天可以适当减少孩子的饭食。
- 接种前一小时不要吃任何东西。
- 在去诊所接种之前，不必过于在意孩子的衣着。如果孩子穿得过多，浑身是汗，体液流失严重，这在很大程度上会影响疫苗的接种效果。如果在到达诊所时孩子已经出汗了，那么可以稍等一会儿，为孩子换身衣服，最好再给他喝点水。
- 在疫苗接种之前的 3 ~ 4 天内，尽量控制孩子与他人，尤其是同龄人的接触。因为过于频繁的接触可能会增加感染疾病的可能性。同时还应当尽量避免带孩子到人多的地方，例如商场、公共场所等地。
- 在诊所，请尽量控制自己与他人交流的欲望。最好是让父亲带着孩子排队，而母亲到外面散散心。

2.7.3　预防接种后的相关措施

- 最好让孩子吃些东西（如果他有胃口的话），或是根据孩子的食欲给他适当补充营养。多喝水。可以让孩子喝矿泉水、水果羹或是蔬菜浓汤。
- 呼吸新鲜空气。
- 由于接种后孩子的体内正在合成新的抗体，为了避免孩子接触到新的病菌，在疫苗接种后，同样需要注意控制孩子与他人

妈妈笔记

的接触。

▶ 如果孩子在接种后出现体温升高或身体不适，请求助于医生。但此时可以给孩子使用一些对乙酰氨基酚（栓剂、片剂、汤剂均可）。此外，孩子的体温越高，前面的第 2、3、4 条所讲的内容对孩子就越发重要。

2.7.4 孩子在预防接种后生病了怎么办？

假设有一个孩子在周五进行了预防接种，下周周一开始咳嗽，而周三医生便为他开出了“肺炎”的诊断。那么人们很容易产生这样的疑问：为什么会这样？究竟是哪儿做错了呢？

在家长们看来，自然是预防接种惹的祸，明摆着嘛。然而问题并非如此简单，可能导致这种状况的原因主要有三个：

1. 孩子疫苗接种后处理不当。

2. 孩子在接种后感染了其他类型的病毒，而且通常是呼吸道病毒感染，这是由于疫苗接种后人体免疫系统暂时处于忙碌状态，因此对于其他病毒的抵御能力有所降低。

3. 抵抗力下降——这主要取决于家长们的培养方式。

因此，究竟是谁之过？应当如何避免类似的情况产生？这些问题应该问家长。毕竟，孩子身体对接种疫苗的反应是否正常在很大程度上取决于家长的照料和培养方法，因此完全应当由家长来担负起责任。

2.8 锻炼

为了点小毛病就跑药店，
这多么令人羞惭！
哪怕吃再多的药片，
健康也难再回！
可是，大自然——我们的母亲，
总会用她独特的礼物弥补我们的创伤。
在那森林里、草地上、小溪旁，
在那高耸的山顶上，无垠的苍穹下，
我们才会明白什么是健康。
——尤·谢·恩金

孩子的健康状况经常会令家长感到忧虑。当然，孩子不可能一直都在生病，但三天两头病上一场也让大人孩子备受折磨。经医生诊断，孩子又是急性呼吸道感染，于是着手为他治疗。但是治好之后过不了多久，孩子又开始鼻塞、打喷嚏。这种情况最让

妈妈笔记

家长郁闷。

孩子的生活条件十分理想：拥有独立的儿童房和各式各样的玩具，吃得饱穿得暖，房间里温暖如春，连穿堂风都没有，还有条件优越的幼儿园。但是孩子仍然经常生病。于是，家长们的负面情绪不断累积，为了照顾孩子，母亲难免会在工作中因为请假与上司闹矛盾，而父亲也会对孩子不停的生病感到厌倦，他已经成了药店里的常客。该有所作为改变现状了！

但究竟怎么做呢？答案似乎是明摆着的，那就是锻炼。

但如何进行锻炼？从何处入手？究竟什么是锻炼呢？

别急，首先我们还是得从“锻炼”这个词的定义着手。

锻炼，是指通过系统的、适量的体验各种外部不利的物理因素，如气温、水温的升高或降低来提高机体的稳定性，抵抗上述不利因素的影响。

而**我们的任务**却完全不是这样：

首先，弄明白“锻炼”的实质和根本目的是什么，以及它的实现方法。

其次，让孩子进行锻炼试验的家长心中要清楚自己在做什么。

有许多外部因素会引起孩子感冒着凉。其中最主要的原因就是全身受寒（因为没有穿暖或是室内温度过低）和局部受寒（脚部受潮，喝了过凉的饮料）。一方面来说，受寒会引发疾病是显而易见的，但是从另一方面来说，这也是一个令人匪夷所思的现象。

环顾自然界中的其他动物：寒冷季节奔跑在水坑中的狗，寒冬腊月休憩于树枝上的乌鸦。这些，都让我们感受到了人类身体素质上的不足，以及人类与大自然的脱节。难道拥有高度发达大脑的人类却无法按照自然法则生存了吗？不，掉到冰窟窿里会着凉，这种极端的物理作用与感冒之间的关系大家都能理解。可为什么仅仅由于吹到了冷风，仅仅因为鞋里进了雪，仅仅因为放学

妈妈笔记

回家路上没戴帽子，孩子就会着凉呢？寻找这个答案要追溯到每个人的幼年。

每一个新生儿都有与生俱来的、适应外部环境的能力。这些能力的稳定性取决于孩子的生活方式，例如，如果孩子长期处于温暖的室内，用热水洗澡，吃精细的食物，时刻小心地避免吹风，那么孩子对外部环境的适应力就会因为多余而逐渐退化直至消失。很遗憾，更多的时候，家长们的爱成为了影响孩子身体健康的重要因素。为什么？因为类似穿堂风和17℃的室温这些对人类算不上极端的物理因素在家长看来已经成为高度危险源。

由此可以得出一条重要结论：**新生儿不需要锻炼。**新生儿应当由大自然及几千年来形成的自然选择来训练，父母抚育孩子最应该注意的是不要让孩子丧失天生的对外部环境的适应机制。家长们不仅不应当避免自然环境中的不利因素，反而应当有意识地为孩子建立有温差的生活条件（气温差与水温差），让孩子尽可能多地坚持接触和贴近大自然。简单地说，不论天气如何，都应该经常带孩子到户外散步。但不要走极端：例如将孩子放到冰窟窿里，连续几个小时让他在太阳下曝晒，或是让他光脚在雪地里奔跑等等。

我们应当将锻炼看做是一种对过去损失的补偿，同时也可以把它看做是一次重新审视传统观念的机会，什么对孩子有益，什么有害。

对家长们来说，**最重要的并不是如何锻炼孩子，而是如何让孩子无需锻炼就可以保持身体健康。**前面几段内容都是帮助家长们转变传统观念的理论基础。

* * *

上述内容都还只是理论。如果实际情况是孩子经常着凉生

妈妈笔记

病，我们要勇于承认以前做得不对，现在准备改正。

那么该从何处着手呢？

家长们首先应当明白，任何一个人（无论他是成年人还是孩子），都处在一定的外部因素影响之下。这些外部因素大致可以分为两类：一类是自然因素，即童话和故事中经常描写的太阳、空气和水；第二类是文明因素，即居住地、日化产品、学习、科技、服饰、交通等日常生活的诸多方面。

错误的培养方式造成人类适应自然能力的减弱，这种不良影响是完全可以消除的。想要达到这一目标并不难，主要是原则上改变生活方式，使其符合自然规律。

自然的生活方式首先强调的是接近太阳、空气和水等自然因素；其次需要强调的，就是应当避免现代文明带来的诸多不利因素。正是通过这种方式才能激发人体对自然环境的适应机制，结果可以大幅度提升人体稳定性，减少疾病的发病率及减轻患病程度。

我们的孩子，尤其是城市里的孩子绝大多数过的都不是自然的生活方式，活动量不够，长时间处在室内环境中（上学、放学回家，几小时呆坐在电视机或电脑前以及堆满了玩具的儿童房等），能量吸收和能量消耗之间的极大不平衡以及生活中过多的化工产品等等。

读者们或许说：并不是每一位孩子都有装满玩具的儿童房，并不是每一位家长都有条件买大量的食物，也并不是每个孩子都在书桌边做几个小时功课。话虽如此，但一个奇怪的现象想必也令绝大多数家长疑惑不解：**低收入家庭那些天天在外疯跑的孩子一般不需要锻炼。**

现在来看一下自然的生活方式中一些重要的组成部分。当“锻炼”已经成为家庭会议的一大主题时，自然的生活方式就显得更为重要。这不仅对大人有益，而且对孩子来说是必需的。

妈妈笔记

1. **积极运动**。如果离学校只有一站地，是选择走路上学还是坐公车上学？如何放松？是看电影还是踢足球？怎么做才更有益健康？是下象棋还是打网球？星期天是选择全家人一起做大扫除，培养孩子的劳动技能，还是一起去郊游，家务则留在平日的两个晚上来做？这些问题想必大家都知道正确的答案，而且大家也都清楚，积极运动最好是在室外，而不是室内。

2. **衣着**。不要让衣服妨碍运动。穿衣适度。要知道与寒冷相比，闷热出汗更容易让人着凉。

3. **饮食**。食欲是进食的最大理由，同时也说明体内能量的消耗。没有食欲就意味着体内还有一定的剩余能量（用以维持人体体温以及活动能力）。

有一个问题很特殊，就是孩子在集体活动时（上学或上幼儿园）应当怎么办。当然，幼儿园的老师在带孩子进行户外活动前，一定会充分考虑天气情况。毕竟，在天气不好时让孩子进行户外活动会增添不少的麻烦：老师们不仅要为孩子添减衣物，还要担心小朋友们因为天气情况不佳而生病，随之而来的还有家长们的抱怨。

学校则是一个完全独立的话题。相信所有人都认同这样的观点：学校是知识的源泉。那么孩子的健康呢？孩子的健康谁来操心呢？毕竟并非每个家庭都有健身器、游泳池、网球场。我们只能寄希望于学校，但情况却不尽如人意。

为什么孩子的课表上一周有四节数学课，而体育课只有两节？破烂不堪的体育场馆，更不要说体育设施了——哪怕有两个新排球也好啊！学生们每周只有 90 分钟的运动时间，而这短短的 90 分钟还有 20 分钟要被点名占用，还要受到各种规矩的制约：看齐！立正！稍息！报数！植物课、自然课和地理课竟然都是室内教学！而且只能算作是副科。孩子认真学习往往要以自己的健康为代价。

妈妈笔记

等一下！性急的读者们或许想说了。我们的话题不是“锻炼”嘛？上面这些和“锻炼”有什么关系呢？

实际上有很大关系。因为**人们经常把“锻炼”与“自然生活方式”这两个概念混为一谈。**

有一个典型的例子：小姑娘莲娜很可爱也很优秀。她读了许多书而且喜欢看动画片，她会帮妈妈洗碗，课余时间还学习英语，每周日有老师到家里教她弹钢琴（钢琴是一年前爷爷为她买的，花费了老人所有的退休金）。小莲娜有许多玩具和书，三张奖状。但是如此优秀的她却患有扁桃体炎、增殖腺炎、低血红蛋白，同时还对橙子和巧克力过敏。冬天她饱受呼吸道疾病之苦，还得过一次支气管炎。小莲娜的父亲看到女儿如此体弱多病，就说：“孩子需要锻炼！”而这一点，在家庭会议上也得到认同（5票赞成，外婆弃权）。从此，家长们想尽办法锻炼小莲娜的体质，家里还能找到《锻炼》这种发行量巨大的小册子。家长们决定从“冷浴”开始。在小册子中有这样一张表格，列出了应该从怎样的温度开始以及如何逐步降低温度。每天睡觉之前小莲娜都要接受“冷浴”锻炼，从34℃开始，每周将水温降低一度，直至降至30℃，但是，小莲娜还是得了流感。小册子里又这样写道：如果生病，那么应当将水温升高，恢复到34℃。原则上来说，这样的锻炼方式十分简单，只不过每天花10分钟的时间往孩子身上淋水而已。

上面这种情况十分典型，最重要的是既对孩子没有害处，家长也觉得非常方便。在未改变任何现状的情况下，家长们每天坚持锻炼孩子15～20分钟，不论结果如何，他们深信，他们在锻炼孩子。

我们再回到“锻炼”的理论依据。有一些物理因素，如穿堂风，会引起着凉。如果这个因素一直存在：首先是短时间的（定量），然后可以逐渐延长时间，那么身体对穿堂风也会逐渐习惯，

妈妈笔记

再也不会因为吹风而生病了。理论上如此。实际操作如下：今天可以在敞开的窗边坐 20 秒，明天 1 分钟，后天可以 2 分钟，3 个月后就可以开着窗睡觉了。我们也可以用同样的方法处理脚部受凉的情况：睡前，在水盆中倒入温水，泡 2～3 分钟。第二天，将水的温度适当降低些，泡脚的时间也可以稍微久一些。理想状况下，半年后就可以光着脚穿着凉鞋踩水洼了。

孩子连续几周不出门散步、长时间地戴帽子、穿棉袜、食欲不佳、连续几个小时坐在电视机前，只有在睡前父母为他洗冷水浴，然后父母就心安理得地睡觉去了。

我们在日常生活中就是这样理解“锻炼”的理论并落实到实际行动中去的。

大部分情况下，这样的锻炼既不会为孩子带来什么好处，也没有什么害处，却能让父母心里释然。

锻炼是父母们的一块心病，每天 10～20 分钟的锻炼可以让他们心安理得：我们已经尽我所能。

既然如此，那还锻炼吗？要锻炼，但应该明白，**锻炼不是**短暂的**与太阳、空气、水的有限接触，而应该是从原则上修正生活方式**。不是从冷浴开始，也不是从开窗 20 秒钟开始，而是从全面解决问题开始：生活日程、学习紧张程度、饮食、睡眠、儿童房间、衣服、运动诸多因素交织在一起的大问题。

制定一些必须遵守的原则，一劳永逸：无论天气如何，都要坚持带孩子散步，想方设法鼓励他多活动，不强迫孩子进食，尽量远离日用化工用品，让孩子自己决定穿多少衣服（让他自己选择合适的衣物）。如果孩子正在生病，就不要让他学这学那。多学一点知识并不会让身体有恙的人快乐起来。家长们要收拾好孩子的房间：清除附着灰尘的物品，每天都要用湿抹布和湿拖把清

妈妈笔记

洁房间。不应当限制孩子呼吸新鲜空气，恰恰相反，应当限定他看电视、玩电脑游戏的时间。不要只顾着给孩子玩具和巧克力，不只要让孩子透过窗户呼吸新鲜空气，而是要带他到户外，到大自然中真正感受大自然。孩子看到的不应当是养在花盆中的鲜花，而是在草地上、水池边自由生长的美丽花朵。孩子看到的水也不应当是自来水管中流出的水，而是涓涓流淌的河水。

只有这样的生活方式才能让孩子真正感到幸福。然而，想要做到这点，家长们仅有愿望是不够的，同时还要付出许多的时间和精力。这远比每天让孩子洗 15 分钟的冷浴要复杂得多，麻烦得多。

孩子的健康离不开家人的照料，这是显而易见的。在照顾孩子的过程中我们不得不面对许多问题：生活环境恶劣、家庭条件不宽裕、家长自身身体状况欠佳等等。“所有的空闲时间都可以用来散步”这话说起来简单，那总得有空闲时间才行啊！一句“早晨起来用温水洗个澡”也是说起来容易做起来难。为房间通风，说得轻松，不用通风手都伸不出来，室温才只有 15℃而已。

干扰锻炼的因素还有很多，但是家长们再也无法忍受孩子经常性的生病，哪怕做点什么也好的念头日趋强烈。孩子患病本身就需要一定的时间和金钱，同时还要借助一定的手段（吃药、补充营养、家长请假被扣工资），所以家长必须有所作为，改变现状。现在我们终于可以就“怎么办”这个由来已久的问题给出具体的答案和建议了，让大家久等了。

针对这个问题，主要有两大措施：第一种选择相对被动，就是调整生活方式。至于如何调整以及朝哪个方向调整，我们之前已经说过了。值得一提的是，这些生活方式中的细微改变就已足够补偿之前孩子健康上的损失。第二种方法相对积极，那就是在改变生活方式的同时采取一些辅助措施（就是那些锻炼措施），让孩子更快地恢复健康。

妈妈笔记

第二种方法的具体措施大致如下：

首先让我们从锻炼身体开始说起：每天早起一小时，无论室外的天气如何，都应当坚持慢跑，不是在房间里跑或使用跑步机，而是一定要到户外慢跑！慢跑大约5～10分钟后（一定要慢跑，不要追求速度和距离），可以稍稍休息一会儿，然后用5～10分钟的时间做操（甩手、扭腰、跳跃、做下蹲练习等），最后跑回家。最多花30分钟时间。回到家后，可以先用温水洗个澡，然后洗漱，吃早餐，上学（上幼儿园）。我们还可以逐渐延长跑步的时间和距离，加大做操的难度并适当减少衣量。

只有懒惰的人才无法做到这些简单的锻炼，除了懒惰之外，找不到其他的借口。假设（虽然笔者十分不想做这样的假设）家长无法在周末带孩子去郊外或下班后陪孩子去户外散步，那么每天早晨挤出一个小时的空闲时间却是可行的。在这一个小时里，孩子可以得到许多对他有益的东西：积极的运动＋水、新鲜的空气＋与家人之间的交流。笔者保证，如果您能坚持每天早起一小时，过一个月后您就会发现生活变得更加美好——孩子和您自己的身体都会变得更健康！

无论进行什么形式的锻炼，都应该严格遵守**三个重要原则**：

1. **一定要讲求运动的系统性**。一旦开始锻炼，就要坚持下去，不要三天打鱼两天晒网。

2. **循序渐进**。平稳地加大运动强度和时间长度。

3. **充分考虑个人身体情况**。根据孩子的年龄、生理和心理承受能力、身体健康状况和日常生活条件为他选择合适的锻炼方式。

对孩子来说，锻炼应该是个愉快的过程。根据孩子的习惯和兴趣选择锻炼方式意义重大，例如，光着脚走路也可以是一种锻炼。家长们则一定要遵守循序渐进的原则，帮助孩子进行锻炼。

妈妈笔记

孩子不需要锻炼，孩子需要和谐、自然的生活方式。

请注意：通过锻炼我们只能预防一些因外界环境中的不良物理因素引发的疾病，但并不能预防传染性疾病：如果在幼儿园中有孩子得了水痘，并传染给班级中的其他孩子，那您的孩子和那些没有进行锻炼的孩子一样，同样有可能被传染。但通过锻炼，可以在很大程度上减轻患病的程度及缩短患病时间，降低并发症的发病几率。

还有一点需要强调：

最大限度地积极运动，尽量多到户外呼吸新鲜空气，尽量少穿衣物，保持孩子的房间凉爽通风，这些因素远比任何一种单纯的、有针对性的锻炼（冷浴、体操）都重要。然而，令人遗憾的是，当家长们意识到它们的重要性时却为时已晚。父母的过度关心看似是爱孩子，然而却经常事与愿违，令孩子饱受疾病之苦。

2.9 如厕

人生充满了各种努力。我们通常能看到生活的目标，却不一定能看到那条通向目标的路。

——维·什科罗夫斯基

吃饭小心翼翼，
每一点都要统计。
我们就连小小的问题，
都当做大事来处理。

——伊·古贝尔曼

无论是在照料孩子的过程中，或是在将他与其他孩子作比较时，还是与好朋友交流育儿经的时候，家长们总是在找寻各种证据，以证明“咱家的孩子一点儿不比别人的差”。也正是由于这个原因，父母的生活中总是充满了各种忧虑和不安。

忧心事总是层出不穷：孩子能不能独立支撑头部？孩子的牙齿能不能长出来？孩子什么时候才能断奶？孩子什么时候才能学会坐、站和爬？什么时候才能学会走路？是不是一直都要给孩子喂饭？孩子都已经满1岁了，但他除了“爸爸”、“妈妈”之外就

妈妈笔记

再没有说过任何有意义的词，这样下去孩子什么时候才能学会说话呢？

这些令人担忧的问题不仅是家庭的内部问题，同时也是社交，例如与熟人、朋友、邻居交谈时的重要话题。这也是现代生活方式的一大特点。

您对朋友们骄傲地说："我的孩子 10 个月大就会走路了！"此话刚一出口，在场的听众中必然会出现一个比您更成功的家长，比您更骄傲地说："我家宝宝 9 个半月就能走了呢！"继续深究这样的问题，往往会让参加讨论的人数和被比较对象变得越来越多，而讨论的结果往往是人们认定人外有人，天外有天而告终。例如，有人会说克拉娃婶婶家的小孙子阿尔图尔在 8 个月时就能走路了。

经历过如此的讨论，您不禁为发生的转变感到震惊：在短短的几个小时之间，那个您最爱的、最有天赋的、最健康的孩子，一下子就变成了一个最平常、最普通不过的孩子。都怪那个克拉娃婶婶家的小阿尔图尔！

辗转反侧了一宿，第二天早晨您终于想明白了，克拉娃婶婶家的孩子并不是 8 个月就会走路了，而是在 8 个月的时候会自己撒尿了。

1 俄语中"走路"也有"撒尿"的意思（译者注）。

这就完全是另一个话题了。

"如厕"是个需要我们理性对待的问题，在所有儿童问题中显得十分特殊。

* * *

孩子在无需大人帮助的情况下能够独立控制和解决自己的生理问题（大小便），是其成长道路上的一个里程碑。父母早就迫不及待地盼着这一天的到来：他们的宝宝骄傲地坐在小便盆上，便后父母再骄傲地给他们提上干爽的小裤衩。

市井传说总会火上浇油，令你寝食难安，让您觉得自己的孩子不如别人。您或许会听说阿卡萨娜的女儿 3 个月大时就按照妈妈“嘘嘘”的口令小便。但您未必知道，事实是阿克萨娜每 30～40 分钟就对着孩子吹“嘘嘘”，那自然能够达到上述的效果。怀疑和挫败感经常折磨着您。因此，当您早上从活蹦乱跳的孩子身上换下湿漉漉的纸尿裤时，您一定在想：“哎，孩子啊，你快点长大吧，我真是受够了！”

从此，您的孩子开始学习如厕（例如，学习如何使用便盆）。但是，在您开始实践之前，笔者还有些话要说：训练孩子上厕所是一个不算长也不算短的过程，刚开始时您的孩子可能不明白您的用意，无论出现什么困难您都一定要陪在他的身边。您确定您真的准备好踏上这段征程了么？

还是让我们在出发前先坐下来仔细地想一想吧：

首先，在您的记忆中，是否有在上学后还不会解决大小便问题，经常尿裤子的孩子呢？我想，没有几个。更准确地说，这样的孩子几乎没有。毕竟，这说的可是上了学的孩子！

您一定要清楚地认识到，如果孩子没有严重的先天或后天疾病，那么他早晚有一天会学会控制自己的需求，真正成为社会的一员。

但是，什么叫做“早晚有一天”？

早有多早？半岁还是 1 岁？多晚才算晚呢？3 岁还是 4 岁？

很遗憾，对此很难给出一个确定的答案。

因为这一切应该**由您**自己判断：早晚，合理或不合理。再次强调，根据您**自己的判断**！

不要因为隔壁老奶奶对您说，她的 5 个孩子在 1 岁时就都已经会自己擦屁股，不需要穿百害无一利的尿布了，您就变得无比紧张。

即便邻居萨娜因为不用再给孩子买纸尿裤而省下了可以买20袋洗衣粉的钱你也不要羡慕。

即使有些所谓的“专家”认为纸尿裤对孩子有害，使用纸尿裤是家长们的耻辱，早就应该摒弃了，您也不要太当回事。

您首先应当遵守的是这样一条准则：这是您的孩子，是您为他花钱添置衣衫，购置纸尿裤，对孩子满意或不满意的也是您，而不是别人。无论您的孩子何时解决大小便问题，或是想以什么方式解决这种需求，都是您的家事。

好，如果您已经下定了决心让孩子告别纸尿裤，那就开始行动吧！

首先，您并不需要特意去了解什么。如果您对训练孩子如厕的方法一无所知，如果您从来没有阅读过相关书籍，如果您决定脱离理论直接进入实践，您也同样会获得成功。当然，问题肯定是会出现的，您或许会对自己和孩子感到失望，会有情绪激动或歇斯底里的时候，但是无论怎样，笔者保证，结果必然是成功的。

不过，不可否认，必要的理论知识可以减少我们的失误，避免一些误会。

这或许就是我们首先需要做的。

* * *

孩子刚出生时并不能自主控制排尿和排便。排泄过程都处于无条件反射的作用之下，并不受大脑控制。培养孩子如厕的首要任务是使无条件反射逐步变为条件反射——使行为服从孩子的意志。

有三个因素影响着这项任务的成败：

1. 人体中控制排泄的各个器官的发育状况，这些器官包括膀胱、尿道、直肠、腹壁压肌、直肠括约肌[1]和膀胱括约肌。

2. 神经系统发育状况，首先是大脑皮层的发育情况。

3. 外部刺激的强度。简单地说，就是家长的教育方式。

以上三个原因彼此之间也存在紧密的联系，由此可以得出一个结论：越早教育孩子如厕，您所需花费的精力也就越大。

同时，孩子如厕训练的过程越顺利，越轻松，越简单，对他的身体发育也越有益。

实践证明：**过早地培养孩子如厕习惯，反而会让这个过程充满泪水、哭号、艰辛和失望。**

有许多积极的、有耐心的家长在孩子 1 岁内就已经让他养成了如厕的习惯。他们经常会骄傲地向身边的人宣布：自己的孩子刚 10 个月大（9 个月，8 个月，甚至是 7 个月）就已经能够控制自己排便，只要在大人对他说“嘘嘘”时他就会撒尿，对他喊“啊啊”时，他就会拉屎。这没有什么大惊小怪的。只要重复多次地对孩子说“嘘嘘”，“啊啊”，那么很容易让他形成条件反射。不过，这样的反射并不是我们真正需要的。

为什么呢？因为这种反射实际上只是孩子的膀胱对“嘘嘘”声形成的放空反射。如果家长经常对孩子说“嘘嘘”，直至孩子撒尿为止，最终总能建立这样的反射。

我们需要的是另一种反射，这种反射的顺序不应当是听见“嘘嘘”声——膀胱充尿——排尿，而应当是膀胱充尿——坐到便盆上——排尿。也就是说，排尿应当是一个完全自然的生理过程，是因为膀胱充满尿液产生的排尿感从而刺激排尿。

过早进行如厕教育的不良后果往往在孩子 1 岁多时显现出来。9 个月大时就学会了在便盆里解手的孩子，现在却莫名其妙地不再愿意好好上厕所，并经常和关心他的家人吵闹，似乎是在为他的自由抗争。实际上，个中原因很好理解——已经是时候形成正常的、自然的排便反射了。

妈妈笔记

1 括约肌是一种特殊的环行肌肉，括约肌缩时能关闭管腔，舒张时使管腔开放。

妈妈笔记

无论您曾经取得的成绩是多么惊人，这个成绩都是暂时的，只能持续到孩子 1 岁半左右。不过您也不必过于沮丧，毕竟生活中总会出现这样或那样的疏漏。我们要哲学地、辩证地看待这个问题：您成功地节省下买纸尿裤的钱，还让孩子认识了“便盆”这个有趣的东西，这并没什么不好。但是，从医学角度讲，过早地让孩子使用便盆只不过是从表面上改变孩子的如厕习惯，其效果并不稳定，仍然治标不治本。

每个孩子形成排便反射的时间各不相同。大约在 1 岁左右，孩子就能够有意识地使用便盆。不过，到 3 岁还要依赖纸尿裤的孩子也并不少见。

这里暗藏着一个严重的问题。如果 3 岁的孩子还离不开纸尿裤，忧心忡忡的家长就会用各种方法加速这一过程。这些方法无一例外都会有强制的成分——强制孩子坐在便盆上不让他起身，因为他尿在走廊上而责罚他。这么做不仅会让孩子歇斯底里地哭喊，还会让他对上厕所这件事产生反感，尤其会对“便盆”和父母产生负面情绪。

因此，有一条原则很重要：**如果孩子还没有养成自觉上厕所的习惯，那么就请少安毋躁**。在一到两个月的时间内不要再触及这个话题。重新让孩子使用纸尿裤，同时，也不要让这个问题成为自己和孩子的心理负担。

在此，有一些由专家确定的标准：

1. 通常，正常控制排便的能力在孩子 1 岁左右形成，在孩子 2 岁时逐渐成熟。
2. 孩子平均在 22 ~ 30 个月大时形成相对稳定的如厕习惯。
3. 稳定的条件反射一般在孩子快 3 岁时才能形成。

以上所述三点内容都是能够指导实践的理论。但在我们提出更为具体的建议之前，笔者还想再次强调：过早（1 岁前）培养孩子如厕的习惯，其好处只能是省下一些买纸尿裤的钱（当然，

妈妈笔记

这对一些家庭来说也很重要)，但对完善自觉控制排便的功能没有任何帮助。

所以，训练孩子如厕的时间非常有弹性：从1岁到3岁。

为了让训练过程尽可能顺利，您需要了解一些标志性现象，它们能说明孩子的机体在心理和生理上对如厕的认知程度。

这些现象包括：

▶ 排便变得相对有规律；

▶ 能够在一个半到两个小时内不尿湿纸尿裤；

▶ 知道身体部位及衣物的名称；

▶ 知道“撒尿”和“拉屎”的词汇表达，并且明白它们的具体意义；

▶ 对穿着污染的纸尿裤表现出不满；

▶ 有想要自己脱衣服的愿望，或是已经能够自己脱衣服；

▶ 有自主前往洗手间上厕所的愿望，或是已经能够自己去上厕所。

最后一个最可靠的标志是孩子用各种方式——言语、声音、手势、扭动身子向您表示“我想解手”。

*　*　*

这样一来，所有的前提条件都已具备，让我们开始吧！

1. 除了让孩子做好学习如厕的准备之外，家长们也应做好准备。很明显，在从使用纸尿裤到使用便盆的这个过渡中，家长们需要花更多时间与孩子做直接的交流。不能仅在周日，或是外婆到访的时候才想起来要帮助孩子。

2. 孩子，以及有些成年人的情绪容易不稳定。因此，对孩子如厕的训练最好在全家人精神状态良好、心情舒畅的时候进行。

3. 夏季是训练孩子如厕的最好季节。一是因为孩子穿的衣服

妈妈笔记

比较少，方便为他更换；二是因为无论是清洗还是晾晒换洗的衣物都要比其他季节方便得多。

4. 让孩子知道什么是便盆。最好在适当的时候告诉他，例如睡醒以后、饭后，此时根据孩子的行为就可以判断出，正是训练的最佳时机。

5. 如果孩子有进步，那么一定要给予他肯定和表扬。不成功，也尽量不要生气，就算您感到不悦也不要在孩子面前表现出来。

6. 不仅要注意孩子是否使用便盆，同时也要注意孩子使用便盆的全过程：注意孩子如何将便盆拿出来，如何打开它，如何脱下裤子，解手之后又如何穿裤子，将粪便倒在哪儿，如何清洗便盆，怎么盖上便盆的盖子以及是否将它放回原处。上述过程看似复杂，实际上我们很容易将它转化成一种游戏。如果每次孩子做对都可以得到家长的表扬，那么整个过程孩子都会表现得很积极，在转折阶段这一点非常重要。

7. 除了教会孩子在有生理需求时应当如何处理，家长们还可以逐步教会他根据生活规律和作息时间有规律地排便。例如，在孩子睡前或是外出散步前让他在便盆上坐一会儿。

8. 没有必要完全弃用纸尿裤。在孩子乘车出行、睡觉或是天冷外出散步时，纸尿裤都是很好的帮手。但如果孩子睡醒后尿布还是干的，那就要尽快抱他去厕所，让他在便盆上坐一会儿。孩子的尿布没有湿是一个很好的迹象，这说明孩子已经能够控制自己的排便了。

9. 便盆的形状、颜色及装饰部分（音乐小喇叭，可拆卸的附件和花纹等）并没有什么实用意义。重要的是让孩子认识到便盆并不是一个玩具，而是有一定实际用途的物品。因此，不应当鼓励孩子拿着便盆玩儿，而应当认真地对孩子说："这是便盆，是你尿尿和拉臭臭的地方！"便盆的质地最好是环保塑料，尺寸最好参照孩子臀部的大小，不要凉冰冰的。带靠背的便盆也不会影响孩子如厕。

10. 究竟是选择便盆还是选择抽水马桶（当然，是带儿童坐便的抽水马桶），那就要看您自己的具体情况了。在训练孩子自主排便的过程中，尤其是在开始阶段，孩子排便时间通常较长，相比较而言，使用便盆更为方便。因为在自己的房间里解决问题会比在局促的卫生间里心情更加舒畅。将便盆和抽水马桶合二为一也是一个很好的选择，尤其是对男孩子来说：在卫生间里放一把小凳，宝宝站在上面小便，这甚至算得上是一种享受，也让他更加贴近成年人的世界。如果有爸爸示范一下就更好了……

*　*　*

总之，实践出真知。

老实说，笔者在近 20 年儿科医生的职业生涯中，还从未遇到 4 岁孩子的家长来抱怨，说孩子还不会使用便盆。

然而因为两岁的孩子还尿裤子而号啕大哭的妈妈却并不少见。此时，令妈妈伤心的并不是自己的孩子又尿湿了一条裤子，而是因为其他的孩子早就会用便盆了。

——那您凭什么说别的孩子都已经会自己上厕所了呢？

——他们自己说的呀！

这让我想起了一个笑话：有一天，已退休的老先生伊凡·伊凡诺维奇找到性病科专家，说：“我的邻居彼得·彼得洛维奇和我年纪差不多，70 岁了，他说他一天可以做三次，而我一次都不行！”医生给他出主意：“您也这么说啊。”

其中道理，看官自明。

第三章

疾病

“怎么？您的孩子病了么？”

“是——啊！他们得了咽喉炎、猩红热、霍乱、白喉、阑尾炎、疟疾和支气管炎！您快来看看吧，埃博利特医生！”

——科·伊·丘科夫斯基

3.1 必不可少的前言

> 上帝啊，请助我容忍那些我不能理解的。
> 上帝啊，帮助我理解那些我不能容忍的。
> 上帝啊，请拯救我，让这些都混淆吧。
>
> ——古老的西班牙祈祷文

毫无疑问，诊断和治疗疾病的工作应当由受过专业训练的医生来完成，这是任何一本书籍都无法替代的，无论书的受众面有多广，专业程度有多高，都无法取代医生的工作。而绝大多数医生都对类似的书籍嗤之以鼻。

有一些读者在读过书之后，就自以为是地尝试用书中的方法解决本应由专业人士来诊断的问题。而胡乱尝试使病情加重后，才转而求助医生，这时病情往往已不容小视。医生不仅要治疗疾病，还要治疗由病人自主处理造成的后果。尽管如此，聪明、用心的读者们却仍旧“锲而不舍地”用自己的身体做实验，还时不

妈妈笔记

时与亲友邻居们分享自己的经验，和他们说些“肺炎根本用不着治疗”之类的话。

笔者是一个再普通不过的临床医生，因此经常能遇到一些由于自主治疗、不完全治疗或是快速治疗[1]出现问题而前来就诊的病例。在此善意地提一句，有许多病人喜欢用各种鲜艳颜色的药片积极进行治疗，这种情况让人忍无可忍，因为家长经常用同样的方法积极为孩子治疗。既然忍无可忍，就要与之抗争，不过不是大声而严厉地说“不允许”！而是要让病患清楚地认识到自己的身体状况，并告诉他怎么治疗才最有利，最后还要告诉他有哪些事情是绝对不能做的。

1 不完全治疗：有的病人在医生开出的四种药物中只选择两种服用。快速治疗：病人除服用医生开出的四种药物以外，还会服用其他自己认为可以加速康复的药物。

这么做的**主要依据**如下：

▶ 一般来说，人们的医学常识并不是在上学的时候学到的，而往往是在亲身经历了苦痛之后才切身体会到的。这不禁令人感到遗憾，但却是事实，而让人们清楚地认识到这一事实可谓难于上青天。义务教育要求孩子们必须分清什么是正弦，什么是余弦，弄明白酸碱作用以及清楚地记住第一次世界大战发生在1914年，并不要求他们知道哪些因素会引起感冒，发烧了该怎么办，为什么不再需要接种天花疫苗以及如何区分白喉和痢疾。

▶“不要进行自主治疗!”这样的口号只是理论上的，因为每一个普通人，无论是成年人还是孩子，都希望自己的身体健康。但如果稍微一点小毛病都去看医生，那再多的医生恐怕也不够用。因此，不管医生们愿不愿意，还是会有很多人会自行治疗，并且坚持采用这一方式，将医生和医院作为储备。那么，既然反正要治疗，多了解一些具体易懂的医学知识也无妨。

▶ 实际上，我们完全可以理解医生们对医学类普及读物的反感——他们受过专业训练，具有丰富的经验，手头有大量专业书籍和实验研究数据，但即便如此，医生们也并不总是能做出正确的诊断。普通民众凭一两本书就能给自己治好病?

▶ 但是也有很多关于各种小动物的科普读物，讲述蝴蝶、小仓鼠、海狗等动物如何生活、如何繁衍和哺育后代、如何进食。广大民众饶有兴趣地阅读这些书，并从中获得了有益的知识：他们知道了猎豹奔跑的速度最快可以达到120公里/小时，但只适宜短跑。然而，与此同样有趣的还有关于人体疾病的普及知识，这更关系到我们的切身利益。难道读者们就没有兴趣知道为什么要给得了水痘的孩子擦绿药水？难道他们就不想知道腺样增殖体是什么？急性呼吸道感染与普通感冒有什么区别？以及成百上千个这样的为什么？

▶ 如果有一天医生告诉您孩子生病了，比如说得了猩红热，那么您当然会反问医生：什么是猩红热？但是由于医生的时间紧迫，他回答的寥寥数语或许令您感到不满。如果本书能够帮助您解答这些问题，那就太好了！正如那句老话说的："相信归相信，检验归检验"——笔者深有同感。

实践不止一次地证明——必须先掌握知识然后才谈得上行动。虽然有些老生常谈，但这正是做决断的专业医生与门外汉（饱读圣贤书的普通公民）之间的区别，这些对医学知识不懂装懂的人用自己的身体践行着克伦威尔的那句名言"不知道方向的人会走更多的冤枉路"。

笔者邀请您一同来寻找这条前行的路。

3.2 免疫力：这究竟是什么？

世界啊，你的安排是多么令人可畏，你亲手缔造的东西，又由你亲手破坏！

——菲尔多西

很可惜，人们往往只有在孩子生病之后才开始思考这个问题（最起码，很少会有人从怀孕时就考虑到这个问题）。因此，笔者希望以下所述信息对您来说还算及时。

无论为孩子选择何种锻炼方法和生活方式，都不能保证他永远不生病。我们每个人一生中都要接触到大量的细菌，有一些微生物是人体难以抵挡的，而当我们身体里的这些细菌还没有产生抵抗力的时候，就难免会生病。因此，无论孩子还是大人，所有人都会生病。

我们要担心的不是生不生病，而是生病的次数和严重程度。

我想读者们都听过“**免疫力**”这个词。“免疫力”——如果从纯理论和纯医学的角度来解释，会很难理解。对我们来说，了

妈妈笔记

解基本的几点就足够了：**免疫力是人体的一种自我保护能力**。保护身体免受非自然因素的不利影响，免受例如病毒、细菌、毒素、某些药物以及自身的一些非正常因素（癌细胞等）的影响[1]。

人体的每一个细胞有独特的基因信息。看到这句话，读者们也许会丧失继续往下读的兴趣，或是会想要找出一本中学生物课本，弥补一下知识的空白。实际上，我们并不需要细枝末节，只需要了解：免疫系统能够明确地辨别出哪些细胞是“自己人”，哪些细胞是“外来入侵者”。这种辨别的根据就是每个细胞中所含的基因信息：一旦有物质侵入人体，免疫系统就会对其进行甄别，如果物质与人体的某个细胞的信息相符，那就是“自己人”；如果不符合，就意味着这是外来的入侵者。任何一种与体内基因信息不相符的物质，都被称为**抗原**。

免疫系统首先会发现抗原，随后用尽一切手段消灭它。为了消灭抗原，人类机体会合成一定的，被称为**抗体**的细胞。抗体与抗原　对应，好似一把钥匙开一把锁，重复性和可选择性可谓微乎其微。

以麻疹病毒为例：一旦人体免疫系统确认这一病毒的基因信息异于人体内其他任何一个细胞的信息，那么就会把它标注为抗原。继而人体开始合成抗体——并不是随便某种抗体，而是专门针对麻疹病毒的抗体。抗体合成后开始中和体内抗原，疾病也就逐渐好转，最终康复。抗原（麻疹病毒）虽然被消灭，但和它对应的抗体却仍然留在人体内。

我们还应当认识到：孩子康复的速度是快还是慢，主要取决于身体合成抗体的速度和数量。

人体免疫力通过两种方式形成：有些免疫力是天生具备的，这是因为某些已经合成的抗体在怀孕时通过母亲遗传给孩子。与之相对的，还有后天形成的免疫能力，也就是孩子自身形成免疫力。

1 在专业医学文献中能够找出数十种不同的“免疫力”定义。其中最简短，也是在笔者看来最好的一条是这样解释的：“免疫力是维持人体内环境稳定的系统”，内环境稳定指的是人体内部环境的稳定性。

妈妈笔记

还有一个理论需要了解：

我们已经知道，免疫系统是有其特异性的（可以根据不同的抗原产生相对应的抗体）（特异性免疫）。但同样也有例外，因为免疫系统并非只依靠“抗体”这一种武器。例如，当体温升高时，人体会产生一种特殊的蛋白质——干扰素。干扰素并不像抗体那样具有针对性，而是可以消灭包括流感、麻疹、风疹病毒在内的所有病毒。除了干扰素之外，人体的非特异性免疫系统还会合成数十种其他的，不具有免疫对应性的物质。

这个理论的重要之处在于：如果人体免疫系统能够经常得到锻炼，那么当体内出现抗原时，免疫系统就能快速而强烈地对其做出反应，立刻产生干扰素。这样一来，人体在二三天内就可恢复健康。如果干扰素剂量不够，就只能等待身体合成与病毒相应的抗体，那么康复的时间就会相对延长，大约为一周左右。

* * *

孩子与母亲血脉相连，因此，他生来就对母亲患过的传染病免疫。但是，这种免疫只是短期的，大约能够维持 3 ~ 4 个月的时间，最长 6 个月（当然是在母乳喂养的条件下）。因此，应当从孩子出生时起就注意提高他的免疫力，使他在 3 ~ 6 个月时就有足够的能力与传染病抗争。

直接影响孩子免疫力水平的先天因素包括父母的身体状况、孕期的情况，尤其是母亲在怀孕期间感染的疾病，以及孩子出生后的生活方式等。

因此，孩子免疫力低下有可能是天生的，也有可能是后天形成的。无论是先天还是后天原因造成的免疫力低下，造成的直接后果就是孩子会经常生病。看到孩子饱受疾病之苦，家长们总是会萌生强烈的愿望，希望提高孩子免疫力。有这样的愿望很正

妈妈笔记

常，尤其是当家长们突然意识到已经错过了提高孩子免疫力的最佳时机。好机会失去了，家长慌了手脚。但家长还是要有所作为！

不过，在开始讨论这个问题之前，我们还需要知道：促进免疫力提高的因素可分为两种，药理因素和生理因素。药理因素指的是具体的药物，生理因素则是指所有正常的（自然的、符合人类生理条件的）、有利于提高人体免疫力的生活方式。

孩子的生命力和健康水平在很大程度上取决于体能的消耗及体内所有系统，如肺、心脏、血管和关节等器官和组织的工作强度。

简而言之，免疫力不是一个抽象的概念。它是人体中的一个具体的系统，一些合成某些免疫物质具体的器官。而这些器官的工作主要又是由身体其他系统的工作强度来决定的。而这些系统是能够为我们所知、所见、所感的。

现在，让我们好好思考一下，**孩子的体能主要消耗在哪几个方面**：

- 生长发育；
- 运动；
- 保持体温恒定。

我们很难影响孩子的生长发育（这主要是由基因和体内激素决定的）。但是运动却是我们可以控制的！家长们应该如何选择：是让孩子坐着看书还是让他到户外散步？仔细想想，答案不言而喻。至于保持体温，我们应该怎么做呢？要不要给孩子穿衣服？难道让孩子吃饱就睡吗？

由此可见，**刺激人体免疫力的自然因素主要有三个：饥饿、体温和体育运动**。这三点中的任何一点都不能走极端——无需为了提高孩子的免疫力特意让他挨饿，不用强制他每天跑 30 公里，也不要让他光着身子呆在冰天雪地的户外[1]。

[1] 另外，我们在本书第一部分所说的所有内容，其目的正是为了给孩子建立一个能够自然发展免疫机能的环境。笔者并不建议家长们为提高孩子的免疫力做过多额外的准备，并希望家长不要干扰孩子免疫系统的正常发展。

妈妈笔记

更为重要的是：如果超过一定的界限，例如过度饮食、温度过高或活动受到限制，那么人体免疫力就会受到抑制（经常感染疾病），或是引起免疫系统失调——尽管免疫力看似作出反应，但却无法有效对抗疾病（引起过敏或过敏性感染）。

3.3 感染性疾病：基本知识，须知

聪明人要做的，是当灾难还没降临时，就预见它的发生。

——皮塔克斯

我们身边有许多被我们统称为“微菌”的微生物。在不具备医学或生物学专业知识的普通人眼中，所有的微菌，毫无疑问，都是有害的。不过也有不少人明白，并非所有的微菌都有害无益，最好的例子就是酵母——酵母也是一种微菌，但它们能够将牛奶变成酸奶，肠道内的大肠杆菌也帮助我们充分消化食物。

所有人都清楚一点：感染性疾病是由微菌引起的。的确，有些微菌会在人与人之间传播，有一些很少传染，还有一些则基本不会传染。简而言之，有些感染性疾病会传染，而有些则不会。不过，医务工作者却将所有感染性疾病称为传染病。

就让我们以肺炎和胃溃疡为例：这两种疾病99%是由某些特殊的微生物引发的。但是，在感染了一个人之后，它们就成了被

妈妈笔记

感染者一个人的问题，不会危及周围人。

还有一点值得注意。说到“感染性疾病”，医生们每每强调的都是这样一个事实：**每种感染性疾病都是由一种相应的微生物引起的**，而这种细菌引发的也只有这一种疾病[1]。痢疾固定是由痢疾杆菌引发的，流感由流感病毒引起，而能够引发艾滋病的也只有人类免疫缺陷病毒[2]。

成功治疗任何一种感染性疾病的前提，都是要对引发这种疾病的微菌有所了解。那我们应该了解些什么呢？

1. **传染源**。先要弄清是由谁或是由什么传染了疾病，传染源很有可能是某个人（这是最常见的情况），但同样也可能是小猫、小狗、鸟或是昆虫等等。弄清传染源能够让我们尽量避免与它们接触。

2. **传播方式**。微菌是通过何种方式从一个人体内传播给另一个人的？最常见方式是飞沫传播（微菌通过呼吸进入体内）以及通过食物传播（吃了带有微菌的食物），但是昆虫叮咬（蚊子可引发疟疾，虱子可引发伤寒，螨虫可引发脑炎）或接触到受感染的血液（通过输血或性接触）也有可能引发感染性疾病。有些微菌则能够通过胎盘感染胎儿，新生儿也有可能在出生时就已患有和生病的母亲同样的疾病。

3. **感染几率**。几乎每个没有得过水痘和风疹的人，在与生水痘或是患风疹的病人接触之后会被传染。白喉的感染率是百分之十，猩红热是五分之一，麻疹的感染率则是三分之二。

4. **免疫力水平**。主要是看身体是否对某些疾病具有天生抵抗能力。初次感染需要多长时间来合成和分泌抗体；如果之前感染过，还会不会再次感染。

无论是传染源、传播方式、感染几率、免疫力水平，还是**治疗方法**都与某种具体微生物的生物特性密切相关。

生物特性指的是什么呢？

1 现在您应当明白了，肺炎并不是感染性疾病。这不仅是因为它不具有传染性，而且还因为它的发病与“致病微菌”并没有明显关系。肺炎可以由上百种，甚至上千种微生物引发。

2 有些专家可能会挑剔地说，痢疾是由多种不同的微菌引起的。的确如此，但是这几种微菌都属于同一个微生物类型——痢疾杆菌，流感病毒也同样分为甲、乙、丙三种类型。同时，关于病毒的类型问题，医生要比普通的家长和孩子更感兴趣。

首先，微菌这个合成词指的是各种各样不同种类的微生物群体。根据它们的繁殖方法，生命活动特征以及由它们引起的疾病的不同，我们又可以把它们分为很多类型。

最重要的是，微菌可以被划分为病毒和细菌两种。如果不能清晰地区分病毒（病毒感染）和细菌（细菌感染）之间的区别，那么任何对传染病的诊断、建议和解释都是毫无意义的。

3.4 病毒

自古以来，病毒们的梦想就是完全控制世界，无论它们现在正使用着何种骇人的方法，我们都不能否认它们顽强的意志和惊人的创造力，以及为达目的敢于自我牺牲的勇气。

——斯特鲁加茨基兄弟

只有通过显微镜才能观察到病毒。许多医生也只是在医学文献中看到过电子显微镜和病毒的照片。不过，病毒引起的疾病症状多种多样，通过这些症状我们可以判断是感染了何种病毒，甚至连显微镜和照片都不需要就可以诊断疾病。

在没有其他生物体细胞的帮助下，病毒无法繁殖——这是任何一种病毒最根本的生物特性。

病毒总是侵入人体内**完全固定的细胞**，继而受到感染的细胞逐渐变为病毒的加工厂。不难理解，对细胞来说，两线作战（既产出病毒，又为人体服务）是不可能的。因此，当细胞受到感染时，它就丧失了自身为机体服务的基本功能，随之也就出现了一系列疾病的症状。

妈妈笔记

笔者用黑体强调“完全固定的细胞”这个词组自有道理：选择性是每一种病毒都具有的主要特性，简单地说就是选择合适的细胞发动进攻。病毒并不是在每一个细胞中都能存活，它们只能侵入那些能为己所用的细胞。

例如，肝炎病毒只能在肝脏细胞中存活和繁殖，流行性腮腺炎（痄腮）则只源起于唾液腺病毒感染，脑炎病毒只入侵脑部细胞等等。根据每一种病毒的目标，可以相应地列出人体可能被感染的细胞及组织。

病毒不仅会选择某种固定的细胞作为入侵对象，而且能够针对具体的生物体引起某种具体的、固定的疾病。例如，麻疹病毒只能够在人体中寻找适合自己生存和繁殖的细胞，而对人类最爱的宠物猫却毫无影响。犬瘟病毒对人则无害。但也不能一概而论：哺乳动物的种类虽然很多，但是彼此间细胞的相似度较高。有一些病毒能够在不同的物种身上引发同种疾病，其中最典型的例子就是狂犬病毒。

另外，病毒针对固定物种入侵这一特点，还有一层特别的含义：在古代，天花是一种十分可怕的疾病。只有人才会感染天花病毒。请再次注意：“天花病毒”这个生命体只能存在于“人”这种生物体中。如果在近20年的时间内世界上没有一个人感染天花，那么就可以认定天花病毒已经被根除。这个事实是人类停止注射天花疫苗的前提和基础[1]。

---

[1] 1958年以前，在世界范围内每年被诊断出感染天花的人数约为25万人。1958年，世界卫生组织成立消灭天花小组，并于1980年宣布天花已经被根除。

人体内的每一个细胞都有其本身所特有的一系列功能。在感染病毒之后，这些功能迟早都会遭到破坏。如果肝细胞受到病毒感染，那么就会出现黄疸及一些其他肺部功能受损的迹象。如果病毒感染了呼吸道黏膜，那就会出现咳嗽、肺部杂音、呼吸急促等现象。如果病毒感染了脑细胞，那么就会出现意识模糊、抽搐和麻痹等症状。

病毒的选择性使得每种由病毒引起的疾病都有其特殊的症

妈妈笔记

状。我们现在已经明白，这些症状正是细胞功能受损的后果。

病毒感染的严重程度取决于受感染的细胞类型和细胞数量。不难理解，脑部细胞受到感染与鼻黏膜细胞感染相比，将引发更为严重的疾病。

还有**两点**与病毒的选择性和发病程度相关：

1. 人体内的任何一种细胞在生长发育过程中都在不断发生着改变。举个简单的例子：3岁的小谢廖沙，他的肺部细胞就与成年的谢廖沙叔叔完全不同。孩子的肝细胞（肝脏中的细胞）还没有发育完全，甲型肝炎病毒在这样的肝脏中相对较难繁殖。因此，1岁以内的孩子基本不会患甲肝，年纪稍大些的孩子即使患病，病情也较轻，青少年病情相对加重，而成年人甲肝发病症状与儿童相比更加严重。因此，有些儿童感染后病状较轻的疾病，例如麻疹、风疹、水痘在成年人身上发病时症状就要严重得多。

2. 病情的严重程度还与受感染细胞的机能，也就是与细胞的健康状况有关。例如，3岁小谢廖沙的肝细胞肯定要比酗酒成性的谢廖沙叔叔更健康，而爱抽烟的15岁男孩别佳的呼吸道黏膜细胞肯定要比从不抽烟的一年级孩子娜塔莎的细胞更为虚弱。因此，当感染同种病毒时，谢廖沙叔叔的肝炎病情肯定比小谢廖沙要严重，而别佳的流感症状也要比娜塔莎严重。

* * *

人的身体对病毒到底会作何反应呢？很明显，自然是与病毒作斗争——首先是在非特异性免疫的范围（使用干扰素等）内与病毒抗争，随后逐渐合成并分泌对应的抗体，产生的抗体随之开始中和体内病毒，病症最终消退。不过，事情并非如此简单。

在人体合成抗体所需的这段时间内，病毒感染所造成的破坏可能已经相当严重，甚至已经危及生命。还有一种情况是，病毒侵入人体对应的细胞后就不再“作乱”，也就是说，病毒确实入

妈妈笔记

侵至人体的某种细胞之内，但是却没有立即引发疾病——病毒按照某种“方案”没有进一步繁殖，而是蛰伏在人体内，等待人体免疫力降低的时候再出动。

如果病毒快速繁殖，那就会迅速致病并破坏被它感染的细胞。细胞壁破裂后病毒被释放至血液中，而抗体正在那儿等待着它们……因此，破坏力大的病毒（也就是说，能够杀死细胞的病毒）只能在短时间内引起严重的疾病，其时间大致与身体合成抗体的时间相当。一般来说，人体合成新的抗体需要 5 ~ 10 天的时间。因此，如果感染了麻疹病毒，我们基本可以预见麻疹开始消退的时间。也正是因为如此，医生在诊断出病人患有风疹以后，他明确地知道，多少天后病人的病情会好转。如果您发现自己或孩子流感持续的时间超过 3 周，那就应该意识到病症可能不单单是流感那么简单了。

* * *

由于病毒寄居于人体细胞内部，所以治疗病毒感染的过程一般会比较麻烦：很难在消灭病毒的同时保全细胞的生命。所以，有效的抗病毒药物很少，而且所有药物通常都只作用于某一种类型的病毒（例如，金刚乙胺只对 A 型流感病毒有效）或是针对同一种类的几种病毒（例如，阿昔洛韦用于治疗疱疹类病毒感染）。

因此，治疗病毒感染的主要原则是：**帮助机体依靠自己的能力战胜病毒。**

如何帮助呢？

首先，**应当为孩子创造更有利于战胜病毒的条件**。这些条件包括作息制度和饮食规律以及某些药物。

治疗的实质在于：

1. 作用于具体病征。例如，服用药物可以减轻皮肤红疹、咳嗽鼻塞等症状，可以降低体温。

妈妈笔记

2. 提升受损细胞的机能，或是降低其他自然因素对受损细胞的进一步损伤。例如，抗感染药物、能够提升肝细胞功能的制剂、能够提高脑部细胞供血的药剂等等。

病毒性感染的治疗方法选择起来比较复杂，也有很多局限，所以，最好将重点放在预防工作上：

那么，**应该如何预防病毒性感染呢？**

1. **疫苗接种：**只要向人体内注入弱化的病毒即可让身体合成完全合格的抗体，帮助人们抵抗某种病毒感染（麻疹、风疹、脊髓灰质炎、乙型肝炎、流感、壁虱性脑炎等）。

2. **预防或控制传染源**（让急性呼吸道感染患者单独居住，家人戴口罩；过健康、适度的性生活，以预防艾滋病等）。

3. **正确的生活方式及教育方法有助于孩子形成正常的免疫力。**

* * *

在此做个总结：家长们既可以在孩子生病之前为他做好疾病的预防工作，也可以在孩子生病时为他提供帮助。而这些帮助，无论是接续性、迫切性还是必要性都取决于家长们对相关疾病知识的充分了解。

只有具备下列条件，**家长才能向孩子提供正确的帮助：**

- 确定这的确是由病毒引起的疾病；
- 弄明白这种疾病是通过什么方式传播的；
- 了解发病时长；
- 知道有哪些细胞和器官会被病毒感染；
- 了解应当用什么方法帮助孩子；
- 小心潜在的危险；
- **有强烈的求知欲，渴望掌握上述知识。**

接下来的章节，正是为求知欲强的读者们准备的。

3.5 急性呼吸道病毒感染

我现在的样子好可怜——
头很痛，
喉咙沙哑不停地打喷嚏。
这是什么？
哦——这是流感！

——谢·弗·米哈尔科夫

急性呼吸道病毒感染是人类最常见的疾病之一，大约占到传染病比例的百分之九十。每个人都会患呼吸道感染，只不过有的人症状较重，有的人症状较轻。不过，每个人都会感染，这是毫无疑问的。冬天是高发期（因为病毒在冬季最活跃），而夏天则相对较少。

引发急性呼吸道病毒感染的病毒所针对的目标是呼吸道上皮细胞。呼吸道上皮细胞指的是覆盖在从鼻腔、喉部到肺部的整个呼吸道内的细胞。喜欢侵染呼吸道上皮细胞的病毒有很多，其中最著名的是流感病毒。除此之外还有许多，它们虽不像流感病毒那样为大众所熟知，但是它们对人体的影响却并不比流感病毒

妈妈笔记

小，例如：副流感病毒、腺病毒、鼻病毒、呼吸道肠道过滤性病毒等等。最令人担忧的是，这些病毒还可以划分为不同的类型（副流感病毒有四种，流感病毒则有数十种），因此，人类有很大的几率会出现急性呼吸道病毒感染。

病毒在自然环境中很容易死亡[1]，但是在人与人之间却很容易传播——主要是通过飞沫途径传播。从感染病毒到出现疾病的症状（这段时间被称作潜伏期）时间很短——有时是几个小时。大部分情况下疾病的潜伏期不会超过4天。

一般来说，任何一种呼吸道病毒并不会感染整个呼吸道，而是针对其中的某个部分发动进攻。由此也可以看出病毒具有“选择性”这一特点。鼻病毒主要进攻鼻黏膜，副流感病毒主要针对咽喉和气管，而流感病毒则以气管和支气管为目标，等等。

几乎所有人都知道急性呼吸道病毒感染的症状，毕竟，一次都没有经历过呼吸道感染的人可以说根本就没有。刚开始时，人只是觉得略有不适，接着体温逐渐升高，过不了多久就会出现感冒和咳嗽的症状。

然而，急性呼吸道病毒感染在每个人身上体现的具体症状，主要取决于呼吸道中某部分受感染的严重程度。有许多可怕的医学专业词汇用以描述呼吸道中不同部位出现的不同症状：鼻炎——鼻腔黏膜受到感染、咽炎——咽部黏膜发炎以及鼻咽炎（鼻部和咽喉同时发炎）、扁桃体炎、喉炎、气管炎、支气管炎和毛细支气管炎（最小的支气管——细支气管）等等。

1 “很快死亡”这样的说法是以一定的条件为前提的。例如，流感病毒在空气中可以存活4个小时。在咳嗽时喷在床单上、随后干燥的唾液中，病毒可以存活10～14天，而在充满灰尘的房间中可以存活近5个星期！

把这些词汇综合一下（扁桃体咽炎、喉气管炎、气管炎、支气管炎等），读者们不仅完全能够记住这些词汇，也可以让它们为自己所用：在向上司请假时不要简单地说孩子得了急性呼吸道病毒感染，还可以更为详细而专业地对上司说孩子患了扁桃体鼻咽炎。通常，越复杂难懂的诊断会让人觉得疾病比较严重，治疗起来比较麻烦，您的上司听到之后一定会对您表示同情的。

在弄清了呼吸道受感染的部位之后，医生不仅能给出准确的诊断（也就是说，他不仅会告诉您病症是急性呼吸道病毒感染，而且还会说明究竟是支气管炎还是喉气管炎），同时还会向您说明是哪一种具体的病毒引发的疾病。

如果身体并无大恙，只是严重鼻塞，那您很可能患了由鼻病毒引起的鼻炎；嗓音嘶哑、沙哑，同时伴有严重的、病态的咳嗽，那您很可能得了由副流感病毒引起的喉炎；如果体温很高，身体状况不佳并伴有不明显的鼻塞、干咳，说明您很可能得了由流感病毒引起的支气管炎。

呼吸道病毒感染的预防方法和治疗手段并不取决于某种病毒的具体名称，儿科医生一般不愿用具体的疾病名称把患者搞得云里雾里，比如腺病毒感染和副流感病毒感染，所以只是泛泛地说一下了事。既然"呼吸道感染"这个术语医生和家长都能接受，那就这么用着吧。

不过流感是一个例外，它是所有呼吸道病毒感染中最为大家所熟知的一种疾病。

流感的最主要特点是什么呢？

主要是它的多变性。也就是说，流感病毒能够改变自己的抗原结构。这就导致大部分的流感患者体内没有已形成的抗体，但是并不是任何抗体都没有，而是没有针对这种新型的、未知的流感病毒的抗体。

学者们划分了三种基本类型的流感病毒：甲型流感病毒（又称 A 型流感病毒）、乙型流感病毒（又称 B 型流感病毒）和丙型流感病毒（又称 C 型流感病毒）。它们之间的主要区别也正在于它们的多变性。

妈妈笔记

丙型流感病毒相对稳定。人在一次染病后，即可形成终生免疫的抗体。也就是说，只有第一次遇到丙型流感病毒才容易染病。但是由于病毒的传播范围很广，所以医生们也发现，成年人几乎不会感染丙型流感，只有孩子才容易感染。

乙型流感病毒可变异，但其变化有限。如果说丙型流感病毒只传染孩子，那么乙型流感病毒也多传染给孩子。

甲型流感病毒是最狡猾的流感病毒，由于它最常发生变异，因此容易引起流行病。

重要的是：虽然丙型流感病毒感染后症状相对较轻，但是，流感病情的严重程度实际上与引起疾病的病毒类型究竟是甲型还是乙型并没有太大关系。大众传媒时不时地就会报道“可怕的流感来袭”，但是这并不证明流感病毒会引起更为严重和危险的疾病。“可怕的流感”强调的只是有一种多变的病毒正在迫近，而大多数人对这种病毒没有免疫力，这会使得患病人数大幅增加。对此再次强调，流行性疾病的可怕之处正是患病人数，而并非发病的严重程度。

流感的大部分症状往往与其他急性呼吸道病毒感染症状相似。但由于流感病毒针对的是气管和支气管黏膜，因此，流感患者会更加痛苦[1]。但是与其他的呼吸道感染相比，没有一种病症是流感所特有的。由此可知，很难通过检查的方式判定一个人是否感染了流感病毒，只能说他有可能患了流感。

我们可以用一句话来概括流感：浑身难受。流感最折磨人的不是具体的鼻炎、咳嗽、咽喉疼痛，而是全身症状，如体温升高、打寒战、明显嗜睡、虚弱以及毫无食欲等。

* * *

现在该向大家解释另外两个十分流行的名词了。

1 不能简单地认定流感是所有呼吸道感染病中最痛苦的一个。还有比它更严重也更危险的疾病。有一种名称十分复杂的病毒同样传播得很广——呼吸道合胞病毒。这种病毒可以危害最为细小的支气管（细支气管），引发毛细支气管炎，这是呼吸道感染中最为严重的一种，多见于不满 1 岁的婴儿。

妈妈笔记

3.5.1　感冒（着凉）

现在我们已经知道，急性呼吸道病毒感染是一种常见的传染疾病。但是，当发现自己或是孩子身体不适，有鼻塞、咳嗽、体温升高等症状时，大部分人从来都不会使用“急性病毒性呼吸道感染”这个拗口的词汇。面对“你怎么了”这个问题，人们往往只是简单而确定地说一句“感冒了”。正是因为这样，笔者很想为大家解释一下“感冒了”与“被传染了”这两个词之间究竟有什么区别。毕竟，并不是每一个人都清楚地知道“感冒”这个词的真正含义。

首先，让我们来看一下详解词典中的解释：

感冒：1. 身体受寒。2. 因为身体受寒而引起的疾病。

由此**我们可以看出**：通常情况下，感冒与急性呼吸道病毒感染并没有任何关系。无论是在鼻腔、咽喉还是支气管内都有许多微菌（并非病毒，而是细菌）。它们在人体免疫力降低时会引发疾病（其中也包括咽炎和扁桃体炎），而受寒、多汗、光脚走路、体能的过度消耗、穿堂风、凉水都有可能会令病情加重。而急性呼吸道病毒感染是由于被已经染病的人传染而导致的。

不难发现，预防感冒的最有效办法我们之前在如何预防病毒感染的第三条中已经提到：健康的生活方式与教育方法有助于形成正常的免疫力。

3.5.2　急性呼吸道疾病

还有一个重要词汇——急性呼吸道疾病。

如果医生确认，所有鼻塞、咳嗽、体温升高的症状都是由病

妈妈笔记

毒感染引起的，那么这就是我们常说的呼吸道病毒感染。但是呼吸道病毒感染并不是引起咳嗽和鼻塞的唯一原因，因此有时也很难做出准确的诊断，而且有时医生也没有时间给出具体的诊断（每天接诊 50 个病人，30 次上门应诊），所以将这种情况笼统地称为“急性呼吸道疾病”十分方便。因为这里面也包括了急性呼吸道病毒感染、感冒、慢性咽炎以及细菌引起的急性呼吸道病毒感染并发症。

急性呼吸道疾病既不是一种具体病症，也不是一项诊断，而是一个专业术语，医生们通常只在三种情况下使用它：

1. 无法判明是何种疾病时；
2. 没时间做具体诊断时；
3. 无需提供具体信息时（例如，新闻报道中经常出现的“在某市，急性呼吸道疾病正在流行”，或是“经常食用葱和大蒜，可以有效预防急性呼吸道疾病”等类似情况）。

* * *

在分析了急性呼吸道病毒感染的原因后，我们来看一下它们的具体表现以及基本的治疗方法，使家长们明白治疗的重点和难点。

首先需要指出的是：

大多数情况下，如果孩子身体健康，生活方式健康，那么即使没有任何外部帮助，他也完全能够战胜呼吸道病毒感染。

我们的主要任务——不要扰乱孩子机体的正常运作。

几乎每一种疾病的症状，例如发烧、鼻塞、咳嗽、食欲不振等，都表明人体正在与入侵的病毒抗争。在现代药物的帮助下症

妈妈笔记

状能够在短时间内得到缓解——能使体温恢复正常、缓解鼻塞和咳嗽等等，这可谓是一种奇迹。您当然非常希望让孩子和自己尽快摆脱疾病的困扰……但是，药物虽然能够让孩子免受3天鼻塞的痛苦，但是却有可能引发肺炎。笔者这么说，是希望家长们在阅读下面的章节时，一定要注意那些被绝对禁止的做法。

3.5.3 体温升高[1]

体温升高不仅是呼吸道病毒感染的典型症状，同时也是任何一种感染性疾病的特点。人体通过提高体温的方式促进自身机能，产生与病原体抗争的物质。

其中一种重要物质就是干扰素。许多人都知道干扰素，它是鼻滴剂的主要成分。干扰素是一种特殊的蛋白质，具有中和病毒的能力，而它的数量与体温的高低有着十分密切的联系：体温越高，干扰素的分泌也越多。一般，在体温升高后的2～3天，体内干扰素量达到最大。也正是因为如此，大部分呼吸道病毒感染在第3天开始明显好转。如果体内的干扰素剂量很少，例如孩子天生体质较弱（不能正常地对病毒感染做出体温升高的反应）或自作聪明的家长用药物很快降低了孩子的体温，那么疾病基本不可能在3天内痊愈。如果体内没有足够量的干扰素，那么想要抵御病毒就只有寄希望于身体合成的抗体，这样一来病情好转至康复的时间要拖延至7天左右。另外，通过以上这些信息，我们可以回答两个基本的问题：为什么有的孩子生病3天就好了，而一些被家长们百般呵护、关爱有加的孩子却往往要用1个星期的时间。这也从科学的层面解释了民间的智慧：流感治不治都要折腾一星期。

每个孩子对体温升高的反应各不相同。有的孩子在体温高达

1 为了让您更好地理解这节的内容，笔者强烈地希望您能回顾一下第一章第四小节中“儿童房内的温度”那一部分。

妈妈笔记

39℃时，看上去依旧很正常，而有的孩子体温刚刚37.5℃，就已经快要晕过去了。因此，对于体温具体应该到达一个什么程度，应当以何种温度作为给孩子吃药的标准很难给出具体的建议。

重要的是：

当孩子体温升高时一定要保证孩子身体的正常散热。身体的散热方式主要有两种：出汗；对吸入的空气进行加热。

因此，**有两点是家长们必须做的：**

1. 多给孩子喝水，以弥补他因流汗造成的体液流失（让他有汗可流）。

2. 保持室内空气凉爽（最好在16℃～18℃）。

如果做到了这两点，孩子基本上就可以很好地控制体温，依旧难以控制体温的情况很少见。

请注意！

当身体遇冷时，有可能会引起毛细血管痉挛，降低血液循环的速度，减少排汗和散热，皮肤温度下降，但与此同时，内脏温度逐渐上升，这是特别危险的！

不能在家中给孩子使用冰袋、湿冷的床单等“物理降温法”来给孩子降温。这样的治疗必须在医院或是在有医生陪伴的情况下方可进行。因为在进行“物理冷却”之前，医生会开一些专门用来缓解和消除毛细血管痉挛的药剂。家长们在家中也有一些方法来预防孩子出现毛细血管痉挛，例如：

在保持室内空气凉爽的同时，一定要给孩子穿暖。

由于汗液的蒸发同样可以带走身体中的一部分热量，因此有人想出了一些加速汗液蒸发的方法：例如，在光着身子的孩子身边放一台小电扇，或是用酒精和醋为他擦拭身体（这么做可以减少汗液的表面张力，使其更易挥发）。

妈妈笔记

家长们！你们甚至难以想象，有多少孩子因为这种简单的擦拭而丧命！如果孩子原本已出了很多汗，那么在汗液的自然挥发过程中体温自然会降低。如果您此时再在孩子干燥的皮肤上擦拭酒精等，这么做很不理智。因为您所擦拭的所有东西都会透过孩子娇嫩的皮肤进入他的血液。擦拭酒精（伏特加、家酿烧酒）就有可能令孩子酒精中毒。用醋为孩子擦拭，则会有酸中毒的危险。

因此，**不要用任何东西为孩子擦身**。也没必要使用电风扇——冷空气的流动同样会引起毛细血管痉挛。因此，如果孩子汗湿透了衣服，您只需为他更换干爽、暖和的衣服（重新包裹襁褓布）即可，除此之外您就无需再做什么了。

室内温度越高，孩子的体温越高，出汗越多，就越需要为他补充水分。对于 1 岁以内的孩子而言，最好的饮料是用葡萄干煮的水，1 岁以上的孩子也喝一些水果羹。马林果（覆盆子）茶能够有效地帮助他发汗[1]。因此，您首先应当确认孩子的身体还能有让汗液流失的资本，也就是说在给孩子喝马林果茶之前，先要给他喝点其他的，例如水果羹之类水分充足的饮料。不过未满周岁的孩子不适宜饮用马林果茶。

1 我想告诉求知欲强的父母：没有哪一种医学药剂比熬煮的马林果茶更有利于汗液的分泌了。

如果您很难做出选择：是给孩子喝这个好呢，**还是喝那个好呢？那就随便给孩子喝点什么**（矿泉水、果蔬汁、茶、荚蒾果茶、蔷薇果茶等等），**喝总比不喝好。**

请记住：大量饮水，是为了避免出现血液黏稠。而任何一种饮品都是经过我们的胃部进行温度调节，使其温度与胃部温度相当后，才会进入血液。因此，如果我们给孩子喝冷饮，在饮料的温度没有变暖之前，水分不会进入血液，而如果我们给他喝热饮，在饮料没有冷却之前，水分同样不会进入血液。

结论是：**一定要控制好饮品的温度，最好与体温相近**（相差 5℃无妨）。

妈妈笔记

体温升高时，孩子常常会感到不适，这很正常。但是，有时体温升高对孩子来说很危险，因为他患有某些神经系统疾病，而体温过高可能引起抽搐。通常情况下，体温高于39℃，持续时间超过一个小时，会对孩子健康造成诸多不良影响。

根据这一点，可以划分出3种需要用药物降低体温的情况：

1. 当体温升高令孩子感到很痛苦时；
2. 伴有神经系统方面的疾病时；
3. 体温超过39℃时。

同时还要注意：**如果不能解决两大主要问题——补充水分和降低室内温度，那么任何一种药物的药效都会打折扣，副作用会大大增加。**

在家庭治疗中可以使用对乙酰氨基酚（又称可待因、普拿疼、扑热息痛、对乙酰氨基苯酚、醋氨酚、泰列诺尔，只要有其中的任何一个即可）。对乙酰氨基酚是一种十分安全的药品。通常，服药剂量就算超过正常剂量的2~3倍，也不会引起什么严重后果。当然，我们没有必要这么做。很难找到与对乙酰氨基酚相比更加方便的药物——对乙酰氨基酚可以制成片剂、咀嚼片、胶囊、栓剂、冲剂、糖浆、滴剂——患者可以根据自己的习惯随意选择。

下面是关于对乙酰氨基酚的一些有用的信息：

1. 最重要的是：**对乙酰氨基酚对治疗急性呼吸道病毒感染十分有效。**但是在治疗细菌感染及病毒感染引起的并发症时，对乙酰氨基酚只能起到一些作用，或者完全不起作用。简而言之，在患有任何一种严重感染时，想要通过对乙酰氨基酚来迅速而有效地降低体温都是很难做的。正因为如此，对乙酰氨基酚应当是家中的常备药，因为它能够帮助家长们正确判断孩子的病情：如果在服药后，孩子的体温迅速降低，那么基本上可以判定，孩子没有患上什么可怕的疾病（比呼吸道病毒感染更可怕的疾病）。**如**

妈妈笔记

果服用对乙酰氨基酚之后毫无效果，那么家长们就要千万注意了，不要拖延，**尽快带孩子去看医生**。

2. 有成百上千家医药厂家生产对乙酰氨基酚类药品，并且药品的名称也是五花八门。这难免会令家长们头昏脑涨。但重要的是要知道，药品的效力首先取决于它的剂量，而不是形状、花哨的包装、药品名称等其他因素。药品之间的价格差距，有时会达到十倍。

3. 由于对乙酰氨基酚通常属于非处方药，病人无需医嘱即可购买，所以在让孩子服用前一定要弄清它（对乙酰氨基酚）的服用方法和剂量，一般这些信息都标注在药品的包装盒上。

4. 对乙酰氨基酚并不能对疾病起到治疗作用。它只能对某些症状起到缓解作用——降低过高的体温。

5. 对乙酰氨基酚并没有固定的服药时间，也就是说，无须严格按照疗程和具体的时间点服药，如“每天三次，每次一小勺糖浆”。对乙酰氨基酚是按需服用，发高烧时服用，烧退了，停止服用。

6. 对乙酰氨基酚每天服用不能超过四次，也不能连续服用3天以上。

无论何时，家长们应当清楚，服用对乙酰氨基酚只是为了在医生检查前暂时缓解病情，并不能完全治愈疾病。

3.5.4　伤风

伤风常常是由病毒引起的。人的机体想要阻止鼻部受到进一步的感染（不让病毒深入咽喉和肺部），鼻黏膜会分泌黏液，其中包含大量能够中和病毒的物质。[1]

1 通常我们将鼻黏膜分泌的黏液称作“鼻涕”。

妈妈笔记

家长们的首要任务是：不要让这些黏液变干。

为此，家长们需要保持儿童房内的空气凉爽潮湿，并及时地为孩子补充水分。如果黏液变得干燥，孩子就会用嘴辅助呼吸，这就会使支气管空隙中的黏液也渐渐变浓，变干，这有可能会进一步引发支气管炎和肺炎。

当室内温度超过22℃时，黏液十分容易干燥。因此，家长们可以用滴剂帮助孩子湿润鼻腔，稀释鼻黏膜分泌的黏液。最普通的，也是每位家长都能找到的滴剂就是生理盐水（在每一个药房里都有售，又称生理氯化钠溶液）。生理盐水实际上就是在纯净水中加入少许盐而成。生理盐水不存在使用过量的情况，因此，可以放心使用，就算每半小时向鼻孔中滴3～4滴都没有关系[1]。还有一种很好的药剂，叫做抗菌鱼油。这种油性液体具有杀菌的功效。如果将它薄薄地涂在鼻黏膜外，就可以有效地防止鼻涕干燥。同样，我们也可以用凡士林、橄榄油和维生素E和维生素A混合溶剂抗菌鱼油。在使用抗菌鱼油、维生素E和维生素A油时，间隔最好为两小时，每次2～3滴。与生理盐水配合使用效果更佳，同时不会带来什么副作用[2]。再强调一下，如果儿童房内过于暖和且空气干燥，那么无论您做什么，孩子鼻腔中的黏液都很容易干燥。因此，在着手治疗任何一种呼吸道疾病之前，首要应当解决的就是孩子的呼吸。用什么呼吸？用鼻子还是用嘴？只有正确解决了这个问题，才能进一步选择正确的治疗方法。

1 如果您居住的地方离药房很远，或是没有时间去买生理盐水，那么完全可以自己制作：在1公升的凉开水中放入一茶匙的盐，说的再准确些，就是大约9克盐。

2 当然，为了避免维生素使用过量，最好还是不要过于频繁地使用维生素混合滴剂。即便使用，每天也不要超过2次，每次不超过1～2滴，

无论如何都不要向鼻腔中滴入抗生素。

在治疗普通的（由病毒引起的）伤风时不要使用血管收缩滴

剂[1]（盐酸萘甲唑啉、赛洛唑啉、复方新扑啉）。这些药物虽然在刚开始使用时效果会很好，会使鼻腔内黏液分泌减少，但随之却有可能引起鼻黏膜肿胀，具体的症状是：不再流鼻涕，但是鼻呼吸非但没有轻松，反而会出现呼气困难（喘不上气）。为了让状况好转，必须再次使用血管收缩滴剂……如此这般永无止境。伤风实际是人体的一种自我保护，只要您不“捣乱”，而是合理帮助，就会很快自愈。以上列出的药物并非用于治疗病毒感染引起的鼻炎，而是用于治疗过敏性鼻炎。例如，一位邻居带着她心爱的波斯猫拜访了您，而您开始鼻子痒痒流鼻涕（这不是由于高兴，而是因为对猫过敏），那么这时就需要使用盐酸萘甲唑啉了。

妈妈笔记

1 不过，血管收缩滴剂应该是家庭常备药品。因为如果孩子经常出现急性呼吸道病毒感染，或是中耳炎，那么血管收缩滴剂是很好的药物。详细内容请见具体章节。

3.5.5 咳嗽

任何一个正常的人都经历过咳嗽。因为人类吸入的空气并不完全是洁净的，因此人体只有通过这种方式清理肺部的痰液，别无他法。无论肺部或上呼吸道出现何种疾病，呼吸道中的黏液都会增多，这是因为通过分泌黏液，一方面可以清洁支气管，另一方面也可以中和其中的病毒和细菌。而逐渐积累下来的黏液（痰）则通过咳嗽的方式排出体外。

与鼻腔一样，我们同样要避免呼吸道干燥：这就要求我们保证室内空气的凉爽潮湿并及时补充水分。千万不要在没有医嘱的情况下服用哌乙恶唑、奥昔拉定、咳息定等止咳药！这些药剂只对百日咳这一种小儿感染疾病有效，也必须在医生的指导下服用。除此之外，如果家长或孩子已经难以忍受咳嗽的痛苦，那么应当使用化痰（降低痰的黏稠度）和强化支气管收缩的药物。无论是何种类型的咳嗽，都应当到区段儿科医生处进行检查。使用蜀葵多聚糖、茴香止咳合剂滴剂、溴乙新（必嗽平）、乙酰半胱

妈妈笔记

氨酸（痰易净、易咳净）、氨溴索是完全无害的，因此这些药物最好也作为家中常备药物，不过在使用前，应该就服用剂量和针对的病情和医生做进一步的确认。

3.5.6 呼吸困难

首先要强调：**如果孩子出现呼吸困难，一定要立即就医！**

病毒性格鲁布咽喉炎（假性哮吼）是孩子出现呼吸困难的最常见原因。那么格鲁布究竟是什么呢？在病毒性感染（呼吸道病毒感染、麻疹、风疹、水痘）和细菌性感染（白喉、猩红热）等多种感染中，病原体会引发咽喉和气管黏膜部位的炎症，导致呼吸道空隙变窄，出现呼吸困难。这种情况被称作格鲁布咽喉炎。现在，几乎百分之九十九的格鲁布咽喉炎都是由急性呼吸道病毒感染引起的。不过白喉和猩红热也有可能引起格鲁布咽喉炎。因此，再次提醒家长们，当孩子出现呼吸困难症状时，一定要及时就医，尽快确诊病情。

格鲁布咽喉炎的典型症状为：

- 呼吸声音大，吸气时较费力；
- 声音变得沙哑；
- 咳声刺耳（犬吠样的咳嗽）。

在医生到来之前，应让孩子呼吸凉爽的空气（靠近窗口的地方或是在阳台），给他喝一些温水，同时保证孩子穿着暖和的衣服。必须注意的是，**对患有格鲁布咽喉炎的孩子来说，最大的危险是干燥温暖的空气。**

气管痉挛（气管收缩）时，会出现呼气困难。病毒并不是引发这种症状的唯一原因。对日用化工产品、新家具、蟑螂、油漆等物品过敏也有可能会引起这种反应。如果孩子除了呼气困难，没有其他明显的感染症状，例如体温升高、咽喉发炎等，那么这更有可能是由过敏引起的。在医生到来之前，应当避免让孩子接触过敏源，多让他到户外或是阳台呼吸一下新鲜空气。

3.5.7　卧床休息

是否要卧床休息应由患儿自己来决定。如果卧床时孩子经常情绪烦躁，大喊大叫，嚷着要下床，那么让他起来散散步也没什么不好。

3.5.8　偏方

每个成年人都或多或少知道一些治疗疾病的偏方，例如我们生活中经常涂抹芥末膏，此外还有放血、热敷、涂碘酒、用热水泡脚等等许多方法。

需要指出的是：我们**既无法验证这些措施究竟有无效果，但也无法驳斥它们。**芥末膏在治疗一些疾病的过程中看似起到一些作用，但是，不用芥末膏实际上也没什么要紧。严重的疾病单靠一小管芥末膏是治不好的。

既然如此，我们又为何喜欢使用偏方呢？首先，是为了各位家长们。孩子生病了，爸爸妈妈们总是想着“怎么着也得为孩子做点什么”。而贴了芥末膏之后孩子的情况果然有所好转，那么家长们就觉得是芥末膏功不可没。

与其说偏方能够治疗孩子的疾病，不如说偏方能治疗家长们的心病。

不过，用患病的孩子做实验，并以此来安慰家长们紧张的心情，这自然不是什么好办法。

3.6 一过性病毒感染

医学是一门在大自然想出解决办法之前暂时欺骗患者的艺术[1]。

——埃文·埃泽尔

1 当然，笔者并不完全赞同这种观点。但是针对我们即将详述的病毒性感染来说，这种说法是完全正确的。

一过性病毒感染在所有传染类疾病中显得十分特殊。它们除了具有发病的普遍性之外还具有很强的传染性。如果说在与病患保持1~2米距离的情况下有可能感染流感、肝炎、百日咳或是脑膜炎，那么水痘的传染力则更强，只要身边50米的范围内有水痘患者，就有可能被传染。这是因为，此类传染病的病毒能够通过空气大范围传播。因此，很多人在孩童时期就已经得过这些传染病。接下来，我们来学习一下有关一过性病毒感染的相关知识，了解一下孩子患病时您应当如何作为。

3.6.1 麻疹

麻疹是一种典型的病毒性传染病。引发麻疹的病毒具有一系

妈妈笔记

列惊人的特点。首先是麻疹病毒的感染率，几乎为百分之百。也就是说，如果一个人以前没有得过麻疹，那么当他与其他麻疹患者接触时，他的患病几率就很高（当然，是当麻疹患者处于传染期时）。麻疹病毒主要通过飞沫方式传播，在咳嗽和打喷嚏时带出体外。在麻疹患者周围的空气中充斥着大量的病毒，它们能够通过空气传播到相对较远的地方，例如隔壁的房间、紧邻的楼层等等。因此（由于病毒的高致病率和大范围传播）每个人一生中会多次遇到麻疹病毒。在几十年前，很难找出从未患过麻疹的人。

虽然麻疹病毒具有极强的传染性，但是我们的理性思维能够帮助我们有效地预防它。

麻疹病毒主要通过眼部黏膜和上呼吸道黏膜进入人体。它尤其喜欢感染中枢神经细胞、肠道黏膜以及呼吸道。麻疹病毒从感染到出现最初病征一般需要 8 ~ 10 天，有时潜伏期能够延长至 3 周，不过却从未短于 7 天。

麻疹发病初期的表现为体温升高、头痛、咳嗽和流涕、鼻塞，眼部功能也会受到一定的影响：容易流泪或是患结膜炎（眼睑黏膜发炎）。这些症状与呼吸道感染十分相似，并且一般会持续 2 ~ 3 天（有时为 5 ~ 6 天）。此后皮肤上便会出现成片的粉红色小点，随后逐渐转变成红斑。出疹的部位一般从头部开始（耳后和脸部），然后逐渐向下蔓延至全身，在 2 ~ 3 天的时间内发散到脚部。

麻疹，说得简单些，并不是严重的病毒性传染病（在开始疫苗注射前，死亡率约为 2% ~ 3%）。因此，每一位理智的家长都应当为孩子创造抵御麻疹的条件：及时地、正确地为他接种麻疹疫苗。

作为孩子的家长，**您还需要知道：**

- 麻疹会令孩子的免疫力明显降低。这也就意味着，孩子在

妈妈笔记

感染麻疹时，很有可能同时出现其他感染（通常是细菌性的）。因此，家长们首先要注意的是在一定程度上限制孩子与他人的交流，并注意他的个人卫生。

▶ 如果孩子感染了麻疹病毒，那么他体内的维生素 A 和维生素 C 含量会急剧降低，这很有可能会引起并发症。因此要及时为他补充这两种维生素，最好是认定孩子有可能感染麻疹病毒时（例如，幼儿园里有其他孩子患上了麻疹）就为他补充一定的维生素。

▶ 孩子在出现具体病征前的 1 ~ 2 天实际上已经被传染，在出现红疹后 5 天之内处于传染期。

▶注射麻疹疫苗实际上是通过人工注射的方式让孩子感染麻疹病毒，不过这种经过处理的麻疹病毒危害性很小。有大约 10% 的儿童在接种疫苗后的 6 ~ 20 天会出现轻微的反应，症状主要有体温升高，有时甚至会出现红点和少量红疹。症状大约维持 2 ~ 3 天后恢复正常。实际上，注射疫苗就是让孩子感染症状较轻的麻疹，以获得对麻疹的免疫力。最重要的是：接种麻疹疫苗后孩子身上即使出现红疹也不具有传染性，因此孩子可以参加集体活动。

▶ 重复感染麻疹的几率很低，一般不会超过 0.5% ~1% 。

3.6.2 风疹

在 150 年前，风疹曾被认为是轻度的麻疹。这基本也概括了风疹的特性：同样具有传染性，发病时同样也有出疹、流涕和体温升高的症状。但是风疹与麻疹还是有一些区别：体温的变化不会很明显，出疹时疹块发白且不密集，患者的眼睛会略微发红，伤风症状也较轻，头部疼痛不明显，有时甚至不疼。

妈妈笔记

和麻疹病毒一样，风疹病毒也是通过飞沫传播。在进入人体之后，风疹病毒主要感染人体淋巴系统（淋巴和脾）。由此，风疹最典型的症状除了出疹子之外还有淋巴结肿大，主要是在脖颈后部和后脑勺的部位。风疹的疹子呈粉红色，与麻疹相比出疹较小，并且很少连接成片。风疹首先出现在脸部，然后快速蔓延至全身（与麻疹所需的2～3天不同，风疹蔓延至全身只需要几个小时）。疹子一般要持续3天，随后逐渐消退，不会留疤。

孩子出风疹前1天以及出风疹后5天极具传染性。

大部分情况下，风疹发病较轻，不会产生并发症且不需要进行特殊的治疗。

须知：

风疹病毒对怀孕的女性来说尤其危险。因为它会攻击人体的淋巴系统，因此会对胚胎的发育产生不良影响。如果胚胎在怀孕头14周受到感染，那么胎儿患有严重缺陷的可能性极高。度过这个感染危险期后，胎儿感染出现先天性生理缺陷的几率会随之下降。即使是孕前染过风疹，风险依旧存在！因此，只要与风疹患者有过接触的孕妇，应当立即向医生求助。

3.6.3 水痘

之前在介绍麻疹病毒时我们曾强调过的高致病性和广泛的传播性同样适用于形容水痘病毒。

孩子12岁之前最容易感染水痘病毒。而在这个年龄段（12岁之前），水痘的发病症状相对较轻。年龄稍大的孩子感染水痘的症状会严重一些，成年人的发病症状最为严重。由此又可以看到一个让孩子上幼儿园的好处：在幼儿园里孩子有充分的机会感染上水痘病毒，一旦感染上，就可避免在成年时受此疾病之苦。

妈妈笔记

此外，在许多发达国家，当幼儿园中某个孩子患上水痘时，幼儿园的老师并不会大惊小怪，也不会采取隔离措施，为的就是让他们适时地患上水痘。

水痘病毒主要侵袭人体皮肤的上皮组织细胞，并会令上皮细胞产生特殊的变化：首先是出现小红点，过几个小时后小红点逐渐变成充满透明液体的小水泡。但是小水泡的“生命”并不长久——第二天，水泡内的组织液就开始变得浑浊。水泡表面收缩并开始结痂。大约再过 7 ~ 8 天后，结痂变干随后脱落，通常不会留下疤痕。

感染水痘往往是与孩子的体质下降有关（虚弱、无食欲、头痛、体温升高）。新的水泡会在几天内形成（从 2 天到 5 天不等）。

大多数成年人都知道治疗水痘的基本方法——小心仔细地在水泡上涂抹“强效”绿药水。为什么要为感染水痘的孩子涂抹绿药水？因为水痘患者在出痘前 1 天以及在脱痂前 5 天都具有很强的传染性。因此，爱操劳的母亲们每天都要完成一项工作——检查孩子的皮肤，并为他抹上各类有助康复的药物。5 天之后，痂脱落，患者不会对任何人构成威胁了。

实际上，通过我们的理性思考和逻辑思维不难发现，绿药水并不会起到真正意义上的治疗作用，它起的作用只不过是标明孩子处于传染期。医生们清楚地知道，在水痘结痂后 7 ~ 8 天，孩子已经毫无传染性了。所以，水痘的结痂状况实际上与绿药水没有什么关系。

因此，为感染了水痘的孩子涂抹绿药水只是出于家长们对孩子的爱和关怀，对治疗没有任何实际意义。

您还需要知道的是：

▶孩子因感染水痘而出现体温升高的情况时，千万不能给他服用退烧药阿司匹林（醋柳酸），这么做容易引起肝脏部位的并发症。我不是说阿司匹林是一种有害药物，而是出水痘时使用阿司匹林对孩子的健康有害。

▶ 患水痘的孩子通常会被皮肤瘙痒所困扰。但抓破水泡一方面会增加细菌感染的风险，另外还有可能留下（终身）疤痕。对此，医生们会开具缓解皮肤瘙痒的药物，而家长们需要做的是：

①转移孩子的注意力，为他找一些消遣方式。

②注意孩子的手指甲（应当及时修剪），如果孩子年龄较小可以为他戴上手套。

③每天为孩子更换内衣，并尽量用低浓度高锰酸钾溶液为他洗澡。

洗完澡后要为孩子吸干身上的水分，而不是用擦的方式。需要指出的是：患有水痘的孩子是否适宜洗澡，关于这个问题医生们一直存在不小的分歧——美国的儿科医生们认为洗澡有益，而我国的医生们则强烈反对孩子在感染水痘期间洗澡。真理就在两者之间。在笔者看来，如果孩子的皮肤瘙痒严重，儿童房间里温度较高，那就有必要定时为孩子洗澡。

关于瘙痒，笔者也想再次强调，无论如何都应当避免儿童房内过热。因为孩子的汗液分泌越多，皮肤瘙痒就越严重。

3.7 流行性腮腺炎

如果你病了，
我们会为你叫医生。
医生会给你开缬草酊，
拔火罐，
把你用棉被包裹起来，
喂你喝很多的薄荷汁，
然后让你老实地躺在床上，
躺上7个星期。

——萨·雅·马尔沙克

“流行性腮腺炎”这个复杂的医学名称我们平日里很少用到。许多家长和医生都将它称作**“痄腮”**。患痄腮的孩子，尤其是曾经患过痄腮的孩子，通常对这个词汇没有什么好感，这往往会让他们想起同学们曾经的讥讽和玩笑。

与水痘和麻疹病毒相比，“痄腮”病毒的感染率要小得多，将近50%。病毒在腺体中不断繁殖并感染体内几乎所有其他器官的腺组织：性腺、唾液腺、胰腺、甲状腺。此时，大多数腺体无法充分发挥其功能，于是出现许多问题，并由此产生各种相应的

妈妈笔记

症状。唾液腺往往是最先受到感染的腺体，其受感染程度也最为严重——不仅是腮腺会受到感染，同样无法幸免的还有颌下腺。

腮腺炎发病之初并没有什么特别明显的症状。一般都是腮腺部位疼痛和肿大，在3天左右的时间内症状逐渐加重，3~7天内康复。

您还需要知道的是：

▶30%~40%的腮腺炎病毒感染者在感染时没有明显的症状（潜伏形式）。因此，单纯地避免与腮腺炎病人接触并不是一种有效的预防方法。唯一可行的是进行预防接种。

▶ 传染性腮腺炎并不需要特殊治疗。如果疼痛难忍、体温过高，只需服用布洛芬和扑热息痛即可。家长们需要做的就是为孩子准备便于咀嚼和吞咽的食物（患腮腺炎时，吞咽会有疼感）。

▶ 腮腺炎对处于性发育期的男孩子来说尤其危险（损害睾丸）；无论在何种情况下，哪怕家长们对诊断毫无异议，哪怕学校或幼儿园里并不需要开具证明，哪怕孩子觉得自身情况还不错，家长们也**一定要遵循医生的指导**，因为腮腺炎也可能引发十分严重的病症，例如胰腺炎、肾炎、脑膜炎、关节炎以及由于听觉神经受损而引起的耳聋（幸运的是这些症状都很少见）。

▶ 腮腺炎患者在出现病征的前1~2天及以后的9天内具有传染性（病毒排出最多的阶段大约在症状出现后的第3天到第5天）。

3.8 病毒性肝炎

只有顺从自然，才能驾驭自然。

——弗兰西斯·培根

“病毒性肝炎”这个医学名词，说得明白些就是“由病毒引起的肝脏炎症”。同时“病毒性肝炎”指的是一种特定的疾病，需要进一步加以说明，因为许多传染性疾病都可以引起肝脏炎症，如水痘、单核白细胞增多症、疱疹感染、艾滋病等。但是，在上述传染病中（当然，这个名单还不完整），肝炎只是诸多病症中的一种。

医生之所以把这种疾病命名为“病毒性肝炎”，介绍引发病毒性肝炎的不同病原体，为的就是告诉患者这是一种病毒感染，而肝脏受损是其主要病征和判断标准。

目前，人们已经研究和介绍了数种能够引起肝炎的病毒。我们根据不同的病毒种类将病毒性肝炎标注为甲型、乙型、丙型等（ABC 等）。甲型肝炎就是由甲型肝炎病毒引起的。每一个标号都代表某一具体的病毒，对应着某一种具体的疾病，并指出了此种疾病的众多特征，例如病毒的传染力、传染方式、潜伏期的长短、病症的严重程度以及并发症类型等等。

任何一种病毒，包括肝炎病毒，在进入人体之后所侵害的都是固定的细胞，这些细胞能够很好地为病毒所利用。这样一来，细胞便无法充分实现自身功能，人体也会因此出现一系列病征。肝炎病毒主要针对的是人体肝脏细胞，这是肝脏的基本组成部分。人体内受到病毒感染的肝细胞越多，肝功能就越差，而病征也就越严重。

根据病毒的传染性，将迄今为止人类研究过的病毒性肝炎分为两组：

第一组：典型的肠道感染，主要是粪口途径传播；其中包括甲型肝炎和戊型肝炎。

第二组：典型的血液感染，主要通过血液和体液传播（口水、精液、母乳）。这一组中的典型代表为乙型肝炎、丙型肝炎和德尔塔肝炎。

下面，我们来大致看一下几种不同类型的病毒性肝炎。

3.8.1 甲型肝炎

甲型肝炎是一种最为常见的肠道传染病，其传染性与一定区域内的卫生状况紧密相关。这些卫生因素中最为重要的是区域内的饮用水质量！大多数人都有可能感染甲型肝炎病毒。人体患病后体内会形成对甲肝病毒长期的、几乎是终生有效的免疫力。孩子在14岁之前的患病几率要比成年人高3倍。根据甲肝病毒的传播特性，尤其是通过水源传播的这一特点，我们可以发现：用水越多，被感染的几率就越大。因此在夏末或秋初，有些地区甲型肝炎的患病率会增加。此外，由于甲型肝炎的潜伏期通常为4～6周，所以往往夏初患者最少，而快到秋季时，那些之前喝了不洁

妈妈笔记

净水的人便开始发病。

3.8.2 戊型肝炎

戊型肝炎同样也是一种肠道传染病。其基本发病范围与甲型肝炎几乎相同。此病在亚洲和非洲更为常见。感染甲型肝炎只需要服下一种病毒即可，而感染戊型肝炎需要的感染剂量（即感染疾病所需的病毒数量）要大得多。正因为如此，戊型肝炎很少通过日常普通途径传染（例如，脏手），但却更容易通过供水系统传播（当然，是在病毒较为密集之处）。

流行病学家认为，甲型肝炎的高致病率是由于供水系统中存在的不良卫生状况，而戊型肝炎的发病率是由于供水系统的卫生状况极差而引起的。因此，戊型肝炎的高发地多在亚洲和非洲，在这些地方，戊型肝炎患者人数达几万人。

3.8.3 乙型肝炎

乙型肝炎是一种更需要我们从社会和经济层面去看待的传染病。根据世界卫生组织的统计资料，感染过乙肝的人超过 10 亿，每年有超过 5000 万的人患病，更有超过 200 万人因为乙肝而死亡！虽然我们曾指出，乙型肝炎病毒主要通过血液和性途径（较少）传播，但是我们不能简单地认为，只要身体健康，很少就医或是小心地选择性伙伴就可以免受乙肝的威胁。

一滴血就足以致病。有时病源就藏在公用牙刷或是与爱人的激吻中。

妈妈笔记

虽然很多乙肝患者是在医院治疗时染病的，如做手术、注射、输血、口腔手术等，但因为美容护理、打耳洞、文身、使用公用剃须刀而感染乙肝病毒的人也不少。

乙肝病毒的潜伏期比甲肝病毒更长——2～6 个月不等。总体来说，乙型肝炎的病情要比其他类型的肝炎更加严重。大约 10% 的患者在严重感染了乙肝病毒后会发展为慢性肝炎，最终转为肝硬化病逝。有一个事实在乙肝病毒的传播过程中显得很重要，那就是大约有 5%～10% 的乙型肝炎患者转变成乙肝病毒的长期携带者（以及传播者）。

孕妇患上甲型肝炎对胎儿没有什么影响，但是如果孕妇患乙肝，那么胚胎和新生儿感染乙型肝炎的风险就很大。

3.8.4　丙型肝炎

与乙型肝炎一样，丙型肝炎也是通过血液和体液传播，但是症状却相对较轻。丙型肝炎并不少见，大约 15% 的肝炎患者感染的是丙型肝炎。丙型肝炎最主要的，也是最不幸的特点是，大约 60%～75% 的患者会转为慢性肝炎。

3.8.5　德尔塔肝炎

德尔塔肝炎是一种十分可怕的病毒性肝炎！只有在德尔塔病毒和乙肝病毒的共同参与下会引发疾病，这是德尔塔肝炎最主要的特征。由于肝脏同时受到两种病毒威胁，说得更明白些——德尔塔病毒加强了乙肝病毒的破坏效果，因此会对人体产生极为严重的不良影响。

妈妈笔记

* * *

单凭疾病的症状将一种肝炎与其他种类的肝炎区分开来几乎是不可能的（这需要经过十分复杂的实验和研究）。不过通过一些相对简单的实验我们便可判断出是否已经感染了病毒性肝炎。

病毒性肝炎有**三个基本病征：**

1. 黄疸（由于黄疸病引起的皮肤和黏膜发黄的症状）；
2. 小便暗黄；
3. 大便色浅。

病毒性肝炎还有许多其他的症状，例如体温升高、呕吐、恶心、腹泻、肚子痛、头痛等。有时患者也没有明显的黄疸现象，因此还需要通过测试分析，医生才能做出准确的诊断。

没有一位医生，哪怕是经验最为丰富的医生，他们经过了最为先进的检查也不能准确判断病期。同样，也不能判断康复期、患病程度以及可能出现的并发症，直至病人出现肝硬化。医务工作者的努力在此并不能起到决定性的作用。能够决定病情发展的三大因素：

- 病毒的活跃程度；
- 人体的“战斗能力”；
- 病人遵医嘱的准确度。

很遗憾，目前的医学水平还无法完全治愈病毒性肝炎。肝炎症状严重，以及肝功能不全的病人只能在传染病医院住院部的康复中心接受治疗。这是一个十分复杂且昂贵的过程，同样令人无奈的还有治疗的效果。

目前还没有找到直接与肝炎病毒对抗的方法。因此，医生们主要把治疗的目标放在减轻病毒对肝脏的损伤上，尽力地修复受损的肝功能（中毒、凝血功能不良、消化功能紊乱等）。

对轻度和中度的病毒性肝炎患者来说，唯一的治疗方法是使

妈妈笔记

用专门的食谱和静养（不过美国医生却认为，并没有完全的事实证明，限制人的活动有助于加速病人的康复）。

多吃易于吸收的食物，杜绝油腻，补充足够的水分。

关于食谱，具体建议如下：

▶ 应当坚持使用肝炎食谱6个月以上。只有在咨询医生和经过专业检查、化验之后才能决定何时停止使用。

▶ 少食多餐。

▶ 最大限度地加工处理食物，使其易于消化吸收。尽可能将食物弄碎弄软（拧断、切开、擦碎、切碎、磨成粉）。

▶ 不要煎炸！用煮、蒸、烤的方式加工食物。

▶ 食物最好是温热状，不要食用过烫的食物。

▶ 不能食用：

①碳酸饮料；

②刺激性食物：辛辣食物、酱汁类（番茄酱、蛋黄酱）、烟熏类食物、腌制型食物、醋汁浸泡类的食物；

③蘑菇、罐头类、咖啡、可可、巧克力；

④口香糖；

⑤加入奶油、鸡蛋等做成的面包和冰激凌。

▶ 在病情严重时（感到十分不适时），最重要的是补充水分（5%的葡萄糖水、加糖或是蜂蜜的茶水、水果羹、蔷薇汤剂），也可以吃一些清甜的水果——最好可以擦成丝状，西瓜也可以。觉得身体较好些后，可以食用一些蔬菜汤、羹、果汁、稀粥。

▶ 黄疸消退后可以食用一些瘦肉或鱼类，陈面包（昨天烤出来的），脂肪含量较低的奶渣、清淡型的奶酪、肉汤（一定要将油脂撇去！）、蔬菜泥和烤熟的苹果。

由于肝炎食谱十分复杂且与疾病的发展密切相关，因此，在医院的住院部进行初期治疗更为理想，以免家中那些充满爱意和同情的亲友为患者提供些不适宜的饮食。

妈妈笔记

除此之外住院治疗的好处还在于：

- 病情加重时能够及时治疗。如当孩子因为呕吐无法进食或喝水时，住院部可以及时输液，为身体补充足够的水分[1]。
- 能够更好地限制患者的活动，避免交叉感染。

当然，医生们会开一些针对病毒性肝炎的药物——维生素、改善肝脏新陈代谢的药剂或是要求患者输液。但是，在治疗病毒性肝炎的过程中，更为复杂的因素在于人们的一种普遍心理：成年人一般会过高地估计药物和维生素的作用，而忽略饮食的重要意义，这种观点同时反映在对自己和对孩子的态度上。

小小的一块黄油、美味的蘑菇或是一小盘烤土豆都有可能导致所有治疗前功尽弃[2]！

1 医生会尽量避免为病毒性肝炎患者开具止吐药物，因为这些药物需要肝脏来处理，反而会加重病情。

2 笔者在此没有提酗酒。从一方面来说，病毒性肝炎患者不能饮酒，这似乎是众所周知的。另一方面，我们这本书是讲儿童健康的，因此笔者也认为没有这个必要。

3.9 玫瑰疹

我绞尽脑汁，苦思冥想，一心想杜撰出一种病来。

——米·阿·布尔加科夫

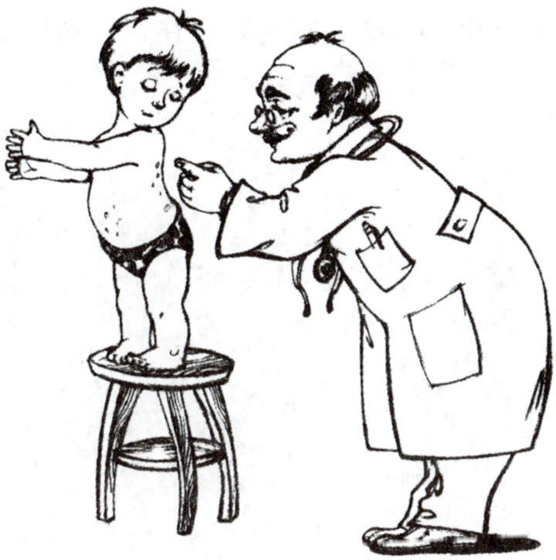

玫瑰疹是一种具有鲜明特点的皮肤炎症。刚开始的症状只是体温升高，而接下来出现的所有症状都与体温升高有关——疲劳、嗜睡、无食欲，除此之外并无其他（例如咳嗽、鼻塞、腹泻和疼痛等）明显症状。这些特征不明的症状大约持续3天左右，有时会长达5天，随后孩子的体温会迅速恢复正常，体力也逐渐恢复，可以跑动并会要求吃东西。家人们往往会感叹孩子如此快速就从某种未知疾病中康复，但是在孩子体温恢复正常，身体看似完全康复的10～20小时之后，全身又会**突现**许多小点或是粉红色疹子。不过孩子的身体状况并没有因此出现明显的变化。发出的红疹也会在几天后消失（大约4～7天）。这就是玫瑰疹。它并不危险，不会引起并发症，也不需要治疗。

玫瑰疹是一种独一无二的疾病！

妈妈笔记

这是一种很常见的疾病，同时，也可以说是一种根本不存在的疾病。因为医生从不会正式做出“玫瑰疹”这样的诊断！

在孩子体温莫名其妙迅速升高的三五天内，多数家长通常都忙不迭地让孩子服下三四种药物。最终，玫瑰疹会被家长错误地认为是某种药物过敏的表现，有时甚至连医生也会如此诊断。这么一来医生就会开一些抗过敏药物，在这些药物的“作用”下，玫瑰疹终于自行消退了（4～7天）。

3.10 危险性病毒感染

聪明人懂得预防疾病比治疗疾病更重要。

——托马斯·摩尔

为了不让读者们受到惊吓，笔者会有意识地避免详细描述此类疾病。

许多人都知道“艾滋病”（获得性免疫缺陷综合征）。如果说有人至今还不知道艾滋病的传播方式和预防方法，那我想他未必会读这本书。但正是艾滋病病毒（人类免疫缺陷病毒）让我们再次陷入了对自然养育方式的思考：我们竭尽所能减少孩子对人类血液制剂的需求（血浆、清蛋白、伽马球蛋白等等），减少打针和检查的必要。

危险性病毒感染多种多样，但几乎都不常见。真希望我们不用介绍它们，不用说出它们的名称。但有两种病却不得不说，虽然家长不用自己给孩子治疗，但他们完全可以避免孩子受到感染。

妈妈笔记

3.10.1 脊髓灰质炎（小儿麻痹症）

脊髓灰质炎病毒通过特殊的途径侵害人体神经系统，经常导致难以治愈的瘫痪和麻痹[1]。针对脊髓灰质炎病毒的预防接种是很可靠的，能够在很大程度上降低患病率并能够减缓病情。

正是由于我们多年以来坚持为孩子们接种脊髓灰质炎疫苗，所以，有许多医生甚至没有见过真正的脊髓灰质炎病例。因此他们也经常无法及时地做出正确诊断。即使在及时做出诊断的条件下，治愈的可能性也不高。因此，家长们不应当忽视为孩子接种脊髓灰质炎疫苗，毕竟，接种此种疫苗的禁忌基本不存在。

1 瘫痪是指由于脑部信号无法传递到神经干而导致的肌肉无法自由活动的现象。

3.10.2 狂犬病

狂犬病是最危险的病毒感染之一。**在整个漫长的人类历史中，没有一例出现狂犬病症状后康复的病例！**

病毒的传染源是患病的动物（哺乳动物）和人。病毒从咬破的伤口进入人体，并在神经干中蔓延，逐渐感染脊髓和大脑神经，最终导致患者死亡。

因此，**无论何时都不要冒险，不要轻易自作主张。哪怕有所怀疑都应当向医生求助。**

从感染病毒的那一刻起，到病毒对人体神经系统造成无法逆转的损害，其间往往还有一定的时间间隔。这使得我们还有一定的时间来保护自己。方法主要有两种：首先是注射疫苗，使得体内迅速合成并分泌抗体；其次是向体内输入伽马球蛋白，伽马球蛋白中已经包含了完备的、能够中和狂犬病毒的抗体，这可以为机体合成新抗体争取时间。

在被咬伤后要立即进行急救处理，方法如下：用肥皂和大量清水清洗伤口，用碘酒处理伤口边缘，随后立即就医。如果外科医生认为情况严重，则会要求专家来诊治[1]。尤其要注意家庭宠物的非挑逗性咬伤，以及任何一种野生动物，尤其是狐狸和蝙蝠的咬伤。

切记：在犬类出现明显狂犬病症状的前10天，其唾液中就已经含有狂犬病病毒了。

妈妈笔记

1 专家指的是狂犬病预防和治疗专家。此外，只有狂犬病医生才最了解您家庭所处区域的狂犬病传播状况和周边最具危险的动物品种等。

3.11 传染性单核细胞增多症

"这是哪门子的病?"女伯爵问道。她特别喜欢看病，一听到有什么不知道的新病名就想知道。女伯爵太有钱了，花点诊费药费一点儿都不在乎。

——贾尼·罗大里

传染性单核细胞增多症并不是一种罕见的疾病，引发这种疾病的病毒（EB 病毒）传播很广，但发病症状较轻，难以诊断。

EB 病毒主要侵袭人的淋巴组织[1]，这是它的主要特点。什么是淋巴组织？它处于人体的什么部位？人体各处都有淋巴组织！它包括所有的淋巴结、扁桃体、肝脏、脾脏。因此，所有这些组织在患单核细胞增多症时都会受到感染。

1 关于淋巴组织请见"咽炎"和"腺样体增生"等节。

未满 2 周岁的孩子很少会患传染性单核细胞增多症，即使患病症状也较轻。EB 病毒多喜欢选择年过 3 周岁的孩子和年龄不满 40 岁的成年人作为自己的目标。

病毒主要通过患者的唾液排出，最容易通过接吻和儿童玩具传播，有时也通过飞沫传播。EB 病毒的传染性并不是特别强，而传染性单核细胞增多症也并不属于流行病，只能作为个别现

妈妈笔记

象。只不过不知为何这种“个别现象”在男孩子身上却颇为常见。传染性单核细胞增多症潜伏期较为多变，约为5天到2个月不等，潜伏期的长短在很大程度上取决于被感染者的免疫力水平。

传染性单核细胞增多症的诊断主要根据受感染器官的炎症情况来判断：发病时几乎所有的淋巴结都会出现肿大，有些症状严重，有的则相对较轻。其中最为严重的是颈部淋巴结，同时，肝脏和脾脏也会肿大。扁桃体发炎（咽炎）、腺组织水肿（鼻部）会令孩子感到十分不舒服。孩子会开始用嘴呼吸并开始打呼噜。除却一系列典型的单核细胞增多的症状，还有许多非典型症状，例如体温升高、无食欲、吞咽时咽部疼痛、身体乏力等等。

因为病毒侵染的是血细胞，所以通过临床化验患者血液，医生们能够诊断出传染性单核细胞增多症。医生们通过血液检查能够发现一些特殊的、性状异常的细胞。这种细胞被称做“异型性单核细胞”，疾病的名称也是由此而来。

典型的传染性单核细胞增多症的症状是：咽痛、夜间打鼾、白天呼吸困难、肝脏和脾脏以及淋巴结肿大、血细胞发生变化。

须知：

▶ 疾病的严重期大约持续2~3周，但是无论情况有多么糟糕，最终都会痊愈。

▶ 淋巴系统是人体免疫系统最重要的一个环节。因此，患有传染性单核细胞增多症的病人十分容易同时感染其他疾病。引发这些并发症的已经不再是病毒性感染，而多为细菌感染，很有可能是咽炎、耳炎、肺炎等。

▶ 传染性单核细胞增多症的并发症通常可以用抗生素来治疗。然而，在治疗过程中却有一个至今无法解释的现象：在使用最为常见的抗生素，例如氨苄青霉素和阿莫西林进行治疗时，出现斑疹的概率为95%。再次强调一下，没有人明白为什么会出现

妈妈笔记

这样的现象。

▶ 度过严重期、所有主要症状都消失时，孩子会显得十分虚弱，这是因为免疫系统的完全康复还需要一定的时间。这样的孩子在接下来的6~12个月内不能接种疫苗。家长们应当尽量限制孩子与他人的接触。出门晒太阳或是任何远行都对孩子无益。

▶ 单核细胞增多症主要是对症治疗。只有当病情十分严重时，医生才会开一些含激素的消炎药，但是通常并不需要这么做。与许多其他病毒性传染病一样，单核细胞增多症要求患者静养、忌口、呼吸新鲜空气、充足的水分、服用维生素和醋酚、经常漱口及清洗鼻孔。

▶ 如果孩子所在的幼儿园中出现了感染传染性单核细胞增多症的病例，那么，并不需要采取什么特殊的隔离和消毒措施。只要经常打扫卫生，用湿抹布和拖把做清洁即可。

▶ 很不幸的是，EB病毒是致瘤病毒[1]。虽然这样的情况并不常见，但是我们有必要知道：如果在患单核细胞增多症后的很长时间血细胞仍然没有恢复常态（即异型性单核细胞仍没有消失，同时血细胞有可能发生其他变化），那么，家长们就一定要考虑到孩子患肿瘤的可能性，应当定期带他去血液病专家处检查。

1 “致瘤”是指容易导致肿瘤类疾病（癌症）。

3.12 疱疹病毒感染

你肯定哪儿不舒服！
瞧你嘴上那颗小脓包！

——列·菲拉托夫

疱疹病毒感染指的并不是某种具体的疾病。这是一个包含了许多种疾病的专业术语。

迄今为止，自然界中已经发现近 80 种彼此相似的疱疹病毒，其中有 7 种能够感染人类。

虽然这些病毒彼此相像，但是它们所引发的疾病，无论是在发病时间、临床反应和对人体的危害方面都存在较大差异。此外，有 3 种我们已经分析过的疾病，虽然它们彼此完全不具相似性，但却是由同一种疱疹病毒引起的——水痘、玫瑰疹以及我们刚刚提到的传染性单核细胞增多症。

现在，我们来介绍一下“单纯疱疹病毒”。这种病毒很特殊，

妈妈笔记

极具传染性，能够引发多种疾病，有时甚至会危及生命。

多项调查显示，单纯疱疹病毒能够侵染65%～90%的地球生物！孩子在幼年时期容易感染单纯疱疹病毒。病毒通过接触和飞沫传播，80%不满6岁的孩子体内已经含有单纯疱疹病毒。

单纯疱疹病毒可以侵入细胞内部，并以不活跃的状态终生存在于细胞中。这就意味着，一旦感染了单纯疱疹病毒，没有任何一种药物能够彻底消灭它们。但是，我们不必对此感到恐惧，因为不活跃的病毒并不会对人体带来什么伤害。只有在一定的条件下和人体免疫力下降时（着凉、患有其他疾病、精神紧张、过于疲劳、营养不良、体内维生素不足、外伤等），病毒就会像从睡梦中苏醒了一般，逐步开始作恶，继而引发疾病。

单纯疱疹病毒发病时最典型的一个症状是口唇周边出现疱疹，准确地说是在嘴唇边缘皮肤及唇上形成疱疹。在民间，这种发痒的小水泡被简单地称作“疮”。不难发现，这种口疮对有些孩子来说极为常见，但是对另一些孩子来说却很少见甚至从未发生过。这完全是由孩子的免疫力水平和身体状况决定的。

我们已经不止一次地讲过人体内对抗病毒的重要蛋白质——干扰素。人体会针对不同的病毒做出不同的反应，并同时产生一定量的干扰素。用专业术语来说，每一种病毒都有其“独特的抗干扰性”。单纯疱疹病毒的“恶毒”之处在于：它几乎不刺激，或者说只能在很小的程度上刺激干扰素分泌。因此造成了免疫系统的不稳定，致使疾病经常复发。

口疮也是单纯性疱疹病毒发病的开端，接下来的症状可能会十分严重——影响眼睛，甚至会引起扩散性的皮肤感染，损害口腔黏膜（口疮性口炎）、性器官处出疹（即生殖器疱疹）、肺炎以及引起最为可怕的感染——疱疹性脑炎，这是一种破坏力极大、最难以预料且后果最为严重的脑部炎症。

1. 任何一种疱疹病毒的发病程度都是由人体免疫力决定的！

妈妈笔记

因此，预防疱疹的最有效办法是保持自然健康的生活方式，保证人体免疫系统正常有效地运作。

2. 现在有一些药剂能够有选择性地抑制人体内疱疹病毒的繁殖。最著名的是阿昔洛韦，这种药出现可以看做是医学史上的一场革命。阿昔洛韦既可以局部外用（软膏、润肤膏、凝胶），主要用以处理疱疹；同时阿昔洛韦（片剂）还可以用来系统性地治疗（有时甚至长期地）疱疹性脑炎；在治疗一些特别严重的疾病时，阿昔洛韦也可以进行体内注射。

3. 在治疗疱疹性脑炎时通常预先使用干扰素。这里指的不是那些为我们所熟知的、价格相对便宜的滴剂，而是一些效力更为强劲的干扰素，这些干扰素通常注射使用。除此之外，还有一些特殊药物能够在很大程度上提高人体干扰素分泌。

4. 当然，疱疹病毒感染是可以治愈的。虽然我们不可能完全清除体内的病毒，但是借助药物，我们可以忽略它们的存在。

5. 治疗过程持续较长，在治疗时要考虑患者的免疫力情况、可能同时出现的疾病以及感染的类型后再做具体安排。作为孩子的家长，只需要知道最重要的一点：类似口唇水泡的这种“小疱疹”早晚会演变成十分严重的疾病。而疱疹不是单纯依靠自主治疗就可以恢复的疾病。因此，一旦发现该病症务必要到医院就诊，与专业的医生交流并做仔细的检查。

3.13 巨细胞病毒感染

世间万物有因必有果。

——马·费奇诺

巨细胞病毒是疱疹病毒家族中的另一位成员。它在自然界中的流行程度与单纯疱疹病毒相比毫不逊色。至少，研究巨细胞病毒的专家学者们肯定地说，在接下来的近 50 年的时间内，所有的人都会感染巨细胞病毒。

于是就出现一个很有趣的情况：地球上百分之百的生物都感染了巨细胞病毒。不过这本书的绝大部分读者都是第一次听到（或是读到）这种疾病。

我们之前提到的疱疹病毒的诸多特点，巨细胞病毒也同样具备：它同样会侵入人体细胞内部，同样是以一种不活跃的状态长时间存在于细胞内，并不引发疾病。

如果人体免疫系统正常运作，那就足以应对巨细胞病毒。但是情况并非如此乐观。随着人类文明的不断发展，生活中对人体

妈妈笔记

免疫系统产生不利影响的因素也在不断地迅速增多。

影响免疫力的因素包括各类治疗疾病的方法（荷尔蒙、放射疗法、进行脏器移植手术时用的免疫抑制剂、治疗肿瘤时的化疗方法、广谱抗生素等等）、疾病（如艾滋病）以及生态环境，还有压力大、缺乏维生素、营养不良、过度使用日化产品这些因素。所有这些因素都有可能导致人体免疫力低下，使机体不足以对抗巨细胞病毒的侵害。因此，由巨细胞病毒引发的疾病也就越来越常见了。

巨细胞病毒存在于所有人体分泌物和所有器官之中，通过人与人之间的亲密接触来传播：唾液、痰、血液、粪便、尿液、精液、母乳，与这些介质中的任何一种接触都可能感染巨细胞病毒。然而，成年人在感染后不会出现任何症状。

巨细胞病毒感染的严重性在于：首先，病毒会通过孕妇传递给胚胎，未出生的孩子有可能会感染病毒，这会使得孩子在将来的生长发育中出现某些缺陷，导致神经系统严重损伤。同时，巨细胞病毒感染也会对孩子的视觉器官、听觉器官发育造成影响。在母亲体内未受感染的胎儿，出生时由于接触产道或是出生后饮用母乳，也有可能被感染。孩子会因此出现与单核细胞增多症症状相似的病征。

巨细胞病毒感染可能是先天性的——这种情况总是很严重，也有可能是后天的。通常，如果没有出现严重后果，人们往往意识不到。

重要的是，为了避免孩子一出生就被巨细胞病毒感染，最好的预防方法就是要保证孕妇具有正常的免疫力。

什么样的女性会有正常的免疫力？是**她们**：

- 不过于担心自己和孩子将来的女性；
- 关注自己健康状况的女性；
- 保证自己营养充足、丰富的女性；

妈妈笔记

- 不要过分纠结丈夫去哪儿了的女性；
- 生活在一个安全、环境良好的国家的女性，**她们的免疫系统能够合成足够的对抗巨细胞病毒抗体，既保护了自身的健康，同时也保护了未出世宝宝的健康。**

* * *

巨细胞病毒感染的治疗方法基本与疱疹病毒相似。只不过，治疗巨细胞病毒感染的有效药物（如更昔洛韦）比阿昔洛韦价格更贵一些。

3.14 细菌及细菌性感染

人一生要做的两件事就是防患于未然和豁达大度。前者是为了避免遭受痛苦和损失，后者是为避免纷争和冲突。

——叔本华

细菌与病毒有本质上的区别。首先，细菌比病毒要大很多；其次，它们是完整的生物体，在适宜的外部条件下（在存在食物、富氧或缺氧、适宜的温度等条件下），细菌可以实现自我供养和繁殖。在进入人体后，一些细菌能够找到适宜自我供给和繁殖的环境，也因此引发了各类疾病。

20 世纪之前，医生们与细菌的抗争丝毫不亚于他们与病毒之间的对抗。医生们所有的努力都是希望病人能够依靠自己的力量战胜疾病并逐渐康复。幸运的是，现代医学取得了极大的成功，研制出了一系列既能够杀死细菌又不会对人体造成重大伤害的药物。相信大家都对这些药物有所了解，例如抗生素类药物（盘尼

妈妈笔记

西林、四环素、庆大霉素）以及磺胺类药物等等。

读完以上的内容，读者们或许会认为治疗细菌感染比治疗病毒感染要简单。很遗憾，事实并非如此。首先，细菌对环境有极强的适应力，虽然学者们不断研究出新的抗生素，但是所有细菌也在不断发生突变[1]，使得抗生素不再起作用（或是药效很短，抑或是药效减弱）。其次，某些同类的细菌性疾病，以肺炎和脑膜炎为例，可能是由成百上千种不同的细菌引起的，医生有时很难诊断出究竟是哪种细菌在作乱，因此也就很难针对某一种细菌开具所需的抗生素。

1 每一种生物体都有发生突变的可能，这是指突然发生的基因变化（如果您不知道基因是什么，请见第一章第一节，“妊娠”）。基因突变可能有益，也可能有害，关键在于我们从什么角度看待它。基因突变可以使细菌对药品，例如青霉素等毫无反应。从细菌的角度来看，这当然是好的，但这对病人就非常不利。

* * *

细菌的种类特别繁多，由细菌引发的疾病也是多种多样。不同的细菌从大小、结构特点、繁殖方式、供养方式方面存在诸多差异，它们的生存条件也各不相同。有些细菌呈圆形，它们被称作球菌（葡萄球菌、肺炎球菌、链球菌、脑膜炎双球菌、淋球菌等），有一些细菌呈长条形，被称作杆菌（痢疾杆菌、百日咳杆菌、大肠杆菌）。细菌的表面并不平整，而是布满突起、鞭毛和纤毛。

与病毒不同，细菌在侵入人体时对人体器官并无选择性。但是每个病菌都有自己的“喜好”。比如说，痢疾杆菌会停留在环境最为适宜的大肠中，百日咳的抗原喜欢在呼吸道上皮组织细胞中逗留，脑膜炎双球菌（脑膜炎抗原）则偏爱寄宿在大脑皮层中。葡萄球菌没有特殊的选择，它可以在身体各处，例如皮肤、骨骼、肺部、肠道及其他部位引发疾病。

接下来是最重要的部分：

细菌，无论它多么有害，多么可怕，通常都不会对人体造成特别严重的损伤。

妈妈笔记

但是，作为一个完整的生物体，细菌在其生命活动的过程中会形成一定的代谢物，而这些产物往往是有毒的。这些有毒物质叫做毒素。每种细菌都会形成自身所特有的毒素。不同的毒素作用于人的身体，从而出现某种具体疾病的症状。

虽然每种细菌形成的毒素量和毒素的危险性都不尽相同，但人体对各种毒素、细菌细胞的反应却与对病毒的反应相同——都能产生抗体。也就是说，无论是细菌产生的毒素，还是它的细胞膜，或是细菌表面的突起（鞭毛和纤毛）都是抗原，人体会针对它们合成并分泌相应的抗体，消除它们对机体造成的不良影响。而细菌本身则由人体内一种特殊的吞噬细胞——巨噬细胞来消化。

大部分情况下，毒素是在细菌死亡之后才形成。它们存在于细菌的细胞内部，当细菌遭到破坏时才分泌出来。存在人体内的细菌，其细胞结构经常遭到破坏：第一，它们的存活时间不长；第二，它们经常处于与人体免疫系统的抗争中；第三，治疗时，抗生素等制剂也会杀死细菌。

细菌死亡时形成的毒素叫做内毒素。

存活时就不断分泌毒素的细菌实际上数量很少，这意味着**细菌能够分泌毒素，但并不会因此而死亡。**

这种在细菌生存过程中分泌的毒素叫做外毒素。

在迄今为止所有被发现的毒素种类中，外毒素是最危险的！

由外毒素引发的疾病叫做“外毒素性疾病”。那么有哪些疾病是由外毒素引发的呢？有白喉、破伤风、肉毒中毒、气性坏疽、炭疽病——所有这些名称相信大家都不止一次听到过，可见，它们并不是罕见的疾病。

在人体受到某些感染时，细菌既会产生内毒素也会产生外毒素。这会使得整个治疗过程更加复杂。这类疾病有白喉、霍乱和某些种类的痢疾。

外毒素感染的危险性在于：在医生开具抗生素药物之前，我

妈妈笔记

们几乎对外毒素感染束手无策（毕竟，先得要由医生作出正确的诊断），而当抗生素真正发挥作用杀死细菌时，可能为时已晚。抗生素虽然完成了自己的任务，细菌被消灭了，但是毒素却依然残留下来。如果不及时服用药物（抗毒素血清）来中和这些毒素，它们就会危害人体健康。

在治疗外毒素感染时我们指望不上抗生素，而抗毒素血清的供应也并不能时刻保证。因此，采取一定的预防措施显得十分重要！

细菌感染的预防方法并不是普遍适用的，但是它的基本原则却很容易理解：如果存在某种毒素，那么就一定要让人体内时刻循环着抗毒素！正是出于这个原因，我们要为孩子做预防接种（首先预防白喉和破伤风）——向孩子体内注入已经削弱了的毒素[1]，孩子的身体就会对此种毒素形成足够的免疫力。

1 用以进行预防接种、建立人体免疫力、效力经过削弱的毒素叫做类毒素。

3.15 白喉

即使闭上嘴，问题依然在。

——斯·叶·列茨

白喉通过飞沫传播。白喉杆菌能够引发咽部炎症（超过90%的可能在咽部）[1]。

白喉刚发病时患者只是略感不适，体温升高，咽喉疼痛。随后白喉毒素就会开始展开它的“黑暗攻势”——进一步感染神经末梢，引起局部失去知觉（例如，虽然喉咙痛，但是疼痛感却不明显）。接下来，在外毒素的影响下，体温会小幅度升高（很少超过38℃[2]）。所以，发病之初白喉的症状很像呼吸道感染，甚至更像轻度呼吸道感染：体温升高不明显、嗓子疼、甚至没有伤风症状（顺便提一下，没有伤风症状是白喉的一个十分典型的症状）。所有这些症状都使得人们在白喉发病的第1天（一昼夜内）很难作出正确的诊断，直到发病的第2天人们才会在患者的咽喉处（通常是在扁桃体处）发现一片白膜。起初它们像蛛丝一样薄

1 除了咽白喉，还有一些更为少见的白喉病症，例如鼻白喉、眼白喉、性器官部位的白喉等。这些较为少见的病症与最常见的咽白喉相比，一般发病较轻。其中较为特别的是白喉，下面将对此详述。

2 体温的不明显升高是所有外毒素感染的普遍症状。不仅白喉，肉毒中毒、破伤风都有这种症状。如果体温升到一个较高的水平（39℃或是更高），那么这就证明病情已经相当严重了。

妈妈笔记

而透亮，逐渐变得模糊并开始增厚，并形成白喉膜。

如果白喉出现的部位不是扁桃体，而是在咽喉，那么病情会发展得更加严重。**白喉杆菌在侵袭扁桃体时会出现白喉性哮吼**[1]，与病毒性哮吼相比，它具有如下特点：

- 症状发展缓慢，病情逐渐加重；
- 声音出现明显的变化；
- 没有急性呼吸道病毒感染的症状，例如鼻塞、流涕、体温过高。

1 白喉性哮吼还被称作“真性哮吼”，而呼吸道感染时出现的哮吼被称作“假性哮吼”。

须知：

- 咽喉部位的病变（炎症、白喉膜、疼痛）都是暂时的，甚至无需治疗也会康复。但是，不断繁殖的细菌所遗留的毒素却能够十分迅速地渗入血液中，造成心脏、肾脏、神经干部位的损害，引发白喉所特有的并发症（心肌炎、肾病、多神经炎）。我们应当注意，并发症是判断疾病严重程度的重要标准。如此说起来多么令人难过，但是不可否认并发症经常会导致白喉患者死亡。

- 白喉抗毒素血清只能中和血液中不断循环的毒素，却无法修复已经受损的心脏、肾脏和神经系统细胞。这就解释了一点：**成功治愈白喉的几率主要取决于患者是在发病后多久注射抗毒素血清**。如果在发病第5天注射白喉抗毒素血清，那么发生严重并发症和死亡的几率是在第2天注射的20倍！因此，聪明而理智的家长无论何时都不应当冒险展示自己的“勇敢”，只要孩子咽部出现疼痛，声音发生改变，出现呼吸困难，都一定要带孩子看医生。同样不能忘记的还有，现在白喉已经不是一种常见病，许多医生在实践中几乎从未遇见过。因此，如果负责您孩子的区段儿科医生在诊断时比较犹豫（这当然也是符合实际情况的），那么千万不要忘记住院治疗，千万不能拿白喉不当回事。

- 我们已经知道，接种疫苗是唯一一种预防白喉的有效方

妈妈笔记

法。白喉抗毒素血清是一种十分著名的疫苗。虽然这种疫苗不能百分之百地保证孩子不会感染白喉，但是基本能够完全避免重症的发生。

▶ 轻度白喉很难诊断，即便是对经验丰富的医生而言也是如此。因此，任何一位咽部疼痛、或是患有哮吼的患者，医院的工作人员都会为他采集咽喉部位的样本，制作涂片。要从这些样本中分辨出白喉杆菌并不难，在研究中我们还发现以下两种典型情况：

①孩子咽喉疼痛，第二天家长们叫来了区段医生，医生经过检查后诊断孩子患了“咽喉炎”，开了一些药并做了涂片。又过了3～4天之后，孩子的状况依旧良好，也没有抱怨哪里不舒服。而在此时，想起了门铃声，医生向家长宣布了一件事——在孩子的样本中发现了白喉杆菌。以上的情况表明，孩子的家长明智地为孩子接种了疫苗，孩子感染的是轻度白喉。此时，没有必要为孩子接种白喉抗毒素血清，而是需要：首先，在10～20天内，注意观察孩子的变化，以便及时发现、及时治疗可能发生的心、肾及神经系统并发症；其次，一定要使用抗生素治疗，目的是为了消灭白喉杆菌。以上这两点最好都在医院进行，同时还要求患者遵守一定的作息规律。

②当医生诊断出某个孩子患有白喉时，医生们就会进行各项防疫检测——为所有接触过孩子的人做咽喉样本检查，而这有可能涉及成百上千的人，因为接触有可能发生在单元（楼）、教室、幼儿园等各种地方。做这样的工作并非多余：在一个白喉患者周边，通常能够发现5～10名感染者，他们毫无感染症状，身体健康，但是喉部或鼻部却已经有白喉杆菌。但是这些人为什么仍能安然无恙呢？问题在于，进行过预防接种的人，无论大人还是孩子，体内都已经有了足够数量的抗体保护他们不受疾病的侵害。虽然白喉杆菌依旧存在于咽喉，但是由它所产生的毒素已经完全

妈妈笔记

被中和了，所以不会发病。这些感染了白喉杆菌，但身体却完全健康的人被称作白喉杆菌携带者。正是这些自身毫无反应的携带者将细菌传播出去，所以与他们的接触是很危险的。因此，白喉杆菌携带者也会被要求接受治疗，甚至被要求在传染病医院接受隔离。但是我们难道仅仅因为白喉杆菌，就不让孩子上幼儿园、上学、工作吗？

白喉应当如何治疗呢？

首先要注射白喉抗毒素血清。一定要进行抗生素治疗（最常使用的是普通的红霉素），因为越早地消灭白喉杆菌，它产生的毒素也就越少，这是其一。其二，正是抗生素才能让白喉患者和白喉杆菌携带者不会威胁到周围人的健康。

在出现白喉性哮吼时，如果病人无法自行咳出白喉膜，那么也可在麻醉状态下，用专业的器具检查扁桃体，使用电动吸取器将白喉膜清除。情况严重时可以进行插管和做气管造口术[1]。

有多种方法可以治疗由白喉引发的并发症，但遗憾的是，疗效还有待提高。治疗的过程一般很长，有时需要几个月的时间。但令人欣慰的是，白喉的并发症不会留下终身的后遗症，也就是说，如果得到良好的治疗，那么病人就会顺利康复，不会出现什么严重后果。

1 插管是指将特制的塑料软管经由口部或鼻孔插入咽喉或气管，病患依靠这只软管呼吸。气管造口术则是一项手术名称，几乎与插管相同，只不过所使用的软管会更短，通常需要切开颈部，直接将软管插入气管。

3.16 百日咳

……任何一种疾病最终都会影响神经系统。因此，除了治疗身体的病痛之外，心理治疗也很重要。我们需要静静地重复所罗门王的那句名言："一切终会过去。"

——叶·勒里希

百日咳是一种最为常见的儿童传染病。它主要通过飞沫传播。百日咳的最主要表现是很难根治的阵发性咳嗽。

但是，百日咳是可以控制的。毕竟，百日咳的发病几率在很大程度上取决于是否接种疫苗。百日咳预防接种大约在孩子 3 岁左右进行。一般与白喉、破伤风的疫苗同步接种——使用的是吸附性百日咳、白喉、破伤风类毒素混合制剂[1]。值得一提的是，接种百日咳类毒素后的反应最为严重。与其他两种类毒素相比，孩子在注射百日咳类毒素后经常会出现反应（身体不适、体温升高、食欲不佳）。因此，我们也经常会为体质原本较弱的孩子和对疫苗接种产生过反应的孩子接种不含百日咳类毒素的白喉、破伤风类毒素混合制剂。不接种百日咳类毒素的孩子更有可能患上

1 吸附百日咳、白喉、破伤风类毒素混合制剂是一种同时预防三种疾病的疫苗制剂。

妈妈笔记

严重的百日咳。虽然在接种百日咳类毒素之后也可能患病，但是病情的严重程度将大大降低，有时医生甚至都不会将病情诊断为“百日咳”。

百日咳的最大特点是：人体内完全没有任何先天的抗体，甚至连新生儿都有可能患病。但是，患病后人体内能够产生终生有效的长期抗体。

引发百日咳的细菌叫做百日咳杆菌。百日咳杆菌在外部环境中会很快（极快）死亡。因此，百日咳病人是细菌的唯一传染源。无论是孩子还是成年人都对百日咳杆菌十分敏感，免疫力低的人与病患接触后的感染率几乎达到100%。百日咳杆菌主要在病患咳嗽时传播。需要注意的是，只有在与百日咳病人进行十分近距离的接触时才会被感染，与病人之间保持2~3米的距离就可以有效地避免。百日咳的潜伏期大约为5~9天。当然，有时也会是3~20天。

正如前面所说，百日咳的主要症状是一种特殊的、独一无二的咳嗽。感染这种疾病的原因简要地说有以下几点：

首先，人体各个器官的功能是由一些固定的脑细胞控制的。这些脑细胞组成了许多“控制中心”，有的专门负责呼吸功能，有的控制血液循环，有的则负责体温调节。人体内同样存在负责咳嗽的细胞，毕竟，咳嗽也是一项保持人体健康所必需的功能。

我们还要知道，在呼吸道，即气管、支气管内部，覆盖着一种上皮细胞[1]，上皮细胞上覆盖着一层类似纤毛的绒毛，因此，气管和支气管内壁也被称作纤毛上皮。这种绒毛能够保证痰液的滑动。绒毛一旦受到刺激就会引发咳嗽。百日咳杆菌的表面同样也有绒毛，通过这些绒毛，细菌能够固定在纤毛上皮上，这是其一。其二，百日咳杆菌只能在纤毛上皮中繁殖，除此之外别无他所！这也使得气管和支气管内的纤毛上皮长期处于受刺激的状态。这一方面会经常刺激负责咳嗽的脑部细胞，另一方面，会令

1 上皮组织是人体中附着在所有器官表面的一类组织的总称：体表（皮肤组织）、内腔腔面——胃、膀胱等等器官腔面，以及人体内所有管道、支管道的表面——血管内皮、胆管内皮以及呼吸道内壁等。

妈妈笔记

呼吸道黏膜细胞分泌出更多的黏液。这种刺激十分强烈，就算人体内已经完全没有了百日咳杆菌，咳嗽仍会持续。同时，百日咳杆菌还会分泌毒素，而大脑中控制细胞则对这种毒素尤其敏感。因此，患病2～3周后，百日咳患者持续咳嗽的原因不在气管和肺部，而在大脑。

*　*　*

百日咳发病之初表现为急促的干咳，有时会伴随着轻微伤风和体温升高的症状。体温升高通常并不明显，不会超过37.5℃～37.7℃，有时体温甚至完全正常。仅根据这些轻微的症状是无法诊断百日咳的（这一阶段被称作卡他炎症期，大约持续3天到2周的时间）——除非病人清楚地明白自己曾与百日咳患者接触过。以上的这些轻微症状只能作为诊断多种呼吸道感染和支气管炎的依据。然而，由于患者的体温没有明显变化，因此，医生们更容易将百日咳误诊为呼吸道病毒感染或是轻微支气管炎。在这种情况下，家长们往往坚持送孩子去幼儿园或是上学。更让人无奈的是，百日咳在卡他炎症期最具传染性。

既然我们已经说到了百日咳的传染性，那么还有一点不能不提：百日咳患者在一个月左右内会通过咳嗽排出百日咳杆菌，但是唾液中含有的杆菌数量会在患病2周内逐日递减，大约20天后就会基本消失了。

然而遗憾的是，百日咳并不会在卡他炎症期就停止，而是会逐渐转变为阵发性咳嗽。通常在这个阶段（痉挛性咳嗽）医生们能够清楚地作出诊断。百日咳的咳嗽方式十分特别，以至于医生们只需要听一听咳嗽的声音，无需做任何其他检查就可以诊断。

百日咳的咳嗽究竟有什么特点呢？典型的百日咳患者在咳嗽时毫无任何停顿，是一阵阵的连续咳嗽，患者几乎没有换气和喘

妈妈笔记

息的机会。如果您试验一下就不难发现，每一声咳嗽都是在出气。如果咳嗽接连不断，患者就没有时间吸气。在阵发性咳嗽结束之后，患者通常需要深呼吸，时常会伴有鸡鸣声或哨声。因此百日咳在民间也被称为“鸡咳”。出现这种声音主要是由于咳嗽时同步出现的声门痉挛（声门位于喉部声带的位置）。

当患者出现阵发性咳嗽时，面部会发红，甚至发紫。有时在一阵咳嗽之后，患者会呕吐或是喉部分泌黏液。孩子有时会吐出黏液，有时会吞下。

根据上述特点，我们不难看出：百日咳病情的严重程度主要是根据咳嗽的频率和时间长短来判断的。在没有阵发性咳嗽的情况下，孩子的身体状况不会受太大影响。

痉挛性咳嗽的持续时间十分多变，即使在不断采取治疗措施的情况下，咳嗽有时也会持续 2 ~ 3 个月！然而，阵发性的咳嗽一般是在发病 10 天左右时不断加重，在此之后大约 2 周时间内逐渐趋于稳定，随后，咳嗽的数量和时长都会逐渐减少（很遗憾，这个速度非常慢）。

1 周岁和不到 1 周岁的孩子，尤其是刚满 6 个月左右的孩子，如果感染百日咳，病情通常会十分严重。在这个年龄段，咳嗽经常引起呼吸暂停，呼吸暂停可能是几秒，可能接近 1 分钟，有时甚至会更长！不难想象，如果孩子体内氧气不足，那必然会影响孩子的神经系统并引发一系列的并发症。

总的来说，百日咳有一个很大的特点：尽管发病时患者会十分痛苦，但是百日咳的症状并不算可怕。真正危险的是它所引发的并发症。百日咳容易引发肺炎，不过这种肺炎并不是由百日咳杆菌引起的，而是由其他种类的细菌，例如葡萄球菌、链球菌等引发的。

并不是所有的抗生素对百日咳都有效，例如，青霉素（盘尼西林）就对百日咳杆菌毫无作用，但是想要杀灭百日咳杆菌并不

妈妈笔记

难。幸运的是，细菌不会对抗生素产生抗药反应，这也就是说，一旦一种药剂对细菌有效，它就会对其一直有效。医生们在治疗百日咳时最常使用的是红霉素。使用红霉素后的 3 ~4 天，百日咳菌就会基本消失。但是红霉素对痉挛性咳嗽，尤其是在减少咳嗽次数和缩短咳嗽方面通常没有任何效果。我们之前也说过，这是因为咳嗽已经不是由百日咳杆菌引起的，而是由于脑部控制咳嗽的细胞受损。这一阶段服用抗生素的主要目的是控制百日咳的传染性。而如果医生在卡他炎症期，即在百日咳杆菌还没有过度刺激脑部细胞的疾病初期就用红霉素进行治疗，那么疾病很有可能在初期阶段就得到有效控制，不会发展成阵发性咳嗽。

以上内容都是针对典型性百日咳的。多亏了防疫注射，这种百日咳并不常见。更常见的是非典型百日咳，其特点是：咳嗽较少、体温正常、身体感觉正常。非典型百日咳在成年人身上较为多发，继而会传染给孩子（在调查问卷中经常发现，患病孩子的家中常有某位家长长期咳嗽）。

我们现在来说一说究竟应该如何正确帮助有咳嗽症状的孩子。如果您已能提前确定了孩子感染的是百日咳，那么在孩子的病情还没有进一步发展之前，家长们还是可以应付的：

那么，有哪些事情是我们需要做的？又有哪些事情是我们必须知道的呢？

▶ 记住那些人：记住那些曾经与您的孩子接触过或有可能接触过的人：把孩子隔离，通知朋友们，目前不适宜会面。

▶ 消灭细菌：医生们有责任告诉家长如何正确选择抗生素（抗生素有数十种）和服用剂量。家长的责任则是督促患病的孩子按照医生所说的剂量、服用方法和疗程[1]来服药。

▶ 家长们要清醒理智地对待百日咳。要知道百日咳只有在一定的预防措施下才是可控的。如果孩子已经感染了百日咳，那么患病时间的长短是影响康复的一个重要因素。

1 请注意：红霉素这种用以治疗百日咳的常用药最好在饭前30分钟服用。

妈妈笔记

▶ 您需要知道，身体负荷加大、打喷嚏、咀嚼和吞咽、情绪消极都会引起阵发性咳嗽。

正因为如此，您应当：

1. 不要让孩子做有跑、跳、蹦等动作的激烈活动；

2. 尽量避免让孩子接触灰尘，不要让他呆在正在做清洁的房间内；

3. 尽量为孩子准备容易咀嚼和吞咽的食物，当然，生病期间也不要吃口香糖。

▶ 通过以上几点家长们应当意识到：患有百日咳的孩子在饮食上有特殊的要求。对一些孩子来说，吃饭过程会变得十分恐怖。有时孩子甚至只要听到“快来吃饭呀”这句话就会立刻开始咳嗽，但好在这样的情况很少见。不过吃饭后出现咳嗽、呕吐的症状却并不少见。不要为患病的孩子准备太多食物，食物过多就需要孩子花更多的时间咀嚼，也就更容易引发呕吐。因此，最好让孩子少食多餐。总的来说，伴随着呕吐状况的咳嗽不会连续出现，也就是说，如果在阵发性咳嗽时孩子已经吐过了，那么接下来的2～3次发作状况就会略微好转。

帮助百日咳患儿康复的一个最重要条件就是正确解决呼吸问题：我们应当给孩子呼吸怎样的空气呢？

孩子所处的房间内空气越干燥，温度越高，那么他产生的痰液就越多，也就越容易引起阵发性咳嗽和并发症。对于正在咳嗽的孩子，我们传统的处理方式是让他呆在家里。经过一个月左右“禁足”之后，由于孩子长时间没有出门散步和呼吸新鲜空气，孩子的病情看上去是支气管炎，但实际上却已经是轻度百日咳，最终会转化成肺炎。

因此，家长们一定要牢记和理解新鲜空气的重要性：新鲜的空气不仅是有助百日咳患儿康复的必要条件，同时也是治疗任何有咳嗽症状的疾病，如支气管炎、气管炎、呼吸道过敏、肺炎等的重要条件。这些疾病康复起来都比百日咳要快，因此，缺乏新鲜空气的不良后果在这些疾病中体现得并不明显。

正因为如此，如果孩子被诊断出患有百日咳，那么家人们应当积极地带孩子出门散步。不过要注意的是，夏季不适宜带孩子去干燥炎热的地方，而是在清晨室外空气依旧潮湿凉爽的时候带孩子出门散步，也可以适当延长睡前散步的时间。

千万不能忘记：带患儿散步时要注意避免与其他孩子接触。

在水塘旁边散步是个不错的选择，当然，并不是每个家庭的附近都有水塘。如果没有，那么开车带孩子到水边散散心也很好——可以去乡下的亲戚家，或是到郊外的别墅等等。

再次强调一点：现在，由于大多数孩子都接种了疫苗，所以典型的、严重的百日咳已经很少见了。面对非典型的长期性的咳嗽，我们可以通过辅助检测（实验）进一步研究。有时，普通门诊所做的血液检查结果会发生变化，这是完全正常、完全符合百日咳规律的。唯一的可以百分之百判定百日咳的指标只有检测出百日咳杆菌：从孩子的咽喉处取分泌物做涂片，或是让他特意对着专门的杯子咳嗽。随后，在细菌试验室中进行观察，看看从这些物质中究竟会生长出什么样的细菌。不过这种检测做起来也并不是一帆风顺：因为百日咳杆菌是一种十分奇怪的细菌，经常会出现这样的情况：虽然孩子的咳嗽症状是典型的百日咳症状，但是，在细菌观察中却无法发现百日咳杆菌。这是因为细菌培养实验无法为百日咳杆菌提供一个与人体呼吸道纤毛完全一样的环境。抗生素治疗，检查前吃点东西或者刷牙就足以影响百日咳杆菌的生长。更不要说在百日咳发病后的 3 周，患者体内几乎已经不再产生新的细菌了。

笔者之所以向大家详尽地讲述实验人员在尝试发现百日咳杆

妈妈笔记

菌的过程中可能碰到的困难，只是出于一个原因：为了使读者相信，如果实验结果表明，孩子提供的样品中没有发现百日咳抗原，这并不意味着孩子没有感染百日咳。

诊断轻度百日咳和非典型性百日咳，即使是对资深的医生而言也是一件难事。如果家长们留心观察孩子的症状并将这些症状记录下来，就会为医生的诊断提供很大的帮助。有助于诊断百日咳的主要症状有如下几种：

- 在没有明显的卡他症状的情况下（即没有伤风、体温升高等症状），孩子出现长时间的咳嗽。或是卡他症状在二三天内消退，但咳嗽依旧。
- 孩子的整体身体状况良好：食欲较好、很活跃。不咳嗽的时候甚至可以认为孩子是完全健康的。
- 孩子在服用化痰药后，症状非但没有好转，反而变得更加严重。

任何一种受寒着凉，任何一种呼吸道感染对于已经感染了百日咳的孩子来说都很麻烦。这不仅会在很大程度上加重百日咳的病情，同时也提高了并发症、尤其是肺炎的发病几率。对此，有一些预防方法很有效：尽可能地限制孩子与他人接触，哪怕孩子已经不具有传染性，也不要让孩子着凉，与患感冒的成年人隔离。

百日咳可能发展成肺炎，这一点不容忽视，前兆主要表现为：

A. 在患病后的第二、三周，体温升高。尤其值得注意的是体温持续升高，但却没有感冒伤风的症状。

B. 几天之内病情有所好转或基本保持稳定，随后咳嗽突然变得更加频繁，阵发性咳嗽也变得更久。

C. 总体自我感觉发生变化：体虚、阵发性咳嗽间隙呼吸急促。

由于百日咳持续数月，而且主要是在家中治疗，不用老去看医生，因此，笔者希望以上提到的几点（ABC）能够帮助家长们判断孩子的病情，及时带孩子去医院。

同时还需要指出：在大部分情况下，百日咳能够在家庭治疗条件下治愈（或是自行康复）。但有些时候必须送孩子去医院。

何时“必须”呢？

A. 一岁以内的孩子，尤其是半岁以内的孩子感染百日咳时！这个年龄段的患儿很容易出现并发症，而且病情总是很严重。

B. 任何年龄段的孩子在出现并发症或者呼吸骤停时。

您还要明白：孩子出院时一般不会达到百分之百康复，但出院时无论是医生还是家长都要确信，孩子已经度过了危险期（不再出现呼吸骤停，并发症好转，阵发性咳嗽的症状也会有所缓解）。

抗生素和新鲜的空气并不足以治疗百日咳。然而在众多治疗咳嗽的药物中，没有一种能够有效地减缓疾病症状。如何用药是医生的职责，但作为孩子的家长，您需要知道：哪怕在您看来，医生开出的一些药物似乎没有产生什么效用，例如氨溴素（祛痰药），但这并不意味着不应该服用它。许多祛痰药（包括氨溴素）的主要作用都是稀释痰液，虽然这些药物无法有效降低孩子的咳嗽频率，然而却能大大减少出现并发症的可能性。因为，黏稠的痰液既是阻碍支气管通畅的重要原因，也是引发肺部炎症的主要原因。

*　*　*

最后，在本节的结尾，笔者还有一些话想说：

当笔者在医院初次遇到百日咳病例时，就为现代文明对民间疗法产生的深远影响感慨不已。现在，笔者就来解释一下为什么

妈妈笔记

会有如此的感受。

请您想象一下，有一个8岁大的孩子，叫小谢廖沙。他患上了严重的百日咳，肺部并发症也很严重。最近一段时间他的身体状况略有好转，然而即便如此，却依旧咳嗽不止，频率也较高——一夜咳15~20次。这时他的曾祖母现身了（请注意，笔者特意说的曾祖母，而不是祖母）——这些颤颤巍巍、拄着拐杖的老奶奶通常会说，不要再在医院里瞎忙了！赶快带着孩子坐飞机出门玩儿去。后来，笔者又不止一次地听老辈人说，治疗百日咳的最好方法就是带孩子坐飞机出去玩。最令人不可思议的是：这真的对减缓病情有所帮助！虽然并不是对每个人、每次都有效。

我们可以这样解释这种现象。正如我们所说，患病后期咳嗽的主要原因是由于脑部存在刺激咳嗽神经中枢的病灶。如果我们能够建立另一个更为积极的病灶，就有可能减轻对控制咳嗽的神经中枢的刺激。这种新的刺激越积极，持续时间越长，疗效就越好。

所以，任何一种强烈的、正面的情绪刺激都有利于快速恢复健康。从这一角度出发，坐飞机出去玩儿当然会对治疗有所帮助！同样，新的玩具、与父亲一起去钓鱼、全家去动物园、买宠物等积极的情绪刺激也能对整个康复过程起到积极影响。所以，开朗的孩子往往康复得更快。当然，这对1岁以内的孩子完全没有效果。不过，对小谢廖沙来说太管用了：父亲将他从医院中接出来，全家人坐飞机兜了一圈。过了3天，孩子就出院了。这就是民间治疗法的神奇之处！

3.17 肠道感染

事前的思考是简单的，事后的回想总是多种多样的。

——歌德

人类的食物和饮用水并不是绝对干净的。在生活中的每一天，乃至每一个小时都有各种各样的细菌进入我们的身体，但它们却不会对我们的身体产生什么特别的影响——大自然已经为我们想出了许多中和细菌的手段：唾液具有灭菌作用，胃液具有一定的毒性，人体肠道内也有许多有益菌……所有这些都能够阻止病菌在人体内孳生。

然而，几乎每个人都经历过肠道感染。因为很多其他因素会妨碍人体的自我保护，例如，吃下没有充分咀嚼的食物会使得唾液来不及杀灭细菌，而吃得过多，或是碱性饮料中和了酸性胃液，或者是因服用抗生素而致体内有益菌被杀死，等等。

妈妈笔记

不注意卫生曾经是，现在是，将来也仍然会是肠道感染的最主要原因。

错误的食物存储方式、饭前便后不洗手等等都有可能导致肠道感染。无论人体的防御力量多么强大，也并不是所有细菌都能被中和。

肠道感染的抗原可能是细菌（痢疾杆菌、沙门氏菌、葡萄球菌、伤寒杆菌、霍乱弧菌），也有可能是一些病毒。

医生们最关注的还是引发具体肠道感染的某种具体病原体，因为无论是抗肠道感染措施的范围、指向性还是作用强度，很大程度上都取决于病原体的类型。

有一些细菌通过水传播，而有一些细菌则是通过食物传播的。不同的细菌也会选择不同的食物作为传播介质：有时是蔬菜，有时是鸡蛋，有时则是奶制品。

有些细菌的传染性很强（例如霍乱病原体）！而有的传染性则相对较弱。

有些肠道感染病情发展迅速，并会威胁生命，而有些则发展缓慢，危险性也较低。

引发肠道感染的细菌，（一般来说）感染的不是整个胃肠道，而只是其中的某一部分。每一个部位发生的炎症都有其独立的医学名称，例如胃炎、十二指肠炎、肠炎、结肠炎。

请记住，在介绍呼吸道感染的时候我们已经遇见过一些类似的医学词汇：鼻炎、咽炎、气管炎、支气管炎……胃肠道的情况也是如此。如果胃肠道中多个部位同时感染，那么病名也会变得更加复杂，更加可怕，例如胃十二指肠炎、胃肠炎、小肠结肠炎、胃小肠结肠炎。不难理解，“小肠结肠炎”这种医学专业词汇，准确来说并不是疾病的名称，它只是对胃肠道中受感染的部位进行描述。医生们根据疾病的症状和粪便外观就可诊断肠道中受感染的部位。然而，仅根据一些症状来确定病名却十分复杂。不过，许多肠道感染疾病的症状相对特殊，如痢疾、伤寒、霍乱等，对于这些疾病医生们无需做额外的检测就可以确诊。

然而，无论疾病的症状多么明显，都需要在做过微生物检查（即检查粪便、呕吐物、洗胃过后的水、血液、可疑的食物以及饮料）之后方可确诊。如果在检查中发现了沙门氏菌，这就说明疾病是由沙门氏菌感染引起的。

为了做出正确的诊断，不仅仅要发现细菌，还需要发现具体的肠道感染症状，例如呕吐、腹泻等等。在各种各样的预防检查中（例如，孩子上幼儿园、上学前的健康体检、去夏令营前的体检等）经常会在粪便样本中发现一些迹象——危险的大肠杆菌、沙门氏菌，或是痢疾杆菌。如果体内有细菌，却没有出现具体的胃肠道感染的症状，那就证明这个人（无论成年人或是儿童）已经成为此种细菌的携带者，他也“不幸地”成为“研究对象”。这个人对此种细菌已经具有免疫能力，他不会因为体内有细菌而染病，但是他却会对其他人造成威胁，因为他能够作为传染源继续传播这种细菌。对于这样的人医生们正在做密切的跟踪研究。

* * *

胃肠道感染的病原体在进入人体之后便开始快速繁殖，它们首先会引起消化功能紊乱，其次会使胃肠道黏膜细胞受损发炎。正是由于这两个过程，人体才会出现肠道感染的共同症状：腹泻。其他症状包括恶心、呕吐、腹痛、体温升高、食欲下降、虚弱无力等，这些症状虽然也经常发生，但并不是肠道感染所特有的。

另外值得注意的是：胃肠道感染在日常和医学的范畴内概念相差较大。大多数普通人在出现腹泻时，立即就会想到肠道感染。然而，对于医生们来说，重要的不是疾病的症状，而是它的

妈妈笔记

感染途径。从医学观点出发，任何一种经由口腔感染的疾病（由食物、饮用水或不洗手等原因传播的疾病——这样的传播方式被称作粪口传播）都是典型的肠道感染，其中最典型的例子就是甲型病毒性肝炎。甲型肝炎病毒总是先进入胃肠道，继而感染肝脏，不过通常不会引起腹泻。

预防肠道感染的方法实际上很简单，只要我们注意卫生，遵守一定的卫生守则即可：经常洗手，尤其是饭前便后一定要洗手；对食物和水进行热加工；注意储存食物的方法；对病人进行隔离，为他们单独准备餐具等。

应当时刻记住，**腹泻所造成的最可怕也是最严重的后果就是脱水和钠离子流失**。在没有食物的条件下，人类机体尚可正常运作几周，但是缺少水分和钠离子，人类则无法生存：这时的生命是以小时来计算的。

与大人相比，孩子体内水分和盐分的存储量尤其少。所以肠道感染对孩子的健康和生命来说，可以算作是一种严重的威胁。

正因为如此，排便的次数和粪便的气味、颜色并不是医生们判断孩子肠道感染严重程度的主要因素，真正的判断标准是孩子身体的脱水程度。肠道感染的程度只能由医生来判断，但是人们不太可能每次出现腹泻就去看医生。所以在此值得强调的是：无论孩子患有哪种肠道感染，**患儿和家长都需要遵守一定的法则：**

1. 无论何时都要好好想想您吃了什么，以及您给孩子喂了什么。如果您为孩子准备的是“独家秘制”的食物，那当然没有关系，但如果食物是您在附近小商店里买来的，那么就要好好想想那些有可能步您后尘的人。打个电话通知社区医疗中心并不是一件难事。

2. 无论哪个家庭成员有肠道感染的症状，都应当引起全家人的警觉。要为他准备单独的餐具，其他的家庭成员也要时刻注意卫生，勤洗手，扔掉有可能已经变质的不洁食品，将家中所有的餐具加热消毒，千万不要吝啬使用消毒用品。

妈妈笔记

3. 无论是腹泻，还是呕吐，都是人体进行自卫的方式。这些症状正说明了有些不太对劲的东西进入了胃肠道，所以人体想用各种方法将它们驱逐出去。因此，在治疗肠道感染时我们所要做的并不是止住腹泻和呕吐。恰恰相反，我们应当推动两个过程：饮水和呕吐（如果已经不想呕吐了，那可以有意识地引起呕吐，借此清理胃部）。也可以用灌肠的方法清洗大肠，灌肠时一定要使用普通的温白开水，最佳水温为20℃，千万不要太烫，同时一定要将所有注入体内的水都排空。

4. 最重要的原则是——及时补充人体内流失的水分和盐分。引起呕吐，以达到洗胃的目的。一些药物十分有助于达到这一目标。在许多药房都能买到准备好的富含多种盐分的制剂。在使用之前一定要用开水将制剂冲开。如果药房离您家很远，那么喝一些矿泉水，煮的葡萄干、青草水。野蔷薇水和干水果熬煮的羹、茶（绿茶比红茶好）也可以。如果实在没有那么多选择的话，喝点手边现有的饮品也比什么都不喝要好。

5. 饮品的温度应当与体温相当，因为在温度相当的条件下，水分吸收最为迅速，能够很快从胃部进入血液。

6. 当呕吐症状不断反复时，切记，应当增加饮水的次数，但每次的饮用量不宜过多，这是为了减小胃部的压力。此外，在服用任何一种药物之前，都应当征求医生的意见。

7. 根据最严格的要求，在治疗胃肠道感染时，只有两种自我治疗方法是绝对安全的——饥饿疗法及充分饮水。任何药物都有可能导致不可预见的后果，只有思密达[1]和吸附性活性炭有效，可以使用。

1 一种治疗儿童急、慢性腹泻的药物，药物名称为双八面体蒙脱石（译者注）。

8. 您最应当注意和担心的应当是孩子的身体状况，而不是他一天腹泻了几次，换了几次尿布，洗了几次便盆。一定要注意孩子尿液的颜色：如果尿液透明，那就意味着孩子没有脱水。

9. **如果1岁以内的孩子出现腹泻，那一定要就医。**如果腹泻在1昼夜内仍未见好转的话，任何年龄段的孩子都应当立即

妈妈笔记

就医。

10. **如果出现以下的症状一定要立即就医：**

- 腹痛；
- 孩子因为剧烈呕吐而无法饮水；
- 孩子超过6小时没有排尿；
- 孩子舌头干燥、眼眶凹陷、肤色惨白；
- 孩子的粪便带血；
- 孩子的腹泻虽然停止了，但是呕吐却更加强烈，（或者）有体温迅速升高及（或）腹痛的症状。

11. 当孩子身体逐渐恢复正常时，不要急于让他吃这吃那，“弥补损失”。可以让他喝一些大米粥、燕麦粥。让孩子吃上两天这种易于消化的食物，身体就会康复了。

* * *

在治疗肠道感染疾病时，并不是所有患者都需要服用酞磺胺噻唑或是左旋霉素，因为并非所有的肠道感染都是由细菌引起的。有30%左右的腹泻是因病毒[1]而起，对于这种类型的腹泻，我们先前提到的所有抗菌药物都毫无作用。此外，即使是由细菌引起的疾病，每一种细菌对抗菌药物的反应也各不相同。例如，抗生素在治疗痢疾的过程中被广泛采用，而在针对沙门氏菌的治疗中却很少使用。

1 能够引发儿童胃肠道感染的，主要是“轮状病毒”，这种病毒经常感染2岁左右的儿童。因此，轮状病毒也被许多国家纳入预防接种范围。

不过，肠道感染也有其特别之处：如果患者严格遵守饮食规范，及时补充水分和盐分，那么只要有时间和耐心，患者就一定可以康复（讲卫生是必不可少的）。

总之，治疗的方法各种各样。可以服用抗生素，在杀死有害菌的同时也杀死了自身的大肠杆菌、乳酸菌及许多其他人体所必需的有益菌。也可以采取另外一种治疗方法，向肠内“输送”一些有益菌，由它们来“驱逐”不速之客。这种药被称做**益生菌**，世界各地的制药厂商都在大量加工生产。目前，在治疗肠道感染时，益生菌越来越多地取代着抗生素。而吸附性活性炭则被更先进的、药效高出百倍的**螯合剂**所取代。

还有一种治疗肠道感染的有效措施，那就是噬菌体。几乎所有细菌都有其天敌——一种专门进攻细菌的病毒。此类病毒被称作**噬菌体**。目前已经研制出了含有特定噬菌体的药品，例如“沙门氏菌噬菌体”用以治疗沙门氏菌病，“痢疾噬菌体”则是用以治疗痢疾的。这些药品已经广泛生产并投入使用。

不过令人颇为郁闷的是：无论在理论上还是在实践中，与节食和补水的方法相比，益生菌、噬菌体并不能令患者更快地康复。

* * *

医院针对肠道感染采取的基本救治措施是**输液**，也就是将水分和盐分通过滴注的方式注入人体，使得身体能够快速弥补体内水分和盐分的不足。

当霍乱——这种最为危险的肠道感染发生时，注射疗法基本是最主要的方法。霍乱病原体能够分泌外毒素，隐藏在肠道缝隙处，因此抗毒素血清无法有效地中和它。在霍乱杆菌分泌的外毒素的作用下，胃肠道黏膜细胞开始收缩，并同时失去数升的水分！由此，必须及时向人体内注射药物，在人体对外毒素产生抗体之前做积极的治疗。

总之，**现在的医生有各种高效方法治疗肠道感染**。作为家长，您要时刻保持清醒、理智，千万不要任由孩子连续几个小时腹泻而不去看医生，也不要听信邻居的忠告而盲目给孩子服用酞（酰）磺胺噻唑。

3.18 猩红热

瓦利亚，瓦莲金娜，
你怎么了？
惨白的病房，
鲜红的大门，
在脖颈边的皮肤上，
闪烁着猩红热死亡的红光。

——爱·巴格里茨基

在希腊语中有这样一个词汇 streptos，它的意思是“绞合的”、“扭绞的”、“编成的”、“锁链状的”。同样有这样一种细菌——链球菌，如果将它放在显微镜下仔细观察，那么就能发现由多个静止的小圆球组成的真正的“小链子”。

链球菌是一种十分普遍的细菌，能够引发多种疾病。猩红热或许只是其中最为著名的一种，但却并不是唯一的一种。

猩红热是一种很早就为人们所熟知的疾病。人们往往以一种十分严肃的态度看待它。这是正确的，也是有根据的。虽然古代的医生们（希波克拉底及许多著名医生）总是将猩红热与麻疹、风疹等疾病混为一谈，但这并没有造成什么严重后果，只不过现代的人比古代的人更加聪明，知道得更多。在现代医学的帮助下，我们能够分辨出风疹和麻疹是病毒性感染，而猩红热则是由细菌感染引起的。此外，风疹和麻疹能够自行消退，而抗生素则对治疗猩红热十分有效。希波克拉底当然对抗生素一无所知，所以会将猩红热和麻疹弄混。直到 1675 年，医生托马斯·西德纳姆才详细地描述了猩红热的症状，并将它正式命名为猩红热。

猩红热并不是链球菌制造的唯一一种疾病。大部分的咽炎、风湿、血管球性肾炎、丹毒性炎症都是由链球菌感染所引发的。

然而，猩红热是一种十分特殊的疾病。读者们希望笔者能够尽量解释清楚这种病的本质，但是三言两语真的很难解释清楚。在此，笔者还是尝试着为读者们解释一下：

链球菌是一个十分复杂的概念。这个看似简单的词汇中包含了数十种，乃至上百种细菌。它们一方面彼此相似，另一方面，它们在结构上又各不相同。每一种链球菌都能分泌出相对固定的毒素。人体在感染了某种链球菌后，就会对此种链球菌形成免疫，但这并不意味着人们以后能够顺利地避开其他由链球菌引发的疾病。不同种类的链球菌分泌的毒素各不相同，因此人体也要不断合成新的抗体。

有少数链球菌（在此强调一下，只是少数，并不是全部）能够合成一些特殊的有毒物质，这些有毒物质被称作红疹毒素。

红疹毒素有两大特点：首先，它能够令人体发生一些特定的变化，这些变化引起的病征只有在血疗毒素作用下才会出现；其次，在对一种链球菌的红疹毒素产生抗体之后，人体便不会对任

妈妈笔记

何链球菌的红疹毒素做出反应，因为血液内的红疹毒素抗体长期处于循环状态中。

在读者们了解了这些必要知识之后，笔者就大致能讲清什么叫猩红热了：

猩红热是一种特殊的链球菌感染，它是机体对红疹毒素作用的特殊反应。猩红热一生只得一次，而其他链球菌感染则有可能多次发病。

"红疹毒素"如果按照希腊语完全对应地翻译过来，就是"红色的毒素"，这已经充分显示出猩红热的"最主要的症状"。

不过，还是让我们从头开始，从疾病的发生开始讲起。链球菌主要通过飞沫传播，但有时不干净的食物、玩具、衣物等也能成为链球菌传染的介质。链球菌感染者和携带者往往是链球菌的主要传染源。百分之九十以上的猩红热患者是16岁以下的儿童，而1岁以内的孩子几乎很少患病，因为他们有从母体带来的抗毒免疫力来保护。

疾病的潜伏期约为1～12天。链球菌在进入人体后就会附着在黏膜组织上：首先是附着在喉部（扁桃体上）并开始繁殖，与此同时链球菌会分泌出红疹毒素。猩红热发病时症状十分严重——体温迅速升高、咽部疼痛，几个小时之后就会开始出疹——这正是身体对红疹毒素的反应：皮肤发红，在皮肤上还能发现许多十分微小的红点（比皮肤颜色略红）。红疹用不了多久就会迅速覆盖全身，尤其是在手脚关节弯曲处的皮肤表面，红疹会更为严重。皮肤干燥，如果用手触摸，触感会使人联想起砂纸。患者脸部的反应也很特别：两颊通红，但是在鼻部和嘴部构成的三角区内却没有疹子，且肤色惨白。患者的舌头偏红，有杨梅舌，并伴有咽炎的症状：咽部发红、有炎症，在扁桃体上有小脓包。

这些症状正是链球菌分泌的红疹毒素引起的反应，它主要侵袭的是患者的皮肤和黏膜组织，致使表皮（表皮层）细胞大量死

妈妈笔记

亡，皮肤开始一片片脱落。患病一周左右，患者脸部会有脱皮的症状，随后这一症状蔓延至躯干、手腕、脚腕以及腿部。

须知：

1. 幸运的是，链球菌对抗生素，尤其是对盘尼西林十分敏感。在开始用盘尼西林治疗的 12 ~ 24 小时之内，患儿的身体状况就会有明显好转。如果孩子对盘尼西林过敏，那也不是什么大问题，毕竟可供选择的抗生素种类还很多。

2. 只要及时进行抗生素治疗，猩红热患者都能痊愈；但是如果不接受任何治疗，就会出现十分严重的并发症。在所有并发症中，最为严重的就是心脏损伤（风湿性心脏病），以及肾脏的损伤（血管球性肾炎）。

3. 病况稍有好转就停止治疗是十分危险的。应当在一定的时间内坚持使用抗生素，否则会提高并发症的发病几率。

4. 及时使用强效抗生素有时（很少见）会导致一个不好的后果：身体还没有来得及合成足够多的对抗红疹毒素的抗体，而链球菌却很快就被抗生素消灭了。这样患者就有可能再次染上猩红热。不过再次发病时症状会相对较轻。

5. 咽喉和扁桃体并不是链球菌进入人体的唯一通道。链球菌还可能从皮肤破口处（擦伤、割伤、手术伤口）进入人体。在这种情况下，除了咽炎之外，猩红热的所有症状都会出现。而治疗的基本原则也与正常感染无异。

6. 通常，症状较轻或是中等程度的猩红热在家里就可治愈，无需住院治疗。对患儿通常要进行十天左右的隔离。在这之后，如果孩子的症状好转，就完全可以带他外出散散步。但是，对于曾经感染过猩红热的病人来说，与链球菌的二次接触会变得十分危险——这可能导致过敏性疾病或是并发症。因此，正常的生活和散步是可以的，但是要适当限制患儿与他人，尤其是与其他孩子的接触。从孩子感染了猩红热开始到他重返学校或者幼儿园，这期间最起码要间隔 3 周的时间。

3.19 咽炎

“您好，有人叫医生吗？喂，家里有没有人啊？还需不需要医生了？哦，小朋友，就你一个人在家吗？你妈妈在哪儿呢？哦，上班了呀，那你爸爸呢？出差了，两年前就出差了呀。那你张开嘴让叔叔看看好不好？来，说‘啊……’，哦！天哪！这喉咙都成什么样了。”

——米·米·日瓦涅茨基

免疫力是身体识别外来入侵者并与之抗争的能力。入侵者可能是癌细胞，也可能是传染病的病原体。在人体内有几类细胞，它们执行着一些相同或彼此相近的功能，这些细胞被称作组织。例如，骨组织、肌肉组织、神经组织、腺体组织。也有一些专门负责维护身体免疫力的细胞，这些细胞组成了淋巴组织。淋巴组织存在于肠道内（大肠、小肠）、骨髓中，而胸腺则完全由淋巴组织构成。想要看到淋巴组织并不难：您只需要走到镜子前，将嘴巴张大。在口腔的深处靠近嗓子眼的部位有一个半圆形的东西，那就是扁桃体。

妈妈笔记

扁桃体是由淋巴组织构成的，它是人体淋巴系统中的一个十分重要的组成部分。它积极参与到人体免疫的过程中，并且经常出现炎症。为什么会经常发炎？因为所有进入我们体内的物质，无论是空气或是食物，首先都要与扁桃体接触。无论是食物经由口腔进入食道和胃部，还是空气通过口腔进入气管和肺部，扁桃体都是人体免疫系统的先遣部队。因此，扁桃体经常出问题也就不足为奇了[1]。

1 治疗扁桃体炎最干净彻底的办法是将扁桃体摘除。

引发扁桃体炎的最主要原因是呼吸道病毒感染，除体温升高、咳嗽、鼻塞之外，扁桃体炎的主要症状还包括咽喉红肿，吞咽疼痛等。

除了病毒，还有数十种细菌能够引发扁桃体炎。所以，它也是多种传染病共有的最常见症状。

同时，有两种细菌经常以特殊的方式侵染扁桃体，它们就是链球菌和葡萄球菌。病情的发展十分迅速，时常伴有发烧、咽喉剧痛等症状，在扁桃体表面还会出现脓疮。这就是咽炎。通常，有80%的细菌性咽炎是由链球菌引起的，10%是由葡萄球菌引起，还有10%是两种细菌同时作用引发的。

再说一遍咽炎的具体症状：

- 病情开始就很严重，体温升高；
- 有普遍中毒的症状（虚弱、打寒战、多汗、无食欲、头痛）；
- 扁桃体发炎——扁桃体肿大、发红、长脓包、咽喉疼痛，尤其是在吞咽食物的时候；
- 淋巴结异常或肿大，尤其是两腮下部淋巴结及下颌部的淋巴。

在所有人体器官和组织中，除了血管（静脉及动脉）之外，还有一

妈妈笔记

些淋巴管。淋巴管能够收集各个组织间的组织液，也就是淋巴液。人体中没有哪个部分的淋巴管比扁桃体中的更多。因此，不难理解，扁桃体发炎化脓还经常伴随着淋巴结肿大。

“咽炎”这个词是由古希腊医生发明而来。古希腊人并不明白病毒和细菌的区别，在他们看来“咽炎”是指所有伴随着吞咽、呼吸困难的咽喉部位的炎症。现代的医生针对不同的病毒和细菌感染，选用不同的治疗方法。每一种有扁桃体炎症状的疾病都有与之相对应的治疗方法。

因此，并不是所有有咽部发红、肿痛症状的疾病都被称作咽炎。

咽炎，是一种急性传染病。而扁桃体的受感染程度是判断咽炎病情的主要依据。

咽炎表现为一种综合症状：咽喉红肿、疼痛、扁桃体化脓、淋巴结肿大。上述这些典型的咽炎症状，在**白喉患者**身上同样也会出现。同时，有一些病毒性感染，例如**单核细胞增多症**也会有类似的症状。但是，除了以上这些症状外，白喉杆菌还会损害心脏、肾脏和神经系统，而单核细胞增多症则会损害肝脏、脾脏和全身淋巴结的功能。可以用抗生素来治疗咽炎，用抗白喉血清来治疗白喉，而对单核细胞增多症而言，抗生素和血清都无效。

笔者之所以举这些例子是为了再次强调：咽炎并不是多种疾病的统称，而是单一的一种具体病症。它是由某种细菌引起的（通常是链球菌），具有鲜明特点的疾病。

需要注意的是，咽炎是一种急性病。病情的发展不可能长达数月，也不会每个月都发病。咽炎具有传染性，它通过咽炎患者或是链球菌携带者传播。人不可能因为踩了凉水就感染咽炎，只能是接触了感染咽炎的人才会染病（当然，受凉之后更容易被感染）。

扁桃体经常是慢性感染的源头（因为免疫力下降、生活中各种因素，例如灰尘、化工产品等等的影响）。如果扁桃体经常红肿发炎，那么医生就会考虑病人是否患了**慢性扁桃体炎**。任何一种额外的感染（例如轻度急性呼吸道感染），任何一次伤风着凉，任何一种应激反应都可能加剧发炎过程，引发咽炎症状。准确地说，这不是咽炎，因为它并不具有传染性，只不过是长期生活在扁桃体上的细菌繁殖过多而已。不是咽炎，同时也不是急性炎症，而只是慢性炎症加重，称为**慢性扁桃体炎加重**。慢性扁桃体炎的治疗方式与咽炎治疗方法完全不同。虽然抗生素在治疗中依旧有效，但最为重要的是提高患者的免疫力，消除日常生活中的不利因素。

与所有急性链球菌传染病一样，咽炎也有**两个最重要的特征：**

- 如果及时而正确地使用抗生素进行治疗，咽炎便会很快治愈。
- 如果没有采取任何治疗措施，或是治疗方法不当，那很有可能引发并发症，链球菌会对心脏、关节和肾脏造成损伤。

再次提醒您注意：**几乎百分之百的风湿性疾病和血管球性肾炎都是由普通咽炎引发的！**

* * *

咽炎应该如何治疗呢？

如果患者正处于咽炎的严重期（即体温还未恢复正常），那么最好卧床休养。过度运动会加重对心脏的损伤。

饮食：应当依照患者的食欲来安排食物。最好为他准备一些不会擦伤、刮伤扁桃体的食物，例如肉汤、菜泥等等。不要让患

妈妈笔记

者吃面包干等坚硬的食物。

有一条原则最重要：一定要多喝温水，矿泉水、水果羹、茶都可以。

抗生素的选择：无需使用进口和昂贵的药物来治疗咽炎。按量服用盘尼西林、氨苄青霉素、红霉素即可。不过，需要强调一点：细心的读者或许会注意药品的服用方法“1 日 3 次，每次 1 片，饭后服用”，然而却对服用多少为“正常剂量”一无所知。使用抗生素治疗咽炎时，不要在病情稍有好转时就停止服药，这一点尤其重要，因为短于 7 天的疗程会大大提高并发症的发病率。

局部治疗：各种各样的口腔含漱剂虽然不能对咽炎患病时间和并发症发病几率产生什么影响，但是却能有效地缓解患者的痛苦，减轻咽喉疼痛，使吞咽动作变得更轻松。我们可以用鼠尾草或是雏菊熬煮水漱口（用生理盐水也可：在 1 杯水中放入 1 茶匙的食用苏打，或是在 0.5 升水中放入 1 茶匙食用盐）。漱口水的最佳温度为 40℃ ~50℃，每天漱口 4 ~6 次。不过漱口也要注意适度，漱口过于频繁反而会加重对扁桃体的刺激。另外，每次吃饭后都要漱口。

如果有高烧和剧烈疼痛的症状，那么可以使用退烧和止疼药（醋酚等）。

结论

咽炎应当由医生来治疗。

首先，咽炎的诊断并不像我们想象中的那么简单。

其次，咽炎的治疗也并不像我们想象中的那么容易。

急性化脓性扁桃体炎不仅是普通咽炎的症状，也可能是白血病、猩红热、白喉、单核细胞增多症、梅毒、淋病等疾病的症状。

无论有何种“咽部疼痛”的症状，都应当向医生寻求帮助，

妈妈笔记

因为咽痛也是白喉的主要症状。如果得不到及时治疗，未及时注射血清，那么花费将会更加昂贵，后果也会更加严重。

现在，市场上的口腔喷剂或口腔冲洗剂的种类繁多。这些药剂中都含有抗炎杀菌的成分。所有这些药物都对某些咽炎、口炎、喉炎有所帮助，能够减缓喉部疼痛。但是，单纯对局部进行治疗，很难快速有效地治愈咽炎。

头痛医头、脚痛医脚当然是不可行的，我们还需要更加全面、合理、及时地从根本上治疗咽炎。

3.20 脑膜炎

迷雾终可以驱散，重要的是不断前行。

——罗曼·罗兰

对人类而言，脑膜炎是最危险的一种疾病。如果说，肺炎尚吓不倒我们，感染了肺结核也还会有几年的寿命，在医生的帮助下人们也在努力摆脱性病的困扰，那么，感染脑膜炎就没有这么幸运了：要么进医院接受治疗，要么等着见死神。

脑膜炎是一种为大家所熟知的疾病。最起码，许多不具备专业医疗知识的普通人都知道“脑膜炎”这个词，虽然大家对脑膜炎的具体症状并不太了解，但都惧怕这种疾病。如果急救医生说：“您的孩子得了咽炎（流感、肺炎、小肠结肠炎、上颌窦炎等等），请快送医院吧。”他得到的回答很可能会是：“医生，在家里治疗就不行吗?”但如果医生说出的是“脑膜炎”这个词，哪怕语气不那么坚决，只是说“有点像脑膜炎”，家长们也绝对不会说“在家治疗”这种话。

人们对“脑膜炎”如此紧张，这是完全可以理解的。虽然从脑膜炎可以治愈到今天已经过了近七十年，然而，与其他死亡率降低至原先的数十分之一的儿科疾病相比，脑膜炎的死亡率只降

妈妈笔记

低到了原来的二分之一。

那么，脑膜炎究竟是一种什么样的疾病呢？

首先需要指出的是：脑膜炎是一种传染病。也就是说，某些细菌是引发脑膜炎的直接原因。人类可能患的大部分感染性疾病都能在病名和引发疾病的病原体之间找到明显的联系：梅毒是一种白色螺旋体感染，猩红热则是链球菌感染，沙门氏菌感染是由沙门氏菌引起的，肺结核是由结核杆菌引起的，艾滋病是由人类免疫缺陷病毒引起的等等。然而，脑膜炎这种病却没有某种病原体与之对应。

"脑膜炎"指的自然就是脑膜部位的炎症。能够引发脑膜炎的有多种微生物，其中除了细菌、病毒之外，还包括真菌。传染病学家十分肯定地说，无论被感染者处于何种年龄段，在一定条件下，任何一种微生物都有可能引发脑膜炎。因此脑膜炎也可以分为多种类型。根据病情发展的速度、病情的严重程度、发病的频繁程度，特别是根据疾病的治疗方法可以划分成很多种。总之，**任何一种脑膜炎都会对生命构成威胁，而且十分容易出现并发症。**

脑膜炎是由于某种具体的病原体进入颅腔，继而引发脑膜部位出现炎症。有时，发生脑膜炎是由于在接近脑膜的地方已经存在感染病灶，比如说化脓性耳炎和上颌窦炎。有时，颅脑外伤也有可能引发脑膜炎。但微生物进入颅脑组织的最常见途径是血液流动。显然，当微生物进入血液后，它在脑膜部位是否存活以及能否进一步繁殖，都取决于人体的免疫力水平。

人体的免疫力往往会存在一些漏洞，而这些漏洞给脑膜炎提供了可乘之机。虽然与咽炎、百日咳、水痘、麻疹这些疾病相比，脑膜炎并不常见，但毕竟有些家庭所有孩子都感染了脑膜炎。还有一件怪事，在人体免疫力同样水平的情况下，男孩子感染脑膜炎的几率是女孩子的 2 ~ 4 倍，这个问题至今没有找到合

妈妈笔记

理的解释。

根据不同的病原体，我们将脑膜炎划分为病毒性脑膜炎、细菌性脑膜炎和真菌性脑膜炎。此外，有些单细胞生物也可以引发脑膜炎，例如，阿米巴虫、弓形体虫。

病毒性脑膜炎发病时可能伴有多种传染病：水痘、麻疹、风疹、流行性腮腺炎、流感及一些由疱疹病毒引起的感染，也会对脑膜造成伤害。老年人、孩子和体质虚弱的人经常会感染真菌性脑膜炎（这几类人往往免疫力水平较低）。

细菌性脑膜炎十分特别。人体内任何一个化脓病灶——肺炎、烧伤感染、咽炎以及各种脓肿，都有可能将病原体带入血液。当带着病原体的血液流至脑膜时就有可能引发脑膜炎。许多人们所熟知的，能够引起化脓反应的病原体，例如链球菌、葡萄球菌、绿脓杆菌等，也会引发脑膜炎。其中最为严重的一种是结核性脑膜炎——几乎已经被遗忘，但近年来却越来越常见。

60% ~70% 的细菌性脑膜炎是由一种名叫脑膜炎双球菌的微生物引起的。脑膜炎双球菌通过飞沫途径传播，进入人体后，脑膜炎双球菌会吸附在鼻咽黏膜处，并且可能会出现类似普通呼吸道病毒感染症状：轻微流涕、鼻塞、咽喉红肿——脑膜炎双球菌性鼻咽炎。笔者之所以在此用“可能会出现”是有原因的：脑膜炎双球菌在进入人体后很少引发疾病，生病和疾病的发展情况主要取决于个人的免疫力水平。因此，以下两点很好解释：首先，与人接触（例如上学），感染脑膜炎的几率大约为千分之一；其次，在健康人体的鼻咽黏膜处经常可以发现脑膜炎双球菌（有大约 2% ~5% 的健康孩子是脑膜炎双球菌的携带者）。

人体除了无法抑制微生物进入鼻咽处之外，同样还无法阻止脑膜炎双球菌穿透鼻咽黏膜进入血液。脑膜炎双球菌由血液送至大脑皮层、眼睛、耳朵、关节、肺、肾上腺，并在这些器官中引发危险的炎症。随着脑膜炎双球菌不断侵袭大脑皮层，最终引发

妈妈笔记

脑膜炎。

有时脑膜炎双球菌会大量地迅速进入人体。引发脑膜炎球菌性脓毒症或是脑膜炎球菌血症——这种疾病是所有儿童感染性疾病中最为可怕的一种。细菌会不断分泌毒素。在毒素的作用下，许多毛细血管会出现堵塞，进而阻碍血液循环。孩子的身体上开始出现许多溢血点。有时在发病后的几个小时，孩子的肾上腺也会出现溢血症状，动脉压迅速降低，最终导致死亡。

脑膜炎球菌血症有着惊人的发病规律：当细菌进入血液时，人体内相应的抗体就开始对其作出反应，以求最终消灭入侵者。事实证明，有一些抗体在此过程中发挥十分重要的作用。如果人体内存在足够多的抗体，例如，链球菌抗体、肺炎球菌抗体、葡萄球菌抗体，那么这些抗体就有足够的能力对抗脑膜炎双球菌。正因为如此，体弱多病、患有慢性感染性病灶、曾经感染过肺炎或其他疾病的孩子是几乎不会患脑膜炎的。脑膜炎球菌血症的恐怖之处在于：它能在 10 ~ 12 个小时内导致一个从未生过病的健康孩子死亡！

笔者之所以描述以上种种，并不是为了吓唬读者。脑膜炎是可以医治的。但是治疗的结果（病程的长短、病情的严重程度、出现并发症的可能性）与采取正确治疗的时间密不可分。

显然，这里说的“采取正确的治疗”主要取决于患者何时前往医院就诊。由此，您很有必要了解一些专业知识，以免以后承受更大的痛苦……

脑膜炎有许多种症状，但其中有许多症状并非脑膜炎所特有。在患其他疾病时这些症状也会出现，不过危险程度会小得多。**脑膜炎是不容小视的疾病，只要稍有怀疑，千万不要犹豫，需要立即住院治疗并进行缜密的医学观察。**

如果出现以下几种情况，就不排除孩子患脑膜炎的可能：

1. 在孩子患有任何一种感染性疾病（如急性呼吸道感染、水

妈妈笔记

痘、麻疹、流行性腮腺炎、风疹、口唇生疮等）一段时间后通常（并非在发病之初）会出现剧烈头痛的症状。头痛可能非常严重，以至于与其他症状相比更加令人担忧，并且时常伴随着呕吐和恶心。

2. 孩子除了体温升高之外，在转动头部时还感到背部和颈部疼痛加剧。

3. 孩子有嗜睡、意识不清、恶心、呕吐的症状。

4. 孩子有抽搐的症状，不论强度如何，也不论时间长短。

5. 如果一岁以内的孩子发疟子，且哭声单一，囟门膨出。

6. 孩子在体温升高时伴有出疹的症状。

除以上症状外，人体中还有几种反射也会产生相应的变化，而这只有医生才能发现。

家长们必须清楚地知道有哪些症状属于少见的症状。而类似呕吐、恶心、头痛等普通症状也需要医生们进行进一步检查后才可确定。

体温升高时身上起的任何一种皮疹都有可能是脑膜炎球菌血症的表现。您（或是您的邻居）很可能会认为这些疹子是风疹、麻疹，或是一些疾病的“素质”，而并不会想到这就是可怕的脑膜炎球菌血症。因此，如果出现这样的情况应当尽快让医生检查一下孩子身上的皮疹性质，越早越好。如果疹子类似溢血症，疹子数量快速增长，在起疹子的同时还有呕吐、体温升高等症状，那么应当尽快送孩子住院，最好直接去传染病医院。请记住，脑膜炎球菌血症从发病到死亡的时间不是按小时，而是按分钟来计算的。

值得指出的是，哪怕是最具临床经验的医生也只有在看到孩子身上有脑膜受到刺激的症状加上典型性皮疹时才能有绝对的把握对脑膜炎下诊断。在其余情况下，医生只能做大致判断。

唯一一种确认或排除脑膜炎的方法就是为患者做脊髓穿刺。无论是在人的大脑还是脊髓里都循环着一种特殊的液体——脑脊液。当脑部或是脑膜出现炎症时，脑脊液中就会积聚大量坏损细胞，脑脊液本身也会变得浑浊（正常情况下，脑脊液应当是无色透明的）。通过研究脑脊液，不仅能够让我们确诊脑膜炎，同时也能够判断患者感染的脑膜炎类型究竟是细菌性的、病毒性的，还是真菌性的。这有助于医生们制定正确的治疗方法。

遗憾的是，在民间普遍存在着这样一种观念；认为骨髓穿刺会对人体带来巨大损伤。事实上，这些担忧是毫无根据的。骨髓穿刺导管刺入的腰椎部位没有一条神经干，因此穿刺根本不会造成瘫痪。在法律上，如果医生怀疑就诊者可能患有脑膜炎，就**有责任**为他做骨髓穿刺检查。需要指出的是，穿刺不只是一个诊察手段，还有治疗效果。任何一种脑膜炎，通常都会导致颅内压升高，从而产生剧烈的头痛。提取一定量的脑脊液有助于降低颅内压，从而改善患者状况。在脊椎管部位做穿刺时，还会输入抗生素。例如，在治疗结核性脑膜炎时，经常性地做骨髓穿刺是唯一能够拯救患者的机会（不少于一天一次），在穿刺时向脊髓中输入抵抗结核菌的抗生素——一种特殊的链霉素。

通过以上信息，我们不难发现，脑膜炎的治疗主要取决于引发疾病的病原体类型。治疗病毒性脑膜炎的主要方法是使用抗生素。具体药物的选择则取决于每种细菌对抗生素的敏感度以及这种抗生素能否成功进入脑脊液中。如果及时使用抗菌药物，康复的几率很大。

病毒性脑膜炎则不同——除了阿昔洛韦之外，几乎没有有效的抗病毒药物。但是阿昔洛韦只在疱疹感染时才使用（再次提醒您一下，水痘也是疱疹的一种）。幸运的是，病毒性脑膜炎与细菌性脑膜炎相比，病情较为缓和。

妈妈笔记

治疗脑膜炎的关键不仅局限于对抗病原体。医生可以使颅内压恢复正常，采取消除患者体内的中毒症状、改善神经细胞和大脑血管的运作，开具有效的抗感染药物。

如果采取及时的治疗，脑膜炎患者能够在 2 ~ 3 周内病情快速好转，而且可以完全治愈。

再次强调：**一定要及时治疗**……

3.21 肺炎

总有一天，我们的后代会为我们没有发现的那些显而易见的道理而感到震惊。

——塞内卡

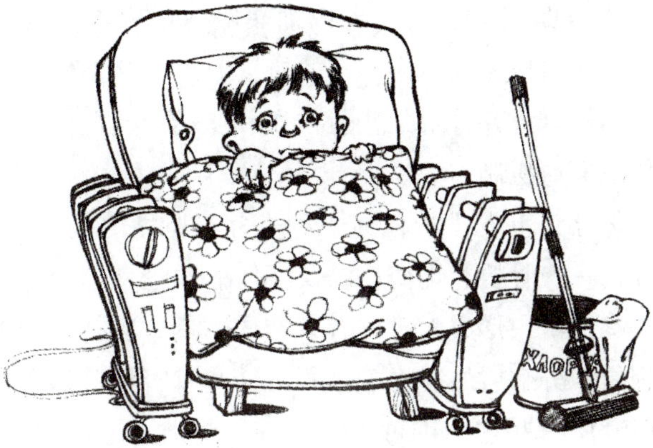

肺炎——是人类最为常见的一种疾病。

人体的呼吸系统，包括肺脏十分容易受到细菌和病毒感染。肺炎有很多种传播方式，其中最为常见的是通过飞沫传播。上呼吸道是与各种病毒、细菌做斗争的先遣部队，这一点是毫无疑问的。在一定的条件下（如患者免疫力低下、细菌活性很高、空气质量差等等），细菌或病毒引起的感染不会在上呼吸道（鼻咽部、喉部、气管）停留，而是会继续向下走。有时感染的过程会以支气管黏膜感染而结束，引发支气管炎。但是，很多时候，事情并没有到此为止，还有可能直接引起肺组织感染——这就是肺炎。

以上所说的是最为常见的肺炎感染途径，但却并不是唯一的途径。在上学时我们就明白了一个问题：人类为什么需要肺脏。答案也十分简单：为了呼吸。学习成绩优异的孩子甚至还能具体

妈妈笔记

说出肺是人体进行气体交换的场所。负责向血液中注入氧气，并同时从血液中排出二氧化碳。总的来说这样的解释是正确的，但实际上，**肺除了呼吸功能以外，还有许多其他功能。**

肺可以调节人体中的水分和盐分的代谢（例如，湿润吸入的空气）。

肺脏能够保护机体免受空气中的大量有害物质的入侵。

肺能够帮助调节体温（可以加热吸入的寒冷空气，这是其一；其二，还可以将人体内多余的热量加快呼吸散发出去）。

肺脏能够合成并分解某些蛋白质和脂肪，与此同时，肺还可调节人体的凝血机制。

在人体器官上发生的任何一种炎症、所做的任何一次手术、发生的任何一次骨折、烧伤，以及任何一次进食都会向血液中释放，或是在血液中形成大量的有害物质，其中包括各种毒素、血栓、受损组织分解后的产物等。所有这些有害物质都由肺脏负责清理，对其中一些物质进行中和，另一些则通过咳嗽排出体外。简单地说，肺就好像是一块不断过滤血液的特殊海绵。

生活中我们经常会用到滤纸，它在技术领域也被广泛使用，例如汽车的过滤器需要经常更换，厨房里使用滤纸，喝经过过滤的水。滤纸使用过一段时间后就会出现堵塞，我们通常会将它们丢弃或是重新洗干净。肺就是我们身体内最主要的过滤器，它的结构自然比滤纸要复杂得多，而且我们很难发觉肺部淤积的污物，而当肺部淤积的脏东西过多时，我们无法清洗，更无法更换。

当肺叶负荷增大时（以上提到的疾病、外伤、手术），肺的运作就会受到影响。患病越严重、受到的外伤越危险、烧伤面积越大、手术越复杂，肺脏就越有可能因为无法承受负荷而崩溃，毒素和有害物质在肺叶处“淤积”并引发炎症。

考虑到上述情况，就不难解释为什么在外伤和手术后容易出

妈妈笔记

现肺炎。因此，如果某人腿受伤了，三天后他的肺部出现炎症；如果某个小姑娘在严重腹泻后的第二天被诊断出患有肺炎，很遗憾，这是一种很正常的现象，并不是医生的过错（排除被传染的可能）。

几乎每一种微生物都能引发肺炎。具体哪一种则取决于一系列的因素。从患者的年龄到发病时所处的地区：是在家还是在医院？如果在医院，那又是在哪一个科室？因为外科病房中的微菌是一类，内科病房是另一种，而在康复科又是另外一种。身体的整体健康情况，包括免疫力水平都起着重要的作用。

同时，肺炎很少是原发性的，一个身体健康的孩子不可能突然之间就感染了肺炎。肺炎通常是继发性的，常以其他疾病的并发症形式出现。

这些“其他疾病”大致可以分为两种类型：急性呼吸道病毒感染和其他。比起因其他疾病、外伤、手术引起的肺炎，一般呼吸道病毒感染（伤风、咽炎、喉炎、支气管炎）所引起的肺炎更为常见。这不足为奇，也并不说明呼吸道病毒感染有多么“恐怖”，只是它的传播性极强，平均每人每年感染 1 ~ 2 次，而其他状况只是偶尔发生。

特别需要指出的还有以下几点：不管呼吸道病毒感染有多严重，手术（外伤、烧伤）有多复杂，每一位家长都可以通过具体可行的措施尽量降低家人和孩子感染肺炎的几率。医生在这方面也能有所作为。“怎么做?”答案是有的。重要的是您先要听进去（读进去），然后要消化理解，最后付诸实践。

接下来的解释或许在许多读者看来过于深奥，但是笔者在此还是尽量想让您明白其中的道理！因此，笔者真心地恳求您将这一部分读完，如果不懂，就再读一遍！这些知识非常实用：作为一名临床儿科医生，笔者最起码见证了五千多例儿童肺炎病例，而这其中有 90% 的病例是由家长的无知和疏忽造成的。

妈妈笔记

首先让我们来看一下肺功能正常时的重要生理机制：人体内的支气管黏膜经常会分泌一种黏液，这种黏液就是我们常说的痰。痰液有其存在的实际意义。痰液中包含着许多能够保持肺脏弹性的物质。痰会将进入肺部的灰尘包裹住。与此同时，痰液中还含有许多灭菌成分（免疫球蛋白、溶菌酶），这是人体与进入呼吸道内的病原体进行抗争的最主要物质。

与其他液体一样，痰液也有密度、黏度、流度等一系列物理和化学特性。综合这些数据就得出了**痰液的流变学**，也就是说，痰液在正常流动时能够完成上面所说的那些功能，但是如果痰液流动不正常，就无法完成。如果仅仅是发挥不了应有的功能，那还算不了什么！更可怕的后果是痰液在丧失自己的特性之后，稠密的黏液会阻碍肺部空气循环（阻塞、遮盖住支气管），当局部空气循环被破坏时，血液循环同时受阻，细菌会在肺部落户、繁殖，最终导致肺炎。

由此可见，痰液的流变性受到破坏是肺炎发病的根本原因，这也体现出痰液的重要性。现在需要清楚地知道，哪些因素影响痰液的性质。

痰液的形成与肺部组织的血液循环（血液流变学）有直接的关系（血液流动=痰液的流动）。体液的过度流失是阻碍人体血液流动的主要因素。体液流失的主要原因则是气温过高、出汗、腹泻、呕吐、饮水不足、体温过高等。

痰液形成的强度及质量主要与吸入空气的组成有关。空气越干燥，其中含的灰尘和化学成分就越多（例如，日化产品中的某些成分），所以情况就会越糟。

痰液边形成，边排出。排出方式有两种：第一种是最为大家所熟知的——咳嗽。第二种方式：支气管内壁上覆盖着一层细胞，这些细胞表面有一层独特的突起——纤毛。纤毛不停地晃动，从下到上地运送痰液（至靠近气管和喉部的位置），接下来

妈妈笔记

就由身体通过咳嗽的方式将痰排出体外。所有直接影响痰液流动的因素，同样也会对上皮纤毛（在医学术语中被称作支气管内壁）的运作造成影响。

相信读者们已经明白了什么是“痰液”，以及它有什么样的作用。现在让我们来看**两条特别重要的结论：**

1. 如果人体无法正常分泌痰液，那么肺部就无法正常工作；
2. 痰液必须及时从肺部排出。

人体通过咳嗽的方式将积痰排出体外，但咳嗽也分为很多种，每个人都会对此深有体会。咳嗽可以是干咳、病态的咳，也可以是湿咳。如果在咳了一段时间之后您感到轻松，那就说明黏痰已经被排出。这种咳嗽就叫做湿咳，医学上被称作有效咳嗽。

关于咳嗽与肺炎的关系，有一点不得不提：手术的干扰，尤其是在腹腔和胸廓部位进行的手术，会令肺叶的工作量明显加大。此外，病人在经历手术后，咳嗽时往往会伴随着剧烈疼痛，痰液在肺部逐渐积蓄，很快会引发肺炎。

因此，预防肺炎的最主要途径就是保证痰液正常流动，同时让患者咳嗽。

现在让我们来看一个典型病例：典型的急性呼吸道病毒感染。症状是：伤风、咳嗽、体温升高。上呼吸道发炎，痰液分泌增多。

我们的首要任务是：让痰液保持其特性，并要让患者进行有效咳嗽。

如何做到这一点？

基本原则：保证病患所处的房间内空气干净、清爽、潮湿。最佳温度为18℃，最佳湿度不低于50%。房间内的任何一种灰尘来源都可能使痰液变得干燥。如果房间内有很多地毯、织物和软家具，那么保持房间的湿度会比较困难。如果房间内没有这些容易积存灰尘的地方，那么每天做1～2次的湿清洁就已经足够了。

妈妈笔记

在做清洁时，一定不要在水中加入氯氨、漂白粉以及其他含氯的消毒剂。哪怕是对完全健康的人而言，氯的气味有可能造成对呼吸道的损伤（化学灼伤）。

任何一种加热器对肺炎患者有害无益。因为加热器会使空气变得更干燥。再次强调：室内的最佳温度为 18℃，再凉一些（15℃）也要比热了（20℃）好。

除了室内高温和空气干燥之外，发烧也会让痰液变干。我们当然可以想尽办法让孩子退烧，但是过于积极地抑制发烧，会影响到人体内干扰素分泌。我们现在都知道，干扰素能够中和体内的毒素，因此，干扰素分泌量不足也会对疾病的康复造成不利影响。那该怎么办呢？要尽可能让孩子多喝水——请您记得血液流动和痰液流动之间的关系。及时补充水分能够降低血液的黏稠度，让孩子更容易经过有效咳嗽将痰液排出。

如果房间闷热（住在五人一间的宿舍），或是正值夏天，而病人又拒绝喝水（孩子不想喝水，大人不懂这个道理），那么体温过高就会对肺炎十分不利，此时应当及时让患者服用退烧药。

现在来说一下咳嗽。理论上来说，有效咳嗽是继发性的。也就是说，如果体内有许多（尚未干燥的）痰液，那么此时的咳嗽自然是有效咳嗽。但是这只是从理论上而言。人们在实际生活中很喜欢服用止咳药，绞尽脑汁地想要通过自己的力量阻止咳嗽。这反而加重了痰液在肺部的淤积，更容易引发肺炎。

家长们应当很清楚地认识到：**咳嗽有多种类型，同样，止咳药也是多种多样**。有些药物名为“止咳”，实际上是将干咳转化为有效咳嗽。这是很重要也是十分必要的。这类药物的成分要么作用于支气管上皮组织，使其形成痰液，完善呼吸道上皮组织上纤毛的作用；要么就是直接作用于痰液，使其稀释。这些药物的成分基本上从植物中提取，而各类止咳化痰的片剂、糖浆、药水可谓是成千上万。除此之外，还有一些（不超过十种）十分有效的化学药剂（非植物提取的），它们能够作用于痰液，例如，溴己新、沐舒坦、乙酰半胱氨酸、羧甲半胱氨酸。

以上提到的这些药物被称作“祛痰剂”。如果让急性呼吸道病毒感染的患者使用，就可以有效降低肺炎的发病率。但是，这是在做到两个先决条件的情况下才可能达到的效果。这两个条件分别是充分补水和保持室内空气干净凉爽（一个加热器就足以破坏一公斤溴乙新的药效）。

在使用这些祛痰药物时，有一点特别值得注意：所有药效很强的药物都不仅能够稀释痰液，同时还能促进咳嗽。如果身体中缺乏水分，那么药物也很难发挥应有的稀释作用，反而会加剧咳嗽（令咳嗽更加频繁）。因此，如果您在睡前让孩子服用了氨溴素，而却忘记让他多喝水以及为他的房间做好通风，那么可以肯定，您和孩子都会度过一个咳声不断的不眠之夜。

除了一系列祛痰药，还有许多能够消除或是减轻咳嗽的药剂。它们的作用方法各不相同。有些能够直接作用于脑部控制咳嗽的细胞，限制它们的活性。通常，这类药物主要用于治疗那些身体本无需求的那类咳嗽，这类咳嗽并非有效咳嗽。因此，在咳嗽过后患者不会感到轻松，而是让患者饱受咳嗽的痛苦。这类疾病有哪些呢？有百日咳、慢性支气管炎等。那么这些药剂又指的是什么呢？它们是 Broncholytin、海罂粟碱、Stoptus*sin*、Paxeladine。在急性呼吸道病毒感染时使用这些药物止咳嗽很容易导致痰液在肺部淤积并引发各类并发症——首当其冲的就是肺炎。

痰液无法正常流动并不是引发肺炎的唯一原因。因为肺部组织的炎症并不单单是由痰液引发的，还需要一定的细菌参与其中，例如链球菌、肺炎球菌、葡萄球菌等等。对大部分人来说，

妈妈笔记

这些细菌一直存在于人体鼻咽部，而人体局部和整体的免疫力扼制了细菌的繁殖。任何一种急性呼吸道病毒感染都会激发细菌活性，而如果细菌增多且痰液失去自身防御功能，则很有可能出现多种并发症。

急性呼吸道病毒感染能够刺激细菌繁殖，这个信息往往会令读者们做出错误的举动——迫不及待地服用一些抗菌药，主要是抗生素和磺胺类药物（这被称作**预防性抗生素疗法**）。但事实上这些药物对病毒毫无作用，却能激活细菌。接着又得为消灭这些细菌发愁，但是并不是所有细菌都能被杀得死。

在数十种细菌中，有一些对抗生素毫无反应。它们会引发肺炎，不是简单的肺炎，而是由抗生素奈何不了的微菌引起的肺炎。

不仅如此，停留在鼻咽处的微菌会形成一个小群落，这个群中的每个成员和谐共存，彼此的繁殖得到遏制。病毒感染时使用抗生素能够消灭这个群落里的一部分成员，而未被杀死的微菌就失去主要的竞争对手，开始大量繁殖。如此这般，**在急性呼吸道病毒感染时进行的预防性抗生素疗法会将肺炎的发病率提升近9倍！**

我想您大概已经明白了什么样的情况会引发肺炎：

暖和干燥的房间、地毯、用漂白粉清洗房间、加热器都是大忌。尽量让孩子多喝水。不要随便让孩子服用 Broncholytin、氨苄青霉素等药物。这些药物看似可以减轻咳嗽的症状，但是这种抗生素对葡萄球菌毫无作用。因此不仅有可能引发肺炎，还会引起葡萄球菌性肺炎！啊，差点忘了！如果您发现孩子在流鼻涕，那么千万不要马上使用盐酸萘甲唑啉滴剂，这会让鼻腔中的病毒快速进入肺部。

以上所述内容既让我们确定了预防肺炎的基本方针，也使我们明白有哪些行为是完全错误的，会加剧和加快疾病的发展。

妈妈笔记

最正确的也是最果断的预防措施有时并不管用，免疫力降低、社会家庭因素不能令人满意、传染病病原体异常活跃等因素都能诱发肺炎。

因此，家长应该知道**几个能够判断肺炎发展程度的重要特征：**

1. 咳嗽是肺炎的主要症状；
2. 孩子的病情好转后又出现反复，或是感冒着凉症状超过7天；
3. 孩子无法做深吸气——只要稍作尝试便开始咳嗽；
4. 孩子的肤色发白，同时伴随呼吸道病毒感染的其他症状（发烧、伤风、咳嗽）；
5. 孩子的体温略高，但是有气喘（呼吸困难）的症状；
6. 醋酚（醋氨酚、扑热息痛、泰诺）类药物完全无法退烧。

这些特征必须了解，这不是为了让您自己做诊断，而是能够理智地判断病情，及时就医。

医生有许多先进的方法来诊断肺炎。除了听病人描述自身病情和听诊之外，在不确定的情况下还可以通过临床血液检查和X光检查来确诊。

肺炎究竟应当在家治疗还是入院治疗，这个问题是由很多因素决定的。从患者的年龄到医生的职业水平、职业道德和爱人之心都要考虑。最客观最重要的原则应当是肺炎的严重程度。如果病情复杂，呼吸功能和心脏功能不佳，有梗阻性综合征（梗阻——这指的正是浓痰阻塞支气管的情况）和胸膜炎[1]等，那么就一定要入院接受治疗。单纯性的肺炎则完全可以在家治疗。

肺炎应当如何治疗呢？

所有在肺炎的预防阶段十分重要的因素，在肺炎的治疗阶段就变得更加重要。

治疗肺炎必须用药。主要问题在于选择使用何种抗生素，以

1　肺部被一层薄膜所覆盖，这个薄膜叫做胸膜。胸膜炎是指胸膜部位发炎。它经常伴随着体液积聚，此时必须要通过穿刺的方式将液体引出。

妈妈笔记

及使用剂量、注入人体的方式。说到抗生素的注射方式，值得指出的是：注射抗生素并不是我们唯一的选择——不少于百分之八十的肺炎病例是可以通过服用片剂和糖浆来治愈的。

除抗生素之外，还可以用一些能够扩张支气管的药物，例如氨茶碱、消炎药、维生素，当然，还有各种祛痰剂。一旦孩子的病情开始好转，或是一旦孩子的体温恢复正常，就应当多做理疗，做一做按摩。这些措施能够有效促进身体康复。有时为了确认肺炎是否已经完全康复，还需要做X光复查。

在此，我不想为大家介绍任何一种抗生素的名称，为的是不让我们的广大群众产生自己治疗肺炎的想法。老实说，解释肺炎的具体疗法不仅是一件令人不愉快的事，同时也充满风险。

我们的首要任务不是治疗肺炎（就让医生们去思考这个问题吧!)，我们首先是要意识到，感染肺炎本身就是一个值得思考的问题：

为什么？我们要思考什么呢？

房间内缺乏新鲜空气，星期天闷在家里坐在电视机前，每天一包烟，家中的地毯舍不得丢弃，有病乱治，人类的懒惰……遗憾的是，人们往往只有在生病之后才能真正开始思考这些问题，体会到它们的重要性。而有些人，哪怕已经吃了亏，也不愿多思考。这样的遗憾还反映在对孩子价值观的培养上：由于家长们缺乏相应的知识，导致孩子饱受疾病的折磨，“什么是对的？什么是错的?”家长们都不知道该如何回答这些问题，那孩子们就更不知该如何是好了。

3.22 衣原体和衣原体病

当某些快乐会给我们带来更大痛苦时，我们每每放过这许多快乐；如果我们一时忍受痛苦而可以有更大的快乐随之而来，我们就认为有许多痛苦比快乐还好。

——伊壁鸠鲁

最近几年，我们经常见到这样两个词汇："衣原体"和"衣原体病"，而词组"治疗衣原体病"和"诊断衣原体病"已经成为报纸中经常出现的广告词。

然而，这些专业词汇的广泛使用并不代表患者已经清楚地明白自己感染了何种疾病。究竟什么是衣原体？为什么以前没有听过它们？为什么现在它们突然出现了呢？

首先要回答的问题是"衣原体到底是什么"。衣原体是一种微生物。根据其自身结构特点，它与细菌十分相似（例如，衣原体和细菌一样都具有细胞膜）。不过衣原体从体积上来说又很像病毒。此外，衣原体还有一个重要的特点：它居于人体和动物的

妈妈笔记

细胞内部，准确地说，这一点与病毒很像。衣原体是一种十分特别的微生物，它既不是病毒，也不是细菌。衣原体就是衣原体，它们有着独特的生存方式、独特的生长周期，这在自然界中可谓独一无二。衣原体首先会在细胞内部形成不具感染性的较大生成物，但随着自身的生长，它们的体积会缩小到最初的三分之一到四分之一，并开始具备传染性，能够摧毁受感染的细胞，突破被感染细胞的细胞壁，继续侵染其他健康细胞，由此引发一系列具体疾病。

衣原体指的并不是某一个微菌；在衣原体大家族中有超过三十种不同的、能够引起各种疾病的病原体。谁都不清楚人何时感染了疾病。不过，好在微生物学能够帮助我们找到发病的原因。为了证明衣原体感染是一种十分古老的疾病，就不得不提到关于衣原体感染的最早描述。这项描述出现在公元前 15 世纪古埃及的莎草纸文献中，其中详细记述着：格拉茨和齐采隆得了衣原体病。

究竟有哪些疾病是由衣原体引起的呢？答案有很多。例如，**饲鸟病**，这种疾病很容易让人联想到肺炎，但是它并不是由众人皆知的链球菌或葡萄球菌引起的，而正是由一种特殊的衣原体引发的。大约有 132 种野生、家养或圈养的飞禽体内含有此种衣原体，最普遍的是鹦鹉、鸽子、鸭和公鸡。经含有衣原体的禽类粪便、羽毛、翅膀经由人的口腔（如果清理鸡舍后不洗手）或是飞沫途径进入人体，引发疾病。

还有一个主要的衣原体携带者——猫（公猫）。衣原体在人与猫的直接接触过程中传染，经由咬伤和抓伤的伤口进入人体。一开始可能只是普通的手部抓伤，随后（几周后）被抓者可能出现腋下淋巴结肿大、发烧的症状，这就是衣原体引发的疾病，叫做“**猫抓病**”。

无论是饲鸟病还是猫抓病，都是动物性衣原体感染（动物性

妈妈笔记

这个词很好理解，即通过动物传染）。但是也存在人类性衣原体感染，也就是人与人之间传染。在人类性衣原体病中最著名、最危险也最常见的一种就是**沙眼**。沙眼是一种慢性眼科疾病，衣原体主要侵袭的是眼结膜和眼角膜。不可否认的是沙眼是一种十分普遍的疾病，它在南美、非洲、亚洲的许多国家广泛传播。沙眼患者的人数不少于4亿，而在有些年份，因为沙眼致盲的人数甚至达到2000万人！

以上列出的3种病症虽然在我国都有病例，但是由于它们并不多见，往往不太能引起读者的重视和兴趣。虽然，老实说，饲鸟病的实际患病人数要比检查出的多得多，但幸运的是，衣原体与病毒不同，它对抗生素十分敏感。但也并不是所有的衣原体都如此。例如，最常见的盘尼西林类抗生素（氨苄青霉素、阿莫西林）或头孢菌素类（头孢唑啉、头孢菌素IV）就对衣原体完全无效，而四环素和红霉素则对衣原体有效，且疗效不错。让我们来举个典型的衣原体病的例子：养鸡的玛莎大婶感染了肺炎，于是医生给她开了些盘尼西林，但服用后病情却丝毫不见好转，于是医生又开了些四环素，病就好了。这样一来我们就明白了，玛莎大婶感染的很可能不是肺炎，而是饲鸟病，但这对她来说又有什么区别呢？她并不是什么学者，对她来说重要的不是诊断，而是疗效。

然而，对衣原体病感兴趣的学者越来越多，缘起一种由衣原体引发的特殊疾病——**泌尿生殖道衣原体感染**。

泌尿生殖道衣原体病是一种通过性途径传播的疾病，它分为急性和慢性两种。表现出来的症状也各有不同。如果是泌尿生殖器官的炎症，那么其症状应当为以下几种：排尿时有疼痛感，可能伴有化脓、瘙痒，在超声波检查时也许会发现许多其他炎症（前列腺炎、子宫附件炎等）。但是这些症状中，没有任何一种能够作为判定衣原体感染的根据。还有为数众多的细菌，从著名的淋球菌到颇为神秘的解脲支原体，都能够引起与衣原体感染相似的疾病和症状。

泌尿生殖道衣原体感染的种类，虽说不上特别多，但也算得上很多了。但是，目前不会超过已知的范围，毕竟人们才刚刚学会如何诊断这类衣原体感染。衣原体很难发现，也很难在实验室条件下培养。因为它无法生长在一般的微生物环境中，只能在鲜活的细胞中生长。由于诊断衣原体病是一件既费钱又费时的事，因此现在出现了一种诊断液，既能够培育衣原体，也可以诊断出患者是否感染衣原体病以及体内是否已经具有衣原体抗体。

现在回到“泌尿生殖道衣原体感染的患者很多”这个问题。以美国为例，每年大约有 300 万人被诊断出患有泌尿生殖道衣原体病，而在英国，年确诊人数大约为 7 万人。

一些重要问题需要了解：

- 人类对衣原体没有先天的免疫力。衣原体一旦进入某个人的体内，他患病的风险就很高。得过这种病的人体内也不会产生抗体，这就意味着衣原体病具有反复性。

- 您所了解的所有性病的传播方式，与衣原体病都有直接关系。它们之间最为相似的是疾病的症状、传播方式以及在缺乏正确治疗方式情况下可能产生的后果——会引发衣原体病和淋病。

- 许多性病学专家认为：如果患者有急性尿道炎的症状（经常性排尿，排尿时有疼痛感），在化验时却没有发现淋球菌（淋病病原体），那么有超过 70% 的可能是衣原体在作祟。

- 淋球菌和衣原体经常在一起，可引发尿道炎和许多生殖泌尿系统疾病。患者经常是被两种微生物同时感染。

- 如何才能避免泌尿生殖道衣原体感染呢？最有效的方法是避免性生活。但这对许多人来说是无法接受的。因此，控制性伙伴人数，使用安全套也是预防衣原体感染的重要措施。

- 如果感染了衣原体该怎么办呢？一定要就医，向专家求助。能够成功治愈衣原体感染的药品还是很多的。

▶ 光为自己治疗还不够。如果您有稳定的性伙伴，那么最好让对方一起接受治疗。

▶ 诊断液指明体内存在衣原体，但是却没有任何临床症状。在这种情况下应该怎么办？没有一个医生能够回答这个问题。针对衣原体的研究正在进行中。衣原体病研究是世界卫生组织的首要研究任务之一。同时，如果您有性生活，那还是很有治疗的必要，哪怕是没有任何临床症状也不应当置之不理，因为有可能进一步感染他人。

▶ 未经治疗的泌尿生殖道衣原体病有可能引发更为严重的并发症，这不仅是对男士们，同样也是对女士们而言，虽然很少会引发阳痿，但是却经常导致不孕不育。

▶ 重要的是：衣原体病并不是一场灾难，只是生活中小小的不愉快而已。衣原体病不会致人死亡，它是可以治愈的。但是，无论是对自己的健康，还是对医生的建议，我们都应当本着认真负责的态度：选择合适的抗生素，服用能够增强免疫力的药物，按疗程医治，避免二次感染。这一切虽没有乍看上去那么简单，但也没有复杂到为衣原体感染而抓狂。不用悲伤地告别人世，也不用告别性生活。

3.23 葡萄球菌

我不禁惊叹，有那么多生活在世界不同角落的人对与自己朝夕相处的生物一无所知。

——杰拉尔德·达雷尔

朋友们，让我们和睦相处吧！

——阿·海特

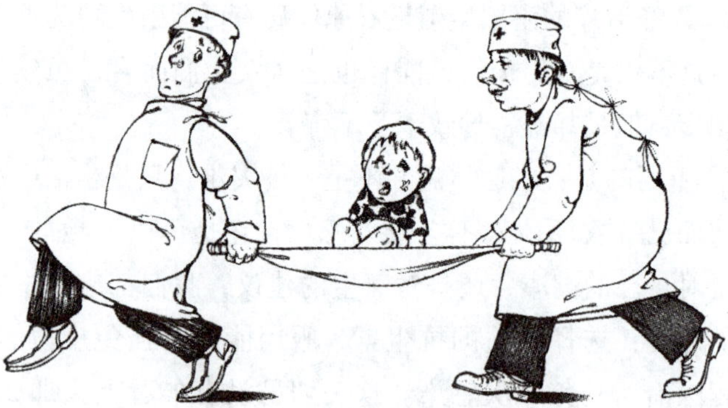

球菌指的是卵状或球状的病毒。在人的一生中，身边充斥着成百上千种球菌，其中最为著名的当属葡萄球菌了。

几乎每个人都知道“葡萄球菌”这个词，但几乎没有人喜欢它。这种球菌能够引发数十种人类和畜类疾病。在治疗由葡萄球菌引发的疾病时，医生经常碰到难以解决的困难。世界上没有任何一个人一生都没有受到过葡萄球菌的侵害。

葡萄球菌是一个完整的微生物种类。迄今为止人们已经知道了 27 种葡萄球菌，其中 14 种是在人类皮肤和黏膜组织上发现的。大多数葡萄球菌是无害的，在上面提到的 14 种葡萄球菌中只有 3 种能够引发疾病。但 3 种已经足够了！

妈妈笔记

任何细菌都有一定的危险性和致病性，葡萄球菌也不例外，其危险性取决于细菌所含的“**致病因素**”。就是说，危险的并不是细菌本身，而是一些具体的物质（可以是构成细菌的主要成分，也可以是细菌生命活动中生成的物质）。形象些说，人们怕的不是上阵打仗的士兵，而是他手中的武器。我们要应对的就是一支细菌特种部队。

小小的，不起眼的，一动不动的一粒小种子——这就是显微镜下的葡萄球菌给我们留下的第一印象。事实上它是一个危险的敌人：葡萄球菌的每一个部分、每一个结构、每一次生化反应都会对人的健康造成威胁。

葡萄球菌外面包裹着一层**葡萄球菌荚膜**。葡萄球菌荚膜可以击退噬细胞的进攻，并帮助细菌进入人体组织。**葡萄球菌的细胞壁**能够引起炎症和过敏反应，中和体内的免疫球蛋白，使噬细胞丧失活动能力。葡萄球菌所含有的多种**酶**能够破坏细胞结构，使抗生素失去效用。同时还会在人体内形成**溶血素**——这是一种能够破坏红细胞、白细胞以及许多其他细胞的物质。溶血素可以变化为四种不同的类型，其危害程度逐渐加强。同时，葡萄球菌自身还可分泌十多种**毒素**，这些毒素的效力都较强，并且每一种毒素都有各自的特性和作用。

笔者如此详细地描述葡萄球菌的危害并不是为了吓唬读者，因为缺乏对这些危害的基本了解，读者们就无法全面认识葡萄球菌：毕竟葡萄球菌感染的本质就是破坏性因素繁多——在这一点上能够与葡萄球菌相提并论的细菌尚未发现。

一方面，葡萄球菌感染具有多样性。与白喉杆菌的一种细菌针对一种毒素引发一种疾病的情况不同，对于已经武装到牙齿的葡萄球菌来说，进攻的目标具有很大选择性，它可以引起皮肤溃烂、脑膜炎、肺炎、梅毒和肠道感染等多种疾病。

妈妈笔记

另一方面，某种具体的葡萄球菌的危险性主要是由一系列的致病因素所决定的。葡萄球菌并不一定引发疾病。大部分的葡萄球菌都是“乖孩子”。我们之前已经提到过，在人体内存在的14种葡萄球菌中，只有3种能够引发疾病。正因为如此，也只有这3种葡萄球菌才真正装备有武器（致病因素）。下面就让我们详细讲述一下这3种葡萄球菌。

人体内主要有3种致病性的葡萄球菌：金黄色葡萄球菌、表皮葡萄球菌和腐生葡萄球菌。

腐生葡萄球菌在3者中最为温和。它很少危害儿童，却喜欢将女性作为自己的目标。经常引发女性膀胱炎（有时也会引发肾炎）。这是由于腐生葡萄球菌的主要栖息处是生殖器官附近的皮肤以及输尿管黏膜内。

相对于腐生葡萄球菌而言，表皮葡萄球菌没有那么挑剔，它们在人体的各个部位都能生存，能够依附在任何一个黏膜组织和皮肤上。这个特点也从这种细菌的名称中反映出来（表皮——表层皮肤）。表皮葡萄球菌引发的疾病并不严重，任何年龄段身体正常的成年人（甚至对新生儿来说）通常都能够轻松应对。表皮葡萄球菌存在于人的皮肤中，但是却从未引起皮肤化脓，这确实比较奇怪。感染者多为体质较弱、刚刚经历手术、正在康复中的病人。存在于皮肤中的表皮葡萄球菌通过伤口、导液管、输血管和导尿管进入人体，可能引起血液感染、心内膜炎。对于从事内脏器官修复术的外科医生来说，表皮葡萄球菌是他们的天敌：任何类型的人工心脏瓣膜、人造血管、人造关节在植入人体后一旦感染，那几乎都是由表皮葡萄球菌引发的。

最后，是最著名的金黄色葡萄球菌。金黄色葡萄球菌是金色的。与它相比，其他所有的葡萄球菌属都只能算是听话的宠物。**基本上所有与葡萄球菌相关的医学问题都是由金黄色葡萄球菌引**

起的。

只有金黄色葡萄球菌带有全套的有害物质。只有它能够灵活地与各种抗生素和抗菌剂负隅顽抗。不分性别不分年龄，无论是刚出生的婴儿还是成年人都容易受到感染。人体的各个器官无一能摆脱金黄色葡萄球菌的侵扰。金黄色葡萄球菌能够在人体各处引发炎症，有不少于100种的危险疾病与金黄色葡萄球菌有直接关系。

金黄色葡萄球菌菌群因在显微镜下呈橘色或黄色而得名。金黄色葡萄球菌在外部环境中异常稳定。虽然许多其他种类的细菌也具有这样的稳定性，但是出现不利因素时，它们会产生孢子，虽然细菌会死亡，但是孢子会存留下来。外部环境逐渐好转时，孢子又会变成细菌。葡萄球菌不会产生孢子，不过，性质稳定，时刻准备着接受应战。

金黄色葡萄球菌在干燥的情况下也不会丧失活性。在太阳光直射的条件卜能够存活 12 个小时。甚至当外部气温高达 150℃时，也能存活 10 分钟之久！金黄色葡萄球菌在纯酒精中也不会死亡。同时，它不仅不惧怕过氧化氢，反而会分泌一种特殊的能够破坏过氧化氢的过氧化氢酶，并在此过程中获取氧气。

葡萄球菌还有一个独一无二的特点：它能够在氯化钠溶液，即食用盐水中存活。一杯放过三茶匙盐的盐水对葡萄球菌来说是小菜一碟。为什么这一点这么重要？因为只有葡萄球菌能够存活在汗腺中，含有盐分的人体汗液对它们来说算不得什么！葡萄球菌还会分泌一种特殊的脂酶，能够破坏脂肪，特别是毛囊口的油脂，其后果就是引发皮肤脓包（疖子、麦粒肿、痈等等），这正是金黄色葡萄球菌的“杰作”，也只有这种细菌能够导致如此严重的后果。相信以上这些已经让读者们充分认识到，地球上没有一个人从没有患过葡萄球菌引发的疾病：一个人生存在这个世界

妈妈笔记

上，却从来没有在自己身上发现过疖子、粉刺、脓包，那是不可能的。

但是，葡萄球菌却有一个很小但却致命的弱点：它对各种颜色的消炎药水十分敏感。虽然这有些奇怪，有些难以解释，但却是事实。葡萄球菌对祖母绿色的药水，即每家每户都有的绿药水最为敏感。

上面提到的皮肤问题都是典型的金黄色葡萄球菌局部感染的症状。细菌能够产生一种特殊的酶——凝固酶（这种酶是金黄色葡萄球菌所特有的）。当葡萄球菌通过表皮进入血液循环时，在凝固酶的作用下，血液逐渐凝固。细菌进入血栓的内部——这让它能够成功躲过人体免疫系统的围剿。从一方面来说，这会引起葡萄球菌败血症（也就是由葡萄球菌引起的血液感染）；从另一方面来说，葡萄球菌会在微血栓的包裹下进入任何一个器官，也会在某个器官中引发化脓性炎症。

最常见的病症是葡萄球菌性肺炎、心脏瓣膜感染，脓肿随处可见——肝脏、脑部、肾脏。最为常见的一个问题是骨髓炎（骨组织中的炎症）。奇怪的是，骨折时出现的骨髓炎却不一定是葡萄球菌性的，而当骨髓炎的发生没有具体原因时，罪魁祸首往往就是金黄色葡萄球菌。

葡萄球菌可以经表皮进入乳腺（这正是化脓性乳腺炎的发病原因），也可以经由上呼吸道黏膜进入耳腔，引起化脓性鼻窦炎。而当葡萄球菌进入肺部时，就有可能引发肺炎。

葡萄球菌的可恶之处还不止这些！它能分泌可以引发多种疾病的强力毒素。

其中一种毒素——鳞片霉素会威胁新生儿的健康。这种毒素会作用于孩子的皮肤，形成类似烫伤的水泡，这种症状被称作金黄色葡萄球菌烫伤样综合征。与葡萄球菌毒素密切相关的还有葡

妈妈笔记

萄球菌性中毒休克综合征。这种疾病在 1980 年被首次描述，发病者多为经期使用内置型卫生棉的女性。

最普遍的葡萄球菌中毒性疾病是食物中毒。大约有 50% 的金黄色葡萄球菌能够分泌肠毒素，这是一种能够引发强烈腹泻、呕吐、腹痛的毒素。葡萄球菌在许多食物中都能快速繁殖，尤其偏爱奶油、蔬菜沙拉、肉类沙拉和罐头。葡萄球菌能够在食物里繁殖，同时分泌毒素。因此在食用了不好的食物后，会出现许多症状，这些症状与葡萄球菌本身并无关系，而是由细菌分泌的毒素所引起的。葡萄球菌如此强悍的另一个重要原因是细菌和毒素的稳定性，无论是在防腐剂、浓盐水或烧开的水中都能保持稳定。

这就是葡萄球菌！一种极为有害的细菌！

最有趣的是：无论这种细菌能够产生多少种酶和毒素，无论这种细菌在外部环境中有多么顽强的生命力，但它对健康人体内的免疫系统却无能为力：针对不同的毒素，免疫系统能够产生相应的解毒剂，总体免疫力和局部免疫能力能够中和致病因素，抑制葡萄球菌的繁殖，预防疾病的发生。

在皮肤表面、在鼻咽膜和阴道内以及在肠道中，葡萄球菌能够存活数年，与人和平共处，不会带来任何害处。从出生的那一刻起，人们就认识了葡萄球菌——每个新生儿几乎都感染了葡萄球菌，但是大多数的孩子在几天或几周的时间内就能够摆脱葡萄球菌。有 20% 的人体内长期存在葡萄球菌，有 60% 的人只是偶尔会受葡萄球菌感染，而只有不到五分之一的人具有超强的免疫力，鼻咽部位根本不容葡萄球菌栖身。

因此，葡萄球菌也经常被看做是一个正常的，自然存在于人体内的微生物群。但是，由于某些葡萄球菌具有潜在的危险，**葡萄球菌也被认为是“机会主义”致病菌，即只在一定条件下才会**

妈妈笔记

引发疾病的细菌。

由葡萄球菌引起的任何医学问题都是造成人体免疫力降低的因素。皮肤破损（皮肤外伤、扎伤、衣物擦伤、过敏性皮炎、烫伤和化学灼伤）是引起局部化脓感染的原因。感染其他疾病后免疫力水平降低、饮食不规律、精神压力大、缺乏维生素都是引发各类感染的前提。食物制作、储存方法不当是引发食物中毒的主要原因。

但是切记：始终要严格区分葡萄球菌和葡萄球菌感染这两个概念，并区别对待。如果在体内发现葡萄球菌，但并没有实际的病征，根本没必要急着救治、服药。

尽管上述原则具有科学的理论依据，但人们在现实生活中往往反其道而行之。譬如，在一位健康的哺乳期妈妈的乳汁中发现了葡萄球菌（通常，葡萄球菌是经由表皮进入乳汁的），于是便马上停止了哺乳！在对孩子的排泄物进行菌群分离鉴定中或在咽部涂片中发现葡萄球菌，在没有半点感染症状、体温正常且整体身体状况良好的情况下，给孩子服用抗生素！不仅如此，人们还把某些疾病的诱因强加给无辜的葡萄球菌，比如便秘、过敏性皮炎，有时我们也将肠道内造气过多、呕吐、打嗝、下巴颤抖、唾液过多、鼻子发出哼哼声等情况归咎于葡萄球菌。

鉴于问题的重要性，重复一遍：

治病救人。医治的是人，而不是化验的结果；医治的是葡萄球菌感染，而不是葡萄球菌。

治疗葡萄球菌感染是一个十分复杂的任务，因为就细菌对抗生素和其他抗菌药物的稳定性而言，没有任何一种细菌在这方面比得上葡萄球菌。盘尼西林首次被使用时，其针对葡萄球菌的效

果十分明显。如今，已经过了70年，当初的那种药效只能是我们的幻想。药理学家不断地合成新的抗菌药，而微生物学家也一次又一次地证明这些新型药物对葡萄球菌毫无影响。

葡萄球菌本身的变异并不是它难以消灭的唯一原因，这还与人们滥用抗生素密切相关。人们对抗生素的依赖，导致在没有必要使用抗生素的情况下，强效抗生素依然被使用。有些葡萄球菌性的疾病也并不需要使用抗生素来治疗，例如食物中毒。我们之前已经说过，引起食物中毒的不是葡萄球菌本身，而是由其分泌的毒素。

葡萄球菌之间也存在差异。最为危险、药物基本起不了作用的葡萄球菌都寄居在医院。在长期使用的消毒剂、抗菌剂的环境里仍能保住性命的葡萄球菌是最严重的风险因素，可能引发医院感染。

重复一下：治疗葡萄球菌性疾病是一项十分复杂的任务，需要投入大量的时间和金钱，但这么做是有必要的。对所有抗生素都有抗药性的葡萄球菌非常少见。通过细菌学检验方法，我们不仅能够发现引发疾病的元凶，同时还能够判定这一元凶对药物的敏感性，此后就能据此制定有效的治疗方案。器官中的化脓病灶需要通过手术方式去除，同时使用抗葡萄球菌血浆和免疫球蛋白，借此向人体内注入合成好的抗体。消除那些我们之前提到过的、可能降低人体免疫力的因素，确定诱发疾病的理论上的可能性都具有十分重要的意义。

令人悲哀的是，人体在感染葡萄球菌后，不会对葡萄球菌形成长期免疫力。即使人体内已经形成了针对某种葡萄球菌毒素的抗体，但是当遇到其他种类的葡萄球菌时，也不一定有效。因为两种葡萄球菌分泌的毒素不尽相同，人体对新的毒素依旧无法免疫。

人类注定要与葡萄球菌相伴而行。虽然有这样一个邻人的确

令人不太愉快，但尚可以忍受。我们能够做的就是尽量避免冲突。保持生活环境的整洁，及时修整自家庭院的围墙（即人体免疫力），严格遵守互不侵犯条约——如果邻居（葡萄球菌）没有招惹你，就不要向他扔石子儿（抗生素）。

3.24 虱病

可怜的王子好像着了魔，
将一切都归咎于现有的制度！
他说："这个时代，就连跳蚤都摆脱了控制！"
——列·菲拉托夫

"长虱子"是一个十分不雅的词汇，将它翻译成医学术语就是"虱病"。

虱子是一种特别的吸血性昆虫。为了自身的生存，虱子会选择某些特定种类的生物作为自己的目标。虱子袭击的对象范围很窄：猪虱偏好家养的猪，牛虱则喜欢大型的有角家畜。当然，虱子大家族的诸位代表也不会忘了人类。

有 3 种最为大家所熟知的虱子：阴虱、头虱、衣虱。虱子在人与人之间通过被污染的物品和特殊的身体接触传播（例如性接触）。虱子附着在皮肤上以后，开始吸食血液和淋巴液，并以血液和淋巴液维持生存。被虱子叮咬过的地方会有瘙痒的症状，也

妈妈笔记

有可能出现细菌感染和脓包。

雌虱每日能产 5 ~ 15 粒卵，这些卵被称作虮子（虱卵）。成年的雌虱会将虱卵粘在人的头发或内衣上，15 ~ 17 天以后小虱子就孵化出来了。

虱病是一种社会性疾病，它反映了一个社会的整体状况，也反映了个人和整个社会群体的卫生状况：是否经常清洁身体、更换内衣、注意浴室和理发场所的卫生等等。

对得了虱病的人来说，瘙痒只能算作是一个小小的不快，更为危险的是：虱子是一系列危险的感染性疾病，如伤寒、回归热和战壕热的传染源。

预防以上疾病的根本就在于治疗虱病，因为没有虱子也就不会有伤寒。

对抗虱病的关键在于观察，尤其是对儿童群体进行观察（及时发现孩子身上的虱子和虱卵），同时还应当遵守基本的卫生规范。

如果确诊感染了虱病，就应当立即接受治疗。

治疗虱病不需要内服任何药物，只要使用外用药即可。外用药的选择范围很大，每个药房的销售人员都会为您推荐。灭虱药的效果都不错，而每种药物的具体价格，根据其生产国和每位购买者的喜好各不相同。有些药物带有气味，不仅会让虱子感到难受，人闻起来也会觉得不舒服。因此也可以买一些进口的高级产品，它们与一般的沐浴液没什么区别。

无论您在自己身上，还是在孩子身上发现虱子和虱卵都是一件很不愉快的事。不过，这种情况下最好不要求助医生。当然，如果您去看医生，他肯定会为您下诊断并推荐一堆药物。这不仅耗时较长，同时也加大了疾病传播的可能性，因此不建议您去医院治疗。请记住，虱病是一种可以通过自我治疗的方法治愈的疾病。

3.25 弓形体病

自古以来，
一切就是如此，
它总是在不经意间，
无声无息地走入我们的生活。

——伊·伊尔杰尼耶夫

引发弓形体病的弓形虫既不属于病毒，也不属于细菌。弓形虫是一种单细胞生物，主要在动物间传播。

人们对单细胞生物的了解基本限于中学时期学到的知识。例如大家都知道的外表有些可爱的草履虫——轻轻挥动着纤毛且结构简单的草履虫，通常会引起人们的好感（尤其是无需向老师详述其内部结构时）。

弓形虫在显微镜下也十分招人喜欢。它的外形不像草履虫，而是会让人联想起一小瓣橘子，不过，所有的好印象也就到此为

妈妈笔记

止。在拉丁语中弓形虫被称作 Toxoplasma gondii。这是为了纪念生活在突尼斯和阿尔及利亚的啮齿类动物，1908 年首次在这些动物身上发现了弓形虫。

从那时起，人们得以了解到许多有关弓形虫的信息：弓形虫如何繁殖、如何传播、如何引发疾病以及弓形虫病的主要病征、治疗方法和预防措施等等。但是，虽然我们已经掌握了这些信息，弓形体病的患者人数却并没有减少，这或许是说明了我们掌握的信息尚不够全面。现在让我们来了解一些必要的信息：

* * *

弓形虫有两个主要的繁殖方式——无性繁殖和有性繁殖。这两种方式都会形成相应的过渡型，每一种过渡型都有其相应的名称。这些名称听着都有些可怕，甚至有些可怕得不真实。听到这样的病名，读者们的脑海中很可能会浮现这样一幅画面：医学院的学生们撑着脑袋陷入沉思，祈祷着在微生物学考试上千万不要抽到写有“弓形体病”的题签。

您不相信？那就请您亲自证实一下吧：在微生物学教科书中只有两条关于弓形体病的内容：

“……寄生虫（弓形虫）的一部分会穿透肠道的上皮细胞，并在上皮组织中发生裂体生殖，产生 4 ~ 30 粒的裂殖子。在经过几次繁殖循环之后就会形成许多小配子体（雄配子体）和大配子体（雌配子体），它们相互结合形成卵囊。”

“卵囊内部又有两个孢子囊，其内部各含 4 个子孢子。在数次分裂之后形成裂殖子……”

书中还提到疟原虫、肉孢子虫、等孢子球虫等。

怎么样？无需多做解释——这就是单细胞动物！

为什么我们有必要知道弓形虫有两种繁殖方式呢?

这是因为，弓形虫在肠道内进行有性繁殖时会形成包囊，包囊非常稳定，很少受外部环境影响。脱离肠道之后，它们也能够长期保持活性，不惧干燥、低温和高温，并会继续感染其他机体。如果采用无性繁殖的方式，那么虽然同样会引发疾病，但是感染者不会继续传染他人（没有形成稳定的包囊）。

许多动物都患有弓形体病，其中既有野生动物也有家养动物，如狗、猫、兔子、猴子、猪、老鼠、黄鼠、鸡、鸽子等等，大约有近300种哺乳动物和60种禽类。人类同样会感染弓形体病，但是，弓形虫只有在猫和其他猫科动物的肠道内才会进行有性繁殖。

这一点十分重要，因为在**感染了弓形体病之后，无论是人，还是狗、鸡，或是海狗都不具有传染性**。说得简单些，弓形体病是一种个体性疾病。只要我们不去咬感染者（即食人肉：肉是弓形体病主要的传染源），其他一切还是可以和弓形体病患者一起做的，譬如说接吻、拥抱、共用一个餐盘吃饭、发生性关系等等，在这些情况下感染弓形体病的几率几乎为零。即便是接受了弓形体病患者的血液，又或是接受了弓形体病患者的器官移植，感染的几率也很小。

只有猫——毛茸茸、惹人怜爱的猫才是弓形体病真正的、潜在的传染源以及主要传播者。如果孩子喜欢在猫咪经常去的沙盘中玩耍，那么这个孩子感染弓形体病的几率几乎为百分之百。如果您心爱的猫曾经离开过家，哪怕只有短短的一段时间，或是曾经吃过生肉，那么它体内感染弓形虫的可能性也很大。

以下的信息希望引起您的注意：一只猫在染病后的15~20天内能够向外部环境中排出近20亿个包囊，这些包囊在两年内都具有传染性！

妈妈笔记

如果吃了被感染的兔肉、羊肉、猪肉也有可能感染弓形虫。当然，指的是生肉。不过，只要将生肉稍稍进行热加工，就能很容易地消灭里面的弓形虫。人类很少食用生肉，但有不少家庭主妇有用舌尖品尝生肉糜的习惯。因此，即便家里没有养猫，人们还是有可能会感染弓形体病。

弓形体病还有一种感染方式，那就是通过未洗净的蔬菜和水果传播。因为在花园或菜地里经常会有一些猫科动物在活动。

但是您完全不需要将猫赶出家门！也不需要将孩子从沙堆中拉出来！更不需要用酒精清洗苹果！

那么究竟应当怎么做呢？请读者们继续往下读：

* * *

由于弓形体病十分容易感染（在我们的生活中，猫和未清洗的蔬菜水果可谓随处可见），一生中我们难免会与之相遇。但是我们身边的弓形体病患者并不多，所以，弓形体病也许并不像我们第一眼看上去的那么可怕。

这是因为：**一个健康的人——无论他是成年人还是孩子——都有足够的能力应付弓形虫**。当寄生虫进入人体胃肠道之后就会引发复杂的反应，而结果往往是注定的——人体产生相应的抗体，中和弓形虫，并对其形成稳定的（终生的）免疫力。

有趣的是，哪怕是第一次引起免疫系统实质性反应的弓形虫感染，通常也不会导致疾病症状出现，感染者依旧觉得身体健康，而事实上也确实如此。

最符合逻辑的结论是：只有在人体免疫机能完全正常这样一个必要的前提下，弓形体病才不会对人体造成伤害。而那些免疫力功能低下的人，如艾滋病患者，如果感染弓形虫，几乎都会发

妈妈笔记

病。在人体内蛰伏的弓形虫在外部条件刺激下（辐射、服用会降低免疫力的药物等）都有可能被激活，并直接引发疾病或是会导致人体免疫力低下，继而出现一系列其他疾病，例如疱疹病毒感染、细胞肥大病毒感染、传染性单核细胞增多症等等。

在此还想提醒您注意的是：免疫力降低是感染弓形体病的一个十分重要的原因。如果孩子经常流鼻涕，如果医生对孩子的身体检查结果表示不太满意，如果孩子在急性呼吸道感染之后又感染了肺炎等等，那么您首先应当考虑的是如何帮助孩子提高免疫力，而不是想着以后该如何对待猫。

另外，如果某人被诊断出患有弓形体病，这就说明在这个人身上不仅发现了弓形虫及其抗体，还出现了具体的症状。此时应当尽力寻找致病因素，这说明病人的免疫力水平已经很低。如果发现弓形体感染，那首先要仔细检查确定是否已经感染了艾滋病病毒（即人体免疫功能缺乏症病毒）。

弓形体病并没有什么独特的症状（除眼部感染以外），也就是说没有某种固定的临床症状能够百分之百用作诊断弓形体病的依据。弓形虫经由血液从肠道进入淋巴结和内脏器官中，侵染神经系统，因此疾病的表现是多种多样的。

在症状学中，弓形体病的症状是淋巴结略微肿大（例如，颈部淋巴结）。一般还可以观察到体温升高、肝脾肿大、咽炎等。病情更为严重时会出现肺炎、脑部感染（脑炎）、心脏内膜感染（心内膜炎），有时还会引起特殊的视觉器官感染——视网膜炎和视膜炎（弓形虫性脉络膜视网膜炎）或是（和）眼球血管膜炎症（弓形体性葡萄膜炎）。

当人体免疫力急剧下降时，会出现一些十分危险的疾病——最常见的是严重的脑部感染（坏死性脑炎），有时还会出现心内膜炎和肺炎。

妈妈笔记

* * *

先来看一些**初步结论**：

弓形体病是一种十分常见的人畜共患病。为了证明这一点，我们找了几组数据：我国有70%的人可能已经感染弓形虫，而其中50%已经确定感染。在已感染人群中，有99.9%的人尚未意识到自己已经被感染。即使现在没有感觉到，说不定以后的某一天就会开始感到哪里不对劲。

* * *

下面说**最重要的**：

如果从未接触过弓形虫的女性在怀孕期间感染了弓形虫，那么结果将会十分严重。这种危险并不是对孕妇而言，而是针对胎儿的。弓形虫能够穿透胎盘，感染尚未出生的胎儿并引发疾病。胎儿染病的严重程度与怀孕的时间密切相关——胎儿年龄越小，病症就越严重，这种病症被称作新生儿弓形体病。新生儿弓形体病如果严重，就很有可能导致胎儿死亡（尤其是在怀孕前3个月时受感染），弓形虫感染还会使得新生儿的神经系统（首先是大脑）、眼睛、肝脏、脾脏功能受损。

还有一点十分重要，弓形虫对胎盘的渗透能力是会发生变化的——孕期越长，渗透性越高。因此，怀孕的头三个月，由于胎盘“招架不住”而导致感染的几率大约为15%，在怀孕的第4~6个月时感染几率上升至25%，而到怀孕的最后3个月感染的几率几乎达到70%。

新生儿弓形体病有许多种形式。有时新生儿出生后并无明显的症状（准确地说，是没有发现），而随后会出现视力不好或智力发育迟缓的情况，这时就可以判断出孩子是否感染了弓形体病。

如果在怀孕时母亲就被诊断出患有弓形体病，当然要接受紧急治疗。任何一种治疗只能是尽量降低弓形虫对胎儿的损伤程度（大约降低至原先的一半），但是这并不意味着孩子会安然无恙。生下完全健康的孩子的几率依旧不大——孩子当然会四肢健全，但基本不会拥有健全的大脑和正常的眼睛。

令人欣慰的是，弓形虫对胎儿的感染只能有一次（仅在一次怀孕过程中）。由于体内已经生成了抗体，第二胎或以后出生的孩子就不会有被感染的危险了。

因为新生儿弓形体病治疗无望，医生通常会建议孕妇终止妊娠。

大自然也在积极采取措施避免受感染的孩子出生：怀孕前期受弓形虫感染的孕妇经常会出现小产。如今，在医生的努力下几乎能够保住所有的胎儿，所以医生在采取保护措施之前也必须做相应的诊察。

诊察是完全独立的一个话题。因为对诊察结果解释不当而导致产妇精神压力增大和流产的情况比比皆是。

实际上，事情并不像想象中的那么复杂：

人们已经研究出了许多可以诊断弓形体病的方法，但是最有效的办法还是做酶联免疫吸附试验（简称 ELISA）。这个方法能够确定体内是否存在针对弓形虫的抗体，同时不仅能够确定抗体是否存在，还能确定抗体的数量。

妈妈笔记

为了更准确地理解ELISA的检测结果，需要具备一些简单的生理学知识：在受到弓形虫感染之后，人体会立即开始合成一些特殊的抗体（免疫球蛋白），它们被称作免疫球蛋白M（或是称作初期抗体）。它们在血液中能够存在一年的时间，但通常含量会逐渐减少，最终消失。继免疫球蛋白M之后血液中开始出现一种新的抗体免疫球蛋白G，它将会终生存留在人体内。

不难理解：

——如果在人体内发现了免疫球蛋白M，说明病人感染弓形虫病没多久。

——如果在人体内发现了抗体免疫球蛋白G，而没有M，就说明被检查者已经感染了弓形虫很久，而他体内已经形成了对抗弓形虫的长效抗体。

——还有一些更难处理的情况，例如，在被检测人体内既发现了免疫球蛋白G，也发现了数量不多的免疫球蛋白M。这时医生一般会要求患者在两周后重新检测。如果再次检查时发现免疫球蛋白G的数量上升，那就说明机体仍在积极地合成抗体；如果保持在以前的水平，那就说明疾病已经过去（准确地说是刚刚过去）。

在分析新生儿的ELISA检查结果时有一定的特点，但同样可以判断出新生儿体内究竟有无弓形虫。

在文明社会，怀孕理论上都是有计划的。因此，在孕前就做弓形体病检查十分理智，也十分有必要。因为能否成功预防胎儿感染弓形体病取决于母体内是否有弓形虫。

如果检查时在母亲体内发现了免疫球蛋白G，那就大可放轻松，因为在怀孕时这些稳定的抗体会保护孩子的健康。如果发现了免疫球蛋白M，即刚刚感染后形成的初期抗体，那么就要考虑再过一段时间妊娠。如果在母亲体内没有发现任何抗体，那么就

妈妈笔记

要十分小心了，要认真掌握预防感染的要领并严格遵守。

即使是在孕期，了解以上的知识也有重要的意义。如果检查发现体内有免疫球蛋白 M 时，就应当作出选择。虽然这种选择比较痛苦，但却是一个对家庭和对社会负责的选择。

这里所说的**预防措施**都是根据我们先前提到的弓形虫感染途径而设定的。在此，我们有必要将它们列举一下（不仅针对弓形体病，同时对许多感染性疾病都有效）：

- 不要食用未经热加工的生肉；
- 不要用舌头舔尝生肉末；
- 不要吝啬香皂和时间，在处理过肉类食品和田间劳作之后一定要记得洗手；
- 仔细清洗水果、蔬菜；
- 为家中的宠物猫做检查并进行相应的治疗，最彻底的做法是不养猫。

这是体内没有弓形虫抗体的女性在怀孕期间保护胎儿安全的个人预防措施。同时，还有一些更为现实、更为广泛的预防弓形虫传染的措施。这些措施都与猫有关。猫根据其生活的环境被分为家猫和野猫。人们会对家猫进行检查和治疗，对野猫则进行捕杀，以求消灭弓形虫传染（显然通过这个方法是无法达到预期目标的）。

如果家中养了宠物猫，那么最好不要让它食用生肉，同时一定要对猫沙进行消毒。

虽然我们不太可能完全消灭流浪猫，但是我们可以时刻注意儿童经常去的沙堆。理论上，卫生检查部门有责任定期检查沙堆并对其进行消毒，但是我们不能太过寄希望于那些穿着白大褂的消毒人员。最好是用聚乙烯薄膜或是木头做的盖子将沙堆遮起来（当孩子需要玩沙子或周围没有猫的时候可以将薄膜或盖子打开）。

妈妈笔记

下面简单介绍一下弓形体病的**治疗**。一些药物（抗生素、磺胺类药物等）对弓形虫十分有效。总的来说治疗弓形体病的药物不算多，但是还是有一定的选择余地。不论是对人，还是对动物而言，制定出适合的治疗方法很重要。治疗一般会持续较长的时间，分为几个疗程，其间需要服用一些固定的药物组合。

抗生素和磺胺类药物在治疗急性弓形体病时效果十分明显，我们也期待着它们在治疗慢性感染、免疫缺陷和子宫内感染时的效果会进一步提高。

我们需要小心预防弓形体病。虽然弓形虫感染有可能引发严重的疾病，但是预防弓形体病的措施并不复杂：我们需要做的并不多，只要了解基本的弓形体病的常识，并保持起码的个人卫生习惯即可。

3.26 传染病医院

如果你的同桌得了传染病，
那就给他一个亲切的拥抱。
因为这样，
你可以两周不用去学校了。

——格·奥斯特尔

无论医院有多么好，大多数人都对它没有好感。至于传染病医院，一听到这个合成词就会让一些人小腿打颤。几乎每个人都害怕传染病医院，即便那些精神正常、胆子很大的人也是如此。

这没有什么好奇怪的。因为“传染病”这个词会让人想起许多可怕的疾病。到传染病医院接受住院治疗时，人们的脑海中一定会一遍遍地产生可怕的联想：那昏暗的霍乱伤寒隔离病房，那欧洲历史上最大规模、死伤人数近一半的鼠疫，那能使整座城市变为空城的天花，那些戴着防毒面具的敢死队医生等等。

老实说，笔者很明白大众的这种恐慌。还记得学生时代初次

妈妈笔记

到皮肤病性病诊所上课的情景，上完课主要有两大感受：首先，会忍不住抓痒；其次，在内心深处认定出芽繁殖是唯一的繁殖方式。但是，随着知识和经验的不断积累，这些感受和想法都逐渐改变了。

人们对传染病医院的态度也是如此，因为恐惧大都源自大众的误解和相关知识的贫乏。

首先，最主要的恐惧源于害怕被传染。而正是这种恐惧将传染病医院与其他医院区别开来。

需要指出的是，通过空气进行快速且大范围传播的疾病十分少见。这样的传染病首先包括三种儿童疾病：麻疹、风疹和水痘；其次，还包括可怕的鼠疫和天花。然而，天花已经被彻底消灭了，世界上已经有几十年未曾发现过天花病例。而鼠疫，这种传染性极强的疾病，当它以流行病的形式肆虐的时候，传染病医院和您自己的家毫无区别，都一样可怕。

下面来说一下麻疹、风疹和水痘。实际上，传染病医院很少医治这类疾病，因为它们的症状通常较轻，不需要采用特殊的治疗手段，在家庭条件下一般就可以自愈。如果麻疹、风疹或水痘的患者需要住院，医生们一般会将他安排在特殊病房（在传染病医院中这种病房被称作隔离室）。隔离室的特殊之处在于：每一间隔离病房都有一个通往室外的出口，且房间不与医院的走廊相连。这样一来，其他到传染病医院看病的大人和孩子就不会接触到患有上述传染病的病患。

除此之外，传染病医院的科室根据不同疾病的不同传播方式，都有着严格的专业划分。传染病的传播方式主要有两大类：空气飞沫传播（即通过空气唾液传播，感染部位经常为咽喉、支气管、肺部）和肠道传染，或者被称作粪口传播（即通过口腔进入人体，感染部位经常为胃和肠）。

通过飞沫途径传播的疾病，包括急性呼吸道病毒感染、白

妈妈笔记

喉、百日咳、猩红热、咽炎、某些种类的脑膜炎和其他一些疾病。飞沫途径传染的条件，首先是要与患者有过密切接触（两者间距离为 1 米，最大为 2 米），例如接吻、咳嗽、吐口水等。通过粪口方式传播的疾病主要包括可怕的霍乱，还有比霍乱稍微好些，但也十分危险的痢疾、沙门氏菌病、病毒性肝炎（黄疸）等。肠道感染，病原体主要是通过口腔进入人体。有多种行为会导致感染，例如与患者接吻、与患者公用一套餐具、不常洗手等。

再次提醒您注意：我们现在要说的并不是应该如何避开传染病，而是讲述人们在到传染病医院就诊时会出现的正常的恐惧心理。请读者们相信，没有任何一个医务人员会有意识地将传染病患者放入普通病房中，这种情况是无论如何都不会出现的。

在传染病医院中感染疾病主要有两种方式：

▶ 违反基本的卫生规定，探访者不愿意通过专门的小窗口与患者交流。

▶ 缺乏起码的卫生知识，不知道洗手和单独用餐的必要性。

从严格意义上讲，“传染病医院”这个称谓并不是绝对的——大部分综合性医院也同时会接受传染病患，例如肺炎、鼻炎和支气管炎患者；扁桃体炎、上颌窦炎等疾病由耳鼻喉科专家负责诊治；脑炎则由神经病学家负责治疗；有时妇科医生也会治疗化脓性炎症、发炎性病症。有时溃疡和胃炎也会是传染性的。我们在此暂且不提肺结核和性病的防治问题。

最重要的是，即使是传染病，在传染性方面也有一定的区别：某些疾病的病原体（病毒、细菌、真菌等）传染性较强，容易从一个人传染给另一个人，而其他一些疾病的病原体则相对不易传染。

传染性强的病症需要在专门的传染病医院中治疗，传染性不强的患者只需要在普通的综合性医院治疗即可。惧怕传染病无济

妈妈笔记

于事，重要的是知道和了解预防传染病的方法。这些方法既是我们生活中必需的，也是在我们前往传染病医院就诊和住院治疗时所必须知道的。

此外从理性的角度出发，人们在面对恐惧时总会采取一些相应的行动。如果对您来说传染病医院如此可怕，那么就尽量不要进医院——提前做好预防接种，不要乱吃不干净或来路不明的食物，出现不适的症状及时检查及时就诊，进行安全的性行为，勤洗手，用正确的方法储存食物等等。

简而言之，**怕也应该害怕值得害怕的东西**——不应当害怕医院和医生，而应为自己的懒惰和无知感到恐惧。

还有**一点很重要：**

有一些传染病今天已经很少见，甚至有些医生和传染病医院的医务工作者也对它知之甚少，无法做出正确的诊断，例如白喉。同时许多常见的传染病都富于变化，它们与糖尿病或是胆囊炎不同。糖尿病和胆囊炎的症状都相对稳定，或许可以维持数年，而对于传染病，尤其是儿童传染病来说，其症状可能在一昼夜内数次改变，这也就要求医生们经常改变治疗措施。而且很显然，社区的儿科或内科医生很难在家庭条件下进行相应的治疗。并不是因为不会，而是因为许多操作在家庭条件下根本无法做到。所以，我们应该理性地选择治疗方法，不要轻视住院会诊和治疗的重要意义。

再次恳求您，不要无谓地恐惧！

3.27 皮疹

每个人体内都是各种物质相互混杂，而生活将其中某种东西挤出体外。

——斯特鲁加茨基兄弟

医生将皮肤上突然出现的各种变化称为皮疹。发病时一定会出现皮疹的疾病有几十种，而发病时有可能出现皮疹的疾病则有数百种。大部分这类疾病并不可怕，但也有非常危险的，所以对待皮疹要相当小心。

首先，主要**有三类疾病在发病时会出现皮疹：**

- 感染性疾病。
- 过敏性疾病。
- 血液、血管疾病。

下面让我们来详细看一下每一类疾病的特点：

感染性疾病是引发皮疹的最常见疾病。通常，判断皮疹是否由传染病引起的并不难。因为除了皮疹之外，还会出现许多传染

妈妈笔记

病的典型症状，例如曾接触过传染病患者、发病急、体温升高、无食欲、打寒战、身体某些部位出现疼痛（咽喉、头、腹部），或是某些部位肿胀，又或是鼻炎、咳嗽、腹泻等等。

有些病毒性感染，如感染麻疹、风疹、水痘，在发病时也会出现皮疹。这些都是常见病。但也有一些疾病的名称听起来比较恐怖，如疱疹病毒感染、传染性单核细胞增多症、传染性红斑病、玫瑰疹等等。由于医学上至今还没有研究出与病毒抗争的有效方法，因此患者很难真正摆脱疾病的困扰，这是这类病毒感染的共同特点。不过这也没有什么好悲伤的：在免疫系统的保护下，人的机体能够与病毒抗争1~2周的时间。

细菌感染也有可能引发皮疹。从一方面来说，细菌引发的皮疹处理起来相对简单，因为有大量的抗菌类药剂可以为患者提供帮助，例如抗生素和磺胺类药物。但是，从另一方面来说，细菌性的疾病有时也十分严重，此时，皮疹与其他症状相比就算不上什么了。

猩红热是最常见的，常伴有皮疹发作的细菌性感染。除此之外，还有许多细菌性疾病发病时也会出现皮疹，例如肠伤寒、斑疹伤寒、梅毒、脑膜炎、葡萄球菌感染等等（这个名单还可以列很长）。

过敏性皮疹并不少见。总的来说，过敏性疾病，尤其是过敏性皮疹在发病时并没有明显的症状——身体总体状况良好、体温正常、食欲尚佳。但是在接触或食用某物后总会出现过敏症状，例如吃了柑橘、巧克力或某种药片，也有可能是注射了某种药物，也可能是吸入了什么东西（涂抹了什么东西、喷洒了什么东西），摩擦也有可能引起过敏（猫、狗、地毯、“专门”清洗过的或是颜色鲜艳的衣物）。

从中不难看出，生活中主要存在四种主要的过敏方式：食物过敏、药物过敏、呼吸（呼吸道的）过敏和接触性过敏。有些过敏原因依旧不明显。医生、患者，以及患者家属不断找寻过敏原的过程往往会让人想起心思缜密追寻嫌犯的“福尔摩斯”。

血液、血管疾病引发皮疹主要有两个原因：

1. 血小板数量减少或是血小板功能受损。血小板是人体内积极参与凝血过程的特殊血细胞（血小板数量不足或是功能受损经常是天生的）。

2. 血管渗透性受损。这种情况下出现的皮疹通常较大，并且在皮疹上有小的出血点。此类皮疹的出现主要是因为受到外伤或是受到其他疾病症状的影响，例如体温升高。

由此得出结论：很难对皮疹的发病原因做出清晰的划分。例如一个肺炎病人在注射了盘尼西林后身上出现了皮疹。这也就是说，感染是引发疾病的主要原因，而皮疹出现的原因是对盘尼西林过敏。

现在，让我们先来做一下总结，顺便再向大家介绍一些相关知识：

1. 在脑膜炎双球菌感染时，会出现最可怕的皮疹。脑膜炎双球菌是一种最常引发脑膜炎的细菌。除了脑膜炎之外，它还能引发血液感染，医学上将这种情况称作脑膜炎球菌血症。患有脑膜炎球菌血症的人，从发疹到死亡有时甚至不到一天的时间；如果治疗及时，获救的可能性约为 80% ~90% 。正因为如此，笔者再次恳求各位读者：**任何一种皮疹都应当给医生看**，而且越快越好。如果除了皮疹，患者还伴有呕吐、发烧的症状，且皮疹上发现有小的出血点，那么应当抓紧一切时间，尽快去传染病医院（最近的医院也可以）接受检查并住院治疗。

2. 在三种最常见的、伴有皮疹出现的儿童传染病中（麻疹、风疹、水痘），最为危险的是麻疹。但是如果孩子之前接种过麻疹疫苗，他一般不会感染麻疹。即使感染，症状也会较轻。因此不要小看预防接种的作用！

妈妈笔记

3. 任意一个出皮疹的患者在医生诊断排除风疹之前都应当尽量远离孕妇（风疹病毒对胎儿极其有害）。

4. 如果皮疹瘙痒十分严重（尤其在晚上），那很可能是感染了**疥疮**。引起疥疮的既不是病毒也不是细菌，而是螨虫。螨虫在皮肤上爬过，会钻入皮肤表面，并在皮肤上留下成对的疹子（螨虫爬行的入口和出口）。对个人而言，疥疮并不是一种见不得人的病，但是对整个社会而言疥疮是一种耻辱。在拥挤的车厢、火车中都有可能被感染。因此疥疮不能耽误治疗，如果由于瘙痒而导致您夜不能寐，那么就请一大早起床去看皮肤病科专家，也许他会对您有所帮助。

5. 请记住，**引发皮疹的主要原因一般是内因，而不是外部环境**。无论是绿药水、碘酒还是高锰酸钾溶液都不能帮助病人摆脱痛苦。但是如果您真的很想涂抹止痒药物（无论是为您还是为孩子），那么在涂抹药物之前最好让医生检查一下皮疹，此后就可以放心擦药了。

3.28 菌群失调

本质上有益的东西不能因为它具有某些副作用而遭到拒绝。

——伊本·路世德

让我们先来看一些专业术语，因为如果读者不了解这些词汇，就无法明白本节所讲的内容。首先需要指明的是，几乎在人体的每一处都有细菌的存在，细菌的生存之所（鼻腔、肺脏、咽喉、肠道、阴道）并不是某个单一品种的细菌的天下，实际上是由许多细菌构成的菌群存在的场所，例如肠道内总是会有大肠杆菌、乳酸菌、双歧杆菌以及其他数十种不太为大众所熟知的微生物（这完全不意味着它们的作用小）。

具体的细菌群被称作微生物区系。有鼻咽微生物区系、肠道微生物区系、阴道微生物区系等等。

妈妈笔记

菌群异常指的是微生物区系的组成和性质遭到破坏。

根据以上定义可以确定，无论是鼻腔、肠道还是阴道，人体内的任何地方都有可能出现菌群异常，但相比之下，肠道菌群异常更加常见。因此，无论是医生还是病患往往把“菌群异常”理解为肠道菌群异常也就不足为奇了。

肠道菌群异常确实非常普遍，其症状也因为肠道微生物区系千差万别的功能而表现得多种多样。虽然我们很难将肠道微生物区系的功能全部列出，但为了再次强调一下人类与体内细菌和谐共处的重要性，我们还是列举一二。

肠道微生物区系能够：

- 参与合成维生素——叶酸（维生素 B、C）、烟酸、维生素 K 和 B 族维生素；
- 帮助合成氨基酸，并促进酸类物质，例如胆汁酸、脂肪酸、尿酸的代谢；
- 保证肠道内正常的气体代谢；
- 促进肠黏膜细胞的正常分裂和更新代谢；
- 促进肠道淋巴细胞的活动；
- 提高肠道酶活力。

我们还可以继续列下去，但最好先对以上所列内容做一下形象的说明。例如在“促进肠道淋巴细胞的活动”这句深奥的医学术语之下，隐含着许多具体问题：当菌群出现异常时，淋巴细胞的活动会遭到破坏，而一些抗感染的重要物质正是由淋巴细胞合成的，其中包括免疫球蛋白和溶菌酶。如果肠黏膜上的细胞无法进行正常的代谢和分裂，将会导致许多本应留在肠道内的物质（各类毒素和过敏原）进入（渗入）血液中。很多过敏性疾病（支气管哮喘、过敏性皮炎）经常都和菌群异常密切相关也就不难理解了。

由于肠道微生物区系的属性不同，肠道菌群异常的表现以及

妈妈笔记

与菌群异常有关的疾病也会有所区别。我们此前提到的过敏性疾病、肝脏功能紊乱、肾结石、关节疼痛，以及经常性感冒着凉等疾病，都有可能是由肠道菌群异常所引起的。而“消化”方面的问题，如食欲不振、腹胀（肠道内造气增多）、便秘或腹泻、体重减轻或增重、恶心呕吐、嗳气烧心等就更不用提了。

以上所说的这些可怕的疾病和症状自然而然地令我们想到了一些问题：菌群异常发生的原因是什么？应当如何预防菌群异常的发生？如何下诊断？如何治疗菌群异常？

很遗憾，**引发菌群异常的最常见原因就是使用抗菌类药物**（抗生素、磺胺类药物等）。显然，在杀死“坏”细菌的同时还想要保住“好”细菌是不可能的。抗生素并不是导致菌群异常的唯一一种药物。在大部分情况下，任何一种药剂，任何一种抑制人体抵抗力的治疗方法（使用皮质类固醇激素、放疗、服用抑制肿瘤的药物等）都可能致使人体出现菌群异常。

除此之外，还有一个原因能够引起菌群异常，那就是**饮食不合理**。这不仅包括食物种类单一，同时还包括食用过度（例如过多食用油腻食物和甜食）和一些人们总喜欢做的极端尝试（饥饿疗法、尿疗法、酸奶减肥法、苹果餐、香蕉食谱等等）。

菌群异常可能会发生胃肠系统疾病；反之，有一些疾病，例如胃炎、胃十二指肠炎、溃疡、胰腺炎、结肠炎等也会成为菌群异常出现的原因。不难理解，任何对人体消化器官的手术干预，都会导致菌群异常。

过早添加辅食是 1 岁以内孩子出现菌群异常的主要原因。广大民众总是相信果汁对刚满月的孩子益处多多，蔬菜汤对于一个 4 个月大的孩子来说几乎是必不可少的，而在孩子 5 个月大时如果不开始给他喂食肉类，那他就无法正常发育。

感染性疾病，尤其是**肠道感染**，也会导致菌群异常，个中原因或许并不需要解释。**蠕虫**是菌群异常的另一个“始作俑者”。

妈妈笔记

广泛讨论之后，我们再来看一些更为详细的信息和**具体的建议**：

1. “正常的微生物区系”是一个理论性的概念。对于人体肠道内的细菌，研究者们曾经确定了一个数据，此类细菌总数有多少，另一类的微生物总数就为多少，并以数据作为判定的标准。然而实际上，这一标准因人而异。微生物区系构成的变化是由人的年龄、生活的季节、饮食特点所决定的。根据这些特点，还存在“年龄性菌群异常”和“季节性菌群异常”等不同概念。

2. 如第一点所述，**菌群异常并不总是一种疾病**。如果通过检查粪便发现菌群存在一定的异常，但并没有不适感或出现具体的症状，那么，好吧，没有症状就好。

重要的是，不要因为检验结果稍有异常就盲目治疗，或许对您（和您的孩子）来说这反而是好事一桩。

3. 考虑到导致菌群异常的因素，我们应当尽力避免滥用抗生素，哪怕是停止自我诊治也好。应该清楚，有一些抗生素类药物，如盘尼西林、苯唑西林、红霉素、林可霉素，几乎不会引发菌群异常，而有一些，如氨苄青霉素、四环素、左旋霉素则十分容易导致这种结果，有时一片药剂就足以引起菌群异常。当然，这个药品名单并不完整，也完全不是要说明哪些抗生素类药物好，哪些不好。只想强调选择具体的抗生素药剂是一件非常非常不容易的事，即使对医术高超的医生来说也是如此。遗憾的是，在生活中，邻居的建议或是药店小姑娘的一句“吃点氨苄青霉素就好了”往往会成为我们服药的决定性因素。

4. 如果到了非用抗生素类药物不可的时候，那么一定要及时与医生讨论可能出现的菌群异常的情况，并确定以何种方式能够最大限度地降低菌群异常可能带来的不良影响。能够有效预防和消除菌群异常的药物有很多。

5. 正如我们之前所说，单凭一张化验单远不足以做出“菌群异常”的诊断。首先，患者要具备一些具体的病征；其次，还需找出“菌群异常”的原因（治疗、手术、中毒、吃得太多、节食等等），知道引起菌群异常的疾病的名称。

6. 关于菌群异常的治疗需要指出的是：治疗菌群异常并不是一件简单的事。一方面，它需要医生具备过硬的专业知识；另一方面，它还需要病人的耐心、细致以及足够的经济能力。菌群异常的治疗往往采用一定的食疗和药物治疗相结合的方法。需要根据不同的疾病类型选择相应的食谱和药物，这主要是由患者的病因、病征和检查结果来决定的。最主要的，是解释清楚人体内究竟缺乏哪些细菌，并通过服用益生菌——经过干燥处理、用特殊方式加工过的药剂。当然，这并非唯一的治疗方法。进入肠道之后，益生菌会逐渐具备活性并开始完成自己的使命。肠道微生物区系会制造出许多有益物质，有一种治疗方法重点恰恰不在于置入细菌，而是将这些有益物质浓缩。此类药物中最著名的就是益生元。除此之外，还可以服用酶（克里昂等）和维生素来治疗菌群异常。

7. 如果发病原因已经排除且发病时间不长（不长于半年），菌群异常治疗起来并不麻烦。但是，无论在何种情况下，微生物区系短期内都是无法恢复的。

* * *

请注意！

笔者十分想提醒各位读者注意的是，“治疗菌群异常”和“诊断菌群异常”这两种表述本来就是不准确的，甚至可以说是错误的。因为本来并不存在“菌群异常”这种疾病[1]。人体微生

1 在世界卫生组织关于疾病的分类中，并不包含“菌群异常”。在很多国家的专业文献中也很难找到“菌群异常”这个词汇。大多数发达国家的医务工作者都不知道如何诊断“菌群异常”以及什么是“菌群异常粪便检查”。

妈妈笔记

物区系的结构和特性如果遭到破坏，这是生物学概念，通过检查很容易确定。菌群异常只是诸多疾病的一种表现而已，而恢复菌群特性则只是治疗的一个方面，无论在什么情况下都不是目的本身，也不能替代其他方法。

所以，**重要的是确诊是哪种疾病导致了菌群异常，并治疗相应的疾病（包括纠正已经出现的菌群失调）**。

然而不得不承认，菌群异常是一种被“妖魔化”的诊断，各种各样的大病、小病和各类症状都归咎到它的身上。

过敏性皮炎、呕吐、任何一种排便异常（频率、气味、颜色、黏稠度）、腹痛、体重超重、无食欲、口臭、经常性的呼吸道病毒感染、预防注射后出现反应、对某种食物过敏、牙科疾病，除此之外还有数十种，乃至数百种的问题都可能与“菌群异常”有关，且至今没有找到有效的解决方法。“菌群异常”是各类疾病的罪魁祸首，要想完全治愈这些疾病，首先必须解决“菌群异常”的难题。

这样一来，人们往往顾此失彼，忽略了引发具体疾病的病原体，光忙着对付菌群异常就够亲友们跑断腿了。因为化验结果很少有显示完全“正常”的：细菌千万种，总会有一种超过医学界限定的框框（标准）。

应该说，“菌群失常”这种诊断之所以在某些国家比较时髦，完全可能是因为人们的心理作祟：有问题就得就医，就得治。

例如，患有过敏性皮炎的患者应当避免过热（因为出汗会使病情加重），不要吃不确定是否会过敏的食物，尽量不要使用日用化工产品。但这些只能说是一些建议，并不是治疗方法。因为无论是杜绝巧克力、过滤饮用水、给房间通风，还是禁止孩子玩毛绒玩具，都不是根本的治疗方法。而接受菌群异常检查，并在其中发现克氏杆菌过多或是乳杆菌过少，查明上述细菌是过敏原，并积极服用益生菌，这才算得上是真正的治疗。

3.29 耳炎

知因果而知者，始得真知。

——弗·培根

如果对耳朵的构造缺乏基本的了解，那就很难解释耳炎的发病原因，也很难对它的治疗提出通俗易懂且切实可行的建议。读者们或许会说："我们不需要，因为在中学时已经认真学习了有关解剖学、生理学、卫生学的相关知识。"然而，就算是已经了解了每个器官的基本构造和工作原理，也不代表您就一定明白出问题的原因。这种哲学辩证的观点正是我们分析的基础，目的是让大家明白为什么耳朵会痛，如果出现耳痛应当如何处理。

在耳朵的某个部位发生的炎症被称作耳炎。

由这个定义我们不难看出：无论是从解剖学角度，还是从生理学角度出发，人类的耳朵都是由几个部分组成的，每个部分都有其特殊的功能及特有的炎症。

外耳是唯一一个可以为人所见的部分。耳壳是我们对耳朵这个器官的最直观认识。但实际上，耳壳对听觉的影响是最小的

妈妈笔记

（与其他部分相比）。它的主要任务是感觉声波振动并将声波汇入耳道直至耳鼓膜。耳鼓膜后即为中耳。

中耳处于耳膜的后方，主要起传声作用。耳鼓膜后面就是鼓窦，这是一个十分有限的空间，通过一定的方式加强传入的声音信号，并对其进行加工。鼓窦里有几块“听小骨”，这几个听小骨分别都有一个独特的名字——锤骨、砧骨、镫骨。锤骨的一部分稳固地连接在耳膜上。耳膜在声波的作用下不断振动，而振动通过三个听小骨传播。镫骨的主要部分正好处于颞骨的孔隙中，颞骨之后就是内耳。

内耳是一个复杂的管道系统，它位于颞骨中并构成特殊的听觉器官——耳蜗。这个名字看似奇怪，但是只要将它与内耳管道的形状结合起来就很好理解了。管道螺旋的形状很容易让人想起蜗牛壳。内耳的管道内布满独特的液体和毛细胞。一定频率的声音会使得毛细胞以同一频率振动，这可以将声波普通的机械振动转化成神经冲动。这些神经冲动由听觉神经负责接收，并传递给大脑。

考虑到从解剖学和生理学角度对耳朵的划分（外耳、中耳、内耳），医生在诊断耳炎时，同样也会根据耳朵的结构划分三种炎症类型：外耳炎、中耳炎、内耳炎。

外耳炎的“耳朵”特征不是特别鲜明：耳壳的皮肤与身体其他部位的皮肤一样，会出现各种炎症，例如各种脓包、疖子、痤疮等等。耳道内的脓疮（最为常见的是疖子）会使治疗变得比较复杂。这里指的不是治疗方法，而是如何控制病情的发展，因为耳道内的脓疮治起来比较费劲。

幸运的是，内耳炎（又称迷路炎，因为耳蜗的复杂结构好似一个迷宫）并不是一种常见病，但是病情往往很严重。内耳炎不是一种初发性疾病，通常是以中耳炎或是其他严重感染的并发症形式出现。

妈妈笔记

在大多数情况下，耳道内流脓、单耳或双耳疼痛或是听力下降都与中耳炎有关。

中耳炎是一种十分常见的疾病，尤其是对儿童来说。在99%的情况下，当医生说“您的孩子患有耳炎”，他指的就是中耳炎。我们在下文中也依照这个习惯，用“耳炎”来代表“中耳炎”

“中耳炎”中“中耳”这个词，指的就是鼓窦，其内部有听小骨。只有当鼓窦内的压力与外部大气压相同时中耳才能够正常工作，只有在这样的条件下鼓窦内才有足够的空间供听小骨和骨膜振动。耳压的调节主要归功于耳咽管。耳咽管是连接咽喉和鼓窦的软性管道。在进行吞咽动作时，耳咽管打开，中耳趁此间隙通风换气，以保证耳压与大气压相符。

中耳发炎正是由于鼓窦内的压力发生变化。发炎的过程如下：首先，当鼓窦内的压力发生急剧变化时，例如潜水或是飞机起飞降落时；其次，鼻咽部位发生炎症，会堵塞耳咽管，这也是中耳炎最常见的发病原因。

由此可见，引起耳炎的原因主要有以下几点：

耳炎大多不是原发性的，更多是以其他鼻咽部位炎症的并发症的形式出现，首当其冲的就是急性呼吸道病毒感染。

相信每一位成年人都清楚地知道，只要鼻咽部位受寒就会导致呼吸道内黏液分泌增多。患者经常会用鼻子大声抽气。然而，过于积极地抽气（无论是吸气还是呼气）会使鼻咽部位的黏液滑入耳咽管缝隙中；此外，能够引发急性呼吸道感染的病毒和细菌也经常成为引发耳咽管黏膜炎症的主要原因。以上列出的两种原因，无论是共同作用还是单独作用，都将会长期影响鼓窦内的通风，导致中耳内长期负压，于是覆盖在鼓窦表面的细胞开始出现炎症并分泌组织液，这时就会出现中耳炎的明显症状——耳痛

妈妈笔记

（单耳或双耳）和听力下降。接下来（有时是几个小时之后，不过最常见的是一两天之后）细菌开始（经由耳咽管）进入鼓窦并开始在鼓窦中繁殖——病情则会转为化脓性中耳炎。化脓性中耳炎的主要症状是耳部疼痛加剧、发烧。如果鼓窦内耳压极高，甚至有可能导致鼓膜破裂，脓液会从鼓膜上的破口处流出。

通过上述理论，我们很容易找到**“为什么孩子比成年人更容易患中耳炎？”**这个问题的答案。

这主要是由于以下几种因素的影响：

1. 孩子的耳咽管比成人的窄小很多，因此，也更容易发生阻塞。

2. 孩子更容易出现病毒性感染，也更容易着凉。

3. 孩子经常哭闹，因此会常用鼻子大声抽气。

4. 孩子经常会有腺样体增殖[1]的情况，会挤压耳咽管。

耳炎的主要症状我们已经列举过了，包括听力受损、单耳（双耳）疼痛、耳内分泌组织液（较少见）。如果在出现这些症状之前，患者曾经患过感冒，那么医生就更容易作出正确的诊断。同时，对尚在哺乳期的孩子来说，中耳炎的诊断相对复杂，因为无论是疼痛还是听力下降，孩子都无法用语言表述出来。但是，这并不能成为家长们忽略孩子中耳炎症状的借口。如果孩子出现毫无根据的不安、烦躁、失眠、哭泣都应当引起家长们的足够重视，应当想到孩子是否患了中耳炎。

在耳壳部位，外耳道的前端有一个凸出部分，被称作耳屏。如果患有中耳炎，那么在按压耳屏时疼痛感会明显加剧，此时，孩子会大声啼哭。每位家长都能用这种方法来检查孩子是否患有中耳炎。如果孩子的反应明显时，应当立即带孩子去医院治疗。

预防耳炎的关键在于，不要让呼吸道中浓稠的黏液堵塞耳咽管。这个要求并不像听上去那么简单。重要的是要记住：**鼻涕并不可怕**，但是如何避免鼻涕变稠呢？那就必须要知道一些**能够导**

1 关于腺样体增殖的详细内容，请见下一节。

妈妈笔记

致黏液干燥的因素：

1. 体液不足（相应的补救措施是多喝水）；
2. 高烧（及时服用退烧药物，当然，首先是要遵医嘱）；
3. 室内空气过于暖和、干燥（室温不应超过18℃～20℃，如果觉得冷可以适当添加衣物，保持室内通风，经常用湿抹布清洁房间，移走房间内容易堆积灰尘的物品）。

还有一个预防中耳炎的重要方法——**擤鼻涕力度要适中**（笔者相信，大家都熟悉这样一组画面：妈妈一手拿着手绢，手帕下面就是孩子的小鼻子，妈妈不断地对孩子说：来，使劲擤）。

只有在做过耳膜检查（这样的检查在医学上叫做耳镜检查）之后，医生才能对耳炎做出准确的诊断。经过检查，医生能够判断出耳炎的类型——是卡他性的（有耳炎液，但是并不流脓）还是化脓性的，确认鼓窦内是否积累了大量的液体。所有这些信息都对治疗药物的选择和进一步治疗有重要影响。

耳炎应当如何治疗呢？治疗耳炎经常使用的药剂是**血管收缩鼻滴剂**（对，正是鼻滴剂没错），它能够使耳咽管黏膜的水肿消退。在治疗病毒性鼻炎时禁用的药品（如鼻眼净/盐酸萘甲唑林等），在治疗耳炎的时候，就变成了必备药品。一般的使用方法是局部（向耳道内）滴入**抗菌液**。以前，医生们经常使用硼酸溶液。虽然在世界上许多国家已经开始使用更为现代、更为有效的药剂，但是直至现在我国仍在使用这种硼酸溶液。有时，当耳部疼痛严重时，人们会使用带有麻醉效能的滴剂，有时也会使用含激素的消炎药物。现在市场上耳滴剂种类繁多，不下十种。

抗菌型药物（抗生素、磺胺类药物及其他）在耳炎治疗中起着十分重要的作用。在使用抗菌型药物时有许多需要注意的事项：药物不仅应当作用于引发耳炎的细菌，同时还应当能够很好地渗入鼓窦。

无论何时都不能将上述治疗方法视为行动指南。您需要记住

妈妈笔记

一点，如果及时用正确的方法进行治疗，急性中耳炎会很快康复，并且不会导致听力下降。如果一开始就延误了治疗，就有可能导致最为严重的后果——急性中耳炎可能会转为慢性中耳炎，最坏的情况就是出现一系列并发症，最终可能导致耳聋和化脓性脑膜炎。

如果耳部有流脓症状，也不要过于担心。因为如果出现耳膜穿孔，那么经过正确的治疗，耳膜上很快就会形成一个小的疤痕，将来也不会影响听力。

当出现明显的耳炎症状或是有可能是耳炎的症状时，应当立即咨询耳鼻喉科专家。如果这一条无法实现（医院太远），那么可以自行使用血管收缩鼻滴剂，例如鼻眼净/盐酸萘甲唑啉，向耳朵中滴入一些胆碱水杨酸盐，它除了具有消炎作用之外，还能够冲开耳垢。最好能够保持耳部的温暖（温暖而干燥，例如使用棉花、聚乙烯薄膜，也可以选择戴帽子和三角巾），但是注意不要使用滚烫的热水袋。这些措施可以帮助我们在没有见到医生之前对耳炎进行及时的简单的处理。

3.30 腺样体增生

一个人没有鼻子，鬼知道是一副什么丑样子；人不像人，鬼不像鬼——简直就是废物，扔到窗外去还恐怕来不及呢！

——尼·瓦·果戈理

在前面介绍咽炎的时候，我们曾经解释过什么叫做淋巴组织和扁桃体。如果对这些词汇不了解，那就无法进一步解释什么是“腺样体”。因此，如果您已经记不得先前我们介绍的基本概念，那请您先将前面的相关内容再读一遍。

腭扁桃体并不是咽喉部位唯一的淋巴器官。还有一个扁桃体被称为咽扁桃体。在做口腔检查时很难发现它，但是，想要判断它在口腔中的位置并不难。如果将口腔张开，我们能看到咽喉后壁，跟着它的位置往上，很容易就能摸到鼻咽顶，而咽扁桃体就处在那个位置。

咽扁桃体同样是由淋巴组织构成，它的形状会变大。**咽扁桃体变大还被称作“咽扁桃体肥大”**。咽扁桃体变大在医学上被称作腺样体增生或者腺样体增殖。而咽扁桃体发炎，在医学上被称

妈妈笔记

作增殖腺炎。

发生在腭扁桃体上的疾病一般十分明显，炎症（咽炎、急性或慢性扁桃体炎等）在做口腔检查时很容易被发现。而咽扁桃体的情况则不相同，毕竟我们很难看到它，只有在医生（耳鼻喉科医生）用镜子做检查时才能发现。检查时使用的不是普通的镜子，而是一块圆形的、带有长手柄的镜子，能够深入口腔进行检查，直达咽喉后壁，医生能通过镜子看到咽扁桃体。当然，这是理论上的操作，但是在实践中也会遇到一些问题，毕竟将镜子塞到嘴里通常会引起一些不良反应，如呕吐等。

不过，有时无需做口腔镜检查也能够诊断出"腺样体增殖"。腺样体增生的症状具有鲜明的特点。首先，是受咽扁桃体所处位置的制约——在咽扁桃体所处的鼻咽顶部位还有一些其他组织，例如连接鼻咽和中耳的耳咽管，以及鼻道的末端。

由于以上的这些解剖学特点，咽扁桃体变大后会引起两个能够证明腺样体增殖的**主要症状：鼻呼吸受阻以及听力下降**。

这些症状的严重性主要取决于咽扁桃体增大的程度（耳鼻喉科专家将腺样体增生分为Ⅰ、Ⅱ、Ⅲ三种程度）。

腺样体增生能够引起的最实际、最危险的后果就是长期鼻呼吸受阻。气流通过鼻腔时，患者会感到阻塞感，因此不得不转用嘴呼吸。鼻子无法正常呼吸，而这正是鼻子最重要的一项功能。鼻呼吸不畅可能引发的后果是显而易见的：大量未经鼻子加工、不洁净、未经加热和湿润的空气进入呼吸道，这在很大程度上提高了咽部、喉部、气管、支气管、肺部炎症（咽炎、喉炎、气管炎、支气管炎、肺炎）的发病几率。

如果鼻呼吸长期受阻，将会影响鼻子的整体功能：会出现一些顽症：鼻黏膜水肿，伤风没完没了，有时还会引发上颌窦炎，声音发生变化——鼻音较重。耳咽管受阻则会导致听力下降，并且经常会引发耳炎。

妈妈笔记

患有腺样体增生的孩子睡觉时张着嘴，打鼾，经常抱怨头痛并且容易出现呼吸道病毒感染。

患有腺样体增生的孩子的模样会令人觉得很压抑——张着嘴、流着浓鼻涕，每个口袋里都放着手绢……医生们甚至发明了一个专有名词：腺样体增生面容。

不难看出，腺样体增生是一种令人不快的严重疾病，而且这种不快经常发生在孩子身上：孩子 4 ~7 岁时，咽扁桃体长到最大。在性成熟阶段，淋巴组织的体积要减小许多。但是在这之前，孩子可能生各种各样的病，无论是与耳朵、鼻子有关的，还是与肺脏有关。因此，单纯的等待而不采取任何措施，挨到孩子 14 岁左右，等着症状自行消失，这样的策略显然是不正确的。虽然在理论上腺样体增生在青春期阶段一定会减轻并逐渐消失，但是在实际生活中也会出现 40 岁的人仍然患有腺样体增生的情况，所以一定要积极治疗。

那么，**有哪些因素会导致腺样体增生呢？**

▶ 遗传——如果父母都曾患有腺状体增生，那么孩子在某种程度上也会遇到同样的问题；

▶ 耳部、咽部、喉部有炎症，包括呼吸道病毒感染、麻疹、百日咳、猩红热、咽炎等；

▶ 饮食不规律——尤其是吃的过多或食糖过多；

▶ 经常出现过敏反应，天生或后天导致的免疫力低下；

▶ 吸入空气的质量较差：过于温暖、过于干燥、含有较多灰尘、含有有害物质（生态状况、日用化工元素过剩）。

因此，**家长们在预防腺样体增生时，应当针对这些不利因素来安排具体措施。最好是在孩子年幼时就为他建立良好的生活方式，为他建立一个正常而有效的免疫系统**——按需进食，加强体育锻炼，减少孩子与灰尘、日用化工产品的接触，改善吸入空气的质量。

妈妈笔记

孩子患有腺样体增生，肯定是需要治疗的。如果置之不理，往往会使病情变得十分危险，结局也会变得不可预料。不过最根本的是要调整孩子的生活方式，之后才能更好地开展治疗。

腺样体增殖的**治疗方法**可以分为保守治疗（有很多种）和手术治疗（只有一种方法）两种。保守治疗通常较有效，而其效果主要与腺样体增殖的发病程度有关：咽扁桃体越小，保守治疗的效果也就越好。

保守治疗的方法有很多种，主要是使用有益全身健康的药物（维生素、免疫刺激剂），同时用特殊的溶液清洗鼻腔，滴入各种有抗菌、抗过敏成分的药物等等。

如果保守治疗没有效果，那就应当考虑是否进行手术。切除腺样体的手术被称为**“腺样增殖切开术”**。还有一点十分重要：手术的适应征候不是腺样体的大小，而是病症的严重程度。由于不同孩子的解剖学特点不同，有可能出现这样的情况：III级腺样体增殖只是略微阻碍了鼻呼吸，而I级腺样体增殖反而导致了听力的严重下降。

关于“腺样增殖切开术”我们需要了解什么呢？

这项手术的实质在于：切除变大了的咽扁桃体。

手术既可在局部麻醉的条件下进行，也可在全身麻醉的条件下完成。

手术的持续时间相当短，只需1～2分钟，真正切除过程只需要几秒钟。医生会将专门的环形手术刀（增殖腺刀）伸入鼻咽顶的位置，轻轻按压鼻咽顶。此时腺样组织就进入了环形的增殖腺刀中。只要动一下手，腺样体增殖体就被切除了。

虽然腺样增殖切开术十分简单，但并不意味着没有风险：仍然有可能出现与麻醉有关的并发症、出血以及上颚受损。但这些状况很少见。

腺样增殖切开术并不是紧急手术。在手术前最好做好相应的

妈妈笔记

准备，完成一些身体检查等等。流感流行的时候，以及刚从急性传染病中康复起来的病人最好不要急于做腺样增殖切开术。

手术后病人一般恢复得很快。当然，在术后 1 ~ 2 天内病人最好不要跑跳，也不要吃坚硬或烫口的食物。

有一点值得大家注意：腺样增殖体很难完全切除，在手术后，腺样体增生还是有复发（重新长出）的可能。这与医生们的专业技术水平没有任何关系。

腺样体增殖的复发是十分值得家长们严肃思考的事情。这并不是因为遇到的医生不好，而是因为**如果孩子终日被灰尘、被干燥而暖和的空气所环绕，如果孩子经常被强制进食，如果孩子经常呆在家里看电视而不爱散步，如果孩子很少运动，如果……如果您认为带孩子来看医生比起耗费大量时间陪孩子散步、做运动、出门呼吸新鲜空气要容易得多，那么就算把世界上所有的医生加起来也无能为力。**

3.31 特异质反应

每当我们需要做出些许改变，解开生活中的一个结，我们的理智和心灵总是显得多么无助，而过不了多久，生活本身却能轻而易举地将这个结解开。这总是让我惊讶不已。

——马塞尔·普鲁斯特

由于广大群众对现代医学成就的日益了解，使得许多医学术语成为日常词汇。例如“梗塞”、“中风”、“休克”、“切除术”等词都早已为大家所熟知。但这并不意味着每个人都对这些词汇所包含的医学现象有充分的了解。“特异质反应”就是个典型例子。

“特异质反应”可以说是一个众所周知的词汇，只要是自己有孩子，或亲友家有孩子的人都一定知道这个词。孕妇们害怕自己的孩子将来会有特异质反应，特异质反应的孩子也在积极进行治疗。但是几乎100%的母亲并不真正明白什么才叫“特异质反应”。

试想一下：某人十分想了解一下现代医学的先进成果，想翻阅一下儿科教材。于是他来到了书店，并在相应的专柜找到了两本厚厚的、装帧精美的书：一本是美国版的医学教材《儿科学》，另一本是由波士顿儿童门诊的同仁们撰写的医学手册《儿科学》。然而，翻一下两本书的目录，都找不到“特异质反应”这个词！

为什么会这样呢？“特异质反应”究竟是一种什么病？现在就让我们来了解一下。

有多种疾病容易在儿童阶段（尤其是在婴儿期）发病，但在成年人身上几乎不会发生。难道您见过有成年人在吃过草莓之后变得两颊通红吗？简单地说，成长中的人类机体有许多特点，无论是食物消化过程，还是感染疾病的几率，或是对人类文明成果的不同反应，尤其是对日常化工产品及药剂的反应都有明显的特点。

这样的特点有许多许多，但关键却不在于此。每个人的健康水平（感染疾病的次数和严重程度、心理发育、体重、身高、行为方式、食欲等等）从严格意义上讲只与两大因素有关：

- **遗传，**即由父母处获得的基因基础。
- **外部环境因素的影响，**从母亲怀孕时的生活方式，到孩子生活的环境（居住场所及其附近的生态环境、食物和饮用水的质量、散步休闲、睡眠和游戏以及医疗条件等等）都会对身体健康产生重要的影响。

人类机体总的特性可以概括为：外貌 + 内部各个器官的正常（或非正常）运作 + 心理素质水平 + 患病的频率及主要种类，这个概括用医学术语表述为**“体质”**。

每一个人，包括儿童，从体质上可以划分为几个基本类型：虚弱体质、正常体质、精神分裂型体质、多力型体质等，关于这一点，相信读者们都有所了解。现在，我们就可以进一步解释什

妈妈笔记

么是“特异质反应”。首先来看一下这个词的词典定义：

特异质反应，是指一种体质异常的反应，表现为极易感染某种疾病或是对某种正常的刺激做出不相应的反应。

以上定义表明：

特异质反应既不是一种疾病，也不是一项诊断，我们只是用这个词汇来描述孩子特别容易患某种疾病。特异质反应无法治疗，更无法治愈。因为疾病易感性无法治疗！但是，我们可以做具体的诊断，治愈具体的疾病。

疾病易感性各种各样，因此，特异质反应也分为很多类型，大约有十种，其中有三类最主要：

- 渗出—卡他性或过敏性特异质反应：易患过敏性及炎症性疾病；
- 淋巴—发育不全性特异质反应：易患感染性及过敏性疾病，胸腺功能减弱，淋巴结出现异常；
- 神经—关节性特异质反应：容易患肥胖症、糖尿病、动脉粥样硬化、高血压、关节炎、神经兴奋。

因此，特异质反应指的是体质上的异常。正如我们所说，孩子是否会倾向于感染某种疾病，并不完全是由孩子自己决定的，而是由他身边的环境决定的。这包括父母的遗传基因和孩子的生活方式。

如果哺乳期的母亲吃了许多橙子，第二天一早她在孩子身上（两颊、躯干、手臂处）发现有粉红色的皮疹，那么，从医学的角度来看，这是一种由食物过敏引发的过敏性皮炎（有过敏源引起的皮肤炎症）。

出现这样的情况，一般有两种处理方法：

方法一：很遗憾，这种处理方式并不罕见。确认孩子有渗出

妈妈笔记

—卡他性或过敏性特异质反应，有什么办法？过敏性体质遗传！孩子的父亲也是一吃橙子就发疹。哭泣一阵、抱怨一阵后，哺乳的母亲又会毫无顾忌地吃起橙子来。

方法二：不再抱怨孩子的体质和遗传因素，而是针对具体的过敏性皮炎进行治疗，并且不再食用橙子。

原则上，只要孩子生病，家长们都会被一个问题所困扰：孩子为什么（因为什么）会生病。而且，任何父母或祖父、祖母都害怕承认，孩子生病是自己的过失。

关于“特异质反应”我们缺乏基本的知识。例如，为了避免孩子出生后出现“特异质反应”，怀孕期的母亲应当怎么做，如何为新生儿安排生活，给他吃什么，喝什么，如何为他洗澡、带他散步、给他穿衣以及带他锻炼身体……所有这些都还是未知。不仅如此，家长们还特别热衷于盲目治疗。

如果长期忽视孩子的身体锻炼，让他长时间地待在温暖的室内，从他一个月大时就喂他吃香蕉，用加酶洗衣粉清洗尿片，为孩子购买廉价的、有气味的塑料玩具，每当孩子打喷嚏时就让他服用抗生素类药物……这样一来，孩子就会反反复复不断感冒，皮肤上总会有各种各样的小脓包和小斑点，一年感染二次支气管炎，一会儿腹泻，一会儿便秘……家长就会不断地抱怨：这些都是特异质反应，可怜的孩子太倒霉了……

再次强调，**特异质反应不是病，只是孩子的体质具有对某些疾病的易感性**。如果医生说您的孩子有特异质反应，那么请您向医生确认，孩子具体是对什么疾病有反应，因为，特异质反应指的是身体容易感染这些疾病（请原谅笔者一次次地重复）。任何一种疾病都有其发病的原因和相应的治疗方法。请家长们与医生一起找出患病原因，这样才可能治好。

妈妈笔记

* * *

现在，相信诸位读者都基本明白了什么是“特异质反应”。接下来就是结合以上我们所说的三种类型，分析一些具体的疾病：

最常见的疾病是**过敏性皮炎**。

过敏性皮炎的症状有许多种——皮肤局部发红，体表出现红疹、红斑或小红点，时常伴有瘙痒、脱皮及皮肤干燥、起皱、溃烂等症状。

过敏性皮炎对儿童，尤其是对年龄为一周岁左右的婴儿来说，是一种常见病，**人们往往把“特异质反应”和皮肤上的各种变化等同起来**。请仔细思考下面这几句话：“由于特异质反应而变红的面颊”、“由于特异质反应，孩子一个晚上都没有睡着，不是哭就是抓痒”、“我已经什么都不敢吃了，但孩子还是会出现特异质反应”。

上述症状都符合渗出—卡他性或过敏性特异质反应的特征。这种类型的特异质反应最为常见。

对于这种特异质反应，能够为患儿提供实质性帮助的不是医疗人员，而是孩子的家长（或亲友）本人。

所有皮肤上出现的症状实际上都不是皮肤本身发生病变！而是身体内在状况在皮肤上的反映：某种进入人体的物质与人体格格不入，既无法被肠道吸收，也不能被肝脏中和，或是不能通过肾脏和肺排出，虽然这种情况比较少见，但却实际存在。这些物质经过某种方式的转化，具备了抗原的特性并刺激人体合成抗体。抗原与抗体间的斗争最终导致了皮疹的产生。还有一种情况会令孩子出现特异质反应：孕妇在怀孕期间接触过（食用、涂抹、呼吸）某些有害物质。如食用巧克力，可可蛋白能够使胎儿体内产生抗体。孩子出生后如果给他吃可可类食品，那么他

妈妈笔记

体内的抗体开始发挥作用，继而出现皮疹。

任何一种过敏性皮疹都是**结果**。而**原因**是机体接触了某种导致其出现过敏反应的物质——**过敏原**。

医生可以减轻患者过敏反应的程度，即对结果产生影响！但是阻止过敏原进入人体，即从源头上解决过敏问题，只有通过家长们的努力才可实现。

过敏原主要通过三种途径进入人体：

- 在进食或饮水时进入人体——**食物过敏；**
- 当过敏原与皮肤发生直接接触时——**接触性过敏；**
- 在呼吸过程中进入人体——**呼吸性过敏。**

如果过敏原因很明显，例如吃了过多的橙子（食物过敏）、用洗衣粉洗过衣服（接触性过敏）或使用了空气清新剂（呼吸性过敏），那么家长应当采取的措施也就不言而喻了：不要再吃橙子、不用洗衣粉和空气清新剂，随后家长们就会发现过敏症状消退了。

如果过敏原因不明，家长们又该怎么做呢？该从何处着手呢？

首先，最好能够在医生的帮助下确认您的孩子患的正是过敏性疾病。随后才能做具体的处理。请记住：**由于过敏原进入人体有三大主要途径，那么最好能同时考虑到这三个方面的因素，制定适宜的措施：**

1. 食物过敏：

请再读下本书第一章中有关“喂养”的那一节。

不要急于让孩子吃辅食。

不要用食物在孩子身上做实验。

对那些有可能引发过敏的食品（任何一种柑橘类水果，非本

妈妈笔记

地产水果蔬菜，草莓、巧克力)，不是要少吃，而是完全不吃。

活得简单些！不要顾及邻居和朋友的看法，如果她们责怪您在自己孩子身上都舍不得花钱，就让她们说去吧！记住，任何一个大而美丽的苹果都离不开大量化肥和杀虫剂。

在吃任何一种食物之前，都应当考虑清楚几个基本问题：是谁在什么时间制作了（培育了）这个食品？之前储存在哪里？保质期为多久？

当孩子的过敏症状加重时，您应当回忆一下这一昼夜之间他都吃了什么东西，将它们记录下来，好好想一想，仔细分析一下。要记住：您就是最好的侦探。吃了苹果？那并不代表过敏症状一定是由苹果引起的。那又是在哪儿买的苹果呢？吃的那个苹果是什么样子的呢？红色的？绿色的？带斑点的？它是什么味道呢？酸、甜、多汁、软的还是硬的呢？

过敏难道只和食物有关吗？

任何一位临床儿科医生都会向您证实：

①瘦小或经常挨饿的孩子很少患过敏性皮炎；

②如果一个感染了过敏性皮炎的孩子同时又患上了肠道感染，那么由于饥饿和腹泻，过敏性皮炎的症状会明显减轻。

由此可以得出一个重要的结论：减轻肠道的负担有助于缓解过敏性皮炎的症状。这同时也反映了一个事实：孩子经常吃超过自身消化能力的过量食物（强制进食，在孩子没有胃口的时候被迫“为妈妈”吃一口，“为爸爸”吃一口）。

对1岁以内的孩子而言，无论人工喂养奶粉，还是用奶瓶喂食其他食物时，应当记住特别重要的一点：在“填饱肚子”和“没有饥饿感”（没有食欲）中间有一段时间间隔，一般为10～15分钟。如果孩子是母乳喂养，那么他喝5～10分钟的奶就可以满足他对食物需求的90%，孩子会继续吮吸，直到出现饱胀感，即大脑中的饥饿中枢停止反应。用奶瓶给孩子喂奶时，填满胃部的速度要快得多，而饱胀的反应则相对滞后。因此，他们并没有在肚子填满后立即停止吮吸，这也就是说，经常用奶瓶喝奶的孩子几乎一直都是吃过量的。

吃下去的食物要经过酶的加工，而酶的数量时常与孩子的进食量不成比例，因此一部分食物不能完全被分解，结果有一部分食物被阻塞在肠道内，并渐渐开始腐烂。分化的食物残渣就会被血液吸收。这些渗透到血液中的物质有一部分会被肝脏中和，因此肝功能越好，麻烦也就越少。

肝脏是儿童身体中发育最不成熟的器官之一。但是它的活性却是因人而异。所以：

①过敏性皮炎并不是在每个孩子身上都会出现；

②发育成熟的肝脏几乎能够中和所有的毒素，因此，成年人很少会出现过敏性皮炎；

③肝脏发育成熟后，大多数孩子就不再会受到过敏性皮炎的骚扰。

在这种情况下只是换孩子的配方奶粉是改变不了现状的。如果孩子对牛奶中的蛋白质过敏，那么如果完全清除食物中的牛奶蛋白质会有什么后果呢？毫无疑问过敏症状肯定会消失。可是如果已经给孩子改喝豆奶粉和羊奶粉，但孩子仍旧过敏，那该怎么办呢？按照逻辑来说，这说明过敏原不是牛奶蛋白质。在这种情况下，家长们不必急于寻找奶粉替代物，而是尝试减少喂食量。

2. 接触性过敏

水中的氯以及各类洗涤剂都是十分危险的因素，需要不惜一切代价清除。可以将水过滤或是将水煮开后再使用，也可以用热水器将水加热到 80℃ ~90℃，然后倒入浴缸中，变凉后再

妈妈笔记

使用。

● 洗涤衣物时应当使用儿童专用洗衣粉或儿童香皂。重要的是：最后应当将衣物放在不含氯的水中清涮一遍，也可在过滤后的水或是凉开水中涮。最简单的方法是：将洗涤过的衣物放在滚烫的开水中泡上几秒钟，衣服上含有的氯很快就蒸发了。

● 所有与孩子皮肤接触的物品都要用上述方法处理，包括家长们的衣物、床单、枕头套、衣物、尿片等。哪怕孩子在家长的床上只需要躺短短的几秒钟，家长们也应当清洗床单。如果奶奶来做客，应当给她一件经过儿童洗衣粉洗涤过的家居服。

● 所有与孩子皮肤直接接触的衣物最好都是白色（不含染色剂），且质地要纯正（100%亚麻或100%棉）。

● 外出散步时应当如何给孩子着装：符合上述条件的长袖衬衫是很好的选择，衬衫的袖子伸入外衣中（夹克、大衣、毛衣），并向上卷起，以保证除了衬衫之外，没有任何化学成分、染料、合成纤维织物、毛料等触碰孩子的皮肤。帽子也同样如此。

● 一周内用肥皂和沐浴液给孩子洗澡的次数最好不要超过一次，最多两次。任何一种肥皂或沐浴液都会中和覆盖在孩子皮肤表面、起保护作用的油脂膜。

● 清除孩子身边所有来源不明、质量不合格的玩具和护理用品。

3. 呼吸性过敏

有许多东西可以引发呼吸性过敏，例如居室内的灰尘、悬浮颗粒、杀虫药剂、给观赏鱼吃的干鱼食等。所有这些带有明显气味的东西（无论好闻还是不好闻），甚至于家中的宠物（很遗憾）都可能成为过敏原。

有一种情况十分典型：经过长时间的琢磨您终于发现，孩子是由于

妈妈笔记

接触过狗（猫、仓鼠）才出现过敏症状的。于是，您将宠物们转移到了最近的亲戚家里。但是过了一个月孩子的过敏症状并没有好转，您意识到可能是自己错了，于是又将宠物带回了家里。这样做是不对的！因为居室中动物性的过敏原需要一个月后才逐渐开始消散，过敏原的完全消失不会少于3～4个月（一般要将近半年左右的时间）。

对于如何避免过敏原，笔者在此还有几条建议：

过敏反应经常与房间内的温度有关：室温越高，孩子出汗就越多，过敏性皮炎的症状就越明显。这是因为过度出汗会导致体液不足，也会使得排尿减少，而排尿是人体排出过敏原的主要方式之一。

如何减少出汗？

①保持房间内的理想温度——不超过20℃，最佳温度为18℃。用泡沫塑料将暖气片封闭起来，安装温度调节器，根据需要调节室温。

②尽量保证房间内湿度不低于50%[1]：购买一个湿度表，清理堆积的灰尘、经常用湿布擦地板、在房间内放置一个鱼缸或是放一盆水、经常开窗通风、经常散步。

③尽可能少穿。

如果患有过敏性皮炎的孩子同时还有便秘的症状，那么这不仅仅会加剧过敏性皮炎，同时还可能成为引发过敏性皮炎的另一个原因（过敏原不能及时脱离肠道，于是渗透到了血液中，进而引发过敏）。关注孩子排便的频率，如果便秘，不要耽搁，最好向医生求助。

肺是人体重要的过滤器，它能够将人体内的许多脏东西清除出去，其中包括过敏原。因此，保持肺部的正常工作很重要，要做到这一点一定要保证室内空气的凉爽、潮湿，并要经常散步。

如果孩子是过敏性体质，服药一定要慎之又慎。医生当然很

1 最简单且最有效的解决办法是购买空气加湿器。

妈妈笔记

清楚这一点。但是，如果您自作主张，使用醋酚来降低体温，那么一定要记住：糖浆型药物中含有大量的添加剂（着色剂、芳香剂），可能引发过敏或是加重过敏症状。而栓剂在这种情况下更安全。

最后一点，请您乐观一些，您并不是一辈子都要这么谨慎小心，这么累。过敏性皮炎通常只是一个短暂的现象。随着孩子的成长，他的肠道、肝脏和免疫系统功能都会不断完善。孩子的身体在适当的帮助下总是能够很快恢复自我调节。重要的是，以上所说的“适当的帮助”指的是建立健康的生活方式，而不是用最先进的抗过敏药物和偏方来为孩子治疗。

3.32 便秘

生活只能给我们一种放松——肠道的放松。

——乔治·奥威尔

首先让我们从《医学术语大百科辞典》里的定义开始说起。“**便秘**是指排便缓慢、排便困难和经常性的排便不彻底”。接下来我们来进一步分析这个对各个年龄段的人来说都十分现实的问题。

便秘对人体健康的影响，以及采取何种强度的方法治疗便秘都是由人的年龄决定的。先天性肠结构损伤或代谢异常这些危险原因，通常在孩子年龄尚小时就会体现出来，这一点十分重要。如果一个3岁左右、外表看上去完全健康的孩子——没有营养不良、严重肥胖的症状，智力发育也与年龄相符，那么他因为先天性异常的原因导致便秘的可能性不大。

由上一小节我们可以得出的结论是：便秘应当在孩子年龄尚

妈妈笔记

小的时候就引起足够的重视，甚至要比其他任何人生阶段更为重视。因为，正是在这个时间段我们可以确认孩子体内有没有什么导致便秘的危险因素。

从严格意义上讲，对1周岁左右的孩子来说，只有一种疾病是引发便秘的危险原因——先天性巨结肠（赫尔施普龙氏[1]病）。这种病症的根本在于：结肠内某个部位的神经节细胞发育不成熟，病因是胚胎细胞发育不正常，但至于为什么会出现这种情况，没有人能够给出肯定的答案。不难理解，如果某段结肠内的神经节细胞功能不正常，那么这个部位的结肠也就无法正常发挥作用。先天性巨结肠的“非正常状态”表现为：患病的肠道长期处于收缩状态，在这段肠道中积聚粪便，这当然就会引发便秘。先天性巨结肠只有通过手术治疗，而手术就是为了切除功能不全的肠道。这种手术的复杂性显而易见，尤其是对1岁左右病情严重的孩子来说。但是如果不做手术，孩子必然会死亡。

1 赫尔施普龙（H. Hirschsprung）（1830—1916），丹麦医生，是首个描述这种疾病的人。

幸运的是，先天性巨结肠并不多见（每2～5千名新生儿中有一例）。因此，**99%的儿童便秘及100%的成年人便秘虽然会给患者带来很大的痛苦，但是都不会危及生命**。

有一点应当时刻记住：在没有医生帮助的条件下，单凭个人的能力是很难判断便秘的原因的。便秘并不完全是一种独立的疾病，只是溃疡、痔疮、胰腺炎、胆囊炎、甲状腺功能紊乱等疾病的症状。有时就连更仔细的检查也无法找出便秘的原因。可以说，原因未知的便秘更为常见。即便如此，在采用专门的食谱、进行灌肠或服用泻药等方法缓解便秘之前，应当确定有无其他疾病。因此，去医院（找胃肠病专家）做一下检查还是很有必要的。

如果医院诊察出具体的疾病，那就要对症治疗。但是如果查不出有什么疾病，本节内容会对您非常有用：如果您已经决定进行自我治疗，那么请您千万不要犯一些低级错误，并且要清楚该做什么，不该做什么。

▶ 便秘，这当然不是件好事。但却算不上是不幸，更称不上是一场灾难。只不过是生活中的不愉快而已。您完全可以为自己解决这一苦恼。该怎么做?

▶ 保证肠道功能正常需要两个重要条件。首先，要保证体内有充足的水分；其次，保证体内钾的水平。如果身体流失了大量的水分和盐分，肠液的功效就会受到影响。出汗、因感染引起的高烧或外部空气高温干燥均会造成水分和盐分的流失。钾元素对于肠道的作用就好似汽油与汽车的关系。如果体内的钾元素不足，肠道收缩功能就会（即肠蠕动）明显减弱，这很有可能导致便秘。葡萄干、杏干、李子干和无花果中的钾含量最为丰富。

▶ **食疗的基本原则**：最好不要食用富含大量蛋白质的食物，例如巧克力、奶渣、坚果等。最好喝酸奶和凝乳。黑面包比白面包更有助于缓解便秘。喝苹果汁也比直接吃苹果要好。总的来说，素食对解决便秘问题是十分有益的。此外，睡前喝一杯酸奶，在酸奶中加入20粒左右蒸熟的黑李干，对于解决便秘会很有帮助，25%的便秘问题无需服药就可解决。

▶ 治疗1岁以内孩子便秘的最安全的方法，也是其他任何年龄段的人治疗便秘最理想的办法是使用乳果糖（药品名称为杜秘克）[1]。

▶ 无论是便秘还是其他疾病，医生们开具的药品除了泻药以外，还包括能够减轻肠道紧张的药物、酶制剂、益生菌等其他药物。

▶ 有时，便秘是由于肛门处的痔疮和裂口引起的。有的人虽然会在一天中多次想排便，但是一想到痔疮和裂口带来的疼痛，就会选择忍着，直到忍不住为止。这时，除了专门疗法，含有甘油和沙棘油的栓剂也十分有效。同时，含有甘油的栓剂也是治疗1岁以内孩子便秘的最安全药剂。至少，在为孩子做灌肠之前，

妈妈笔记

1

乳果糖一般是以“糖浆”形式出产。例如“杜秘克”。一日服一次。在服药之初常常会出现一些症状，例如放屁。因此，一定要使用安全的，含有二甲硅油的防胀气药物。

其次，不要立即让孩子服用药品说明书中写明的剂量。例如，说明书中写着：未满1周岁的孩子服用5毫升，那么一开始时可以先让孩子服用1毫升，然后在2~3天内逐渐加大到5毫升。有了一定效果之后，不要立即停药，而是应当继续坚持按有效剂量服用2~3周的时间，最后逐步减少。

药品可以连续使用几个月。

妈妈笔记

应当先用这种药剂润滑一下。

▶ 我们除了要关注排便的过程，还应当注意排便的场所。厕所的位置、厕所内的温度、厕所内的排队状况、厕所的卫生状况、厕所内的气味以及许多其他问题都能够成为便秘的诱因。在这种情况下，病因不在肠道，而在大脑。

这一节的重点在于：

便秘作为一种十分普遍的病理现象，其实并不是由内分泌严重失调引起的，而是许多人并不明白，连续3天不排便是不正常的，我们应当时刻注意排便的频率。便秘是人类文明带来的疾病，它主要是由生活压力、饮食不均衡，甚至是令人乏味的厕所引起的。但是，与其他疾病相比，便秘在大部分情况下都可以治愈，而且治疗便秘所使用的药物都是无害的。您想试一试吗？

3.33 抗生素

任何药物，尤其是抗生素，如果没有效，那就要禁用。

——瓦·加·博乔里什维利[1]

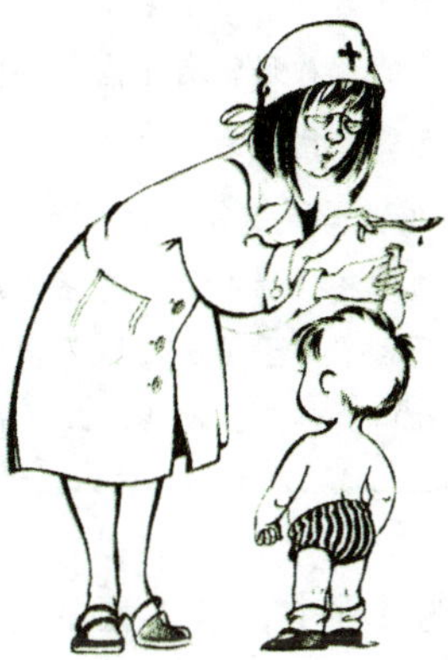

如果我们单纯从字面来理解，那么“抗生素”这个词显得有些可怕：“抗”——抵抗，“生”——生命。简单地说，就是抵抗生命。但幸运的是，这种药物抵抗的并不是所有的生命，而只有细菌的生命。

1928 年，英国细菌学家弗莱明意外发现了盘尼西林。请注意这里的用词，不是“构思”，也不是“发明”，而是“发现”。这是因为抗生素已经以其本有的形式在自然界中存在了很长时间，几乎与大自然的历史同样长久。某些细菌能够合成抵抗其他微生物侵害的物质，而这些物质正是抗生素。

1 您或许只有在阅读完本节的内容后，才能真正理解这句话的含义。对笔者而言，博乔里什维利是抗生素领域真正的专家和内行。

他的实验室又小又黑。实验室的门从来不关，人们可以随便从中穿过。他的名字叫亚历山大·弗莱明。此后他成为了诺贝尔奖获得者并晋

妈妈笔记

升为亚历山大·弗莱明爵士。

正是由于弗莱明对工作环境的“不拘小节”，才让他做出了震惊世界的发现。

弗莱明是一位细菌学家。那他是如何研究细菌的呢？他先找来某种带有细菌的介质（这种介质可以是任何东西：土壤、水、食物、血液等等），然后将这些东西放在装有营养液的特殊培养器皿中。由于有充足的条件，细菌就会在培养器皿中继续繁殖。细菌不断繁殖，并逐渐在培养器皿中形成肉眼可见的各种形状的小点——菌落。将产生的菌落转移到载玻片上，并用特殊的着色剂染色，然后放在显微镜下研究。

许多用过的器皿堆积在实验室里。其中一只意外附上了一层青霉菌。弗莱明特别注意到菌落（当时为葡萄球菌）在青霉菌层周围逐渐溶解，也就是说，细菌死亡了。于是这位细菌学家就得出一个结论：青霉菌能够产生某种杀灭细菌的物质，由此发现了盘尼西林。

在盘尼西林的发现过程中，抗生素的主要来源是一种特殊的青霉菌。那么接下来的任务就是：如何将青霉菌的这种特殊“武器”为我们所用，如何将青霉菌身上的这一有用物质分离出来，找出符合人体需求的数量，并学会使用这一“武器”。

盘尼西林从 1943 年开始投入批量生产。从这时起，抗生素成为了现代医学的一个必不可少的组成部分。

乍看上去，使用这些物质既简单，又合理。有一种细菌可以引发疾病。人类生产出一种可以杀灭这种细菌的药物。医生给病人开药，病人服用药物后身体就康复了。就是这么简单，效果也非常好。

但医生开的药越多，消灭的细菌越多，可能会出现的问题也就越多。因为抗生素是一种十分厉害的武器。而只有内行的人才懂得如何合理使用它。

虽然我们常说只有进行过专门学习的医生才能正确使用抗生素，但

妈妈笔记

实际情况却并非如此。

人类不会放过任何一个与疾病作斗争的机会，几乎每个人都有过自己服用抗生素杀死某种细菌的经历。在任何一个药店，无需任何处方都可买到各种抗生素。家长们在孩子身上更是毫不吝惜，有时甚至会责备那些不给孩子开抗生素的医生。

笔者的任务不是教读者们如何使用抗生素！我的任务是：

- 向读者们再次强调使用抗生素的复杂性和危险性。
- 使读者们注意一些平时容易忽视的问题，例如医生们开抗生素的依据、抗生素的使用剂量、使用时间，同时还要提醒读者选用抗生素需要具备较高水平的专业知识、实践经验、敏锐的直觉以及健康的理性思维能力。
- 为读者们解释一些在使用抗生素过程中经常会遇见的高深的医学词汇。
- 给读者们列出并强调一些在使用抗生素时一定要遵守的规则。这些规则对正在使用抗生素进行治疗的人来说格外重要。

抗生素并不是唯一一种能够消灭体内致病微生物的药物。

原则上，使用任何一种抗菌型药物都应当基于一个现实，某种细菌细胞中存在某些形成物，而人体内恰恰没有与之相似的物质。简而言之，一定要在微生物体内找到它赖以生存的某种物质（蛋白质或酶），而这种物质属于微生物所特有，是人体所不具备的。

例如：有些细菌的细胞壁，就其解剖结构来说，与任何一种哺乳动物的细胞都不相同。因此，完全有可能制造出一种能够破坏细菌细胞壁，同时却不会损伤人体各组织细胞壁的物质（当然，这并不容易）。盘尼西林、氨苄青霉素、先锋菌素 IV 等都能破坏细菌的细胞壁。

还有一个例子：几乎所有的细菌都带有酶，被称作“DNA 旋转酶”，如果缺少这种酶，细菌就失去了繁殖的能力，很快便会死亡。同

妈妈笔记

样，根据这一原理，也生产了一系列能够破坏“DNA旋转酶”的药物，例如诺氟沙星、氧氟沙星等等，这些药物能够起到很好的抗菌作用。

但是以上列出的这些药物并不是抗生素！

或许大家对此感到迷惑不解，因此笔者在此要为大家解释一下：

首先，再次强调一下：抗生素是一种由一些微生物制造出来的、用于消灭其他微生物的物质。

有一些真菌，例如青霉菌属、头孢子菌属等都能够产生抗生素，这些抗生素包括盘尼西林、头孢子素等。有一些细菌（例如放线菌属）也能够产生抗生素，这类抗生素包括四环素、链霉素等。

科学家们努力让各种天然的抗生素更适合现代要求（改变、优化它们，使其对人体内的微生物更有效，而对人本身更安全）。通过改变盘尼西林的结构得到了它的合成衍生品——苯甲异恶唑青霉素、氨苄青霉素；通过改变四环素的结构得到了脱氧土霉素、甲烯土霉素等等。因此，抗生素分为天然抗生素和合成抗生素两种类型。

有时抗菌药物与大自然不存在任何共同之处：抗菌药物有可能完完全全是人类智慧的产物，是完全由人类创造出来的。大家都听说过不少此类药物，如磺胺类药物（氨苯磺胺、爱他唑尔）、硝基呋喃（呋喃唑酮）和喹诺酮类药物（其中包含我们曾经说过的诺氟沙星、氧氟沙星等）。

以上这些资料说明了抗菌类药物和抗生素实际上是两种不同的概念。

在医学中有一个专业术语——化学疗法。这是指通过药物来治疗感染性疾病。而所有我们列出的药物，无论是磺胺类药物、抗生素、喹诺酮类药物，还是硝基呋喃，都是化学治疗所使用的药物，或者，说得更明白些，都是抗菌类药物。

这些信息的理论意义大于实践意义。因为在使用任何一种抗菌药物时，其原则和规则都是一样的。上述内容适用于任何喜欢服用抗生素的人。

抗生素的种类多种多样，但是服用抗生素要有针对性，视具体情况使用相应的抗生素。医生（再强调一遍，只有医生）会从药物的具体特性出发，决定究竟哪一种药物真正适用于患者。

什么是药物的具体特性呢？

抗生谱

每一种抗生素都作用于一定的微生物群体。例如，盘尼西林针对的是球菌——链球菌、脑膜炎双球菌、淋球菌、肺炎球菌等，但是它却无法作用于大肠杆菌、痢疾杆菌、沙门氏菌。而多粘菌素则相反，主要消灭的是杆菌，对球菌则没有任何作用。左旋霉素和氨苄青霉素对这两种细菌都能产生效用。也就是说左旋霉素的作用范围比盘尼西林的作用范围更广。这里就有两个十分重要的概念“**广（宽）谱抗生素**”和“**窄谱抗生素**”。

广谱抗生素究竟是好是坏？一方面，这是一件好事，因为有些疾病的病原体不明（不清楚究竟是何种原因引发了脑膜炎或是肺炎），广谱抗生素此时可能会更有效。另一方面，此类抗生素消灭的不仅是引发疾病的病原体，同时也会消灭肠道内一直与人类“和谐共存”的微生物，通常会导致人体内菌群异常。由此可以得出一个结论：窄谱抗生素（盘尼西林、苯甲异恶唑青霉素、红霉素）要比广谱抗生素（氨苄青霉素、庆大霉素、四环素、左旋霉素）更好。但是使用窄谱抗生素治疗疾病，对医生来说会更为复杂，很容易判断失误。为了不用费力气去猜，为了不失手，为了不被病人骂成是庸医，医生都愿意避重就轻，选择广谱抗菌药。

抗生素的作用机制

有些抗生素能够完全抑制细菌的生长，也就是说，完全地消

妈妈笔记

灭细菌。这类抗生素被称作杀菌性抗生素。它们作用于十分重要的细胞结构，快速而大量地杀灭细菌。盘尼西林能够作用于细菌的细胞壁，不给细菌留任何机会。很显然，盘尼西林是杀菌性抗生素，同样是杀菌性抗生素的还有氨苄青霉素、先锋霉素 IV、庆大霉素。

有些抗生素的作用机制则完全不同，它们能够阻碍细菌繁殖。菌落不会扩大，一方面细菌会自行消亡（由于生命周期）；另一方面会被免疫系统（白细胞）消灭，人体就会恢复健康。这类抗生素被称作**抑菌性抗生素**，它能够帮助人体依靠自己的力量战胜病菌。抑菌性抗生素包括红霉素、四环素、左旋霉素。

如果停用抑菌药物的时间过早，那么疾病必定会复发。抑菌性抗生素与杀菌性抗生素相比往往作用得更快。

抗生素在人体内的分布

无论抗生素以何种方式进入人体，最终它都会进入血液中，并通过血液到达身体各个部分。此时，某种具体的抗生素会以某种固定的量在某个固定的器官内存留下来。

可以使用盘尼西林和氨苄青霉素来治疗耳炎，但是氨苄青霉素在中耳内沉积得更好，因此也就更有效。林可霉素（抗生素）能够很好地渗入骨头，因此，它被用于治疗骨髓炎（骨头部位的化脓性炎症）。多粘菌素（抗生素）吞服后完全不会渗入血液，它只对肠道疾病有效，这对治疗肠道感染十分有利。

一些新型抗生素药在人体内的分布非常独特。例如，阿奇霉素以一种很特殊的方式吸附在噬细胞上，噬细胞是一种免疫细胞，能够吸收并消化细菌。体内出现炎症病灶时，噬细胞奔向病灶并在炎症病灶处大量聚集。阿奇霉素与噬细胞一起活动，也就是说，感染肺炎时，大量的抗生素就聚集在肺部，感染肾盂肾炎时，抗生素就会聚集在肾脏处。

抗生素进入机体的方式

将抗生素注入细菌集结部位的方式有很多种。可以在皮肤化脓处涂抹含有抗生素的软膏，可以吞服抗生素（药片、滴剂、胶囊、糖浆），也可以用注射的方式——肌肉注射、静脉注射、脊髓管注射。

抗生素以何种方式进入体内实际上并无太大关系。重要的是抗生素能够及时而有效地作用于患处，这才是战略目标。但同时也需要一定的战术，以帮助我们更快更好地达成目标。

显然，口服药片要比注射方便得多。但是，有些抗生素在胃里会遭到破坏，如盘尼西林。还有一些药完全（部分）无法被肠道吸收，例如庆大霉素。患者的反应可能是呕吐、或是完全失去意识。与注射相比，口服抗生素通常作用较慢，因此，病情越严重越应该以注射方式注入抗生素。

抗生素的排出方式

有些抗生素，例如盘尼西林或庆大霉素都会丝毫没有改变地随尿液排出体外，这能有效治疗肾脏和尿路感染。但当肾脏功能遭到严重破坏、尿量减少时，抗生素会遗留在肾脏部位（超剂量服药）。

其他药剂，例如四环素和甲哌利福霉素则不仅会通过尿液，还会随同胆汁排出。因此此类药剂对肝脏、胆管部位的炎症十分有效，但如果肝功能严重受损，那么使用此类药物时需要格外小心。

妈妈笔记

副作用

每种药都有副作用。抗生素也不例外。

抗生素可能引起过敏反应。有些抗生素十分容易引起过敏，如盘尼西林、先锋霉素 IV，而有一些过敏情况相对少见，如红霉素、庆大霉素。

某些固定种类的抗生素会对人体的一些相对应器官造成损害（中毒）。庆大霉素损害肾脏和听觉神经，四环素损害肝脏，多粘菌素损害神经系统，左旋霉素会损害造血系统等等。在使用红霉素后可能有呕吐、恶心的反应。超量服用左旋霉素会产生幻觉及视力下降的症状。任何一种广谱抗生素都有可能引起菌群失调。

* * *

现在让我们好好思考一下！

有些情况是显而易见的：使用任何一种抗生素都需要掌握上述知识。也就是说，要对抗生素的优缺点了如指掌，否则，治疗结果无法预料。

从另一个方面来说，如果您自作主张服用盘尼西林，或是按照邻居的建议给孩子服用氨苄青霉素片剂，您意识到自己在做什么吗？您对这些医药知识都了解吗？

您当然不了解。或者不仅不了解，甚至完全不知道这其中暗藏的风险。您没有细想，也不曾怀疑，只是想着让自己和孩子变得更健康，于是就这么做了。

如果想要变得更好，那首先应当将基本的原理弄懂，并且认真思考。

* * *

须知：

▶**任何一种抗菌类药物都应当由医生来开具！**

▶**抗生素类药剂不能用于治疗病毒性感染**，即使是为了预防有可能出现的并发症也不能服用。不仅不能有效预防，反而会使情况变得更糟。首先，总有一些微菌能够存活下来；其次，在消灭一些细菌的同时，又为另一些细菌的繁殖创造了条件，不仅没有降低并发症的发病几率，反而提高了出现并发症的可能。因此，最好在细菌感染发生后再使用抗生素，而不是用抗生素来预防细菌感染。哲学家日瓦涅茨基曾说过一句话：苦难没有来临时不要庸人自扰！这就是我们对待预防性抗生素疗法[1]的应有态度。

1 关于预防性抗生素疗法，您还可以翻阅“肺炎”一节。

预防性抗生素疗法并不总是有害的。对经历过多次手术，尤其是胸腔部位手术的患者而言，抗生素几乎是维持生命必不可少的药物。在鼠疫流行时，大量使用四环素能够有效预防传染。但重要的是：预防性抗生素疗法与在病毒感染时以预防并发症为目的使用抗生素是两个完全不同的概念，千万不要混淆。

▶**如果您正在服用抗生素，那么无论如何也不要在症状稍有好转后就停止用药。**何时停药必须询问医生。

▶**任何时候都不要要求医生给您开效力更强的药物。**

抗生素的效用强弱是相对的。在很多人的意识里，抗生素的效力强弱主要与价格高低有关。人们往往会觉得如果泰宁比盘尼西林贵一千倍，那么它的效果也比盘尼西林好上近千倍。可惜事实往往并非如此……

妈妈笔记

在抗生素疗法中，有这样一个概念：**首选抗生素**。即针对每一种感染、每一种细菌都有一种首选的抗生素，它被称作首选抗生素。如果无法判定首选抗生素，例如治疗过敏，那么可以使用二级、三级抗生素。咽炎的首选抗生素是盘尼西林，耳炎是阿莫西林，伤寒是左旋霉素，百日咳是红霉素，鼠疫是四环素，等等。

所有昂贵的药物只有在病情十分严重，即当某种致病菌相当稳定，对大多数抗生素都没有反应，人体免疫力明显下降时使用。所幸这种情况并不常见。

▶ 在开具任何一种抗生素药物时，医生无法预见所有可能产生的后果。每个人的体质不同，对抗生素的反应也不同。如果中毒孩子在服用了红霉素片剂之后整夜呕吐，并一直喊肚子痛，这并不是医生的错。有数百种不同的药剂可以用来治疗肺炎。抗生素越罕见，抗生素谱越广，那么相对的，它的价格也就越高，效果也越好。与此同时，它引起抗生素中毒反应、菌群异常、免疫力下降的几率也越大。用注射的方法注入抗生素效果更快，也更有助于康复。但是在注射部位很可能会出现疼痛、化脓的症状。如果说，使用片剂后出现过敏反应我们尚可通过洗胃来缓解，那么注射进体内的抗生素一旦引发过敏又该怎么办呢？关于这一点，**病人家属和主治医生意见一定要达成一致**。如果抗生素没有起到多少作用，那是谁的错？难道只是医生的责任吗？连最强效的药物都毫无作用，病人患的又是一种什么样的疾病呢？究竟是一种什么样的生活方式让病人的免疫力降到了如此低的水平？在这里，笔者并不想说所有的医生都好似天使一般，他们也经常会犯错。但有一点必须强调，针对具体的病人很难断定“谁对谁错”，但就“怎么办?”这个问题却总能找到答案。但经常还是会听到家长说：

——“早就该打针了!”

——“您难道除了盘尼西林就不知道别的药了吗?”

——“什么叫贵?为了我们家小玛莎花多少钱都行!”

——“医生，您能保证这个药管用吗?”

——“都吃了 3 种抗生素了，但是就是治不好这小小的咽炎!”

▶ 小男孩萨沙患有支气管炎。医生给他开了氨苄青霉素，过了5天，情况有了明显好转。但两个月后小萨沙又生病了，症状都与之前一样，经过检查发现还是支气管炎。家长凭先前的经验，继续为小萨沙服用氨苄青霉素。上述这种情况十分典型。但是它的结果却是不可预见的。因为任何一种抗生素都能与血液中的乳清蛋白相结合，并在某些特定环境下转化成抗原，并促进人体合成相应的抗体。在服用氨苄青霉素（或其他任何药剂）之后，在血液中就能够检验到针对氨苄青霉素的抗体。这时发生过敏反应的可能性就很大，有时甚至十分严重！此时，患者不仅会出现对氨苄青霉素的过敏症状，还可能会对其他具有相似化学结构的抗生素过敏（如苯甲异恶唑青霉素、盘尼西林、头孢子菌素)。**任何一次重复使用抗生素都会加大过敏反应的风险**。还有一点同样重要：如果同一种疾病在短时间内反复发病，那么可以认定，重复发病与第一轮抗生素疗法后“幸免于难”的细菌有关。因此，上次使用的抗生素这次也不会再有效。

▶ 作为上一点的后果，**如果医生无法了解您的孩子曾经在何时、因为何种原因、按照何种剂量使用过何种抗生素，那么也很难为孩子准确选择药物**。因此，家长们应牢记这些信息！将它们记录下来！尤其是要注意孩子曾经出现过哪些过敏反应。

▶ 不要试图改变抗生素的用药剂量。**小剂量的抗生素对人体十分危险，因为这不仅不能杀灭病菌，反而更容易使细菌对抗生素形成稳定性**。如果您认为“1 次 2 片，1 日 4 次”的剂量很多，而“1 次 1 片，1 日 3 次”最合理，那您很快就可能需要 1 天打 4

妈妈笔记

针了。

▶ **在医生没有向您详细讲述药剂的具体服用方法时，不要急着离开诊疗室。**因为每一种抗生素的服用方法各不相同。红霉素和苯甲异恶唑青霉素需要在饭前服用，而氨苄青霉素和先锋霉素Ⅳ对服药时间并没有严格的限制，四环素不能与牛奶一同服用。脱氧土霉素1日服1次，四环素1日服用3次，而先锋霉素Ⅳ则需要1日服用4次……

* * *

再次总结一下本节的重点：

抗生素是人们健康生活的一个重要部分，但是：

医生是抗生素与病人之间必不可少的中间环节——只有医生能够用抗生素来治病救人。

3.34 我不怕打针

我不怕打预防针：
有必要就打吧！
想想啊，就一针！
扎一下，就没事了……

——谢·米哈尔科夫

首先，有一点需要确定：任何一种药物要想发挥它的效用就必须要进入人的体内。药物可以涂抹，也可以吞服；可以使用灌肠的方法，也可以使用栓剂；当然，还可以打针。“打针”这是我们通俗的说法，用医学术语来表示就是“注射”。从严格意义上讲，注射指的是通过注射器将液体注入人体。

注射也分为很多种，但最为主要有3种类型：皮下注射、肌内注射、静脉注射。药物只有在进入血液之后，才能真正开始发挥作用。皮下的血管比肌肉中的血管少很多，因此，肌肉注射的效果较快，而静脉注射的效果几乎可以说是立竿见影。

妈妈笔记

皮下注射就是将针头伸入皮下（在皮肤和肌肉之间），同时将药剂注入皮下。不需要药物立即显效，一般采用皮下注射的方式，如胰岛素注射。大部分预防针也是采用皮下注射的方法。皮下注射大都是选择人体肌肉比较丰富的部位，如臀部、大腿和上臂。

肌内注射是最为常用的一种注射方法。那些敢说“注射这种事儿我自己都能做”的人，使用的正是肌内注射的方式。许多疫苗、维生素、解痉剂、退烧药都是采用肌内注射的方式。由于方便快捷，肌内注射成为医生和急救科医护人员最常使用的方法，用于止痛、退烧、降压和镇定。

如果病人需要静脉注射，说明他病情比较严重，需要快速准确地把有效药物注入体内。输液需要一定的专业技能，不过对于训练有素的护士来说不过是小菜一碟。静脉注射耗时并不长（药品通过针头缓慢进入静脉，这在医学上叫做“静脉推注”），然而，有时药量比较大，或是药物需要通过慢推和充分稀释才能达到最佳效果时，就会使用滴瓶输注药物（输注，这是医学上的说法，也就是将大量的液体输入体内）。

以上列出的三种注射方法在选择上没有明显的限定。为了做诊断，有些药物也会以皮内注射的方式注入体内，例如结核病早期诊断时做的结核菌素试验，为检测患者是否对某些抗生素有过敏反应的皮试。同时在输入治疗性血清，例如，抗白喉血清时也要做类似的试验。有一些其他的注射方式，在治疗某些关节炎时，会将药物注入关节腔，治疗脑膜炎时将药物注入脊髓管，或是在全身麻醉的状态下直接注入神经干（例如在口腔学中）。

大多数人都认为，注射比服用片剂和药水更有效。此外，输液也成了需要住院治疗的正当理由：如果不打几瓶点滴怎么算是住院治疗呢！药片是可以回家再吃的！

但是注射也存在一系列的危险，有不少并发症和不愉快都与

妈妈笔记

注射有关。无论是针头、注射器还是药物和实施注射的人，没有人能够保证绝对安全。但有一些信息可以帮助我们尽量避免这些问题：

1. 打针并不是一件令人愉快的事，总是伴随着疼痛和恐惧。

2. 打针总比吃药贵。这里所指的不是具体某种药物的价格，而是医务工作者工资的支出。

3. 感染疾病的危险性。例如，如果说葡萄球菌能够以各种方式进入人体（以口腔、飞沫和注射方式），那么有许多致病菌只能够通过血液传播进入人体。其中最典型的就是乙型肝炎病毒和人体免疫功能缺陷病毒[1]。这些疾病的本原都是人为因素：在注射前没有做好无菌处理，或对血液制剂的血液提供者检查不彻底。

4. 技术性失误，即注射位置不对或是注射的药物不正确（由于不小心、分心、没有注射成功等种种原因）。

5. 人体组织的局部反应，有时会出现注射部位发红、病态、化脓等症状。

6. 对注射的直接反应：可能与某种药物的特性或药物的副作用有关，往往令人不爽。

7. 过敏反应：无论是输液还是服用药片，都有可能会出现过敏反应。但是注射引起的反应往往更快更强烈，甚至有可能导致患者过敏性休克。

现在，一些国际知名公司的药理学家们正在致力于生产出一种快速有效的口服药，希望能够尽可能地取代注射疗法。结合以上 7 点，我们就不难明白个中缘由了。当然，完全拒绝使用注射法是不现实的，尤其是当病症已经到了容不得半点拖延的时刻。但是减少注射剂量，缩小适用征候，这是我们完全可以做到的。

十分遗憾的是，在完全没有必要使用注射法的情况下，仍有很多人坚持要求打针、输液，造成这种现象的主要因素正是社会舆论以及每个人的思维方式。

1 人体免疫功能缺陷病毒是艾滋病的抗原。

妈妈笔记

让我们来看几条十分具有代表性的观点："针剂比药片好"、"那些不会开针剂的医生根本就不会看病"、"我坐急救车去的医院，他们居然什么针都没给我打"、"我们的精神病医生太不地道了，我去找他看病，他却连个维生素针都没给我开"。

医生们当然希望得到患者的尊敬和重视。但是，如果获得患者的爱戴和尊敬需要用开吊瓶来换取，那么医生也很难抵御诱惑。

如果医生开了针剂却没什么效果，患者会自认倒霉。如果医生开了片剂却没有什么效果，那就说明早就应当开针剂。准是这样。

与社会舆论抗争几乎是毫无希望的。您头痛？那我们就给您开煅镁。请您相信，打过 5 针之后您的臀部会疼得让你忘记头痛。您想要维生素针剂吗？那就给您肌内注射维生素 B_1、B_6，隔天一次。

经证实，新型抗生素可使 80% ~90% 的肺炎无需注射即可治愈；口服维生素 B 族能够很好地被肠壁吸收，只有在肠道无法正常运作时才需要用注射的方法输入维生素 B；没有任何医学指南中说明葡萄糖酸钙需要肌内注射……

打针总是令孩子们感到恐惧，所以对孩子来说，注射的问题往往更加急迫。在口服药无法立即减轻疾病症状的情况下，家长会与医生讨论打针的问题。

就是因为孩子们不愿意吃苦药，所以才出现了各种甜味药品：糖浆、滴剂、咀嚼片剂、糖块等各种形式，这都是为了能让孩子吃下药，为了避免孩子承受不必要的打针之痛。

然而，这些现代药理学的成就并未广泛深入人心，而且世代相传的"神奇针剂"观也很难动摇。而被晦涩的文献、可怕的上司和繁杂的诊断折腾得筋疲力尽的医生，也再无精力、时间和欲望来为患者做过多（往往是无谓）的解释。因此，在诊断出病人

妈妈笔记

患有肺炎之后，医生往往会安然地直接开针剂，“先输三天液”。

有一点不能忽视，患者的信念、他对治疗方法的笃信不疑以及对医生的信任是他康复的重要一步。无论这听起来多么荒谬，但注射经常给患者带来的不仅是疼痛，还有一种心理暗示——认为自己的疾病一定可以治愈，从而大大提高了治疗效果。

本节的结论是：**任何一种药物注射都有一定的适用范围**。

1. 需要治疗效果立即见效时；

2. 胃肠道功能受损，药物无法被血液吸收，无法通过口服的方式将药物输入体内时；

3. 药物可以口服，但是病人无法做到这一点：昏迷、呕吐或是我们之前说到的孩子的“不情愿”；

4. 注射法会使某些药剂的具体疗效更明显更持久。

第四章 文选

与其长时间地探讨一些得不到任何答案的大问题，我更愿意在小问题中寻找真理。

——伽利略·伽利莱

一小段前言

本书的第四部分包含许多小文章，大都是笔者为一些畅销的育儿杂志写的专栏。

这些小文章基本可以分成两大类：

——儿科学相关文章：包括在本书前三章中没来得及介绍的一些有关儿童健康问题的文章。

——一些计划收入《医生与社会》系列图书的文章。《医生与社会》不是科普类图书，而是探讨医疗卫生体系现实问题的论文集。

笔者写这一小段前言的目的，是想让读者们注意两个细节。首先，本章中的一些建议和文字，在主题方面会与本书的前几章内容略有重复。俗话说，“复习是学习之母”，因此笔者决定保留这些文章，将它们最初的版本呈现给大家。其次，还想让读者们注意的是，有些政论性的小文章写于 1999 ~ 2000 年，毫无疑问，

妈妈笔记

随着时间的流逝，有些文章中所描述的情况已经发生了变化，不过很遗憾，大部分的实际问题并没有得到解决。正因为如此，笔者认为对这些文章进行修改是很困难的，只有另加一些脚注进行说明。

关于襁褓有害的疑问

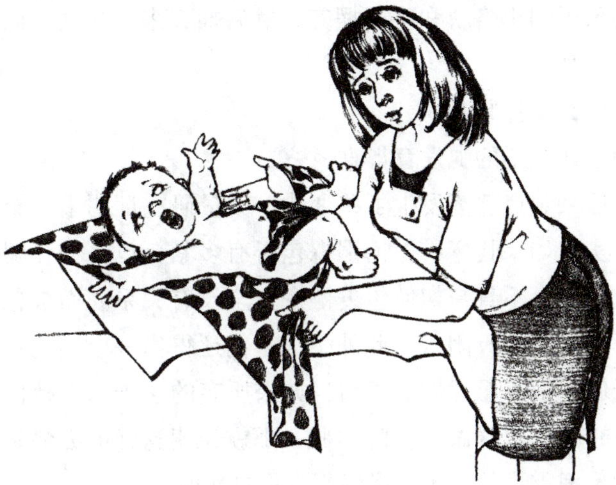

襁褓作为婴幼儿最基本的衣物已经使用了几千年。襁褓是一件再普通不过的物品。其简单的构造甚至没有留给服装设计师一点儿发挥想象力、创造力的机会。襁褓简单、方便、实用。但事实确实如此吗?

* * *

从发展历史上看，襁褓的出现可能主要与经济因素有关。一般的传统服饰都是根据个人的身材缝制，有袖子和裤腿，但是如果一个人的身型在两个星期内就会发生明显的变化，那么普通的衣物肯定是不够的。襁褓的好处就在于，为新生儿准备的襁褓大小绝对不会只够他用一两个月，用上半年绝对不成问题。

几十年间，社会和医学科学对襁褓的态度逐渐统一：

——究竟需不需要襁褓?

——需要!

——究竟该怎么包裹呢?

——将孩子的小胳膊和小腿摆齐，然后捆起来，扎紧，固定好，以免孩子乱动。

——为什么要扎紧?

——为了让孩子的腿发育得直……

但是，后来观点逐渐发生了些变化。大量研究证明了一个令人震惊的事实：如果腿弯，无论襁褓包得有多紧，也不会让腿变直。事实上，腿直不直与如何包裹襁褓完全没有关系。而被包裹的孩子甚至会出现呼吸困难。此外，医生们还得出一个结论：不要强迫孩子做他们不愿意做的事情！如果所有的孩子都保持同一类姿势——蜷腿、双臂做“投降”状，那就说明这样的姿势是最符合孩子的生理需求的，也是最舒服、最自然的。

正因为如此，扎紧襁褓的做法开始遭到无情的批判，并在家长及现代医学的重重压力下被彻底抛弃。包裹襁褓的方式从裹紧转变为松扎。

孩子包裹得不紧，他的四肢就有一定的活动空间，同时他也可以选择自己觉得舒适的姿势，人们似乎找到了一个平衡。松扎襁褓不仅对孩子的生长有好处，还是一种最方便、最传统、充分考虑了孩子和家长的实际需求的好方法。

看来，问题解决了，大家都感觉不错，可是突然世界上几十个国家成千上万的媒体上都在宣布“襁褓基本上有害无益”。即使松裹也根本不是释放，而只是获得了在封闭的空间内行动的自由（类似于监狱中的放风）。此外，有几千名儿童心理学家用论据证实，用襁褓包裹的孩子，从出生开始理解世界的能力就受到限制，各项感官功能的发展也会受到影响。如果孩子在婴儿时期被襁褓包裹住，这会阻碍孩子个性的和谐发展，抑制个人性格的

妈妈笔记

形成。总之，在21世纪的今天，襁褓与孩子的个性发展、高质量生活互相矛盾，势不两立。

许多家长或许会陷入沮丧和失落：“我们的小宝贝真可怜，都是我们的错才让他从小饱受襁褓那地狱般的痛苦，以至于现在成绩不好，身体发育不协调，智力也不发达，一点创造力都没有。那些让自己的孩子生下来就穿连脚裤、婴儿衫的父母真是滑头，现在他们的孩子会对我们的孩子随意支使，任意摆布。”

那该怎么办？如何改正？难道要再生一个孩子，一切重新开始？当然，这么做是完全可以的。但是已经生下来的这个孩子该多可怜呀。

老实说，最可怜的人还是孩子的家长。因为家长们为人父母的本能会在很大程度上影响他们的理性判断。

请注意：

▶ 以前也有反对使用襁褓的人。其中最为著名的应当算是列夫·托尔斯泰。这有些奇怪，因为托尔斯泰小时候也用襁褓。不过，襁褓并没有影响托尔斯泰表现自己的杰出天才，另外，他也没有充分的证据证明皮埃尔·别祖霍夫[1]的幼稚和软弱与幼时紧缠襁褓有关。

▶ 由于人类文明的繁荣以及不断涌现的新兴技术，在我们的生活中出现了许多新式玩意儿：从一次性尿布到人类乘宇宙飞船遨游太空。这些先进技术的发明者和创造者小时候都包裹过襁褓。

▶ 所有现在阅读本节内容的读者，小时候都包过襁褓。

▶ 最奇怪的是：那些强调襁褓对孩子有不利影响的儿童心理学家，小时候几乎都使用过襁褓。或许是因为他们的襁褓包得太紧吧……

人的个性的充分形成以及和谐发展是由许多因素决定的：个人的性格特点、遗传因素、总体的健康状况，包括某些具体疾病

1 列夫·托尔斯泰的长篇小说《战争与和平》中的人物（译者注）。

妈妈笔记

的治疗程度、所处的教育体制、宗教环境和所处的国家等等。在这些因素中，家庭心理环境发挥的作用很特殊——正是在家庭心理环境中形成了整个家庭的价值观体系。家中孩子的数量、父母是否健在，以及家长之间的关系、家长与孩子、与自己的父母之间是否经常交流等等，以上这些因素在孩子性格形成中的重要意义是不言而喻的。与此同时，并没有一项科学实验能够完完全全证明使用襁褓与孩子个性发展之间存在直接的联系。

因此，无论是在科学上还是在逻辑上，都没有拒绝使用襁褓的可靠依据，由此形成了一条**重要的规则**：

给不给宝宝用襁褓是他父母的私事。父母亲应当按照自己的能力、意愿和生活方式自行决定。

不过，家长们心里要清楚：没有襁褓的生活会更轻松更方便。在此不妨列出一些：

- 在使用婴儿衫和婴儿连体裤时可以让父亲帮忙，因为会使用襁褓包裹婴儿的男人绝对是“稀有动物”。
- 在炎热的夏季，襁褓使用起来很不方便，孩子很容易受热。
- 清洗婴儿衫和婴儿连体裤与清洗襁褓相比，消耗的水更少，也不需要太多的洗涤工具。晾晒时不会占用太多的地方，而且很快就能晾干。
- 无论您用襁褓将孩子包裹得多么松，他仍可能觉得不方便。这与襁褓的质量无关，孩子还是很容易将襁褓弄松甚至踢开（如果房间里暖和，那当然很好，否则孩子可能会着凉）。而孩子自己脱掉婴儿衫和连体裤则比登天还难。
- 婴儿衫和连体裤丝毫也不会限制孩子的活动……

但是，上述内容都不是原则性的。如果第一个孩子留下了 20

条襁褓，那么就完全没有必要听从心理学家的建议再买婴儿衫。

再次强调：给不给孩子用襁褓，这是您个人的事。没有谁（无论是儿童用品店的销售顾问，还是医生和心理学家）能为您做决定。您千万不要以为自己的决定会对孩子的健康产生决定性的影响。襁褓想裹就裹，不想裹就不裹。千万不要过度纠结。

我怎么能不哭呢！

可怜的小宝宝总是在哭。一出生就哭，回到家里还是哭，无论什么原因都会哭。哎，小可怜，不知道他是不开心？还是不舒服？是难受？还是饿了？不行！一定要做些什么，不能让孩子再这么无休止地哭下去了！但是做什么呢？怎么做？是否有这个必要呢？

学会做一个合格的翻译

通常，一个月左右大的孩子只有通过哭泣这一种方法引起别人的注意。而我们，年长的叔叔阿姨们，会本能地将孩子的哭泣看成是不好的现象，并手忙脚乱，想尽办法帮助他。事实上，情况远没有那么复杂，没那么严重，也没那么可怕。我们要做的就是学会理解孩子，并将他的“哭声”翻译成人的语言。

妈妈笔记

具备了为人父母的本能和敏锐的观察力，再加上与孩子共同相处一段时间后对他的了解，爱子心切的妈妈爸爸总能在没有任何专业翻译人员（即医生）的情况下，学会如何去猜测孩子的想法，理解他的问题，帮助他更轻松地生活。

下面列举一些导致孩子啼哭的原因，希望能对家长有所帮助：首先，缩短家长与孩子相互适应的时间；其次，让家长们更快理解、猜到孩子的想法，让孩子生活得更轻松、惬意。

因果关系

在理解孩子的“啼哭”理论时，首先要明白，啼哭总是第二性的，也就是说，哭泣总是由某种原因或是多种原因引起的。单纯地不让孩子哭不仅是一种不理智的行为，甚至是愚蠢的。从根本上消除令孩子啼哭的原因才是真正明智而有效的解决办法。但是这说起来容易做起来难，因为引发孩子哭泣的原因实在太多，而结果乍看上去只有一个。为什么用“乍看上去”这个词？因为啼哭也是多种多样的——安静的、响亮的、声调单一的、有穿透力的（此外，还有二十多个词汇可以用来形容孩子的哭声）。但这只会使得我们的任务更加棘手，因为问题与哭声百分之百的完全对应是不可能的。

我们可以把引起孩子啼哭的原因大致分为3类：

1. 本能反应；
2. 生理需求得不到满足；
3. 疼痛和不适。

妈妈笔记

本能反应

人类的宝宝天生就无法独立生存。如果孩子一个人呆着，感觉不到身边成年人（喂养者和保护者）身体的存在，这对他是反自然的。在这种情况下，大自然赋予孩子一种本能——通过叫喊寻求帮助。我们称这种本能为恐惧本能，它在孩子身上的表现不一：有些孩子表现得很充分，而有些则不然，由此决定了啼哭的时间长度和强度。孩子一个人待着的时候就会本能地产生恐惧感，哭泣不止。家长把孩子抱在手上，本能发生作用，哭泣停止。放回床上，他依旧会哭；再把他抱起来，轻轻摇晃，如此反复，永无休止……恐惧本能一般要在孩子学会走（或爬）开始独立探索世界时才会自然消失。如果孩子哭泣时不去抱他，会出现什么情况呢？本能得不到满足就会熄灭。至少他不会形成条件反射：哭就有人抱，不哭就没人理。

针对这种情况，专家们所持的态度和建议有所不同，甚至完全相反。围产期心理学家的口号是“要让孩子们感受到爱与关怀”。无论如何都要让孩子感受到！父母只要稍有余力，就应该为孩子唱歌，把他抱起来轻轻摇晃。儿科医生对此态度并不那么坚决，在他们看来，这样的“爱”和“关怀”是“溺爱”。

因此，孩子本能性哭泣的主要特点是：在家长把大哭的孩子抱起来后，他就会立即停止哭泣。由此，我们可以得出一个结论：如果把孩子抱起来后他仍在哭泣，那就不是本能性哭泣，而是要找找其他原因了。

有一种十分流行的方法可以止住孩子的本能性哭泣——给孩子塞上安抚奶嘴。母亲把孩子抱起来的动作会让孩子联想到哺乳活动。从人类天性出发，吮吸的过程同样也离不开大人的参与、安慰。因此，不知从何时起，当孩子哭泣的时候家长们会为他塞上橡皮奶嘴。

现在很多儿科医生坚决反对使用安抚奶嘴，尤其是当母亲尚在乳汁生成期，或是母亲的乳汁分泌不足时。但是在极端情况下，例如母亲乳汁分泌很充沛，或是完全没有乳汁（即人工喂养）时，使用安抚奶嘴甚至可以说是十分有益的。

使用安抚奶嘴的优缺点和使用原则是另一个话题了。现在对我们来说最重要的是弄明白奶嘴的生理学意义及其作用机制。

生理需求得不到满足

孩子的生理需求得不到满足是引发他啼哭的另一个常见原因。人的机体，无论处于何种年龄，都具有一些基本的生理功能——吃饭、睡觉、喝水、排尿、排便。如果有实现这些生理需求的必要，也就是说到了应该吃饭，应该睡觉的时候但却无法实现，孩子怎能不哭呢？

判断对了，也就很容易知道具体应该怎么办了。当然，在此过程中还是会遇到某些困难。我们总共列出了 5 项基本的生理需求，接下来我们就一项一项来分析。

吃饭。孩子的哭声经常是饥饿的信号。对一个健康的孩子来说，进食的欲望甚至可能是引起他啼哭的唯一原因。

依据上次进食的时间以及上次进食时孩子的食欲（根据孩子吮吸乳汁的频率判断）来做判断。重要的是，当孩子接触到食物时（接触到母亲的乳房或是装有配方奶的奶瓶）会平静下来并停止哭泣。

现今流行的“按需哺乳”的方式在一定程度上干扰了对孩子啼哭原因的判断。孩子的家长常常弄不清楚孩子究竟要什么：是要抱还是要喝奶。结果经常是，家长们将孩子的本能性哭泣看做

妈妈笔记

是饥饿的表现，结果就是不分昼夜地给他喂奶。

喝水。除了喝母乳和配方奶粉之外，根本没有必要再给孩子补充水分。许多儿科医生也持相近观点。不过，孩子的成长环境以及气候条件中的一些因素经常会加速体内水分的流失。这些条件和因素包括过热（天气、衣着、暖气片）、干燥的空气及流汗。

出现以上这些因素或是当孩子出现了身体过热或缺水的具体症状时（皮肤发红、出痱子、舌头干燥、鹅口疮、排尿少、尿色深、散步后皮肤汗湿等），首先就应当考虑孩子是否是因为口渴、缺水而哭泣。

但是，解决这些问题最好的办法与其说是让孩子喝足水，不如说是要调整他的生活方式。

但是，请记住一点，如果孩子出现了过热的情况，而热源又难以消除，那么给孩子补充水分是十分必要的。因为，虽然理论上说孩子在喝奶之外不需要补水，但是与缺水对孩子的身体可能带来的危害相比，理论就没那么重要了。

排尿。由于包皮部位出现炎症，男孩子们经常会在排尿方面出现一些问题。其具体表现就是孩子在排尿后不停地哭闹。为了证实就是这个原因，要尽量观察整个排尿过程。也就是说，要解开襁褓或是摘下纸尿裤。如果确实如此（排尿时哭闹，排尿后安静下来），那么就需要看医生，寻求具体的建议。

排便。排便的需求是引起孩子哭泣的一个十分常见的原因。判断孩子是否因为排便而哭泣的标准是：首先，确认孩子在长时间内不曾排便（至少 8～10 小时左右）；其次，是观察一些有可能与排便有关的具体症状：腹胀、经常放屁、孩子的腿向腹部收紧并不断哭闹。如果孩子在排便之后安静下来，就说明他的哭闹是因为排便困难引起的。

睡眠。奇怪的是，影响孩子入睡的原因往往是他自己根本就不想睡。也就是说，家长过早哄孩子入睡，而孩子自己则不想，那他当然是睡不着的。最好的解决办法是，解开孩子的襁褓，让他自己蹬蹬腿，挥挥手臂，玩一会儿。当然，还有一些更为实际的影响睡眠的原因，但它们几乎永远都是第二性的。只有健康上的问题以及各项生理需求（饥饿、口渴、疼痛、不适等）才是影响孩子睡眠的首要因素。当然，同时可能也有外部因素，如过于吵闹、过于闷热、光线过亮等。

疼痛和不适

疼痛。伴随排便和排尿出现的疼痛是孩子哭闹的原因。同时，疼痛也是许多种疾病发病时必然会出现的反应。因此，如果无法找到孩子哭闹的原因，您就应当考虑孩子是否是生病了。首先不妨给孩子量量体温，如果体温升高，说明孩子的身体可能出现了异样，应当去看医生。孩子生病的情况多种多样，除了疼痛，往往还有许多具体的症状，例如腹痛和腹泻经常是肠道感染的具体症状，咽痛则是咽炎的特征之一，除此之外，还有皮肤湿烂、包皮发红、淋巴结肿大等等许多症状可以作为判断疾病的依据。

不过耳炎的疼痛有些特殊，也比较难判定。要知道，耳炎很少独立发病，它经常是以伤风的并发症出现。在耳廓部位，靠近外耳道耳孔前方的位置有一个凸出的部分，叫做耳屏。如果耳朵有炎症，在按压耳屏时会有明显的疼痛加剧感，疼痛会让孩子发出极具穿透力的哭喊。这个检查做起来很简单，每位家长都可以定期为孩子做检查，一旦孩子的反应很强烈，那么应当立即送医院治疗。

不适是指虽然没有疼痛感，但身体很不舒适。引起不适的原因及其处理方法多达数十种：热，那就脱掉孩子的外衣；冷，那

妈妈笔记

就给孩子盖上被子；下身潮湿，那就为孩子更换干净的尿布；此外襁褓包裹不当、孩子没放好、过敏性皮炎、蚊虫叮咬引起的皮肤瘙痒、由于流涕导致鼻呼吸受阻、由于过敏性结膜炎造成的眼部奇痒等等，都会令孩子产生不适感。

当然，在没有医生帮助的情况下，很难对引起孩子不适的各种原因做快速的处理。但是，几乎每位细心的家长都能发现孩子不适的种种症状。这一点对接下来如何正确处理和及时治疗是十分重要的。也就是说，如果家长在按压孩子的耳屏时听到孩子大声哭喊，应当立即向耳鼻喉科专家求助；如果孩子感到眼部酸胀，结膜有充血的症状，就应当立即去眼科挂号。

哭并不一定是坏事

不能将孩子的哭看做是绝对不好的现象。因为哭泣可以令家长们能够好好地审视孩子和自己的行为。此外，哭对孩子的生理发育也有好处——哭是一种进行呼吸锻炼和肺功能训练的极好方法。此外，很少有人知道，哭还是预防急性呼吸道感染的上佳方法。

众所周知，孩子哭泣时会形成眼泪，而多余的眼泪会沿着一个被称作鼻泪管的通道流入鼻腔（按照解剖学原理，眼泪会通过鼻泪管流入下鼻道）。因此，所有人（无论是孩子还是成年人）在哭泣的时候鼻子都会抽泣，所以哭泣中孩子的鼻道经常被多余的眼泪洗刷，眼泪起到了清道夫的作用。由于人的眼泪中含有大量的溶菌酶，具有很强的抗菌作用。

由此我们不难发现：为什么备受宠爱的孩子更容易生病？因为亲爱的家人们耗费了大量的精力，怀着极大的自我牺牲精神昼夜不眠地抱着孩子，哄着他入睡，为的就是不让他哭一声。

家长要亲自动手做的事情

卫生护理措施

众所周知，照顾孩子就是让他吃饱穿暖。在实现这两个基本目标的过程中，有许多需要注意的细节和需要遵守的规则。

眼下，无论是专业书籍还是科普读物中都有连篇累牍的文章介绍养育孩子的诀窍。但是，有些毫不起眼的育儿小问题却往往令年轻的父母手足无措。刚从妇产医院回到家，转身突然发现，孩子的小手上居然长了很长的指甲！自然得有人帮他剪！但是，光是把孩子抱在手上就已经很恐怖了，更不要说从他那双手指还不过两厘米的小手上剪东西下来了！许多自称经验丰富的亲友在面对这件事时也大都摇摇头不愿参与。医生也只是指挥家长："注意剪指甲，护理好肚脐眼儿。"听到这些，您只能郁闷地坐着，饱受痛苦的折磨，害怕把孩子的小手割伤，总之满脑子都是"害怕"两个字。

为了减少您的恐惧，笔者在此尽量简短地为大家介绍一些简

妈妈笔记

单的卫生处理措施。在学习这些技术之前，家长们首先要认识到3点：

- 不这么做就不行；
- 没有人能替你完成这些工作；
- 这些措施并不复杂。

在处理孩子的个人卫生问题之前要遵守**两条基本原则**：首先，在进行任何操作之前，操作者应当保证自己的整洁——洗手、换上方便的衣服；其次，要考虑到孩子的状况——如果他还在睡觉，或是肚子很饿想吃东西，又或是正在任性地发脾气，那就不要强迫他。

第一个必要的且与新生儿密切相关的操作就是**护理脐带伤口**。

有一点十分奇怪——我们越对脐带伤口进行处理，越想让它尽快长好，就越容易出现问题。原则上，在清理伤口时并不需要用小棍从肚脐眼儿抠什么。只需要滴管、浓度为3%的双氧水和绿药水即可。

只有在脐带伤口处有带血的分泌物时，才需要使用双氧水处理：将棉签放在双氧水中沾湿，在脐带伤口处涂抹数次，使脐带湿润（注意！不是揉擦，而是弄湿！）。还有一种更简单的处理方式：捏住孩子腹部的皮肤，让它形成一个缝隙，而肚脐正好处于这个缝隙当中，向缝隙中滴入3～4滴的双氧水，几秒钟后再用棉签涂抹。绿药水的使用方法类似。如果脐带的伤口是干燥的，那么操作的第一步（使用双氧水）完全可以省略。

如果孩子出生超过两周，而脐带伤口连续两天处于干燥状态，那就根本不必处理伤口。

剪指甲——这项技术稍微复杂些，一旦掌握终身受用。

最好为孩子准备一把专用剪刀。剪刀不要太大，可以是专业的指甲剪——锋利，但是剪刀的边缘是圆形的。最好先为刚买来的剪刀做一下消毒处理，在沸腾的开水中煮 5 ~ 10 分钟，以后使用时用肥皂水清洗即可。如果您有洁癖或是实在不放心，也可以用酒精清洗剪刀的边缘。当然，对此并没有特殊的要求，也不会对孩子有什么害处，只是为了让家长更放心些。

最好在孩子洗完澡后为他修剪指甲，当然这不是硬性规定。有一点很重要：指甲剪得越短，就越容易导致倒刺和甲沟炎的发生，因此千万不要将孩子的指甲剪得过短。脚趾甲要尽量修剪得平整，而手指甲则要修剪得圆润。

小心清洁耳垢——这项工作并不是非做不可。如果（尤其是在洗完澡后）只是用湿棉签小心地清理孩子的耳廓，那当然不会有什么问题，而清洁耳道内的污垢，却经常暗藏风险：使用细长型的物品清洁耳朵可能带来的危险是不言而喻的，有可能会造成耳膜穿孔。但还有一个风险需要注意：用棉塞清除耳垢，与其说是在清除耳垢，倒不如说是将耳垢捅到耳道的更深处。

人的耳道内有一些特殊的微绒毛在不停地晃动，并将耳垢推至耳道口。清除耳垢的正确方法是：只清除已经到达耳道口的耳垢。应当定期（每周 1 ~ 2 次）清洁位于耳道可见（再次强调，一定是可见的）部位的耳垢。在清理耳垢之前应当轻轻地向后向上拉外耳廓，随后最好用经过生理盐水浸润的结实的棉签慢慢地伸入耳道，轻轻地将棉签贴住耳道内壁，用最快的速度清除耳垢，如此重复，每侧内壁依次清除。棉签应尽量细些，粗细一定要小于耳道的直径。

不要在棉签上沾油。民间有一种说法，认为油能更快更好地清除耳垢。不得不承认，油吸附耳垢的效果的确不错，但是，如果油流向了耳道的更深处，那么在油的作用下耳垢会充分膨胀，由此耳垢就越发难以清理了。

人体还有一个部位需要经常护理，那就是**鼻子**。鼻道内不停地分泌黏液，而室内空气经常是温暖而干燥的，所以黏液中的水

妈妈笔记

分会逐渐流失，形成硬壳，有时甚至会阻碍呼吸。前面说到的清洁耳垢的方法，对于鼻腔清洁更为实用。在缺少特殊用具的情况下清洁鼻腔是很难做好的。把棉棒伸进孩子鼻子内部的做法非常不可取。经验证，这种方法首先容易导致细菌进入鼻子；其次棉花的微观粒子也很危险，不仅本身会使鼻道内黏液分泌增多，还会引起更严重的呼吸问题。如果孩子在哭泣或深呼吸时棉花落入下呼吸道，后果将不堪设想。

由此可以得出两个合理的结论：

——棉签事先一定要浸润（最好使用生理盐水浸润），清洁鼻腔时同样是清洁鼻道内可以看见的部分，步骤与我们之前所说的清洁耳道的步骤相似；

——有效地防止孩子鼻腔内黏液干燥比清除孩子鼻腔内干燥的脏物要容易得多。要做到这一点并不难——保持室内的空气凉爽湿润，多带孩子出门散步，在空气干燥时要适当用生理盐水湿润孩子的鼻腔。

“生理盐水”的制作实际上很简单：将1茶匙的食盐（不要过满）溶解在1升的凉开水中即可。在药房中，这种被称作“氯化钠等渗压溶液”的混合溶液被装在200毫升或400毫升的无菌瓶中销售。使用时没必要将无菌瓶开封，可以用一次性针管穿破橡胶瓶塞抽取一定量的溶液使用。然后将无菌瓶放入冰箱中保存，避免污染。

生理盐水不仅可以预防鼻腔内形成硬壳，还可以软化已经干了的鼻涕，使我们可以用吸鼻器将它们吸出来。

充分浸润生理盐水的棉签还可用来**清洗眼睛**。操作方法：一根棉签对应一只眼睛，清洗时的正确顺序是从外眼角到内眼角。

治疗性措施

家长们并不只是要在卫生护理方面亲自动手，当孩子身体出现健康问题时，家长们通常还要学会一些基本的护理方法。

* * *

最常见的一种治疗性措施（确切地说是诊断措施）是**测量体温**。目前市场有多种多样的体温计——各式电子温度计、放入安抚奶嘴内的体温计等等。然而，水银温度计仍是每家每户药箱内必备的工具。测量体温时传统的做法是将水银温度计夹在腋窝下一段时间，可以通过看温度计上的刻度读出体温。也可以将它放在口中或腹股沟处测量，或是插入直肠中测量。在口和直肠部位测出来的温度通常比在腋下测得的温度高 0.2 ~0.4℃。

在测量体温前，应当将孩子的皮肤擦干，保持皮肤干燥。在使用水银温度计时要特别注意，装有水银的一端要完全包裹在皮肤里。测量时间一般为 10 分钟。

电子温度计最主要的优点是它的安全（无论是水银，还是玻璃都有一定的危险性）和高效（在几秒钟，最多 1 ~2 分钟内就可测出体温）。毕竟，用普通的水银温度计测体温时，就连普通的孩子都很难忍耐 10 分钟之久，更不要说生病的孩子了。

还想提醒大家一点：虽然电子温度计优点很多，但其准确性还有待提高（当然，这里指的是那些廉价而粗糙的电子温度计）。因此，笔者强烈建议那些使用电子温度计的家长们在使用前先做个简单的测试：先用电子温度计检测一下体温，然后再用传统的水银温度计测量一次；如果发现两者显示的数值存在差距，那么一定要记住这个误差值，以便在下次使用时予以校正。

妈妈笔记

* * *

1 岁以内的孩子经常会出现肠绞痛，这是由于肠道内造气过多造成的。这时，给孩子使用肛门**排气管**便能够在几秒钟内有效地缓解孩子的症状。

排气管在各个药房都能买到。刚买来的管子最好能在沸水中消一下毒，以后每次使用时用流水洗净即可。使用排气管时应当将较细的一头伸入孩子体内，不过在插入之前一定要在管子上涂抹一些润滑剂——医用凡士林是最好的选择，当然，植物油也可以。让孩子保持仰卧（将双脚抬起）或左侧卧的姿势，将孩子的双脚屈曲到腹部。采用左侧卧的姿势是由解剖学上人体的直肠和乙状结肠的位置所决定的。排气管插入直肠的深度不应当超过 3 ~5厘米。在导入过程中，除了一直向前插管，也可以将管身稍作旋转。最重要的原则是不要用力！

* * *

几乎每个孩子都接受过**灌肠**。对于孩子们来说，便秘十分平常。为孩子做灌肠时，最好使用配有可拆卸尖头的灌肠器。灌肠器的购买、清洗和使用以及孩子在接受灌肠时的正确体位、插入深度等，都与之前说过的排气管的使用方法相类似。在为孩子做灌肠时可以使用温度大致等同于室温的凉开水（最佳温度为 20℃ ~22℃）。理论上，新生儿做灌肠时需要的水量大约为 30 毫升，6 个月大的孩子需要 80 ~100 毫升，1 岁的孩子用 150 毫升的水就足够了。当然，水量都是相对的。对于一个成年男性来说，向肠道内注入 1 公升水没有任何问题，10 分钟后让他去蹲马桶就行。但对于尚在哺乳期的孩子却完全是另外一回事，如果在注入水后仍不见孩子排便，这种情况是绝对不允许的，因为被注入肠道内的水分，经过加热，温度已与体温相当。此时身体开始从肠道中吸收水分，同时还会吸收肠道内的有害物质。

将清洗好的灌肠器伸入孩子的直肠，连接上装好凉开水的梨形灌注器（泵），按压灌注器，然后慢慢拔出灌肠器。事先要压紧孩子的臀部（防止注入的水很快流出）。如果经过 5 ~ 10 分钟孩子仍然没有排便，那么就要再次进行灌肠，让孩子肠道中的水排出。如果孩子排出的粪便很黏稠，那么还可以为孩子再进行几次灌肠。

需要注意的是，与使用排气管相比，灌肠要痛苦得多。在不用力气的情况下，排气管可以比尖头灌肠器多深入孩子的直肠约 1 ~ 2 厘米。因此，最安全的方法就是用排气管给孩子做灌肠，只要将排气管粗的一端连接在灌肠器上即可。所以，给孩子灌肠时并不一定要用有可拆卸尖头的灌肠器。

* * *

有一种治疗性措施十分特殊，叫做“偏方疗法”，其主要内容是：拔罐子和用热水泡脚。在这里笔者想强调一下，以上所述措施都不是什么刻不容缓的事，也并不要求一定要按照这些方法做。此类方法可治疗各种各样的急性呼吸道感染，他们大体对人体无害，也不会对病情造成太大影响。

“偏方疗法”对家长们很有帮助。因为这让他们能够真正有机会实践一个在脑海中盘旋已久的想法：“我们总得为孩子做点儿什么吧！”

由于“偏方疗法”的主要目的是让家长免受悲观情绪的困

妈妈笔记

扰，避免将自己的负面情绪传递给孩子，从而影响孩子身心的健康发展。所以，我们首先来关注一下哪些事情不能做。

国际上通行的原则是：当孩子的体温超过38℃时，应当避免任何一种热作用。家长们应当记住：孩子身体的新陈代谢速度比成年人更快，产生的热量也相对较多，因此孩子也更容易觉得热。当爸爸用热水泡脚时，水温只要在他的忍耐力范围内就没问题，说不定可以达到80℃，但大量资料显示，给孩子泡脚用的水不应该超过40℃！

拔罐的技术并不那么简单，但是拔罐并不需要什么高深的专业知识，每个普通人都可以学会。对那些已经学会了拔罐的读者，笔者还想特别强调：当孩子患有皮肤病、过敏或感染性疾病时，当孩子的血液循环不畅或是服用了会使凝血功能减弱的药物时（如阿司匹林），都不宜为他做拔罐。总的来说，学龄前儿童最好都不要进行拔罐治疗。此外，拔罐的时间不宜超过10～15分钟。

* * *

孩子在家进行治疗时，经常会需要从鼻孔、耳朵或眼睛滴入或涂抹药剂。这样的操作并不难，基本上每一位家长都能做到。但是在操作时，家长们一定要记住几条最基本的准则。

我们所说的准则不是如何选择**药物**，而是具体操作中应当遵守的通则。

通则

无论是鼻部、耳部还是眼部所用的药物，就其形式而言并没有太多的选择，主要有软膏和液体状药剂两种。液体药剂中最常见的是滴剂，其次是专供鼻部使用的喷剂。

在使用这些药物时，操作者一定要先保证自己的手部清洁。如果可以选择，那么，最好让自己的家人来操作。当然，最好不要是老年人，因为老年人的四肢有时候会颤抖。

向鼻腔和眼睛内涂抹（滴入）的药物，温度不要低于室温。家用冰箱对世界上大部分家庭来说，都是存放滴剂最理想的地方。至于耳滴剂，则更需要严肃对待：如果向外耳道内滴入冰冷的药剂就有可能引起头晕。因此，在使用任何一种药剂之前，都要稍稍加热，使其温度与体温相近。最方便的方法就是找身边手比较暖和的朋友帮忙，让他把小药瓶放在手心里暖一暖。

现在，几乎所有厂家生产的滴剂都设计了带有滴管的瓶盖，这样用起来就相当方便。如果只有小药瓶，就要再装一个滴管。后装的滴管在使用前最好放在开水中蒸煮消毒。但还有一些值得注意的小细节：滴管可能是玻璃质地或是橡胶质地的。并不是所有的橡胶滴管都耐高温，因此，橡胶滴管用流水冲洗即可，而玻璃管可以放心地进行蒸煮消毒。

在用滴管吸取药剂时应当注意吸取的剂量，保持滴管垂直，以免药剂横向流入滴管的橡胶管部位。

我们可以用小剂量注射器（能容纳 1 ~ 2 毫升溶液的注射器），又叫做胰岛素注射器代替滴管，这是最方便、最完美的滴管替代品（安全、无菌，价格也比较便宜）。不仅如此，如果滴剂装在无菌瓶中，那么使用注射器还可以保证药剂的密封性。用酒精将橡皮塞擦净后插入注射器，抽出一定量的药剂；之后将注射器从无菌瓶上拔下来，针头与注射器分离，注射器内从而得到了一定量的无菌溶液。药物既不容易洒，也很容易加热，且方便使用。

妈妈笔记

鼻子

为了保证药效得到充分的发挥，在用药之前，应当对鼻腔做基本的清洁（如果鼻道内的黏液已经变得干燥，这么做是很有必要的）。已经懂事的孩子可以通过擤鼻涕来达到清洁鼻腔的目的，但对于年幼的孩子只能用吸鼻器吸出鼻涕，或者使用鼻滴剂（各种比例的盐溶液，其中最常用的是生理盐水）。这些溶液能够软化鼻腔内已经形成的硬壳，使其自行流出，减小吸出的难度。

为确保向孩子鼻腔内滴入滴剂能顺利进行，家长身边最好有位帮手，帮助维持孩子半卧的姿势，扶住孩子的双手。可以让年龄稍大一些的孩子坐着，头向后仰，或是平躺下来（不要放枕头）。在用药的过程中，要尽量保证滴管的末端不要触碰到孩子的皮肤。当然，这并不是规定，只是笔者的希望，毕竟这样做对孩子有益无害。当孩子鼻腔中已经滴入了足够量的药剂后（有医生指定的药量或是说明书中标明的使用量），应当立即将孩子的头转向滴过药剂的鼻孔的那一侧，这么做能够使药剂更加均匀地分布在鼻黏膜上。

与滴剂不同，软膏状的药物需要通过棉签送入鼻腔。如果使用的是以预防为目的的抗病毒类软膏，那么药物的效果与药物被送入鼻腔内的深度毫无关系，深入鼻腔 0.5 ~ 1 厘米就足够了。可以直接将药膏挤在棉签上，然后将棉签放入鼻腔，用旋转的方式涂抹在鼻腔四周。不要吝啬棉签，最好是在给每个鼻孔上药时都更换新的棉签。对于鼻腔中突然冒出来的小脓包（鼻疖），在治疗时要使用含有抗菌和消炎成分的软膏。用棉签上药时，不仅要将药物涂抹在鼻腔的四周，而且还要直接将药物涂抹在脓包上。

耳朵

笔者想再次提醒大家注意，一定要将药剂适当加热后再使用。在开始下面这部分内容之前，让我们首先来回忆一下清洁耳部的基本规则（之前已经介绍过）以及如何完成这项操作。在为孩子清洁耳朵时，最好让他保持侧卧或是仰卧的姿势（仰卧时头部一定要偏向一边）。接下来应当尽可能地将孩子的外耳道拉直。对 1 岁以内的孩子来说，只要将他的外耳廓轻轻向下拉即可。而对年龄大一些的孩子来说，则要向后向上拉，才能清晰地看见耳道。向孩子的耳道内滴入适量药物，尽量让孩子保持不动 10 ~ 15 分钟（当然，要做到这一点比较困难），然后就可以处理另一只耳朵了。劝孩子一动不动躺 10 ~ 15 分钟很难，但必须这样做。然后，向耳道内伸入细长的棉条，以免药剂流出。由于棉条会吸收掉耳道内将近一半的药剂，因此，如果需要用棉条，那就要滴入所需剂量两倍的药剂，以保证治疗效果。

孩子感染中耳炎时，经常会出现鼓膜破裂。为此也需要采用一些特殊的、能够直接作用于耳窦的滴剂。为了让药物更好地渗入窦室，在滴入药剂后应当轻按孩子的耳屏数次。

有些人习惯直接将蘸好药剂的棉条伸入耳道内，其实这么做没有任何高明之处。要注意把棉条做得长一些，垂在耳边，以便于抽出。

软膏类的药物一般用于治疗外耳道中的炎症。通常是感染性疾病（真菌及细菌感染）。使用方法同鼻炎软膏。

眼睛

眼睑和眼球之间的空间叫做“结膜囊”。任何一种药物（无

妈妈笔记

论是滴剂还是软膏）在进入结膜囊后都会快速而均匀地分散到外眼球表面。眨眼和流泪会对这个过程起到促进作用。

让药物进入结膜囊的最简便方法：轻轻拉住下眼睑，并将一定量的药剂滴入眼睛中。滴药时最好是保持平躺，孩子必须有大人帮助。

药膏的用法类似。现在所有眼膏包装基本都带有长长尖嘴的软管，因此，在涂抹药膏时无需其他的辅助工具。

我们经常会有一只眼睛发炎的情况，但有些药物需要双眼同时使用。在治疗感染性结膜炎时（病毒性或细菌性感染），不能让滴管或软膏的尖嘴触碰到眼睛。如果您对自己的操作水平没有信心，那么最好从较健康的那只眼睛开始处理。但是，患病的眼睛和健康的眼睛不能同时使用同一根滴管或软膏。如果母亲把手洗净、剪掉指甲，她可以用手指给孩子涂抹软膏，不过买两个滴管也花不了多少钱（只是千万别搞混）。

爱的公式：是加还是减？

（身体产热量——身体耗热量＋很多其他未知因素）

几乎每一位家长都知道：寒冷是儿童健康最凶恶的敌人，而温暖则是最友好的朋友。父母和祖父母从我们小的时候起就将这些毋庸置疑的简单真理灌输给我们。每一个在正常的家庭里、在爱与关怀营造的氛围中长大的成年人都记得，家人们总是为该给孩子穿多少衣服、裤子，穿多少层袜子争论不休。光脚走路绝对不允许，不戴帽子出门后果会很严重。

总之，我们小时候的幸福时光就是吃饱穿暖，因此，我们也不允许自己的孩子挨饿受冻。哪怕自己食不果腹，债台高筑，也要让我们的孩子吃饱穿暖，给他买最好的加热器，给他的房间配最暖和的地毯。他们将来一定会感激我们的！

且慢……我们自己是否会想着向父母表达感激之情？我们这些曾经在温室里长大的花朵，现在却一连数月咳嗽不停，不断地

妈妈笔记

抽鼻子，坐电车不敢坐在窗口处，鞋子湿了一点就足以让我们感染支气管炎，尽管如此，我们却仍一如既往地盲目相信：就应该这样爱护我们的下一代！

我们将孩子从妇产医院接回家抚育，锻炼他们如何生活。登山教练们常说一句话："山上从没发现过热死的人，但是冻死的却比比皆是。"家长们或许并不知道这句山里的土话，但是当我去患儿家中应诊时，每每在进入孩子的房间后脑海中就会浮现出与这句俗语完全相反的场景。

身为教练，毫无疑问，必须具备丰富的知识与经验。我们教育下一代全凭老辈人的经验，而他们自己也只不过有一两次育儿经验而已，系统知识那就更别提了。我们似乎早就把中学学的最基本的解剖学和生理学知识忘得一干二净了。现在来回忆一下：

在人体内，总是一刻不停地进行着两个过程：产热和耗热。人体的新陈代谢伴随着一系列复杂的、能够产生热量的生化反应（这就是产热），而由此产生的热量也由人体用各种不同的方式消耗掉，例如分泌汗液、呼吸等等（这些都是耗热）。对一个健康的人来说，他体内的产热和耗热量应该是平衡的，也就是说，产生多少热量就会消耗多少热量。这样一来会产生两种明显的后果：如果耗热超过产生的热量时，就会觉得冷；如果产生的热量超过了身体所需的消耗量，那我们就会觉得热。

哺乳期婴儿的新陈代谢与成年人的新陈代谢有明显的区别。由于生长发育的需要，婴儿的新陈代谢更加频繁。因此，依照孩子的身体大小，他在单位时间内产生的热量要比大人多得多。也就是说，如果对成年人来说很暖和，那么孩子很可能已经觉得热了。因此，请您千万不要仅凭自己的标准来判断孩子的感受。

看管者完全可以影响孩子身体的产热和耗热。

温度、湿度、空气的流动速度，这些因素都是成年人完全可以控制的。

然而，影响产热的过程就要复杂得多，但应当知道：在身体负荷变大，如做游戏、按摩、做操时，人体产生的热量会大大增加。

在所有影响产热和耗热的因素中，最重要的是空气的温度。人体吸入的空气在到达肺部后温度就变得与人体同温。如果孩子吸入的空气温度为20℃，呼出时温度就已经升至36.6℃，这就意味着在这个过程中有一部分的热量被消耗了。如果吸入的空气温度为23℃，那么很明显，可以通过呼吸消耗的热量明显减少了。

如果吸入的空气温度很高，那就无法单纯通过肺部消耗热量。此时，孩子就会激活第二种散热方法——皮肤散热。皮肤中的汗腺会分泌汗液，而汗液挥发能够带走多余的热量。在此，我们需要考虑到哺乳期婴儿的一个十分重要的生理特征：未满1周岁的孩子，他的汗腺发育尚不成熟，因此，稍稍有些热的环境都有可能导致孩子患上严重的皮肤疾病，例如皮肤湿烂、痱子以及各种类型的皮炎等。空气干燥更会加速对孩子的损伤，因为孩子的身体不仅要将吸入的空气加热，还要加湿。房间内的空气越干燥，孩子体内流失的水分就越多，势必会加重孩子的呼吸道黏膜和尚未成熟的汗腺的负担。

空气流动越频繁（吹风，吹穿堂风），孩子身体的热耗就越多。这并不是说微风和穿堂风对孩子很危险，只是当这些因素出现时，家长们需要采取一些措施，例如为孩子添衣服等，以免热量消耗过多导致着凉。

在人体生理学中有这样一个术语，叫做“舒适温度”。所谓“舒适温度”就是指在这样的条件下，人体的体温调节系统负荷最小。对此，家长们总是希望得到更为详细的建议，比如：我们会为孩子营造舒适的环境，只要您告诉我们该怎么做，温度多少比较好？湿度多少最为适宜？给孩子戴几层小帽子比较合适？襁褓究竟应当包几层？

妈妈笔记

这就是最棘手的地方。因为影响“舒适温度”的不仅是外部因素，还有许多我们无法对之进行调控的因素，连孩子的各项生理指标，例如年龄、体重、皮下脂肪层的薄厚程度、一定时间内身体的生长状况、健康状况和遗传因素等等都应当纳入考虑的范围。通过考量这些信息我们不难发现，不足月（早产）的孩子对寒冷的反应更为敏感，体重超重的孩子则会怕热，皮肤黑的孩子要比皮肤白的孩子更耐高温，等等。

有几点需要家长们特别注意：

▶ 可以通过添加衣服的方式消除冷空气对孩子的负面影响。然而，如果室外的温度过高，就只有依靠孩子自身调节体温的能力去应对了。

▶ 哺乳期的婴儿天生具有适应外界环境的能力。外部环境越稳定，孩子的适应能力就越差，易生病。如果房间内总保持着温暖无风，那么只要吹一点穿堂风，稍冷一点，就会对孩子的健康造成威胁。

对不到 1 岁的健康孩子来说，房间内的温度不应该超过 22℃。当然，夏天时室温会高很多，但是家长们无需特意将温度降低到 22℃。尤其需要注意的是，孩子睡觉时房间内的最佳温度为 18℃ ~20℃，空气湿度最好为 50% ~70%。

孩子的难题：喝水还是不喝水

人不喝水只能活几天。这说的是成年人。至于年幼的孩子，体内缺水就更加危险。孩子的新陈代谢速率更快，也比大人好动，因此孩子身体的水分流失非常明星。我们的穿衣原则和心理更进一步加重了孩子体内水分的流失——父母穿着T恤衫，而孩子却穿着毛衣，那孩子就免不了出汗，而出汗自然会增加孩子对水分的需求。

看起来，引起争执的问题正在于此：孩子需要喝水，尤其是在天气炎热的时候，因为无论是身体过热，还是由于身体过热造成的水分流失，对孩子来说都是十分危险的。只有当体内水分充足时才能够保证孩子在高温状态下可以分泌汗液，并通过汗液的挥发带走身体多余的热量。

然而，各种育儿指南在介绍如何照顾不满1周岁的婴儿时，都会提到一点：母乳和混合配方奶粉已经完全足以保证孩子健康成长所需的水分，因此不需要为孩子额外补充水分。这些建议是针对婴儿整体而言的，所以也让可怜的家长感到困惑：究竟要不

妈妈笔记

要给孩子喝水？从理性思维的角度来看，水当然是要喝的，但是毕竟书上说不用喝呀……

即便如此，笔者仍然想尝试着为家长们解答一下疑惑，解释清楚“喝水对孩子不好”这种观点的依据。

1989年，联合国世界卫生组织/联合国儿童基金会发表了一项题为“促使母乳喂养成功的十点措施”的宣言，其中第六条措施的内容是：“除母乳外，禁止给新生儿吃任何食物或饮料，除非有医学指征”。

很难对这条措施提出反对意见，因为它是完全符合我们的理性思维和逻辑的。当然，刺激和稳定母亲乳汁分泌的最佳方法就是让孩子吮吸母亲的乳房。如果用水取代了母乳，那么孩子有可能很快就会忘记母乳的味道。因此，孩子在新生儿期这个特殊的生命阶段是不需要饮水的。如果孩子想喝水，那就让他吮吸母亲乳头，以此刺激母亲分泌乳汁。除此之外再没有不应给孩子喝水的禁忌。

关键是，世界卫生组织这项宣言强调的是“新生儿”，而许多宣传都打着这个权威组织的旗号，指向了整个婴幼儿群体！在此想要提醒各位读者注意，世界卫生组织对“新生儿”的定义是指出生28天以内的婴儿。因此，结论很明显：想给孩子喝水？请便吧！

无论如何都不要强迫健康的孩子饮水或是喝其他饮料。家长们可以把水和饮料送到孩子嘴边，但至于喝不喝，应当由孩子自己做决定。对那些还不会清楚地用语言表达自己意愿的孩子来说，把水送到他们嘴边就更为重要，家长们也要随时为他们准备好水和饮料。

房间内越暖和、空气越干燥、身体水分流失越多（例如体能消耗过多时的流汗、衣着过多等），及时补水的意义就越大。

无论您身处何处——在散步，在海滩上，还是在家里，手边都应该准备水或是饮料，以备不时之需。

有一点要记住：凉开水与一般的饮品并不一样——没有一种生物会喝放凉的开水。最好给孩子喝一般的纯净水：1 岁以内的孩子可以喝无味无气的矿泉水；年龄稍大一些的孩子，在天气炎热或是水分消耗过大时，可以喝一些微咸的水或是充过气的矿泉水。

对孩子们来说，安全健康的饮品多种多样。无论家长为孩子选择何种饮品，都需要同时考虑许多因素，例如孩子的个人喜好、家庭的经济状况以及孩子的过敏反应等等。可供选择的饮品有：用新鲜水果和冷冻水果熬制的水果羹；同时，干果，包括葡萄干和杏干都含有丰富的钾，所以喝水果羹既方便又益处多多。有不少生产婴幼儿食品的公司都生产草药茶、果茶等饮品。如果有条件，想喝就喝。

无论何时都不要忘记那些能够反映孩子身体过热和缺水的具体症状——尿量少，皮肤、舌头和黏膜干燥。在炎热的夏季出现这些症状非常危险。因此再次强调：如果孩子想喝水，就让他喝吧。准确地说是：为了健康，请多给孩子喝水！

昼夜颠倒

孩子昼夜颠倒，整夜整夜大声哭叫……一个个不眠夜既彰显着母爱的伟大，也考验着全家人的神经……如何避免这种状况？如果难以避免，又该怎么做呢？

昼夜颠倒的生活

下面我们要讨论的情况非常具有普遍性：孩子（未满 1 周岁）白天是个乖宝宝：安静、快活、温顺，睡眠很好，也不要脾气，是家人的掌中宝、心头肉。但一旦夜幕降临，劳累了一天的家人们准备休息的时候，这些优点突然间消失殆尽。父母的睡眠规律显然完全违背了孩子的意愿，因此，从父母将孩子放上小床的那一刻起，他就要张开小嘴发泄自己的不满，并向所有人展示着自己旺盛的精力。

父母本来可以安然入睡的夜晚就此改变……唱摇篮曲、把孩子抱在手里摇晃、喂奶、喂水、散步、上厕所……什么都做，就是不能睡觉。孩子时不时地会闭上眼睛，但是睡得并不沉，睡的时间也不会很久。无论多么细小的动静都有可能把他吵醒。总之一句话，家长夜里从此不再寂寞。

这就是人们常说的“昼夜颠倒”，这种情况令很多家庭手足无措。

是什么影响了孩子的睡眠？

昼夜颠倒不会影响孩子的健康状况，却会让父母心力交瘁。因为每个孩子都希望有一对开心、健康、精神饱满的家长陪伴在自己身边，所以这个问题必须解决。

在介绍具体措施之前，读者们还需要学习一些基本的理论知识：

首先，让我们从必要的理论开始。

孩子肯定是要睡觉的，只不过他的睡眠深度和时长是由许多因素决定的，只有其中一种因素——孩子的年龄是我们完全无法控制和影响的。其余所有与睡眠相关的因素都是变量，都可以控制和调整。

经验表明：有三个因素促使人产生睡意：

- 能量的消耗：体能的消耗越多就越想睡觉；
- 上一次睡眠的时长和深度：相信大家都明白这一点，因此我不想做更深的解释；
- 睡眠与饮食之间的关系——吃饱后睡眠质量会很好。

这些因素在不满 1 周岁的宝宝身上反映得尤为明显。

您或许知道，身体的健康状况也会对睡眠质量产生一定的影

妈妈笔记

响。因为无论是疼痛、体温升高、咳嗽、瘙痒、恶心还是一些其他症状，都会降低睡眠的质量。不过，昼夜颠倒的问题与具体的疾病并没有太大的关系，因为很难找到一种仅在父母睡觉时才发病的儿童疾病。

还有一个因素不得不提：儿童房内的空气质量对孩子的睡眠影响很大。如果空气新鲜（凉爽而湿润），孩子会很容易入睡。如果房间内除了孩子还有爸爸、妈妈、小猫莫尔，三张地毯，两个电暖器，那孩子就很难安眠。

应对措施

1. 尽量分析原因。究竟是什么影响了孩子的睡眠？如果与孩子的健康有关（例如肠绞痛、体温升高、耳朵疼痛等等），那么就应当与儿科医生共同商议，白天应当采取些什么措施以保证这些不适不会在夜间影响孩子的睡眠。请牢记，影响夜间睡眠的最常见的原因是儿童房间内的空气质量（干燥和过热）。

2. 无论您多想睡觉，也要尽力忍住。同时尽量不要让孩子在白天睡得过多。1 岁以内的孩子在白天，即在 6:00 ~ 22:00 之间，平均要睡 2 ~ 4 次。最好能减少 1 次，同时不要延长孩子每次的睡眠时间。就是说，如果孩子在白天已经睡了 3 次，每次 2 个小时，那么您最好将他的睡眠次数调整为 2 次，每次睡眠时间仍为 2 个小时。如果孩子白天表现出睡意，您要设法逗他（给他唱歌、陪他玩耍或是陪他说话等等），最大限度地拖延孩子睡觉的时间，直到他实在忍受不住，沉沉地睡去为止。2 个小时后将孩子叫醒。当然，对于每一位爱护孩子的母亲来说，故意把睡梦中的孩子叫醒并不是一件容易的事，但是为了孩子和您夜间能够安睡，为了孩子能够形成正确的作息时间，除此之外没有更好的办法。

3. 白天尽可能地增加孩子的能量消耗，可以带他散步、做游戏、做体操。别忘了，孩子把很多能量用于保持正常的体温，因此，无论如何都不要让孩子感到过热（不要胡乱为孩子添加衣物或是使用加热器），这么做也是为了让孩子在散步的时候能够积极活动手脚和头部。

4. 提前为孩子整理房间。最好为房间做好通风、吸尘，并可以将房间的地板擦净。请记住，睡眠的最理想环境为：气温 18℃ ~20℃，湿度 50% ~70%。

5. 调整孩子的用餐时间。孩子临睡前最后一次进食最好在 23:00 ~24:00 之间。如果要为孩子添加辅食，最后一次要尽量让孩子吃饱，例如，米和牛奶混合煮成的粥。如果孩子喝的是母乳或是配方奶粉，那么在倒数第二次喂奶时（18:00 ~20:00）要稍微少喂一些，好让孩子在最后一次进食时有一个好胃口。

6. 睡前在大浴缸里用微凉的温水给孩子泡个澡（在最后一次进食前），为他做一做按摩和婴儿体操。这一方面能让孩子消耗能量、提高食欲，另一方面也是孩子在睡前与家长交流的好机会。

结论

解决孩子作息混乱这个问题难就难在家长，主要是母亲和祖母不愿改变自己的育儿观念，他们根本不懂得“应当如何爱孩子”。他们往往会说怎么可以这么做呢，这可是亲生宝贝儿啊！不让孩子吃饱、不让他睡觉、把他从睡梦中叫醒……他们往往会说：“我们甚至做好了在接下来的两年内晚上都不睡觉的准备！”

什么？做好了不睡觉的准备？难道要让一个在二三天内就可以解决的问题，拖延上几个月之久？这也是一种病，叫做“受虐狂”。这个病儿科医生可治不了。

我不想吃饭

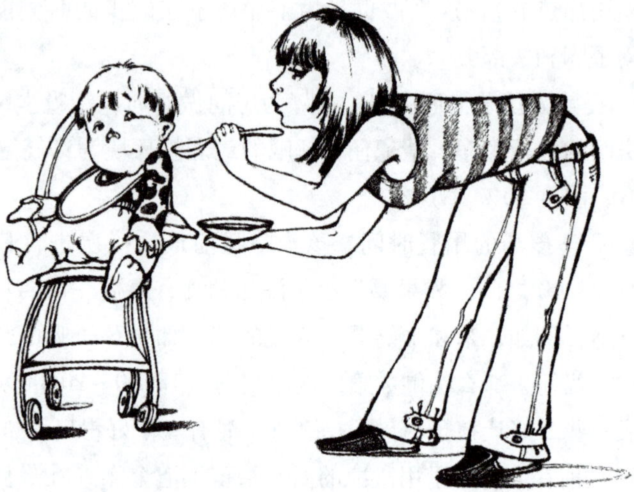

寻找食物和获取食物中的营养是任何一种生物生存的基础。无论是何种生物，它的行为、解剖生理学特点、生存环境和繁殖季节，首先都参照它为自己获取食物的基本能力。

没有食物，候鸟就会飞向南方；没有食物，熊就会选择冬眠。缺少食物，孩子的出生率也会降低。没有食物——就意味着没有生命。人类历史上最黑暗的日子、最恐怖的年代或多或少都与饥饿有一定的关系。缺乏食物会让人们产生无意识的、本能的恐慌。食物能够让我们维持自己的生命，也是我们养育下一代的根本。难道有什么东西比食物还重要吗？

试想一下，有一天您带着食物回家，而您的孩子津津有味地品尝这美味的食物，这让您感到欣慰：您不仅能够传宗接代还有能力养育下一代。

孩子吃的食物数量和质量自然是由一个家庭的经济情况决定的（这是人和其他动物之间最大的区别）。所以，给孩子买的食物种类越多，价格越昂贵，品种越稀有，就越说明家长爱孩子，这已经成为判断母爱的标准。当孩子津津有味地吃着食物，当食物的品种多种多样、质量上乘时，我们会觉得很愉快。而在缺少或完全没有食物，或是可供选择的食物很少时，家长就会很郁闷。

家长都希望自己的孩子衣食无忧，只要实际情况与他们的标准有偏差，他们就会千方百计地想着去改变。这种愿望经常是不受逻辑思维和理性控制的，为人父母的本能告诉我们：要把孩子喂饱！无论如何都要让孩子吃饱！只要孩子稍不愿意，家长就无法接受。因为这不符合成年人基本的生活习惯，阻碍了他们实现自己为人父母的本能，使他们万分沮丧并勾起了要拼尽全力拯救孩子的强烈愿望。因为孩子不能如此生活：家长们如此辛苦地为孩子挑选、购买食物，他竟然一口不吃，可他要成长啊！他怎么能……总之，不能再这样生活下去了。

是不想还是不能？

孩子究竟是不想吃，还是不能吃？这是最重要的问题。回答不了这个问题就无法解决其他问题。孩子有没有食欲是一回事，能不能吃是另一回事。每个家长对待这个问题的基本态度和处理方法也不尽相同。

孩子会通过各种行为方式表示他要吃东西。饿虎扑食般地扑向母亲的乳房，小手抓住母亲的胸部或是抱住装好奶的奶瓶，迫不及待地坐在小餐桌后，要吃的。但一旦开始吞咽过程，孩子就

妈妈笔记

开始哭闹，烦躁不安并拒绝进食。

这种情况可能是由于：

▶ 难以吸取食物：可能是由于母亲的乳头凹陷、过于膨胀或是乳头过小。

▶ 口腔问题：如果孩子在做吮吸、咀嚼或吞咽动作时感到疼痛，说明他可能患有鹅口疮或其他一些口腔炎症，由于长牙而引发的牙龈炎，普通的牙痛、咽喉部位的炎症（扁桃体炎、咽炎）也会影响孩子进食。

▶ 肠道问题：尚处于哺乳期的婴儿经常出现这样的情况：开始吮吸母乳，肠蠕动（肠道收缩）就会加快。如果孩子有肠道造气过多、便秘或是肠道炎的话，那么肠蠕动的加快就会引起腹痛。

▶ 呼吸紊乱：如果孩子的鼻子不通气，那么在吮吸乳汁的过程中就会感到明显的不适，因为此时孩子的鼻部和嘴部呼吸都无法正常进行。

▶ 食物的口味：酸、甜、苦、辣都会影响孩子的食欲。如哺乳期的妈妈尝了尝蒜头烧鲱鱼，爸爸则在自己的汤碗里撒上了胡椒，人们经常会对某种食物产生不适反应，孩子也不例外，有些孩子只要一吃碎麦米粥就会呕吐。

▶ 食物的物理特性：食物的冷热会影响孩子的食欲。此外，如果孩子还没有学会咀嚼，或是咀嚼不到位，那么过于大块的食物，孩子肯定不会吃。

家长们并不是每次都能正确判断出孩子不吃东西的真正原因，但是根据以上这些信息，要将孩子的“不愿”与“不能”区分开来，就很简单了。

如果孩子“很想”吃东西，但是他却“不能”，那么最好带孩子去医院检查。

能吃！但是不想吃！

排除上述因素，我们可以断定，孩子能吃。吮吸、咀嚼、吞咽都没有问题。但是不想吃！这样就出现一个非常合理的问题：为什么？为什么孩子要拒绝对他成长所必需的美味食物呢？

我们暂且把这个问题搁在一边，先弄清楚一个我们要多次提到的概念：食欲。

食欲是一种想要进食的生理需求。

食欲是一种由食物带来的美好感受。

通过这些定义我们不难看出：食物会引起的人们不同的主观感受，其表现程度有所不同——从食欲的逐渐低落到完全消失，这在现实生活中的具体表现就是什么都不想吃。

在弄清了“食欲”的概念后，我们就可以继续研究之前那个令人纠结的问题：为什么孩子要拒绝他成长所必需的美味食物呢？这里说的不仅仅是完全无食欲，也包括食欲不振。

为什么？因为生病了。

孩子不想吃饭的原因有很多。但是，家长们往往首先想到的就是孩子是不是病了。事实正是如此。食欲不振是所有急性病和很多慢性病的典型症状。笔者认为有必要对此做些解释：

先来看**急性病**，即突发的疾病。大部分儿童感染性疾病都属于急性病，此外，外伤、中毒、阑尾炎等疾病也有突发特点。感染性疾病是儿童时期的常见病，通常是病毒性感染。不过，在大多数情况下孩子的身体无需任何外界帮助都可以完全康复。如果明白了这个简单的道理，家长们接下来做出任何举动都应当出自

妈妈笔记

自己的本能，在自然选择的过程中证明自己行为的正确性。

那么，在发病之初，孩子的哪些行为是最自然的呢？拒绝进食，这是好还是坏？这很正常。因为作为一种动物，食欲不振首先是由机体的适应性决定的，这种症状在其他哺乳动物，如猫、老鼠等生物身上也同样存在。

乍看起来，这不太符合逻辑。因为与疾病斗争需要能量，在这样的关键时刻怎能不吃东西呢？但这只是第一感觉。

急性病的一系列主要症状（疼痛、紧张、体温升高、缺氧等）都会引起人体重要器官的特定反应，例如脑部、心脏、肺脏中的血液循环会加快，而身体其他次要器官中的血管则会收缩。血管收缩和血液循环减慢等变化明显地反映在肠道功能上：肠蠕动减缓、肠液分泌减少，同时也变得更加黏稠。因此，肠道在这个时候是无力消化食物的。

几乎任何一种疾病都可能引起孩子的肠道功能紊乱（腹泻、腹痛、腹胀），甚至还有一个专业词汇“肠道综合征”来描述这种状况。这个词汇有些怪异，但是却反映了一个事实：肠道综合征的发病率和表现不仅与疾病的严重程度有关，同时还和患病儿童的喂养方式有关。

肝脏是消化系统中最为重要的一个器官，也是与各种感染作战的“斗士”。肝脏是人体合成免疫球蛋白的重要参与者。免疫球蛋白是大家都知道的重要抗体，它能够中和体内的病毒和细菌毒素。肝脏还是一个功能强大的过滤器，能够阻隔许多毒素和各个组织衰变产生的废物。不难理解，当身体感染了急性炎症时，肝脏的工作压力很大，食欲不振此时也是一个重要的防御性措施——能够保证肝脏全力以赴地对付敌人，不用在消化食物上分心。

所以，生病的孩子食欲不振或是没有食欲是完全正常的。人体器官的负荷越重，对食欲的影响就越大。随着器官负荷的减轻，食欲也会逐渐恢复，这也是身体开始恢复的有力证明。

对于病期很长的**慢性病**来说，情况就没有那么简单。不断成长的身体会很快地适应各种变化，食欲也大体不会发生什么变化。患有某些疾病（例如糖尿病）时，食欲不仅不会减少，反而会变得更加旺盛。有一个趋势十分明显：如果身体的能耗因为疾病减少（孩子无法活动或是很少活动），这通常不会影响食欲，只会影响食量。只有在病期拖延较长，病情危重的时候孩子才会出现食欲明显下降，或完全拒绝进食的情况。这可就严重了……

因此，**如何为患病的孩子准备食物**，我有两个建议：

1. 次数和数量应以孩子的食欲为标准；
2. 强制孩子吃东西的方法是不可取的。

同时，还应当根据具体疾病准备合理的饮食。患有肠道感染、病毒性肝炎、腿骨折的孩子的理想食物各不相同。但是，具体疾病适宜的饮食疗法并不在我们的讨论范围内。我们的任务是要为家长们提供一些具体的，能够应对孩子食欲不振这个症状的行动策略。得出的结论只有一个：如果食欲不振确实是疾病的症状，那么就没必要与之斗争，而是应当**以治疗疾病为主，帮助身体摆脱疾病的困扰。强制孩子吃东西不仅对孩子的康复无益，有时反而会事与愿违。**

有一种情况比较特殊，那就是孩子并不是因为身体原因，而是由于心理原因不愿进食：当青春期的女孩子开始与肥胖作斗争，并将其当做自己人生的意义所在；当厌食成为一种心理疾病时，涉及肠道和肝脏的讨论都变得毫无意义了。家长此时需要做的不是强制孩子吃东西，而是要在专业医生（儿科心理医生、精神科专家）的帮助下消除厌食的根本原因。

妈妈笔记

什么决定食欲？

生病的孩子会没有食欲……这种情况虽然会令亲人心里难受，但基本可以接受。每个成年人都明白，这都是暂时的，都是由疾病引起的。每个人都有过生病的经历，一想到“我生病的时候也吃不下饭”就会松一口气。

如果孩子没有任何患病症状，但就是没有食欲。这种情况往往让家长忧心忡忡，他们老是自己吓唬自己：肯定孩子有病，只是自己看不出来。其实，食欲不振总是有其生理上的原因，即完全正常的自然原因。

为了弄清楚这一点，应当了解并考虑**一些会影响食欲的因素**。

1. 孩子或成人的**个体新陈代谢特点**。这一点我们可以根据许多日常生活中的例子来证实：别嘉和萨沙吃的东西一样，但是别佳很瘦，萨沙却很胖。玛莎吃得多却不胖，而莲娜吃得很少却很胖。

从严格意义上讲，重要的不是孩子的饭量，而是孩子身体对所吃食物的吸收情况和利用情况。在此，有一个技术方面的比喻，虽然可能不太得体，但是很容易理解：有的车用 20 公升的汽油可以跑 100 公里，而有的车只需用 5 公升的油即可跑同样的里程。

2. **激素分泌水平**。成长发育过程不均衡。孩子在 1 岁以内和少年时期，生长激素、甲状腺激素、甲状旁腺激素和性激素的分泌量较多，孩子生长得很快，食欲也很旺盛。生长速度还与遗传有关。如果瓦夏的父母身高接近 2 米，谢廖沙的父亲只有 1.6 米，那么瓦夏肯定比谢廖沙吃得多。

季节因素也在某些程度上影响孩子的食欲：冬季孩子生长较

慢（激素分泌减少），夏天则较快（激素分泌增多），因此，夏天食欲要好一些。

3. **孩子的能量消耗水平**。吃饭主要有两个目的：首先，保证孩子生长及各器官正常运作的能量；其次，补充孩子在运动中消耗的能量。因此，孩子消耗的能量越多，食欲也就越好。

生活方式

在以上三个影响孩子食欲的因素中，有两个是家长们无法控制的。不管我们有多么强烈的愿望，也无法影响孩子的激素分泌或是改变孩子个人的新陈代谢。但调节能量消耗却是家长完全可以做到的。

我们之前已经说过：日常的能量消耗首先是由活动积极性决定的，但并不仅限于此。保持体温非常重要：越舒适温暖，穿着的衣物越多，能量消耗就越少，食欲也就越差。

脑力劳动和体力劳动之间的关系、生活规律以及所处的温度环境构成了一个人的“生活方式”。显然，饮食也是其中必不可少的一部分。

一个健健康康的孩子，父母为何老是担心饿着他？我们来客观地分析一下这种情况。在多数情况下，这样的家庭不会为食物而发愁，家长们也绝不会让孩子挨冻——儿童皮衣、棉袜和电暖气应有尽有。孩子上幼儿园、上学，能够认真完成家庭作业，家长绝不会反对孩子在学习上花时间。兴趣班仍旧是学习，如外语辅导班、音乐美术补习班、智力游戏培训等等。而学习之余，父母可以与孩子一起玩电脑游戏或是看电视。

在这种情况下，孩子没有食欲就没有什么可大惊小怪的了！

如果一个健康的孩子不想吃饭，那么，家长们首先要做的就

妈妈笔记

是改变家庭的生活方式，增加孩子的体能消耗。这对任何一个年龄段的人都有效。无论是对5个月，还是14岁的孩子来说，避免室温过高，坚持运动、用温凉水洗漱、延长户外活动的时间都是很重要的。

一些常见的错误

孩子无法靠自己的力量改变生活方式，这需要家长付出不小的努力。但是，家长往往一面创造各种条件，避免孩子消耗体能，一面为孩子没有食欲唉声叹气。于是，他们就会像鸵鸟一样把头埋在沙土里，回避那些显而易见的事实，而具体行为方式则分为三种：在孩子身上寻找疾病；用尽一切办法让孩子吃饱，以此安慰自己的良心；给孩子饮食定量。

没病找病

稍稍重复一下：只有特别严重、病期很长、极其危险的疾病才会使得孩子的食欲明显降低或是完全没有食欲。同时食欲的变化只是这些疾病的一种症状而已。如果孩子没有任何不适，医生为孩子做体检时也没有发现具体的病理症状，血检和尿检也均正常，就绝对不能说孩子因为生病而食欲减退。

然而，很难判定是家庭教育不当导致了孩子不想吃饭。如果真是这样，那就意味着孩子的父母必须承认自己在教育上的失败乃至更糟，家长要重新审视整个家庭的生活价值观。早睡早起，和孩子一起做运动；用睡前散步取代无聊的肥皂剧；用积极的方式度假，而不是躺在沙发上看电视。

没那么简单！有些父母根本不愿意这么做！

他们往往会说："我们没什么问题，是孩子的问题。没辙，去看医生吧！"

——医生，孩子不吃饭！昨天好不容易让他吃了点儿东西，还差点儿吐了。

——哦，这样。那可能是他不饿吧。

——他从来都不觉得饿！如果你不给他把饭送到跟前，他自己从来都不会说要吃饭！他是不是病了呀，病得很厉害！

这种情况的可悲之处在于：

1. **在此过程中，很多医生最终都会被家长劝服，并成为他们的同盟军，一起在孩子身上找病；**

2. "要人性化，不要强迫孩子"——很多家长怀着这样的信念再去看另一个医生，而不是改变生活方式；

3. 如果孩子没有任何不适，那么孩子患恶性疾病的可能性就很小；

4. 体检和化验总是会给家长提供所谓的依据。

治疗食欲不振很复杂，而借助现代医学成就找到疾病却非常简单。现在有很多检查方式，能够给出有病没病的诊断，并让家长们的注意力从孩子有没有食欲转移到如何根治孩子的疾病上。

最简单的就是做粪便样本检查——粪便中存在各种各样的细菌（将近400种），其中肯定有某种细菌超过医学上认定的正常范围，那么我们就可以判断孩子肠道菌群失调。如果做口腔涂片检查，那么有将近80%的人口腔中都存在葡萄球菌——这当然是病喽！如果要为孩子做肝脏超声波检查，家长肯定会提醒医生孩子毫无食欲，这样完全有可能查出排出胆汁的通道出现阻碍。总之，医生会找出各种各样类似的疾病来满足吹毛求疵的家长的要求。

不找病根儿也行，那就关注一些孩子很容易出现的现代

妈妈笔记

病——过敏、慢性扁桃体炎、腺样体增生、经常性的感冒等等。但问题是孩子食欲不振与这些疾病之间通常并没有多少直接联系，而间接关系却要多少有多少：缺乏锻炼、缺少新鲜空气、脑力活动过多等，这不仅会降低孩子的食欲，也会对他总体的健康状况造成很大影响。

“竭尽全力”让孩子吃饭

家长们经常会想尽一切办法让孩子吃饭，这是家长们解决孩子食欲不振的最普遍做法。家长的想象力在这方面总是能够创造奇迹。战略任务是摧毁孩子的反抗，而具体战术则五花八门。让不愿意吃饭的孩子张口吃饭。

游戏法：让孩子把勺子看成小汽车，嘴巴当成车库，“轰隆隆，轰隆隆，小车开进车库啦！”

注意力转移法：给孩子读读故事、陪他一起看最喜欢的动画片、奶奶给他唱首歌、爷爷给他跳个舞。

奖励法：答应孩子如果吃完一碗饭就给他奖励，奖励带他去散步，给他买喜欢的玩具，答应周日带他去马戏团看表演等等。

威胁法：“你再不吃饭我就不爱你了！”“爸爸就要下班回家了，再不吃饭看他怎么收拾你！”等等。同一个意思，家长能想出千万种表达方法。

但是，令家长们郁闷的是：食欲并不仅仅是吃的愿望，同时还表示**身体对接收和消化食物已经做好了充分的准备**。胃部和肠道内已经准备好了充足的胃液和肠液，肝脏和胰腺已从其他工作中解放出来，大部分小肠也已经清空，这时食欲才会表现出来。如果孩子的身体还没有发出准备接收食物的信号就强制孩子吃东西，那么后果显而易见——大部分的食物都无法被身体消化吸收。于是就形成了恶性循环——消化系统中堆积着大量多余食物，而家长们不断抱怨孩子没有食欲，同时仍在不遗余力地给孩子喂吃的。读到此处，不由得让人想起一百年前的社会，没有超声波检查，没有人知道什么是菌群异常，治疗食欲不振的最常用药物就是用蓖麻油做的泻药。蓖麻油能够有效地清空肠道，因此，也能够有效提升孩子的食欲。

标准

对食量标准的错误理解是家长在孩子身上找病和不惜任何代价让孩子吃饭的理论基础。虽然孩子精力充沛、活泼开朗，但常听到他们的母亲说："书上说孩子在 1 岁时体重应当达到 12 公斤，而我们家的孩子才勉强达到 10 公斤……""我读过书了，这个年龄的孩子一天要吃 5 顿，但我家的孩子每天能吃 4 顿就不错了……""奶粉罐儿上不是写得很清楚吗！每次喝 180 毫升，而我的孩子有时候连 150 毫升都吃不了……"不难发现，任何与标准的偏离都会让家长感到紧张不安，手忙脚乱。

但是家长们必须明白，这些标准反映的是平均水平，不能完全忽略孩子的自身特点，孤立地理解和分析这些抽象的数据。孩子是否健康，其指征肉眼可见：身体和心智的发育、运动的积极性、情绪、食欲……没错，是食欲，但并不是书上按标准规定的食欲，而是由具体某个孩子的现实需求、健康状况以及具体生活方式决定的食欲。

还有一个问题：民间对孩子正常与否的判断。邻居、熟人、小店的售货员甚至是路人都对健康的孩子是否吃得饱，是否健康有着自己的判断。如果他们只是有自己的判断那也没什么大不了的，但糟糕的是他们常常把自己的想法说给孩子的父母听："看

妈妈笔记

这孩子瘦的！”“您没给孩子吃饱吗?!”这样的句子不仅会让每一位原本理智的父母对自己产生怀疑，也常令他们暗下决心，要立即行动起来把“不幸的”宝宝喂得肥肥的。

挑食

孩子之所以会挑食，其实质在于孩子对某些食物的偏好。有些食物会令孩子食欲大增，而有些则不行。

不满1周岁的孩子，他的挑食主要表现在身体对某些食物的具体需求上。许多6～10个月大的孩子都坚决不吃蔬菜类食物，而更喜欢乳制品。这很正常，因为孩子的身体需要大量的钙质，它是孩子骨骼、牙齿生长所必需的，而奶制品中正含有大量的钙质。重复一下：不满1周岁的孩子喜欢乳制品胜过蔬菜是很正常、很自然的现象，家长们无需为此担忧，也不要因为看到邻居家的孩子喝蔬菜汤就急于做蔬菜汤给自家孩子喝。

人类区别于动物的主要特点是：对于人类而言，吃食物已经从生物上的必须过程变成最为普遍的享受过程。

孩子或许会因为缺少对食物的自然需求而挑食，但他们对香甜美味的食物却来者不拒。甚至当他完全没有食欲的时候，仍无力拒绝巧克力的诱惑。

如果孩子的食欲不错，而他又有可能在汤、香肠、碎米粥之间做选择时，他就会根据自己的喜好做选择。家长们通常会鼓励这种行为（让孩子吃自己想吃的东西，总之，只要肯吃东西就好），但是随后又会感到焦虑：“我的孩子除了烤土豆和烤香肠之外什么都不吃……”

大部分情况下，孩子挑食是一个虚构的问题，不是病，没有任何医学基础，完全是由教育方法造成的。

妈妈笔记

如果您中午为孩子准备了汤，而他却不想喝，那么不要因此打骂孩子，也不要对他进行长篇大论的说服教育，就让他玩去吧，什么时候有食欲再吃，这才是明智的做法。**饥饿是治疗孩子挑食的最好办法，几乎百分之百有效**。如果孩子午饭时不想喝汤，那么两三个小时以后，家长们应当为孩子端上与先前一样的汤。如果他还是不想吃，那就说明孩子还不饿。这种治疗方法考验的不是孩子，而是父母的心理素质。如果家长两次给孩子端上汤都遭到拒绝，家长一定要坚持住。如果急火火地为他做出他爱吃的烤土豆，那纠正偏食的所有努力都会前功尽弃。

挑食不仅反映在孩子对食物的挑剔上，同时还表现在食物的吃法上，这又是另一个问题了。孩子不想用勺子喝粥、不想用茶匙喝酸奶，只想用奶瓶喝奶。奶奶给孩子喂饭的时候，孩子很愿意张口，但是要他自己拿起勺子来吃，他就会立即拒绝。这种挑食同样可以用饥饿来纠正。

吃零食是孩子挑食的一个常见原因：如果孩子在家里很容易找到好吃的东西（糖果、饼干、巧克力、橙子等等），那么在午饭和晚饭之间他完全可能用零食获得足够的热量，不仅不需要吃晚饭，甚至连第二天的早饭都不想吃。这样做虽说没什么好处，但也没什么坏处，只要家长不强制孩子进食，不四处看医生给孩子找病就行。

孩子食欲不振确实是个问题，所以要竭尽全力尽量保证孩子在两餐间不吃零食。

结论

无论如何家长都无需将孩子食欲不佳当做是一场灾难。别担心，即使几天不吃饭人类的身体也能够正常运转几天。

妈妈笔记

成年人已经习惯了一日三餐，把吃饭当成了一种享受……早餐、中餐、晚餐，年复一年都是如此。忽视了人体的实际需求，只是因为时间到了，只是因为从小就听家长说：应该如此！孩子的身体，还没有被现代文明中的那些繁文缛节所破坏，它还生活在另一个自然的、充满智慧的、合乎自然规律的法则之下。

重要法则：吃下去的食物应当与消耗的能量等值。大自然利用食欲这种万能机制来实现这一法则。我们可以欺骗大自然，把吃饭变成一种习惯，或是一种享受，但是这种态度、这种做法是错误的，有悖自然的，可能导致各种疾病的产生。

不能凭本能办事。不能仅凭成人肚子饿了就判断出孩子也该吃饭了。不要在孩子身上没病找病。不要让吃饭变成食物崇拜。在这一点上，**孩子要比大人明智得多，他们更清楚何时要吃饭，应该吃多少。**

不要瞎忙活。放下手中的锅铲，把那些医学指南和儿童食谱放在一边，摆脱电视机的束缚，出门散散步，跑跑步，呼吸一下新鲜空气。这对您大有益处。只是，千万不要总想着吃饭。孩子自己会想起来的，对这一点您不必怀疑，一切都会正常起来。您本能地想让孩子吃饱的愿望就再也不会与孩子的自身需求相矛盾了。

这才是一个理想的状态。

什么是“食物多样化”？又有谁真正需要它？

食物多样化不仅一直被视做健康生活方式的标志，同时也是生活殷实的象征。

食物品种单一，天天都吃一样的东西，半饥半饱——这难道不是贫困和不幸的象征吗？如果一日三餐都可以吃到丰盛的食物，看到桌上摆着过节时才得以一见的美味，这难道不代表着生活的富足和幸福吗？

在“家人—孩子”体系中，民间关于“食物多样化的理解”具有特殊的意义。只有给孩子提供丰富、有营养、优质的食物，才能让家长得到精神上的满足。最后这句话或许让您有些奇怪。这和家长“精神的满足”有什么关系呢？因为无论是家长本人，还是大多数医生都认为，丰富多样的食物，首先是孩子身体健康的必要条件。只要孩子好，家长的义务就算尽到了，因此也获得

妈妈笔记

了精神上的满足。

但是一切远非如此简单。就连“食物多样化”这个基本概念也并非那么简单、明确。此外，上面提到的民间认识会反映在具体的行动中。而这些行为常常是有害的，有时甚至是危险的。处于危险之中的正是被家长们视若珍宝的孩子。

对此，仅提供一些具体的医疗建议远远不够。需要对此问题持客观态度，有个辩证的认识，并且承认问题是客观存在的。

人作为一种生物生存在这个世界上，他首先需要遵循的就是大自然的法则。大脑更发达的动物不是否定这些法则，而是为遵守这些法则设置重重障碍。我们甚至不用去分析蚯蚓和一辈子只靠吃一种鱼活着的大白鲨的饮食特点。

我们主要关注的是最高级的哺乳动物——高智商的人类。在对比中我们不难发现一个问题：母乳喂养期结束时，几乎所有哺乳动物幼仔的饮食品种都是差不多的。

体重超过 100 吨的鲸鱼只吃一些小型的浮游生物，奶牛吃青草，狼吃肉，食蚁兽吃蚂蚁，蝙蝠喜欢抓捕昆虫，而熊除了吃肉以外，偶尔还会吃一些其他食物，**例如鱼或是在马林果丛里采下来的果实，**而这一切并不会对总体的趋势产生什么影响。

如果将人类这种杂食动物与食肉的猛禽或是食草动物相比较，我们可能还不能证明什么。但是，其他的一些杂食性的哺乳动物（例如猴子、某些啮齿动物）并不会特意地去寻求食物的多样性，它们吃的东西或许只有 5 种，最多不超过 10 种——这得看它的运气。不仅如此，如果某种动物确实能够做到食物种类多样，那么它的饮食结构通常具有鲜明的季节性特点：有些季节吃肉，有时吃蚯蚓，有时吃草，有些季节又什么都不吃。但一天三顿，每顿饭都不重样，这只能是它们的梦想。

结论很明显：**单一的食物结构完全不会影响到哺乳动物的生存，也不会对它们的健康产生不良影响。**更令人难以置信的是，

只有单一的饮食结构对于地球上的生物来说才是最自然的。

人类的历史也充分证明了这一点。虽然人类已经做好了吃掉所有东西的准备，但是却无法真正实现这种梦想。许多民族都根据生存环境和饮食特点制定了特殊的饮食结构。有些国家主要食用大米，有些国家则主要吃鱼，还有一些国家的人喜欢吃酸枣，也有些国家主要吃肉，等等。

现代文明带给我们的不仅是知识的交流，同时也使各个国家间的商品交换更加频繁。现在人类的食品选择范围大得惊人，恐怕用一辈子都无法逐一品尝。

人们对知识的渴望往往取决于感官的感受，而正是有了渴望体验各种不同感受的想法，才让我们勇于不断地尝试。谁都抵不住美味的诱惑。品尝美味既可以让我们获得快乐，也是一个证明自我的过程。您或许会告诉您的好友，昨天晚上您吃了一对儿大鳌虾，喝了香浓的蘑菇汤，心情十分愉快。在此过程中向人“炫耀”带来的幸福感和满足感或许比您真正吃大鳌虾、喝蘑菇汤更强烈。

就喂养孩子而言，让亲朋好友知道自己非常注重食物多样化则更加意味深长，在别人眼里这似乎成了衡量一个家长合格与否的标准。如果有位邻居说她们家的小玛莎特别喜欢吃鳄梨，那么这会让许多在场的家长心头一紧，马上飞奔到最近的商店，给自己的小别佳买这种水果：我们的孩子一点不比别人差，别的孩子吃的，我家的孩子也要吃！

我们说这些有什么用？读者一定要明白，应该如何正确喂养孩子。

要从两个基本方面看待食物多样化这个问题：

从医学的角度来看，食物多样化能够保证人体获得维持健康所需的全部物质：蛋白质、脂肪、碳水化合物、维生素以及各种微量元素和常量元素。

妈妈笔记

从心理学的角度来看，无论是孩子还是家长的食物多样化，都能给人带来满足，提高自我评价以及在别人眼中的地位。

现在我们从医学角度仔细分析一下这个问题。

孩子常吃某种水果，如苹果。虽然苹果无法为人体提供蛋白质和脂肪，但是苹果中含有丰富的碳水化合物、常量元素、微量元素及几种维生素。苹果中含有钠、钾、磷、铁、镁、维生素 B_1、B_2、维生素 PP、维生素 C、β 胡萝卜素。其他水果虽然各自组成成分有所区别，但桃子和梨子中有的元素苹果中也不缺。

孩子经常吃鸡肉。与其他肉食，如牛肉、鸡肉和兔肉相比，鸡肉有几项指标与牛肉、鸡肉、兔肉等相去甚远。但兔肉中含有的营养物质鸡肉中也都有。

再以谷类为例，比如说燕麦，如果将燕麦的成分与荞麦、大米或是大麦作比较，它们之间的差别很明显，但是燕麦与大米相比也并没有多出什么特殊的成分，每种成分大米中也同样含有。

由此可以得出以下结论：所有食品都可以根据不同的条件分为五个基本类型：肉类食品、奶制品、蔬菜、水果、谷物。

如果在人们的食物中包含了上述 5 个种类，那么这种食物结构完全可以称为“食物多样化”。现代人饮食喜欢标新立异，就是上面所列的 5 个种类对有些人来说也完全没有必要非吃全不可。素食主义者完全不吃肉类食品和奶制品，坚持多年健康也没有出现什么问题。

这再次证明：由 5 类基本食物组成的食谱：酸奶（奶制品）、鸡肉（肉类食品）、面包（谷物）、苹果（水果）和土豆（蔬菜），完全可以保证人体获取维持正常生命所必需的物质。但是这一点只是从医学角度来说完全正确，也非常合理。而心理上的不适早晚会表现出来，总有一天人们会产生想要再吃点什么东西的愿望。越有经济实力，愿望就越强烈。

任何一个关于饮食多样化的争论都会涉及一个问题——人们

的生理需求和心理需求间会经常发生冲突。这没有什么不好，也并不反常。毕竟，人生在世短短几十年，而真正感到快乐的时候更是少之又少。美食就是人们收获快乐的最重要的源泉之一。对快乐说不，显然是很不理智的。但是同样重要的是搞清楚问题的实质，不要糊弄自己和身边的人，不要认为你一天吃三顿，顿顿不重样，一周吃了 21 道不同的菜就会保证你身体健康、益寿延年！

实际上，现在只有少数的医学专家将食物多样化作为医学研究课题。这或许会让读者们难以置信，但却是事实。不过将食物多样化作为一个心理学范畴来研究的人却为数众多，几乎每个人都在歌颂食物多样化的优点和益处，但是很少有人能够详细地解释其合理性。

从个人心理、生活习俗和潜意识层面来看，食物多样化无论在何时或是在何种情况下都被认为是有益无害的。但是，任何事物都有其两面性，有利自然就会有弊！虽然食物多样化的缺点比优点少得多，但总还是有的！我们要做的是克服想当然，用健康的理性思维武装自己的思想，并充分意识到这些不足之处。

我们从 1 岁以内孩子的喂养开始讲起。在这个年龄段，食物多样化对孩子不仅无益反而有害。孩子的年龄越小，危害性就越大。对于不到 6 个月的婴儿来说，食物多样化不仅不具备理论上的那些优点，反而会对孩子的健康造成真正的威胁并可能引发疾病。因此，全世界所有的儿科医生都异口同声地表示“拒绝食物多样化”！

这看似有些违背自然规律，但对婴儿来说，没有比母乳更好的食物了。母乳中含有所有孩子生长和发育所必需的营养。母乳的成分也会根据孩子成长的不同阶段发生改变。这也就是说，虽然孩子只依靠母乳这一种食物，但从医学角度看来，他通过母乳这种单一食物获得的营养也是全面的，这与多样化的饮食并不矛

妈妈笔记

盾。不满6个月的孩子只有依靠母亲的乳汁来获取多种营养，所以，笔者也想起了那句话：“有妈的孩子像块宝。”

即便如此，家长心理上还是难以接受。多希望孩子能快快成长啊，可怜的孩子每天就只能喝奶……成千上万有关婴儿消化功能的著作和文章，以及成千上万不容置疑的理论和事实在奶奶、邻居和女友的“到了该给孩子吃……的时候了”、“应该给孩子吃点除母乳以外的东西”和“你在自己的孩子身上都舍不得花钱”面前变得软弱无力。成千上万的母亲，虽然母乳充足，但是为了获得自己心理的平衡和身边亲友的认同，仍在不断尝试给孩子喂各种蔬菜汤、蛋黄。最终又不得不花大量精力为孩子治疗过敏和肠道功能紊乱等疾病（通常是边治疗，边试验）。

应当承认：提前让婴儿接触多样化的食物是现代医学所引发的话题。正是因为医生们说孩子单纯依靠母乳会吃不饱；正是因为一些学者、教授推荐给1个月大的孩子喝苹果汁，给4个月大的孩子喂蔬菜羹，才会让诸位家长陷入迷茫之中。问题在于，这些建议提出的年代已经很久远，在困难时期人们只有用稀释后的牛奶来替代母乳，当时甚至根本不存在自然喂养和人工喂养两者的区分。当时对喝稀释牛奶的孩子特别注重添加辅食，比如喝果汁。

幸运的是，医学并没有停滞不前。出现了以牛奶蛋白质为主要原料、富含矿物质元素、维生素、常量和微量元素、优化天然成分的配方奶粉。但是配方奶粉的广泛使用并没有让人们对“添加辅食”这个概念进行重新认识。数十年来，尽管牛奶已经不再作为母乳的替代品，但“添加辅食”的建议却丝毫不曾动摇。至今仍有很多长辈和老一辈的医生仍然将给婴儿喝果汁、吃蛋黄、喝粥、喝菜汤当做一条颠扑不破的真理。

首次发现这样做不正确的是世界卫生组织。世界卫生组织曾向全世界大声疾呼：对婴儿来说没有比母乳更好的食物了。在母乳不充足的情况下，家长们不应当用其他食物在孩子身上做实验，而是让他喝配方奶粉，这才是最正确的做法。婴儿的饮食不需要多样化！再次强调，绝对不需要多样化！如果孩子没满6个月，饮食多样化对他不仅无益反而有害。

好吧！让我们握紧拳头！忍上6个月！那6个月以后呢？6个月以后又该做什么呢？

在哺乳期快结束的时候，要让孩子逐渐习惯成年人的饮食。

从何处着手？有许多不同的方案来解决这个问题。酸奶制品、奶渣、蔬菜类食品、谷物和牛奶混合熬煮的粥都是不错的选择。这里并不是要强调哪种食品更好，怎么做更正确，而是应当清楚地知道：给孩子添加辅食，完全不是因为孩子没有这些食物就会生病或是生长发育缓慢。实际上母亲的乳汁或专为6个月以上孩子制作的高质量的配方奶粉，并不比燕麦粥或是蔬菜汤差。读者此时会提出一个非常合理的问题：既然如此，为什么还要搞得那么复杂呢？既然母乳和奶粉那么好为什么不再让孩子多喝几个月再添加辅食？

继续让孩子喝母乳和配方奶粉固然十分容易，操作起来也更方便，但最好不要这样做。6~12个月这个时段正是孩子体内各个器官功能不断完善的时候，也是直接影响和改变孩子生活方式的重要阶段。在这段时间里，孩子肠道内的消化酶活性逐渐增加，开始长出牙齿。孩子开始能够进行一些自主的活动，例如爬和走，这也会让他的能量消耗增加。因此，本阶段食物多样性的主要**战略目标**是与孩子能量消耗增加有关。说得简单些，200毫升的粥比200毫升母乳的能量价值要多得多。单纯依靠母乳或是配方奶粉无法满足孩子的需求。他的小肚子所能容纳的液体食物量无法满足他生长发育和大量运动的需要。而浓稠食物更能满足能耗。

食物多样化的主要**战术目标**是让孩子的饮食结构平稳地向成

妈妈笔记

人的饮食结构过渡，让孩子的整个消化系统逐渐适应食物质和量的变化。

在这个阶段，无论家长给孩子食用什么食物，一定要遵守3个基本原则：

1. 孩子本人必须有吃的愿望——吃起来很开心也很有胃口。
2. 食用该食物不应当危害孩子的健康。
3. 每种新食物都只有在经过验证无不良反应后才能放心食用。

根据以上原则，笔者列出了几点建议。

请记住：如果孩子没有任何健康问题——活泼、开心、吃饭也很有胃口，这就说明孩子对现有的饮食十分满意。如果孩子不愿意吃蔬菜但是却很喜欢喝酸奶，那您也不需要为此忧心，这只说明孩子还没有到吃蔬菜的时候。

如果孩子喝苹果汁一切正常，而喝橙汁就会浑身起疹子，喝李子汁会拉肚子，那就只给他喝苹果汁，无需为孩子饮食单一而纠结。

如果孩子喜欢吃燕麦粥，但却不喜欢喝大米粥或是碎麦米粥，那就喝燕麦粥，不要强迫他吃不喜欢吃的东西。

如果因为经济拮据，您买不起兔肉或是小牛肉，但鸡肉还是买得起的，那就给孩子做鸡肉吃。这并不能证明您不爱孩子，同时也不会对孩子的健康造成任何负面影响。

请记住：每一种食物的优缺点都是相对的。或许“优点”这个词本身的涵义就比较模糊。橙子比苹果好，因为橙子所含的维生素C是苹果的4倍！不，苹果比橙子好，因为苹果中的铁元素是橙子的70倍……鹌鹑蛋比鸡蛋好，因为它更容易被人体吸收。等一等！难道鸡蛋很难吸收吗？和鹌鹑蛋比当然差一些，但照样能正常被人体吸收，就放心地给孩子吃吧。

在此想提醒您注意的是：上述几条原则和建议不只适用于婴

妈妈笔记

幼儿，对任何一个年龄段的人来说都同样有效。只不过在添加辅食、逐渐改变饮食结构的婴幼儿阶段，偏离这些规则所面临的风险就更大。

切记：食物多样性对孩子的生长发育的确很有好处，但无论如何都不能盲目地追求饮食多样化。

孩子不喜欢吃肉？那就给他喂些肉汤，而且奶制品中也含有大量人体必需的动物蛋白。

如果孩子一点儿奶制品都吃不下去？那冰激凌呢？这可是个不错的替代品！在煎乳蛋饼里也可以（需要）多加一点牛奶。

孩子讨厌吃胡萝卜，但是吃花椰菜总是津津有味，似乎 1 公斤花椰菜都吃得下去，那该怎么办？那就让胡萝卜从孩子的生活里消失吧！您不必为此感到焦虑。只要吃得起就行。

最后一个关于食物多样化的问题显得尤为特别。我们一开始就说过，食物多样化要花很多钱。如果家长丰富孩子饮食的努力不影响家庭的财政状况，并且不会让孩子的健康因此受到损害，那就可以放心地尝试。

只是要明白一点，首先，是您需要这么做，而不是孩子；其次，很多人就是利用您的这种愿望来赚钱。怎么赚？非常简单。

您来到超市，站在婴儿米粉的柜台前，惊愕地发现婴儿米粉居然有 50 多种，而这 50 多种婴儿米粉可能都是由一个厂家出品的："苹果燕麦粥"、"李子桃子燕麦粥"、"李子桃子苹果燕麦粥"、"5 种谷物混合"、"6 种谷物混合"、"7 种谷物混合" 等等。而别的公司也出产了 30 种不同的婴儿米粉。实际上，无论是婴幼儿果汁还是其他种类的婴幼儿食品也都存在这样的情况，蔬菜泥也不例外。而家长们的选择最终往往基于一个心理："这个我们还没有尝试过。" 这为家长们的交流增添了不少谈资：有的人会很兴奋地对好朋友说："我家宝宝已经尝试 25 种果汁、30 种蔬菜泥。" 一听说邻居小孩尝遍了 "A" 公司的 50 种米粉，又在开

妈妈笔记

发“B”公司的产品了，人们免不了啧啧称奇。

这些话看起来有些夸张，但事实的确如此。还经常会出现极端的表现：家长们会跑到医生那儿抱怨：“我们家的孩子都喝了20种米粉了，但是每次换新品种都会有变态反应。”如果医生反问“那您就没有试着让孩子只吃1种，量要小?”或“那您不喂他这种米粉不就行了吗?”经常会遇到家长的不理解：我可怜的孩子，没有食物多样化那不就惨了吗……

现在让我们来看一下结论：

要做到食物多样化其实并不复杂，也不需要家长们大把花钱。除了大家熟知的谷物、蔬菜、肉类、牛奶之外，还有鱼类、海产品、鸡蛋、蜂蜜、坚果、植物油、蘑菇、果实、茶等均可供选择。在上述食物中，总有那么5～10种是既符合孩子的个人喜好，又能为他的身体提供必需的营养。

孩子的“个人喜好”一定要充分考虑。人的机体能够本能地选取最合理的食物（针对本阶段身体的实际需求来选择）。因此，不要纠正孩子对某种粥或某种蔬菜的偏好，更不应该强迫孩子吃他讨厌吃的食物。

在此强调一下：还是应当将本能的愿望和对某种食物的渴望区分开来。对食物本身的渴望并不是源自身体对食物营养的需求，而只是通过进食来获得满足感。如果孩子在出生两个月后开始喝果汁，并且会因此愉快地微笑，这绝不能说明他需要果汁，而只是表示满足；如果孩子已经准备吃下几公斤巧克力，那么这些肯定不是本能性的需求。

真正的食物多样化，并不是一定要吃数十种肉类或是20种水果，而是食物类型的多样性。从医学角度而言，这么做才对孩子有益处——能够保证孩子获得身体成长发育所需的微量元素或是某些维生素。如果家长能够坚持这样的食物多样性，他的良心也就过得去了。

当然，问题总是在所难免——一些疾病会扰乱人体新陈代谢，阻碍某些维生素的吸收。此时，如何适当地调整孩子的饮食结构就成了医生的责任。毕竟医生才是学过专业知识的人，也只有医生才知道感冒时，人体会更加需要补充维生素 C；而出风疹时，人体则更需要维生素 A。

维生素就完全是另一个话题了。世界卫生组织有这样一条原则："相比直接服用维生素，增加食物多样性更有益。"当然，维生素的生产厂家自然不会赞同这种说法，但是，作为孩子的家长，起码应该知道：任何一种维生素复合体都是一种具有预防治疗效果的药物。不能仅凭着电视广告去选择药物，而应当以孩子的实际需求为基础——充分考虑他的生活方式、饮食特征、健康状况等等，这还是医生的工作。

小结：

什么叫做食物多样化，究竟又有谁真正需要它呢？

从医学角度讲，食物能够满足人类的生理需求。同时，食物也是地球上所有生物保持身心健康所必不可少的物质。

从心理学角度讲，食物多样化远非如此重要。

它只能让人们感到自己生身为"人"，而对孩子来说，他是一个合格的家长。

甜食的诱惑

卫生部没有警告……

关心爱护孩子的家长们总是对孩子的食物感到忐忑不安。喂养孩子是为人父母一项极其重要的本能，而由现代文明带来食物崇拜、发达的食品工业以及繁多的食物种类使得这项本能得以充分地发挥。

家长一般都会给孩子提供充足的食物，并且在他身上毫不吝啬。由于每天都至少要给孩子喂 3 次饭，因此，孩子的母亲（一般都是母亲给孩子喂饭）往往在这个过程中能够积累丰富的经验，对于如何安排孩子的饮食，对喂饭过程本身及食物质与量的结构都有自己的看法。

孩子不仅能够吃到家长准备的美味饭食，同时也能从中获得快乐，这让喂养他们的父母心里感觉特别温暖。家长都希望食物既要美味，又要有益身体健康。就连当今最为流行的烹饪书籍都取名为《美味又健康的佳肴》。这也就说明人们越来越注重“健康的饮食”。大家都想要开拓自己的视野，想要弄明白如何做出“美味”与“健康”兼有的食物。同时，这也让每一位理智的家长陷入纠结：

因为对孩子们来说最好吃、最美味的东西是甜食。

可是又有无数的医生、营养学家和记者认为，甜食是有害的。

读者们读到此处或许都会感到困惑和愤怒：既然专家和医生都知道甜食的危害，那为什么在糖果、蛋糕和果酱罐头的包装上没有标注出“卫生部警告：甜食有害健康”呢？

吃甜食引发的疾病有很多：肥胖症、糖尿病、龋齿、过敏、肠道功能紊乱甚至行为障碍！

不难理解，各式甜食不仅是人们获得快乐和满足的源泉，同时也是引发各类严重疾病的原因。如此看来，享受甜食是要付出巨大代价的。这该怎么办呢？我们究竟应该如何面对甜食呢？是该严格禁止，还是学会如何合理利用呢？

我们来好好分析一下。

先说理论

糖赋予了甜食无与伦比的美味。糖是一种可溶性碳水化合物。根据糖的化学结构，可以分为几个种类。结构最简单也最为普通的是**单糖**，葡萄糖、果糖都是单糖。结构稍微复杂的是二糖，包括乳糖、麦芽糖以及最为普遍的蔗糖（我们常用的砂糖和方糖）。还有一类糖被称作**多糖**（纤维素、淀粉、糖原），但它们属于复杂的碳水化合物，并不是真正的糖类。

妈妈笔记

无论我们食用的碳水化合物结构有多么复杂，在经过一系列化学反应之后，碳水化合物都被转化为单糖，通常是葡萄糖。葡萄糖是人体能量的主要来源，对骨骼肌、心脏、大脑等各个器官而言都是必不可少的。不难理解，碳水化合物的结构越简单，人体就越容易获得能量。任何一种二糖都会转化为两个单糖。比如，麦芽糖会被分解为两份葡萄糖，蔗糖会分化为一份葡萄糖和一份果糖，乳糖则会分为葡萄糖和半乳糖。

不同种类的糖，甜度各不相同。如果用我们最常用的蔗糖的甜度作单位，就可以得到这样一组数据：果糖 1.74，葡萄糖 0.74，乳糖 0.16。

最关键的一点是：碳水化合物，尤其糖类的主要作用是保证人体的能量供给。碳水化合物的代谢产生人体能量的60%。这是碳水化合物一个主要却不是唯一的功能。碳水化合物以糖原的形式存储在人体内，是人体内每个器官和组织的组成部分。如果没有糖原的参与，人体无法合成各种酶和激素。

糖与器官的构造过程没有任何关系。从严格意义上讲，它的基本功能就是保证人体所需的能量。仅此而已。

从理论到实践

既然碳水化合物如此重要，那吃甜食怎么还会有那么多害处呢？孩子难道不需要能量吗？糖不正好能给孩子提供能量吗！如此说来，就可以吃糖果啰？答案是孩子当然可以吃糖，但是……

如果孩子吃了土豆、全麦面包或是吃了燕麦粥，他的身体就获得了足够多的复杂碳水化合物（以淀粉、纤维素、粘胶质形式存在于体内），这些碳水化合物迟早都会转化为单糖，并为人体的各个器官提供能量。除碳水化合物之外，孩子通过食物还获得了维生素B族、抗坏血酸及其他许多必要元素：钙、磷、铁等。没错，对能量的需求很容易得到满足，十几块硬糖就完全可以替代一碗燕麦粥所含的能量。但是，哪个更好呢？似乎，燕麦更为健康。

还有一个十分重要的问题。我们之前说过："碳水化合物迟早会转化成单糖。"这个"迟或早"影响有何不同吗？

多糖，例如淀粉，会逐渐转变成葡萄糖，但速度比较慢（几小时）。逐渐形成的葡萄糖渐渐被肠道吸收，此时胰腺中会分泌适量的胰岛素，对葡萄糖代谢进行调节。二糖（同样以蔗糖为例）会转化为葡萄糖，并快速进入血液（几分钟）。这时胰腺完全以另外一种模式工作——短时间内需要分泌出大量的胰岛素。因此，吃糖会加重胰腺的负担，这也就说明了，让孩子吃燕麦粥更有益。

吃还是不吃？

能不能将糖完全从我们食谱中删去呢？理论上不行，因为处在哺乳期的孩子体内有将近一半的能量是通过母乳中的乳糖获取的。此外，在实践上也做不到完全不吃糖，因为在所有的谷物、蔬菜、水果中都含有葡萄糖和果糖，奶制品中则含有乳糖。

现在换一个方式来问：能不能不在孩子的食物中额外放糖？也就是说，不在孩子的食物中加入砂糖，不喝甜饮料，不吃甜食。冰激凌、糖果、蛋糕、馅饼、果酱、巧克力统统抛掉。答案很肯定：可以。但是有没有必要这么做呢？

妈妈笔记

三大源头

说到甜食对人类，尤其是对孩子的意义，那么大致可以分为3个方面：

1. 甜食是导致健康出现问题的一个因素。
2. 甜食是易得能量的一大来源。
3. 甜食是快乐的源泉。

下面让我们依次来分析一下：

糖与健康

首先需要强调的是：体内碳水化合物不足比碳水化合物过剩可能引发的问题更多。

孩子体内的能量储备与成年人不可同日而语。体力负荷、心理压力、疾病，尤其是体温升高都会导致身体对碳水化合物需求量的增加。孩子身体内能量储备不多，需要经常大量补充碳水化合物。

碳水化合物存量不足会造成新陈代谢的根本性改变：碳水化合物不足时，人体会开始动用存储在体内的脂肪作为能量的主要来源，然而，体内脂肪足够的孩子却为数不多。此外，有大量的氨基酸也参与到了能量转化的过程中，它们的作用与糖和脂肪不同，主要是为了合成蛋白质，也就是合成孩子成长所必需的营养物质。

碳水化合物过剩，通常指的是体内糖分过多。这会导致人体内形成脂肪组织，不过，只有在碳水化合物足够富余的情况下才能形成脂肪组织。由此造成的后果就是**肥胖症**。

最著名的由碳水化合物代谢紊乱引发的疾病就是**糖尿病**。这种病的发病原因至今仍然是个谜。没有一本医学教科书能够证明糖尿病是因食糖过多引起的。

不过，吃甜食过多会导致龋齿这一点倒是被充分证实的。毫无疑问，葡萄糖和蔗糖在口腔内部细菌的积极参与下形成了酸性物质，从而损害了牙釉质。

糖分过剩会加速肠道内的发酵过程，这会导致肠道对某些物质的分解和吸收出现紊乱，由此可能引发严重的皮肤过敏。

有些医生引证了一些看似十分有说服力的证据证明：糖是导致孩子多动、具有攻击性的一个重要因素。但必须指出，有许多医生也同样用站得住脚的证据反驳了这种观点。

糖与健康问题的关系总结如下：

孩子机体的一个重要特点在于：孩子体内的碳水化合物代谢比成年人更快。孩子不仅能积极充分地利用由碳水化合物转换来的能量，承受富余碳水化合物的能力也更强。更不要说小别嘉的胰腺比他父亲的胰腺要健康得多。综上所述，可以得出一个结论：多余的甜食当然不会有什么好处。但是体内糖分过剩对成年人来说，风险要高出几倍。

糖与能量

既然糖是人体极易获取的一种能量，因此，为了让孩子能安心地享用甜食，最好创造条件让他把能量完全消耗掉。如果孩子穿得不多并多多活动（积极运动锻炼身体），就基本不会出现能量过剩的问题。如果孩子习惯连续几小时坐在电脑和电视机前，缺少运动，穿着笨重的衣服，那么吃糖对他来说有害无益。

有一个问题很重要：在有些情况下，孩子会对易得能量的需

妈妈笔记

求量很大，如运动会、准备考试、生病时等等。此时此刻，糖的好处还是显而易见的。难怪治疗急性感染最常用的方法就是注入葡萄糖滴液，或者大量饮用甜饮料。如果不过敏，那么在紧张的考试前吃一两块巧克力也无妨。

糖与快乐

吃甜食能够让人感到快乐。如果控制吃糖量，并且身体不会因为吃糖出现什么问题，那为什么要放弃甜食带来的欢乐呢？

重要的是不要将这种由甜食带来的欢乐看做是生命的意义，也不要让它引发一些其他问题。

“其他问题”包括甜食对食欲的破坏作用、甜食引起的过敏反应以及甜食可能引发的一些疾病（例如肥胖症）。

结论

糖对孩子健康的影响被严重夸大了。因为吃糖只是生活的一小部分，并不是一种生活方式。

为生活而奔波劳碌的父亲，可以用糖果表达自己对孩子的爱，也可以带孩子出门钓鱼。在第一种情况下，孩子通常会抱着糖果坐在电视机前度过周末，而第二种情况……哪种更好？谁之过？难道是糖果的过错？

蛋糕和甜饼并不像糖果一样随手可得。通常是大人带回家的。如果您发现孩子的体重有些超标或是吃饭没有胃口，如果他平时不锻炼，也不出门散步，那您就要自问：为什么家里还要出现这些甜食？作为家长首先该检讨一下教育方式是否正确，为孩子建立良好的生活方式，然后再为他准备各类美食？

甜食是讨孩子欢心最简单、最原始的方法。当然，还有其他办法能让孩子开心，但与给孩子买糖相比，其他方法都要花费更多的时间和金钱——与孩子一起用积极的方式度周末：滑雪橇，骑自行车，穿着方便运动的衣服等等，这些活动能让孩子充分消耗能量。这样一来，吃多少巧克力都没太大问题了！

实验流行病学

与波利扬斯基一家的交往，在笔者多年的行医生涯中可谓是颇具典型性。有一天这家的女主人娜塔莎给我打电话，她一边号啕大哭；一边抽咽着说她的孩子拉肚子了，急需医生的帮助。

笔者与这家人之前的几次见面也都是以娜塔莎的号啕大哭开场的。娜塔莎的神经系统状况总是比她女儿小玛琳娜的病症（经常性的感冒）更让我揪心。随着时间的推移，娜塔莎的哭诉变得越来越少，而小玛琳娜也变成一个 13 岁的大姑娘了。她现在也不常生病，已经很久没有吃药，也不会在口腔检查时哭泣了。

这次的情况有些奇怪，孩子的爸爸谢苗·鲍里索维奇居然在家。对于一个身居要职的国家公务人员来说，晚上 7 点钟就回家似乎是有些不太正常……更奇怪的是，鲍里索维奇虽然在家，却没有出来迎接我。他仍坐在厨房里，甚至连看都没看我一眼。当妻子对他喊“谢尼亚（谢苗的小称），医生来了”！他也只是含混不清地应了一声。

有个情况得交代一下，谢苗·鲍里索维奇虽然是个大领导，但他在自己的家里却没有任何地位。在这个家完全是女人说了算。更可悲的是，家里除了鲍里索维奇以外，视力所及的范围内就再没有任何雄性动物。妻子、女儿、岳母伊丽莎白·扎哈罗夫娜、一只暹罗猫安菲莎（母猫）、一只温顺得好似牧羊犬的看门狗库卡（母狗），还有一只叫恰帕的豚鼠（雌性），这就是这个家庭的全部成员。

谢苗·鲍里索维奇的日常生活有些复杂混乱。一般来说，谢苗·鲍里索维奇在称呼自己的岳母时用尊称“您”，虽然岳母只比他大一岁而已。而在家庭聚会等特殊时刻，他还要喊她“妈妈”。岳母自然是这个家的一家之长，妻子娜塔莎和女儿玛琳娜则同处第二级，而剩下的家庭成员同处一个等级：看门狗库卡、豚鼠恰帕、暹罗猫安菲莎还有谢尼亚（谢苗·鲍里索维奇）。如果比较听话，他们就能够按时得到食物。不过，谢尼亚经常在家里搞破坏，请原谅，应该说总是把家里搞脏，因此他也经常受到惩罚。

由于长期处于女性的管制之下，所以鲍里索维奇总是将我的到来看成是一件大喜事。他可以从我这里获得同情，能够对我抱怨一些平时不敢说的话，例如“这些婆娘，整天就知道喊来喊去”，“好像她们总是对的”……他就像一个受了欺负的孩子。而现在却连和我打个招呼都不露面……嗯，看来情况的确有点非同寻常了。

玛琳娜看起来的确不太好。今天在学校里就开始拉肚子，上完第三节课就请假回家了。外套还没来得及脱，就迫不及待地奔向马桶。然后开始呕吐，之后又要上厕所。总之是上吐下泻。现在孩子苍白无力地躺在床上，体温为 37.3℃，腹泻的症状好些了，但肚子还是会叽里咕噜作响。其他一切正常。诊断后发现不是什么特别病症，是典型的肠道感染。小姑娘毕竟已经不是几个月大的婴儿了，所以即使不打针，不打点滴，只要适当补水，注意饮食，服用一些药物就可以自行康复了。总的来说，小姑娘的病没什么可怕的，没必要紧急抢救。

不过奇怪的情况还在继续：在我给孩子检查的时候，谢苗·鲍里索维奇既没有在一旁关注，也没有参与我和孩子母亲的讨论。

在解释清楚孩子的病情之后，我尝试着想弄明白："孩子究竟为什么会上吐下泻，这究竟是谁的（或是什么东西的）问题?"如果用高深的医学术语来表述的话，这叫做流行病既往病史。原则上来说，在开始治疗时就应当问这个问题。但是，往往在实践中，首先需要做的是让家长的情绪稳定下来，让他们不要再哀号、抱怨，而是认识到患病的孩子究竟需要什么，身为家长的他们又应当做些什么。

所以就不得不提一个非常程式化的问题：孩子早些时候吃了什么？这个问题的答案往往能让一切明朗起来。不过这一问也让我彻底明白了为什么谢苗·鲍里索维奇的举动如此奇怪。

"昨天晚上，"伊丽莎白·扎哈罗夫娜向我解释道，"这个人（用手指了一下厨房）拖回来一个一升装的黑鱼子酱罐头。说是他的某个供应商从阿斯特拉罕带给他的。一拿回来就不停地叨叨，说这个鱼子酱有多新鲜，多美味。昨天晚上小玛琳娜吃了 3 片抹了鱼子酱的面包，别人都没吃，想着既然孩子爱吃就留给孩子吃吧。现在所有人都好好的，孩子可是受罪了（说着还向不敢露面的谢苗·鲍里索维奇的方向点了点头）。"

虽然我不止一次遇见鱼子酱中毒的情况，但这次的问题似乎不在鱼子酱。很可能与酸奶油和牛奶有关。

我在去洗手的时候顺便瞄了一眼厨房，厨房内的场景令人惊愕：“一家之主”谢苗·鲍里索维奇穿着汗衫和短裤欠着屁股坐在一个板凳边上，正在用勺子直接从罐头里挖鱼子酱吃。一升装的大罐头已经空了一半儿了。看到我，谢苗·鲍里索维奇又忙不迭地吞了一口鱼子酱，然后疑惑地望着我，那眼神就像一只忧郁的被困的羚羊。

“大夫，我要证明给她们看！”鲍里索维奇向我抱怨道，“那个送给我鱼子酱的小伙子都给我送了好几次东西了，鱼子酱真的是新鲜的。我昨天在回家之前还吃了一点儿呢。但我不敢告诉她们实情，因为她们会骂我跟孩子抢东西吃。你看，现在我不是健健康康的，根本没有拉肚子……”

“谢苗·鲍里索维奇，我不太清楚您是否会拉肚子，但是您这么吃多咸呀，血压肯定会升高的，请不要再做这样的实验了。我也认为应该不是鱼子酱的问题。”

我回到孩子身边。两位女士正在忙碌。玛琳娜刚刚吃了思密达，这是波利扬斯基一家的常备药。娜塔莎和伊丽莎白·扎哈罗夫娜十分积极地参与孩子的治疗，和小姑娘一起撇嘴，咽唾沫。

我顺便问了她们：

“除了鱼子酱孩子还吃了什么可疑的东西吗？譬如说早餐吃了什么呢？因为看上去不是由鱼子酱引起的。”

伊丽莎白·扎哈罗夫娜责备地望着我。而此时，谢苗·鲍里索维奇从厨房里不慌不忙地走出来了，不过手里还是捧着那个倒霉的鱼子酱罐头。玛琳娜坐在床上试图回想起自己还吃了什么。娜塔莎很平静，她当然不必紧张，因为采购食物完全是由她的妈妈伊丽莎白·扎哈罗夫娜负责的……

“早饭有茶和巧克力奶渣馅饼。”孩子说，她为自己能想起来而感到自豪。

谢苗·鲍里索维奇来到了房间的门口。他略带挑衅地将鱼子酱罐头“哐”的一声放在了一个19世纪的古董五斗橱上。娜塔莎和玛琳娜则同时用好奇的眼神看着伊丽莎白·扎哈罗夫娜。

伊丽莎白·扎哈罗夫娜眼神中的那份责备逐渐被不解和惊愕所取代。她慢慢地向我靠过来，并用洪亮、略带颤抖的声音说道：“我在那家店买馅饼都两年了，从来没有出现过任何问题，听着，是从－来－没－有！它好歹不是从阿斯特拉罕运来的！”

伊丽莎白·扎哈罗夫娜站在离我两步远的地方，目光逐渐转向那个上面放着鱼子酱的五斗橱，然后便啜泣着快速离开了房间。

道别时，心情已经好起来的谢苗·鲍里索维奇非常热情地出来送我。

我们走过厨房。这回端坐在凳子上的是伊丽莎白·扎哈罗夫娜。她嘴里不停地在嚼东西。我对她说“再见”，她只是无精打采地点点头，在她的面前放着一小碟剩下的巧克力奶渣馅饼。

凌晨一点半的时候我被一阵电话铃声吵醒了。电话那头谢苗·鲍里索维奇用兴奋、幸福、愉快的语调激动地说：“亲爱的医生！你绝对想象不到！我岳母她现在拉肚子了！进卫生间已经半个小时了，还没出来！谢谢你！晚安！”然后电话就挂断了。

2002年

后记

只有在写完一篇思考许久的文章后，我们才会明白当初应当怎样开始。

——布莱兹·帕斯卡

笔者从 1996 年就开始了与家长们的积极交流，当时出版了一本书，叫做《生命之初》。

书出版后我收到了数百封读者来信。大家在信中提出了许多问题，发表了自己的意见，也对我提出了期望。这些都成为我继续通过写书与家长们进行交流的主要动力。

读者来信中主要有两个请求：首先，想要了解关于儿童疾病更加详细的信息；其次，希望书中的话题不要仅限于孩子 1 周岁前的情况。在《理性育儿——明明白白养育健康宝宝》这本书的第一版中，笔者尽可能考虑了读者们的请求与期望，并加入了《生命之初》一书的补充修订版。很显然，补充是为了解答读者们在来信中提出的问题，而修改则是为了让文章的内容更加准确，解释更加透彻。

妈妈笔记

与书籍同步问世的还有笔者的个人网站。这从很大程度上扩大了交流的范围，同时也更容易发现大家普遍关注的话题。在过去的十年间笔者一共收到了62000封信，家长们提出的建议、问题和期望已经排到了100年以后……笔者的每一部新书（现在已经超过30部）都是将新的章节与增补修订过的旧章节相结合。您现在拿在手中的这本书也不例外。

笔者很清楚一个毋庸置疑的事实：无论您读的是笔者的哪一部作品，都不会是百科全书。这些书中尚有许多空白之处需要笔者去填补。要知道，正是为数众多的话题——尤其医学领域里不计其数的各种话题，促成了我们的一次次相聚，也为我们下一次相见提供了前提。

曾有些读者认为书中对许多重要问题都没有给出解释，因而责怪笔者。的确，笔者自己也发现了这样的空白。为什么写了耳炎和腺样体增生，却没有介绍上颌窦炎？为什么书中详细介绍了肺炎，而支气管炎只有寥寥数句？为什么书里提到了衣原体，却丝毫没有提到蠕虫？为什么书中完全没有介绍急救知识，以及支气管哮喘、血管植物神经紊乱、胆. 道运动功能障碍、血液疾病、各种神经方面的疾病、心脏杂音等多种疾病？应该如何照顾双胞胎和早产儿？应该如何进行各项医疗检查？此外还有许多基本概念，如血红蛋白、白细胞、尿蛋白、喉部涂片、超声波和X光检查等书中都没有提及。

对此笔者想说：笔者并非专业的作家，只不过是一个普通的儿科临床医生而已。您在书中读到的所有内容（当然，笔者很希望您还会再读），都是笔者在做完儿科医生的本职工作后，用空余时间写成的。而正如大家所知，写作时间非常有限。脱离临床实践单纯写作，显然是不行的，因为这会让我丧失对问题的敏锐判断力[1]。

1 笔者在此还是忍不住想要引用米·米·日瓦涅茨基的一句话："如果没有工作只是埋头写作，那靠什么生活呢？如果边工作边写作，那何时能够真正地生活呢？"

* * *

读完这本书后，读者一定会有许多疑问、建议和反对意见。笔者丝毫不怀疑这一点，甚至已经预感到了。这完全可以理解。毕竟孩子的培养和教育是人类认知领域的一个十分特殊的范畴。在这里每一位家长都觉得自己才是专家。

笔者在此想提前对那些抽时间阅读本书并表达自己宝贵意见和建议的读者表示衷心的感谢。

笔者希望我们之间的交流不要止步于此。我们还有许多值得探讨的东西。至于有哪些话题最重要，最需要在第一时间内整理出来，就让我们一起来甄选吧。

祝您一帆风顺，下次再会！